电力职业教育生产技能训练丛书

电气设备检修技能训练

唐继跃　房兆源　主编

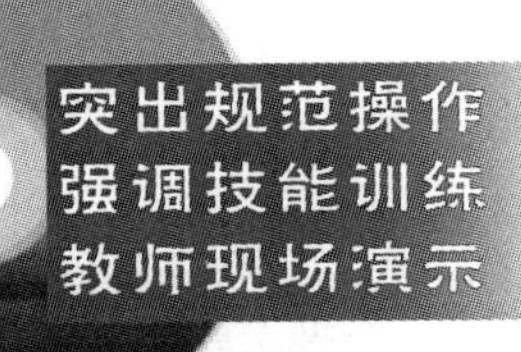

中国电力出版社
CHINA ELECTRIC POWER PRESS

内 容 提 要

本书主要介绍电气设备检修的基本工艺及其专业技能训练方法。全书共分两个单元，13 个模块，共有 21 个操作训练项目。其主要内容包括：电气作业安全知识、常用工具和仪表、起重搬运、电气工程图识读、低压配线安装与检修、常用低压电器和控制电路安装；高压开关、变压器、电动机、直流电源、母线和电缆等检修技能。

本书可作为中等和高等职业教育电气类专业的实训教材，也可作为电力、冶金、化工等行业从事电气设备制造、安装、运行和检修维护人员的技能培训用书。

图书在版编目（CIP）数据

电气设备检修技能训练/唐继跃，房兆源主编. —北京：中国电力出版社，2007.8（2023.8重印）

（电力职业教育生产技能训练丛书）

ISBN 978-7-5083-6004-1

Ⅰ. 电...　Ⅱ. ①唐... ②房...　Ⅲ. 电气设备-检修-技术培训-教材　Ⅳ. TM07

中国版本图书馆 CIP 数据核字（2007）第 125770 号

中国电力出版社出版、发行

（北京市东城区北京站西街 19 号　100005　http ://www.cepp.sgcc.com.cn）

三河市百盛印装有限公司印刷

各地新华书店经售

*

2007年8月第一版　2023年8月北京第十二次印刷

787毫米×1092毫米　16开本　20印张　482千字

印数23501-24500册　定价48.00元

《电气设备检修技能训练》
编审委员会

主编 唐继跃 房兆源

参编 秦世新 周宏英 任秀敏 赵繁璁 周 田 杨逢泉
刘积标 夏 敏 李 彬 青志明 袁永萍 谭晓玉

主审 黄永铭

参审 肖艳萍 李 杨 鲁爱斌

前　言

《电气设备检修技能训练》是电力职业教育生产技能训练丛书之一。按照电力职业教育生产技能训练丛书的编写要求和电力行业职业技能鉴定规范，本书力求做到符合职业教育的教学规律，既遵从以能力为基础的培训，又能满足生产技能人员培训的针对性需要，采用了“单元→模块→课题→训练项目”的逻辑结构，体现“以能力培养为核心、以操作训练为重点、以技能提升为目标”的职业（培训）教育思想，努力做到内容新、标准（规范、规程）新、表达形式新。

使用本书时，应注意以下几点：

（1）根据培养（培训）目标和培养（培训）对象的实际需要，教学（培训）内容可进行恰当选择。

（2）遵循人的技能提升之客观规律，宜采用“讲练结合”、“少讲多练”、“精讲严练”的教学方法。

（3）第一单元分六个模块，以电气类专业所涉及到的基本技能鉴定内容为主，嵌入课题和操作训练项目。

（4）第二单元分七个模块，以电气检修类专业主要涉及到的专业技能鉴定内容为主，嵌入课题和对应的操作训练项目。

（5）电气类专业较多，各工种的侧重点不同，使用时可根据实际需要和训练条件进行适当调整，对专业适应的课题项目可增加操作内容和训练难度。

（6）基本技能中的标准化作业是为了培养学员的安全文明工作意识，以适应电力岗位职业素质的要求，培养良好的操作规范。

（7）为了克服纸质教材对技能训练表达方式上的局限，本书配备了《电气设备检修技能训练教学辅助光盘》(CDROM)。光盘须与教材配合使用，除以图片或照片方式更清晰地表达教材的相关内容外，还以视频方式对部分技能训练的操作方法进行了示范演示，并对教材内容进行了补充。

本书由唐继跃、房兆源主编，秦世新、周宏英、任秀敏、赵繁璁、周田、杨逢泉、刘积标、夏敏、李彬、青志明、袁永萍、谭晓玉参编，黄永铭主审，肖艳萍、李杨、鲁爱斌参审。在编写过程中得到了重庆市电力公司、重庆电力技师学院、长沙电力职业技术学院、广东省电力工业学校、郑州电力高等专科学校、云南电力学校、安徽电力职业技术学院、保定电力职业技术学院、广西电力职业技术学院、上海电力工业学校、四川电力职业技术学院、武汉电力职业技术学院大力支持。特别是在《电气设备检修技能教学辅助光盘》的制作过程中，得到了重庆电力技师学院、重庆江北供电局、杨家坪供电局的领导、老师的大力支持与合作，对他们付出的辛勤劳动，在此一并表示衷心的谢意。

由于时间仓促，水平所限，书中难免有疏漏与不足之处，恳请读者批评指正。

作　者

二○○七年八月

目　　录

第二单元 检修专业技能训练

第一单元　检修基本技能训练

模块一

检修安全基本要求

课题一　电气作业安全知识

安全生产是企业经营管理的基本原则，也是电力生产的基本方针，安全促进生产，生产必须安全。

电气作业是特殊工种，又是危险工种，而电力生产的特点是高度的集中和统一，它的生产、输送和使用是同时进行与同时完成。这种生产方式要求具有很高的可靠性，一旦发生事故，可能会造成局部停电、损坏设备、导致人身伤亡事故，还可能涉及到电网系统，造成大面积停电，直接对工农业生产和人民生活造成危害，因此，电力安全非常重要。《中华人民共和国电力法》规定：电力生产应遵循安全、优质、经济的原则，从事电气作业的人员应贯彻执行“安全第一、预防为主”的电力工业生产和建设的基本方针，采用先进技术，进行科学管理，搞好安全用电，避免事故发生。

一、安全用电常识

电气事故，就是由于不同形式的电能在控制状况下造成电气设备和人身伤亡的事故。电气事故主要触电、雷击、静电、电路故障、高压电伤、电磁感应电压、电磁辐射事故等多种类型，其中触电是人身伤亡最容易发生的事故，必须采取安全措施防止触电。

1. 触电伤害

触电是指人体“触”及带“电”体。人体触电后，通过心脏及中枢神经的电流强度越大，触电时间越长，其后果越严重。触电的伤害有两种，即电击和电伤。

（1）电击。电击是指电流通过人体时所造成的内伤。电流通过人体内部，破坏人体的心脏、肺部以及神经系统的正常工作，严重时会导致死亡。因此它是最危险的触电伤害，多数触电死亡事故是电击造成的。

（2）电伤。电伤是由电流的热效应、化学效应或机械效应对人体造成的伤害，包括灼伤、电烙印、皮肤金属化等伤害。电伤常发生在人体外部，往往在肌体上留下伤痕，甚至造成截肢。

2. 触电种类

人体触电的种类可分为以下六种：

（1）直接接触触电。人体的接触电压为系统相对地之间的电压，因此其危险性最高，是触电类型中后果最严重的一种。直接接触触电又分为单相触电和两相触电。

（2）间接接触触电。间接接触触电是由电气设备故障条件下的接触电压或跨步电压形成的，其后果严重程度决定于接触电压和跨步电压的大小。间接触电又分为跨步电压触电、接触电压触电、人体接近高压触电和停电设备上工作突然来电触电等。

（3）感应电压电击。由于带电设备的电磁感应和静电感应作用而在附近停电设备上感应出一定电位，从而发生电击触电。超高压双回路以及多回路同杆架设的线路要特别注意此类触电的问题。人体一旦触及这些被感应的设备，将造成电击触电事故，甚至造成死亡。

（4）雷击电压电击。如果人体正处在或靠近雷电放电的途径，则可能遭受雷击。

（5）残余电荷电击。这主要指由于电容效应，电气设备在刚断开电源后将保持一定的残余电荷，当人体触及时，残余电荷会通过人体放电，形成电击。

（6）静电电击。静电电荷大量累积会形成高电位，一旦放电，会对人体造成电击危害。

3. 触电的方式

触电的方式有单相触电、两相触电、跨步电压触电、接触电压触电、雷击触电以及人体接近高压触电等多种方式。其中两相触电方式最危险。下面介绍几种常见的方式。

（1）单相触电。单相触电是指人体站在地面或其他接地体上，人体的某一部位触及一相带电体，电流从带电体经人体到大地（或零线）形成回路，如图 1-1-1 所示。在接触电气线路或设备时，若不采用防护措施，一旦电气线路或设备绝缘损坏漏电，将引起间接的单相触电。若站在地上误触带电体的裸露部分，将造成直接的单相触电。图示1-1-2是单相触电的另一种形式，对于这种形式，无论人体与地是否绝缘，触电时通过人体的电流也是致命的。

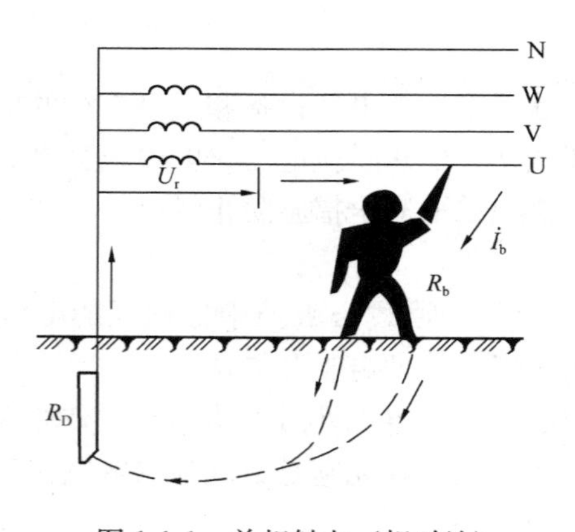

图 1-1-1 单相触电（相对地）

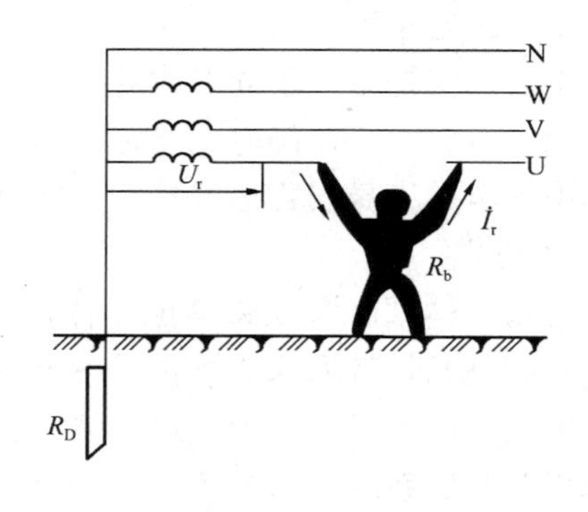

图 1-1-2 单相触电（线间）

R_b—人体电阻；R_D—接地体电阻；$\dot{I}_b$—触电电流

（2）两相触电。人体的不同部位同时接触两相电源带电体而引起的触电叫两相触电，如图 1-1-3 所示。这时无论电网中性点是否接地、人体与地是否绝缘，人体都会触电。在这种情况下，电流由一相导线通过人体流至另一相导线，人体将两相导线短接，人体所承受的线电压比单相触电时高，故两相触电比单相触电更危险。

（3）接触电压触电。接触电压是指人站在发生接地短路故障设备的旁边，触及漏电设备的外壳时，其手脚之间承受的电压。由于接触电压而引起的触电称接触电压触电，如图

1-1-4所示。接触电压U_j的大小随人体站立点的位置而异。当人体距离接地体越远时，接触电压越大，当人体站在距离接地体20m以外处与带电设备外壳接触时，接触电压U_j达到最大值，等于设备外壳的对地电压U_d；当人体站在接地体附近与设备外壳接触时，接触电压接近零。因此，要防止接触电压触电，就要使每台电气设备均有良好的单独保护接地，即使外壳有电，也能使大部分电流经过保护接地流入地，这样人手触摸有电设备的外壳也不致于发生触电危险。

图 1-1-3　两相触电

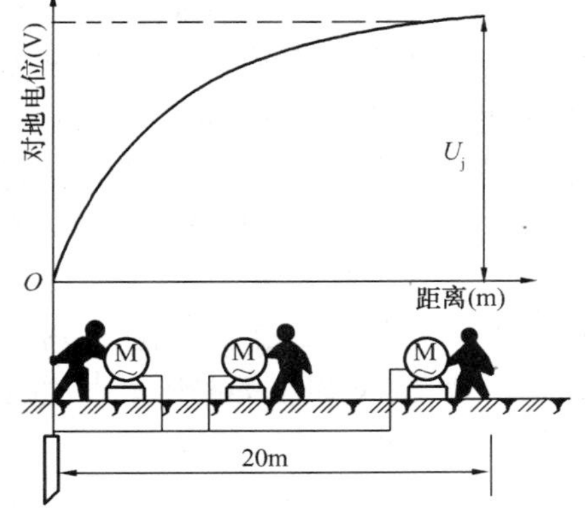

图 1-1-4　接触电压触电

（4）跨步电压触电。雷电流入地或载流电力线路（特别是高压线）断落到地时，会在导线接地点及周围形成强电场，即接地电流就会从接地体或导线落地点向周围大地流散。距电流入地点的距离越近、电位越高，距离电流入地点的距离越远、电位越低，在远离电流入地点20m以外处，电位接近为零。如果有人进入20m以内区域行走，其两脚之间（人的跨步一般按0.8m考虑）的电位差就是跨步电压。由跨步电压引起的触电称为跨步电压触电。

4. 电流对人体的危害

众所周知，人体也是物质，它是由各种组织和细胞组成，故人体也有电阻，而且人体各部分的电阻不同，主要包括内部组织电阻和皮肤电阻两部分。人体内电阻值较稳定，一般在500Ω以上。

人体对电流的反应非常敏感，触电时电流对人体的伤害程度与以下几个因素有关：

（1）电流的大小。电流是触电伤害的直接因素，通过人体的电流越大，人体的生理反应越明显，感觉越强烈，引起心室颤动或窒息的时间越短，致命的危害性越大，因而伤害也越严重。

（2）触电时间长短。电流对人体的伤害与电流作用于人体的时间长短有密切的关系，技术上常用触电电流与触电持续时间的乘积（叫电击能量）来衡量电流对人体的伤害程度。通电时间越长，电击能量积累增加，电击能量超过50mA·s（毫安·秒）时，人就有生命危险。所以，电流通过人体的持续时间越长，后果也越严重；通过人体电流的持续时间越长，允许电流越小。

（3）电流通过人体的途径。电流通过人体的途径不同，对人体的伤害程度也不同。经研究表明，电流流经人体不同部位所造成的伤害中，以对心脏的伤害为最严重；最危险的途径是从手到胸部（心脏）到脚；较危险的途径是从手到手；危害性较小的途径是从脚到脚。因此触摸带电设备，低压带电作业等一定不要用左手。

(4) 人体电阻的影响。人体的电阻因人而异，一般为800～1000Ω，流经人体的电流大小与人体电阻成反比。人体电阻一般受下列情况的影响而变化：

1) 皮肤干燥时，电阻值较大；潮湿时，电阻值较小。

2) 电极与皮肤的接触面大和接触紧密时，电阻值较小，反之较大。

3) 通过人体的电流大时，皮肤发热，电阻随之增大；流过的时间长，则皮肤发热大，电阻也随之增加。接触电压高时，会击穿皮肤，使人体的电阻值下降。

(5) 人的健康和精神状况。电流对人体的作用，女性较男性更为敏感。由于心室颤动电流约与体重成反比，因此小孩受电击较成人危险。另外，患有心脏病、神经系统病、结核病等病症的人因电击引起的伤害程度比正常人来得严重。

(6) 电压的高低。人体接触的电压越高，流过人体的电流越大，对人体的伤害越严重。如果以触电者人体电阻为1kΩ计，在220V电压作用下，通过人体的电流是220mA，能迅速将人致命。对地250V以上的电压本来危险性更大，但由于人们接触少，且对它警惕性较高，所以触电死亡事例约在30%以下。

(7) 电流的频率。在同样电压下，40～60Hz的交流电对人体是最危险的。随着频率的增高，电击伤害程度显著减小。

5. 安全电流和电压

一般来说，通过人体的交流电（50～60Hz）超过10mA、直流电超过50mA时，触电者就会感到麻痹和剧痛，自己难于摆脱电源，这时就有生命危险，故可以把交流为50～60Hz、10mA及直流50mA确定为人体的安全电流。

在各种不同环境条件下，人体接触到有一定电压的带电体后，其部分组织（如皮、心脏、呼吸器官和神经系统等）不发生任何伤害，该电压称为安全电压。它是为了防止触电事故而采用的由特定电源供电的电压系列。

根据具体条件和环境，我国确定的安全电压有42、36、24、12、6V五个额定等级。当电气设备的额定电压超过24V安全电压等级时，应采取直接接触带电体的保护措施，目前我国采用的安全电压以36V和12V较多。在一些特殊的生产场所需用行灯时，其所用行灯的电压不准超过12V。

二、预防触电的技术措施

从事电气作业的人员，必须熟悉电的性能、掌握必备的专业知识，把安全放在首位，接受相关的安全培训教育，严格执行《电力安全工作规程》，学会必要的预防触电措施。人身触电事故的发生有人体直接接触或靠近带电的电气设备；电气设备平时不带电，但因绝缘损坏而造成金属外壳或构件带电发生间接触电事故。

对于直接接触触电可采取悬挂警示牌、绝缘隔离、遮栏防护、保持安全距离、采用：漏电保护装置防护措施，对于间接触电可采取增加绝缘强度、装设自动断电保护装置、设置电气隔离等防护措施。

预防触电的具体技术措施有保护接地、保护接零和工作接地。

（一）电气接地概念

1. 接地装置

(1) 接地体。接地体是与土壤直接接触的金属体或金属体组，一般采用圆钢、圆条、扁铁、角钢等。

(2) 接地线。接地线是连接在接地体与电气设备之间的金属导体。

接地线和接地体合称接地装置。

2. 电气“地”和对地电压

(1) 电气“地”。当电气设备发生接地故障时，在距单根接地体或接地点20m以外的地方，电位接近于零。电位等于零的地方称为电气“地”。

(2) 对地电压。电气设备的接地部分与零电位“地”之间的电位差称为接地时的对地电压。

3. 接地电阻

(1) 流散电阻。接地电流自接地体向周围大地流散时所遇到的全部电阻称为流散电阻。

(2) 接地电阻（一般应小于4Ω）。接地体的流散电阻和接地线的电阻之和称为接地电阻。

4. 零线和接零

(1) 零线。由发电机或变压器的中性点引出，并接地的接地中性线称为零线。

(2) 接零。电气设备的某部分直接与零线连接，叫接零。

(二) 保护接地

为防止人身因电气设备的绝缘损坏而遭受触电，将电气设备的金属外壳与接地体连接，称为保护接地。

保护接地适用于中性点不接地的低压电网中。在中性点不直接接地的低压电网中，电气设备不采用保护接地是危险的。采用保护接地，仅能减轻触电的危险程度，不能完全保证人身安全。

当电气设备的外壳有保护接地时，电流回路有两条：①设备外壳、人体、大地、线路等对地阻抗；②设备外壳、接地体、大地、线路等对地阻抗。由于接地装置的接地电阻小于4Ω，远远小于人体电阻（约800～1000Ω），所以接地电流主要通过接地装置，因此减小了触电的危险程度。

(三) 保护接零

为防止人身因电气设备绝缘损坏而遭受触电，将电气设备的金属外壳与电网的零线直接连接，称为保护接零。

保护接零适用于三相四线制中性点直接接地的低压电力系统中。当采用保护接零时，除电源变压器的中性点必须采取工作接地外，零线要在规定的地点采取重复接地。

当电气设备绝缘击穿使设备外壳带电时，如未采取保护接零，则人体触及设备外壳时，会通过设备外壳、人体、大地、电源中性点的接地装置形成电流回路，该电流将达到0.22A左右，大大超过人体能承受的电流值。当采取保护接零时，由于零线的阻抗很小、短路电流很大，使保护装置迅速动作，切断电源，设备外壳不带电，从而消除了人身触电的危险。

对接零装置的要求如下：

(1) 零线上不能装熔断器或断路器。

(2) 在同一低压电网中（指同一台变压器或同一台发电机供电的低压电网），不允许将一部分电气设备采用保护接地，而另一部分采用保护接零，否则接地设备发生碰壳故障时，零线电位升高，接触电压可接近相电压的数值，这就增大了触电的危险程度。

(3) 在接三孔插座时，不准将电源零线与接地线端孔相连接。

(4) 除中性点必须接地良好外，还必须将零线重复接地。

(四) 工作接地

将电力系统中某一点（通常是中性点）直接或经特殊设备（如消弧线圈、电抗、电阻等）与地作金属连接，称为工作接地。

工作接地的作用如下：

(1) 降低人体的接触电压。

(2) 迅速切断电源。

(3) 降低电气设备和输电线路的绝缘水平。

(4) 满足电气设备运行中的一些特殊需要。

三、触电急救基本知识

掌握心肺复苏法是电气工作人员所必须具备的条件之一。触电事故往往是一瞬间发生的，当发现有人触电时，切不可惊慌失措，应设法尽快将触电者脱离电源，迅速脱离电源是减轻伤害和救护触电者的关键。

人触电后，一般都不是真正的死亡，即使触电者丧失了知觉、面色苍白、瞳孔放大、脉搏和呼吸停止，也应视为“假死”。触电者死亡的几个象征是：心跳、呼吸停止，瞳孔放大，尸斑，尸僵，血管硬化。这五个象征只要1～2个未出现，就应作为假死去抢救。假死可分为三类：心跳停止，但尚能呼吸；呼吸停止，心跳存在，脉搏很微弱；心跳、呼吸均停止。

(一) 现场抢救触电者的原则

现场抢救触电者的经验原则是八字方针：迅速（脱离电源）、就地（抢救）、准确（姿势）、坚持（抢救）。同时应根据伤情需要，迅速联系医疗部门救治。在急救过程中要认真观察触电者的全身情况，防止伤情恶化。

(二) 触电急救的注意事项

(1) 救护人员在抢救他人的同时，切记要注意保护自己。

(2) 若触电者所处的位置较高，必须采取一定的安全措施，预防断电后触电者从高处摔下。

(3) 夜间发生触电事故时，应考虑应急事故照明。

(4) 触电急救前松衣扣、解裤带，使触电者易于呼吸。

(5) 清理呼吸道，将口腔内的食物以及可能脱出来的假牙取出，若口腔内有痰，可用口吸出。

(6) 维持好现场秩序，非抢救人员不准围观。

(7) 派人向医院、供电部门求援，但千万不要打强心针。垂危病人的心脏是松弛的。替垂危病人打强心针，目的是帮助其心脏恢复跳动功能。而触电者的心脏是纤颤的（即剧烈收缩），而强心针是刺激心脏收缩的药物，若替触电者打强心针，是加速其心脏收缩，无异于火上加油，加速死亡。

(三) 脱离电源方法

1. 脱离低压电源

（1）切断电源。就近拉开电源开关，拔除插头或熔断器。

（2）割断电源线。在电源开关、插座或熔断器等距离现场较远时用绝缘工具（带有绝缘手柄的电工钳）切断电源线。

（3）挑、拉电源线。如果导线搭落在触电者身上或压在身下，可用绝缘杆和干燥木棒等物挑开或拉开电源线。

（4）拉开触电者。救护人员可戴上干净且干燥的绝缘手套拉开触电者。

（5）向触电者身下塞干燥的木板。救护人员脚下垫上干燥木板或绝缘垫后，采取给触电者身下塞干燥的木板使其与地隔断电流途径，然后再采取其他办法切断电源。

2. 脱离高压电源

高压和低压触电者的脱离电源方法不同。高压电源距离很远，救护人员不易直接切断电源。高压触电者，救护人员不能使用解脱低压触电者的工具。

（1）呼援停电。立即通知有关用电单位或用户停电。

（2）拉开电源开关或熔断器。戴上绝缘手套、穿上绝缘靴、用相应电压等级的绝缘工具按顺序操作。

（3）短路跳闸。抛掷裸金属导线使线路短路接地，迫使保护装置动作，断开电源。注意抛掷前，应将短路线一端可靠接地，另一端系重物。抛掷时，应注意防止电弧伤人或断线危及人员安全。同时，应做好防止跨步电压伤人（离开接地金属线 8m 以外或双脚并拢）。

（四）伤员脱离电源后的处理方法

当触电者脱离电源后，应根据触电者伤害的程度采取不同的急救措施，见表 1-1-1。

表 1-1-1　不同状态下电击伤患者的急救措施

项　目	神　志	心　跳	呼　吸	对症救治措施
触电表现	清醒	存在	存在	静卧、保暖、严密观察
	昏迷	停止	存在	胸外心脏按压术
	昏迷	存在	停止	口对口（鼻）人工呼吸
	昏迷	停止	停止	同时作胸外心脏按压和口对口（鼻）人工呼吸

1. 判断伤员意识

（1）若触电者神志清醒，只感到心慌、四肢发麻、全身无力或者虽然曾一度昏迷，但未失去知觉，这时就让触电者就地安静舒适地躺下休息，让他慢慢地恢复正常。在这段时间内注意观察。

（2）若触电者神志不清，则应将他接地躺平，确保其呼吸畅通，并呼叫伤员或轻拍其肩膀，判断伤员是否丧失意识，但禁止摇动头部。

（3）如果触电者神志丧失，则应及时进行呼吸、心跳情况的判断，采取的办法是看、听、试，如图 1-1-5 所示。如果触电者已丧

图 1-1-5　判断触电者采用的方法

（a）看，听；（b）试

失意识且呼吸停止，但心脏或脉搏仍跳动，应采用口对口的人工呼吸法抢救。

2. 畅通气道

当发现触电者呼吸微弱或停止时，应立即通畅触电者的气道，以促进触电者呼吸或便于抢救。通畅气道主要采用仰头举颏（颌）法和仰头抬颏（颌）法。

（1）仰头举颏（颌）法如图 1-1-6 所示，即一手置于前额使头部后仰，另一手的食指与中指置于下颌骨近下颏或下颌角处，抬起下颏（颌）。

采用该方法的注意事项：①在抬颏时不要将手指压向颈部软组织的深处，否则会阻塞气道；②禁止用枕头或其他物品垫在伤员头下，否则头部抬高前倾，也会加重气道阻塞，如图 1-1-6（c）所示。同时还应解开救护人的衣领扣、松开上身的紧身衣、解开裤带、摘下假牙。

（2）仰头抬颏法。将伤员仰面躺平，抢救者位于伤员肩部呈跪状，用一只手放在伤员前额上，手掌用力向后压。另一只手的手指放在颏下将其下颏骨向上抬起，两手协同使下面的牙齿接触到上面牙齿，从而将头后仰，舌根随之抬起，呼吸道即可通畅。

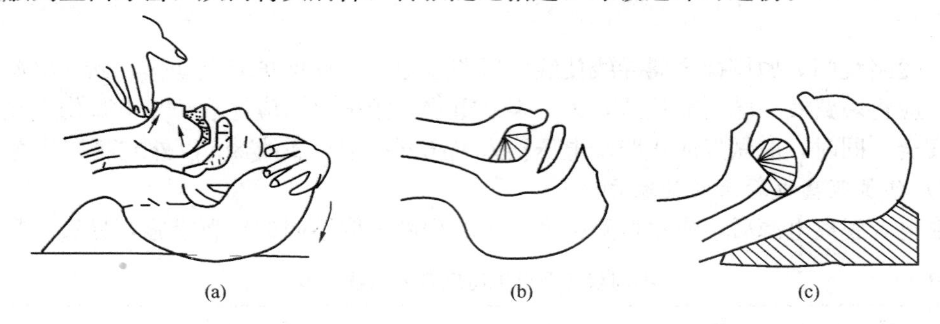

(a) (b) (c)

图 1-1-6 畅通气道

（a）仰头抬颏；（b）气道畅通；（c）气道阻塞

3. 口对口（鼻）人工呼吸

当判断伤员确实不存在呼吸时，应立即进行口对口（鼻）的人工呼吸，操作步骤如图 1-1-7 所示，具体方法如下：

（1）让伤员头部后仰、鼻孔朝天。

（2）捏住伤员的鼻子并掰开嘴。救护人站在伤员头部的一边，用拇指和食指根紧捏其鼻孔，另一只手的拇指和食指将其下颌拉向前下方，使嘴张开。

（3）贴嘴吹气。救护人深吸一口气屏住，用自己的嘴唇包绕封住伤员的嘴，在不漏气的情况下，作两次大口吹气，每次 1～1.5s，气量不能大于 1200mL，同时观察伤员胸部起伏情况。

（4）放松换气。吹完气后，救护人的口立即离开病人的口，头稍抬起，捏鼻子的手放松，让病人自动呼气。

4. 人工循环（胸外心脏按压）

如果触电者有呼吸，但心脏和脉搏停止跳动，现场急救应采用胸外心脏按压法进行抢救。操作方法是：

（1）首先让伤员仰面躺平在平硬处（地面或地板上）。

（2）头部放平，救护者跪在伤员的肩旁，两脚分开，准备按压。

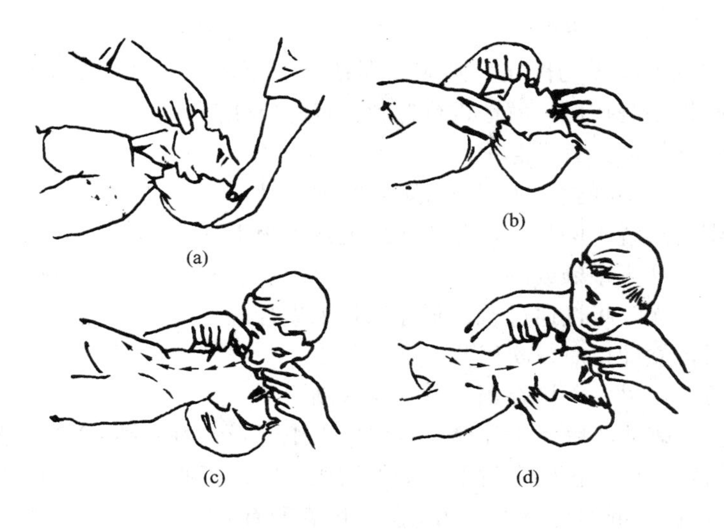

图 1-1-7　口对口人工呼吸的操作步骤
（a）头部后仰；（b）捏鼻掰嘴；（c）贴嘴吹气；（d）放松换气

（3）确定按压的正确部位。首先找到切迹处（即手的食指和中指并拢，沿胸廓下方肋线向上直达肋骨与胸骨接合处），其次找对按压部位，即一只手的中指置于切迹顶部、剑突与胸骨接合处，食指紧挨着中指置于胸骨的下端，另一只手的掌根紧挨着食指放在胸骨上，掌根处即是正确的胸外按压部位，如图 1-1-8 所示。当正确按压部位确定后，将第一只手从切迹处移开，叠放在另一只手的手背上，使两手相叠。救护人跪在地面上，身体尽量靠近伤员，腰部稍弯曲，上身略向前倾，两臂刚好垂直于正确按压部位的上方，使压力每次均直接压向胸骨，肘关节要绷直不屈曲，手指翘起，离开胸壁和肋骨，只允许掌根接触按压部位，如图 1-1-9 所示。

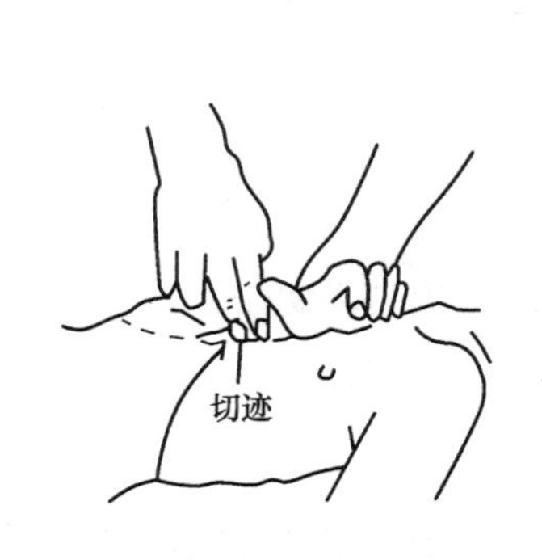

图 1-1-8　正确的按压姿势（1）

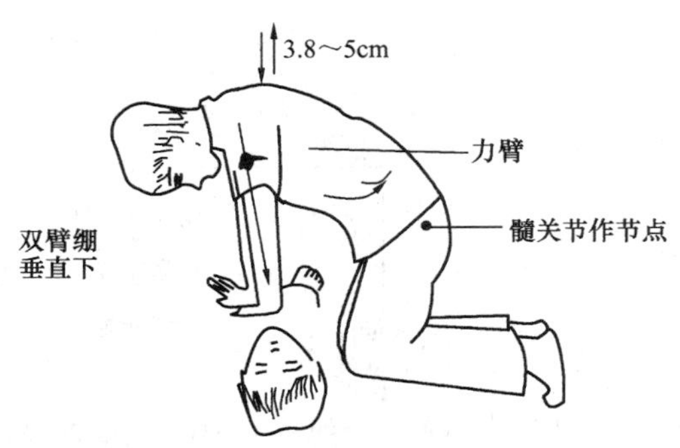

图 1-1-9　正确的按压姿势（2）

（4）进行按压。

1）操作时，利用上身的重量，以髋关节为活动支点，掌根用适当的力量冲击地垂直向下按压。

2）压陷的深度一般为 3.8～5cm，然后掌根要立即全部放松（但双手不要离开胸膛），以使胸部自动复原。

3）按压的速度以 80～100 次/min 为宜，放松时间与按压时间相等。

5. 心肺复苏法

如果触电者心跳和呼吸均停止，则应立即按心肺复苏法支持生命的三项措施（通畅气道、人工呼吸、胸外心脏按压）就地进行抢救。操作方法是：

（1）首先判断昏倒的人有无意识。

（2）如无反应，立即呼救，叫“来人啊！救命啊！”等。

（3）迅速将伤员放置于仰卧位，并放在地上或硬板上。

（4）开放气道（仰头举颏或颌）。

（5）判断伤员有无呼吸（通过看、听和感觉来进行）。

（6）如无呼吸，立即口对口吹气两口。

（7）保持头后仰，另一手检查颈动脉有无搏动。

（8）如有脉搏，表明心脏尚未停跳，可仅做人工呼吸，每分钟 12～16 次。

（9）如无脉搏，立即在正确定位下在胸外按压位置进行心前区叩击 1～2 次。

（10）叩击后再次判断有无脉搏，如有脉搏即表明有心跳。

（11）如无脉搏，立即在正确的位置进行胸外按压。

（12）每做 15 次按压，需做两次人工呼吸，然后再在胸部重新定位，再做胸外按压。如此反复进行，直到协助抢救者或专业医务人员赶来。按压频率为 100 次/min。

（13）开始 1min 后检查一次脉搏、呼吸、瞳孔，以后每 4～5min 检查一次，检查不超过 5s，最好由协助抢救者检查。

（14）如有担架搬运伤员，应该持续做心肺复苏，中断时间不超过 5s。

现场心肺复苏的顺序如图 1-1-10 所示。

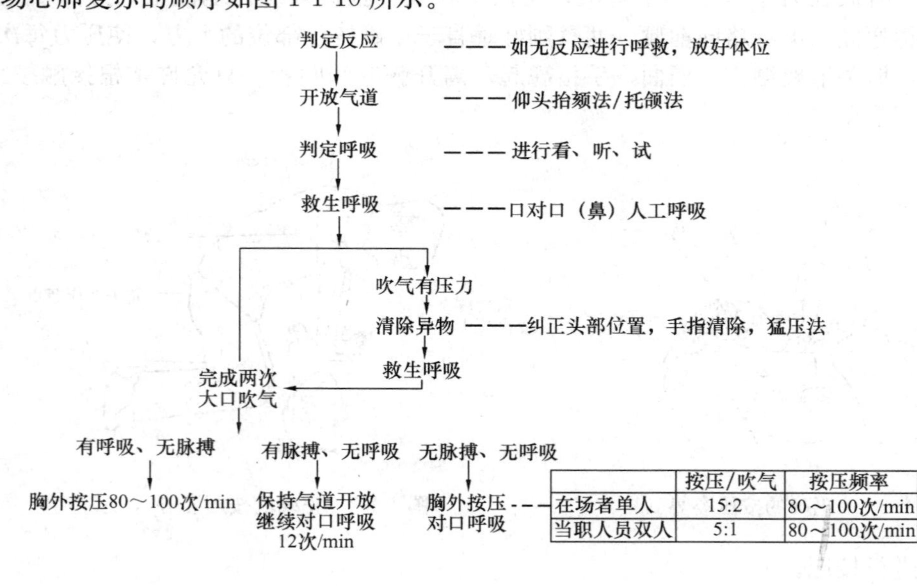

	按压/吹气	按压频率
在场者单人	15:2	80～100次/min
当职人员双人	5:1	80～100次/min

图 1-1-10　现场心肺复苏顺序

四、电气安全用具

（一）安全用具的作用和分类

电气安全用具是防止触电、坠落、电弧灼伤等工伤事故，保障工作人员安全的各种专用工具和用具，这些工具是人们作业中必不可缺少的。电气安全用具可分为绝缘安全用具和一般防护安全用具两大类。

1. 绝缘安全用具

绝缘安全用具又分为基本安全用具和辅助安全用具两类，它包括绝缘棒、验电器、绝缘夹钳、绝缘手套、绝缘靴（鞋）、绝缘垫、绝缘台、携带式接地线等。

（1）基本安全用具。它是指那些绝缘强度大、能长时间承受电气设备的工作电压，能直接用来操作带电设备或接触带电体的用具，如高压绝缘棒、高压验电器、绝缘夹钳等。

（2）辅助安全用具。它是指那些绝缘强度不足以承受电气设备或线路的工作电压，而只能加强基本安全用具的保安作用，用来防止接触电压、跨步电压、电弧灼伤对操作人员伤害的用具，如绝缘手套、绝缘靴（鞋）、绝缘垫、绝缘台。不能用辅助安全用具直接接触高压电气设备的带电部分。

2. 一般防护安全用具

一般防护安全用具指本身没有绝缘性能，但可以起到防护工作人员发生事故的用具，如有安全带、安全帽、携带型接地线、临时遮栏、标示牌、脚扣、升降板、梯子、安全绳、安全网等。常用电气绝缘工具要定期按规定进行试验，其试验见表 1-1-2。

表 1-1-2　　常用电气绝缘工具试验一览表

序号	名　称	电压等级(kV)	周期	交流电压(kV)	时间(min)	泄漏电流(mA)	附　注
1	绝缘棒	6～10	1次/年	44	5		每3个月应该检查一次
		35～110		4倍相电压			
		220		3倍相高压			
2	绝缘夹钳	≤35	1次/年	3倍线电压	5		每3个月应该检查一次
		110		260			
		220		400			
3	验电笔	0.5	1次/0.5年	4	1		发光电压不高于额定电压的25%
		6～10		40	5		
		35		105			
4	绝缘手套	低压	1次/0.5年	2.5	1	≤2.5	
		高压		8		≤8	
5	橡胶绝缘靴	高压	1次/0.5年	15	1	≤7.5	
6	绝缘垫 4mm	≤1	1次/2年	15	2		
	绝缘垫 6mm	>1		20			
	绝缘垫 8mm	>1		25			
	绝缘垫 10mm	>1		30			
	绝缘垫 12mm	>1		35			
7	绝缘台		1次/3年	40	2		
8	绝缘绳	高压	1次/0.5年	105/0.5m	5		

（二）安全色、安全标志、语言警告牌

1. 安全色

安全色是表达安全信息含义的颜色，如表示禁止、警告、指令、提示等。安全色规定为红、蓝、黄、绿四种颜色，用于安全标志牌、交通标志牌、防护栏杆、机器上不准乱动的部位、紧急停止按钮、安全帽、吊车、升降机、行车道中线等。安全色的含义和用途举例见表 1-1-3。红色和白色、黄色和黑色间隔条纹，是两种较醒目的标示，其含义和用途见表 1-1-4。

表 1-1-3　安全色的含义和用途举例

色　标	含　义	用　途　举　例
红　色	禁止、停止、消防	停止按钮、灭火器、仪表运行极限
黄　色	注意、警告	当心触电、注意安全
绿　色	安全、通过、允许、工作	在此工作、已接地
黑　色	警告	多用于文字、图形、符号
蓝　色	强制执行	必须戴安全帽

表 1-1-4　间隔条纹标示含义和用途

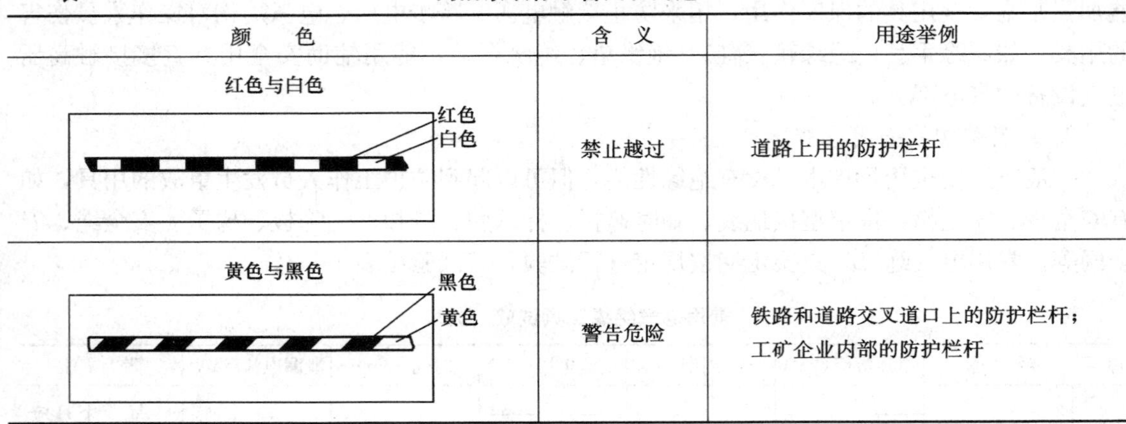

颜　色	含　义	用途举例
红色与白色（红色、白色）	禁止越过	道路上用的防护栏杆
黄色与黑色（黑色、黄色）	警告危险	铁路和道路交叉道口上的防护栏杆；工矿企业内部的防护栏杆

2. 安全标志

安全标志是由安全色、几何图形和图形符号构成的，用以表达特定的安全信息。它有禁止标志、警告标志、指令标志、提示标志四种类别，一般设置在醒目与安全的地方，不能设置在门、窗、架等可移动的物体上。

(1) 禁止标志。几何图形是带斜杠的圆环。

(2) 警告标志。几何图形是正三角形。

(3) 指令标志。其含义是必须要遵守的意思，几何图形是圆形。

(4) 提示标志。含义是示意目标的方向，几何图形是长方形。

电气常用安全工作标示牌式样见表 1-1-5。

表 1-1-5　电气常用安全工作标示牌式样

序号	名称	悬　挂　处　所	式　样		
			尺寸（长×宽，mm）	颜色	字样
1	禁止合闸，有人工作！	一经合闸即可送电到施工设备的断路器（开关）和隔离开关（刀闸）操作把手上	200×100 和 80×50	白底	红字
2	禁止合闸，线路有人工作！	线路断路器（开关）和隔离开关（刀闸）操作把手上	200×100 和 80×50	红底	白字

续表

序号	名称	悬挂处所	式样		
			尺寸（长×宽，mm）	颜色	字样
3	在此工作！	室外和室内工作地点或施工设备上	250×250	绿底，中有直径210mm白圆圈	黑字，写于白圆圈中
4	从此上下！	工作人员上下用的铁架、梯子上	250×250	绿底，中有直径210mm白圆圈	黑字，写于白圆圈中
5	禁止攀登，高压危险！	工作人员上下的铁架邻近可能上下的另外铁架上，运行中变压器的梯子上	250×200	白底红边	黑字
6	止步，高压危险！	施工地点邻近带电设备的遮栏上；室外工作地点的围栏上；禁止通行的过道上；高压试验地点；室外构架上；工作地点邻近带电设备的横梁上	250×200	白底红边	黑字，有红色闪电符号

教学提示：安全工作标示牌图片见光盘。

五、消防器材

电气火灾的危险性很大，除了要做好预防工作外，还必须做好灭火的准备，一旦发生火灾，就能采取有效措施、选用适当灭火剂，及时扑灭火灾。

电气火灾的扑救方法如下：

1. 切断电源灭火

发生电气火灾后，应尽可能先切断电源，然后救火并立即报警。切断电源应按规定的操作程序进行，防止带负荷拉隔离开关，采用工具切断电源应使用绝缘工具、戴绝缘手套、穿绝缘靴。剪断电源时应在线路不同部位处剪断，防止发生线路短路。在拉脱闸刀开关切断电源时，应用绝缘操作棒或戴绝缘皮手套。夜间扑救还应注意照明。

2. 带电灭火

在发生火灾时，有时情况危急，待断电后再扑救就会扩大危险性，为争取时间控制火势，就需带电灭火。带电灭火注意事项如下：

(1) 须使用不导电灭火剂，如二氧化碳、二氟一氯一溴甲烷（1211）、四氯化碳、干粉灭火器等。

(2) 扑救时应戴绝缘手套，与带电部分保持足够的安全距离。

(3) 当高压电气设备或线路发生接地时，室内扑救人员距离接地点不得小于4m，室外不得小于8m。进入上述范围，应穿绝缘靴、戴绝缘手套。

(4) 扑救线路火灾时人体与带电导线仰角不大于45°。

3. 充油设备的灭火

首先要切断电源，再用干燥黄沙盖住火焰。在火势严重的情况下可进行放油，在储油池内用灭火剂灭火。禁止用水灭火。

4. 转动电机的灭火

可用二氧化碳、1211、干粉灭火器扑救。为防止轴承变形，可用喷雾水流均匀冷却，不得用大水直接冲射。严禁用黄沙扑救，防止进入设备内部损坏机芯。

操作训练 1　触电急救与安全用具的使用训练

1. 训练目的

(1) 了解安全用具的种类和触电急救知识。

(2) 熟悉现场防触电技术措施。

(3) 掌握安全标志牌和安全用具的使用方法。

(4) 学会现场触电急救的操作技巧。

2. 操作任务

操作任务见表 1-1-6。

表 1-1-6　触电急救与安全用具的使用训练操作任务表

操作内容	进行人工触电急救方法和安全用具准备及使用训练
说明及要求	(1) 利用心肺复苏模拟人（或学员相互之间）进行触电急救方法训练； (2) 可结合现场设备情况制定安全用具的操作方式； (3) 重点指导安全的规范化操作； (4) 电气灭火器可选择示范性操作
工具、材料、设备场地	心肺复苏模拟人、安全帽、安全带、接地线、遮栏、标示牌、安全网、灭火器等

3. 注意事项和安全措施

(1) 安全用具在使用前应核对校验时间和型号规格，检查好坏。

(2) 人工急救方法训练应按指导老师的要求进行操作，防止设备和人身伤害。

(3) 电气灭火必须在室外进行，要有可靠的安全措施。

复习题

一、选择题

1. 绝缘垫的厚度不应小于（　　）mm。

(A) 2；(B) 3；(C) 4；(D) 5。

2. 绝缘手套电气试验的周期是（　　）年。

(A) 2；(B) 1；(C) 0.5；(D) 1.5。

3. 绝缘靴每隔（　　）年应进行一次电气试验。

(A) 2；(B) 1；(C) 0.5；(D) 1.5。

4. 绝缘操作杆电气试验的周期是（　　）年。

(A) 2；(B) 1；(C) 0.5；(D) 1.5。

二、判断题

1. 标示牌根据其用途可分为警告类 、允许类、提示类和禁止类四类。（　　）

2. 人体的安全电流为交流 50～60Hz、50mA 及直流 10mA 确定。（　　）

3. 我国确定的安全电压有 42、36、24、12、6V 五个额定等级。（　　）

4. 绝缘台一般 3 年试验一次。（　　）

5. 带电灭火可使用干粉、1211、四氯化碳、泡沫灭火器。（　　）

6. 当高压电气设备或线路发生接地时，室内扑救人员距离接地点不得小于4m，室外不得小于8m。进入上述范围应穿绝缘靴、戴绝缘手套。(　　)

三、问答题

1. 何为辅助安全用具？有何作用？常用辅助安全用具有哪些？

2. 发现有人高压触电时应如何解救？

3. 简述发现有人触电时，如何使触电者脱离低压电源？

4. 简述口对口人工呼吸的具体操作步骤。

课题二　标准化作业的基本要求

标准化作业是为确保现场工作安全和质量，以企业现场安全生产、技术活动的全过程及其要素为主要内容，按企业安全生产的客观规律与要求，制定作业程序标准和贯彻标准的一种有组织活动。它是针对现场作业过程中每一项具体的操作，按照电力安全生产有关法律法规、技术标准、规程规定的要求，对电力现场作业活动的全过程进行细化、量化、标准化，保证作业过程处于“可控、在控、能控”状态，不出现偏差和错误，以获得最佳秩序与效果。

一、开展现场标准化作业工作的基本原则

(1) 现场标准化作业应本着“全面推进、积极实施、持续完善”的工作方针，密切结合工作实际，不断提高现场作业的安全水平和工作质量。

(2) 现场标准化作业工作应与各单位现行的各种现场规程规定、安全管理规定、措施等相互配合，形成一个有机的整体，共同保证现场作业的安全和质量。目前现场普遍采用的操作票、工作票、安全措施、技术措施、组织措施、实施方案等都应作为现场标准化作业工作的有机组成部分。不能将现场标准化作业和作业指导书与现有安全措施割裂，以免造成现场安全管理的混乱。

(3) 现场标准化作业工作要在实践中不断积累经验，以实现工作的持续改进和不断完善。

(4) 现场标准化作业工作是一项涉及所有生产参与人员的全员性工作，应充分调动所有生产参与人员的积极性和能动性。

(5) 各单位应加强对生产管理人员和作业人员的培训，保证现场标准化作业工作有条不紊的全面、有效实施。

二、现场标准化作业指导书的编制原则

编制和执行现场标准化作业指导书是实现现场标准化作业的具体形式和方法。现场标准化作业指导书应突出安全和质量两条主线，保证安全、质量的可控、在控和能控，达到事前管理、过程控制的要求和预控目标。

现场标准化作业指导书编制应遵守的一般原则：

(1) 坚持“安全第一，预防为主”的方针，体现凡事有人负责、凡事有章可循、凡事有据可查、凡事有人监督的“四个凡事”原则。

(2) 符合安全生产法规、规定、标准、规程的要求，具有实用性和可操作性。内容应简单、明了，且含义具有唯一性。

（3）应针对现场和作业对象的实际，进行危险点分析，制定相应的防范措施，体现对现场作业的全过程控制，对设备及人员行为实现全过程管理，而不是照抄照搬“范本”。

（4）应集中体现工作（作业）要求具体化、工作人员明确化、工作责任直接化、工作过程程序化，并起到优化作业方案，提高效率、降低成本的作用。

三、现场标准化作业指导书的应用

（1）各单位进行列入生产计划的各项现场作业时，必须使用经过批准的现场标准化作业指导书。

（2）现场标准化作业指导书在使用前必须进行专题学习和培训，保证作业人员熟练掌握作业程序和各项安全、质量要求。

（3）各单位应在遵循现场标准化作业基本原则的基础上，根据各自实际情况对现场标准化作业指导书的使用做出明确规定，并可以采用必要的方便现场作业的措施。

（4）在现场作业实施过程中，工作负责人对现场标准化作业指导书按作业程序的正确执行负全面责任。工作负责人应亲自或指定专人根据执行情况逐项打勾或签字，不得跳项和漏项，并做好相关记录（能够记录设备实际位置的项目记录实际位置，有具体数据的项目记录实际数据）。有关人员也必须履行签字手续。对于在杆塔上等高处特殊作业项目，签字可以与作业分开进行，但在开工前作业人员应学习并掌握工作流程和安全、质量要求，作业时地面负责人应及时提醒高处作业人员注意作业行为、掌握工作节奏和进度，作业人员返回地面后应对高处作业质量补充履行签字手续，以保证作业质量达到指导书的要求。

（5）依据现场标准化作业指导书进行工作的过程中，如发现与现场实际、相关图纸及有关规定不符等情况时，应由工作负责人根据现场实际情况及时修改现场标准化作业指导书，经现场标准化作业指导书审批人同意后，方可继续按现场标准化作业指导书进行作业。作业结束后，现场标准化作业指导书审批人应履行补签字手续。

（6）依据现场标准化作业指导书进行检修过程中，如发现设备存在事先未发现的缺陷或异常，应立即汇报工作负责人，并进行详细分析，制订处理意见，并经现场标准化作业指导书审批人同意后，方可进行下一项工作。设备缺陷或异常情况及处理结果，应详细记录在现场标准化作业指导书中。作业结束后，现场标准化作业指导书审批人应履行补签字手续。

（7）作业完成后，工作负责人应对现场标准化作业指导书的应用情况做出评估，明确修改意见，并在作业完工后及时反馈现场标准化作业指导书编制人。现场标准化作业指导书编制人应及时做出修订或完善。

（8）事故抢修、紧急缺陷处理、特殊巡视等突发临时性工作应尽量使用现场标准化作业指导书。在条件不允许情况下，可不使用现场标准化作业指导书，但应按照现场标准化作业要求，在工作开始前进行危险点分析并采取相应的安全措施。

四、标准化作业指导书主要结构及格式

标准化作业指导书由封面、范围、引用文件、修前准备、流程图、作业程序和工艺标准、验收记录、执行情况、评估和附录 9 项内容组成。

（1）封面：由作业名称、编号、编写人及时间、审核人及时间、批准人及时间、作业负责人、作业工期、编写单位 8 项内容组成，见表 1-1-7。

表 1-1-7　　标准化作业指导书封面

编号：Q/×××
××变电站××kV××线××隔离开关大修作业指导书
编写：__________ __________年__________月__________日
审核：__________ __________年__________月__________日
批准：__________ __________年__________月__________日
作业负责人：__________
作业工期　年　月　日　时至　年　月　日　时
××供电公司××

（2）范围：对引用范围做出具体的规定。

（3）引用文件：明确引用的法规、规程、标准、设备说明书及企业管理和文件。

（4）修前准备：准备工作安排，作业人员要求，备品备件、工器具、材料，定置图及围栏图，危险点分析，安全措施，人员分工。

（5）流程图：根据检修设备的结构，将现场作业的全过程以最佳的检修顺序，对检修项目完成时间进行量化，明确完成时间和责任人，而形成的检修流程。某断路器大修流程图如图 1-1-11 所示。

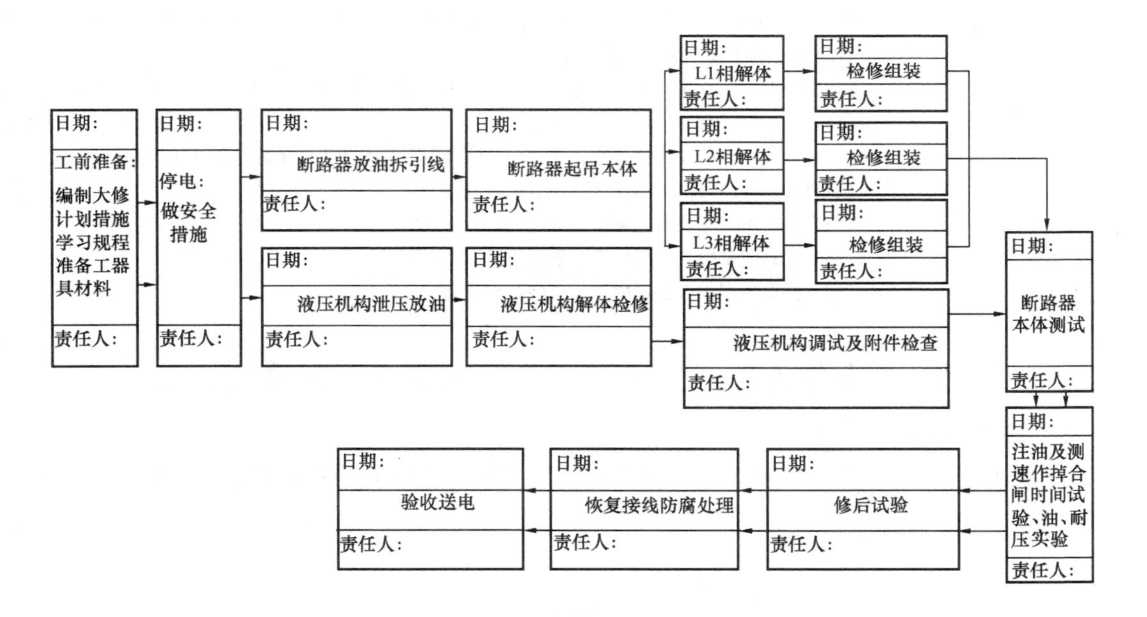

图 1-1-11　××变电站××kV××线××断路器大修流程图

（6）作业程序和工艺标准：开工、检修电源的使用、动火、检修内容和工艺标准、竣工。

（7）验收记录：记录改进和更换的零部件，存在问题及处理意见，检修班组、运行单位、检修车间、公司验收意见及签字。

（8）执行情况评估：对指导书的符合性、可操作性进行评价，对可操作项、不可操作项、修改项、存在问题作出统计，提出改进意见。

（9）附录：设备主要技术参数，必要时附设备简图，说明作业现场情况，调试数据记录。

操作训练 2　标准化作业的修前准备工作训练

一、训练目的

（1）熟悉电气设备检修标准化作业流程。

（2）掌握电气检修工作的基本步骤和方法。

（3）学会对电气作业危险点的安全和质量控制。

二、操作任务

操作内容见表 1-1-8。

表 1-1-8　　标准化作业的修前准备工作训练的操作任务表

操作内容	根据实训项目完成一项标准化作业准备工作的训练
说明及要求	（1）选择实训要操作 1～3 个主要内容指导学生按标准格式写出准备工作内容，主要包括：准备工作安排，作业人员要求，备品备件、工器具、材料，定置图及围栏图，危险点分析，安全措施，人员分工。现场调查、技术准备、工器具准备、备品备件及材料准备、办理动火审批手续、通知相关专业。 （2）针对学生状况，提出对专业知识、《安全生产工作规程》学习、着装行为等实训要求。 （3）危险点分析及控制要结合实训的具体情况，从作业方法危险、作业工具危险、以往事故教训、作业者技能、心态等方面进行分析。 （4）编写格式按实训记录报告给定的标准格式填写。 （5）定置图及围栏图可按实训场地设置。 （6）根据实训需求也可做作业程序及作业标准的训练
工具、材料、设备场地	根据操作项目需求准备工作用的操作票、接地线、遮栏、标示牌等

三、注意事项及安全措施

在实际操作训练中要有针对性，重点注意安全措施。指导老师要因地制宜，设计项目要合理、便于实施。

复　习　题

一、选择题

1. 下列不属于标准化作业指导书封面内容的是（　　）。

（A）作业名称；（B）编号；（C）流程图；（D）编写人及时间。

2. 下列不属于标准化作业指导书修前准备内容的是（　　）。

（A）准备工作安排；（B）工器具；（C）材料；（D）作业工期。

二、判断题

1. 编制和执行现场标准化作业指导书是实现现场标准化作业的具体形式和方法。（　　）

2. 现场标准化作业指导书应突出安全和效率两条主线。(　　)

3. 工作负责人应亲自或指定专人根据执行情况逐项打勾或签字。(　　)

三、问答题

1. 标准化作业的意义是什么?

2. 事故抢修工作时，如何贯彻标准化作业?

3. 标准化作业程序和工艺标准包括哪些内容?

模块二

常用工具和仪表

课题一 常用电工工具

常用电工工具的使用方法见表 1-2-1。

表 1-2-1 常用电工工具

名称	图 示	使 用 说 明	使用注意事项
钢丝钳	钳口 切口 齿口 侧口 绝缘柄 钳头 钳柄	钢丝钳又称钳子，是用来钳夹、剪切电工器材（如金属线、导线）的常用工具	（1）钢丝钳不能当作敲打、捶击的工具； （2）要注意保护好钳柄绝缘部分，以免损坏绝缘而造成触电事故
断线钳		断线钳又称为斜口钳。绝缘柄的断线钳，柄上套有额定工作电压 500V 的绝缘套管，斜口钳主要用来剪断较粗的电线和金属丝	
尖嘴钳	绝缘柄 钳头 钳柄	它的用途与钢丝钳相仿，由于尖嘴钳的钳头部分较细长，因而能在较狭小的地方工作，如端子盒、灯座、开关内的线头固定或开启等	与钢丝钳（钳子）使用时的注意事项相同

续表

名称	图　示	使　用　说　明	使用注意事项
螺丝刀	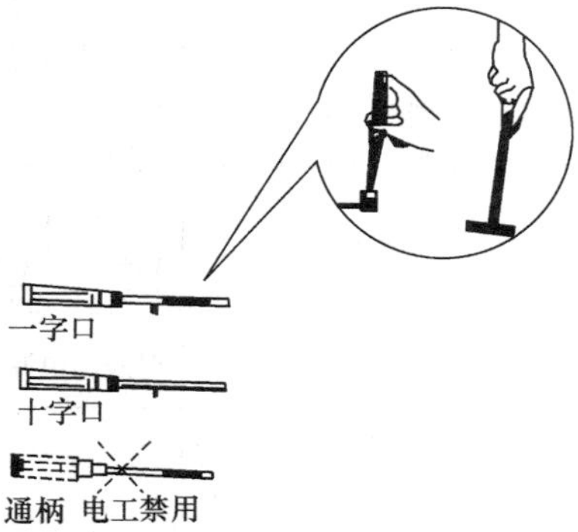 一字口 十字口 通柄 电工禁用	螺丝刀又称启子，用来旋紧或起松螺钉的工具	(1) 根据螺钉大小、规格选用相应尺寸的螺丝刀（启子），否则容易损坏螺钉与螺丝刀（启子）； (2) 不能使用金属通柄顶的螺丝刀； (3) 螺丝刀不能当凿子用； (4) 螺丝刀除前部平口外，宜采用绝缘套管套住其他金属杆部分（预防相间短路，造成意外事故）
电工刀	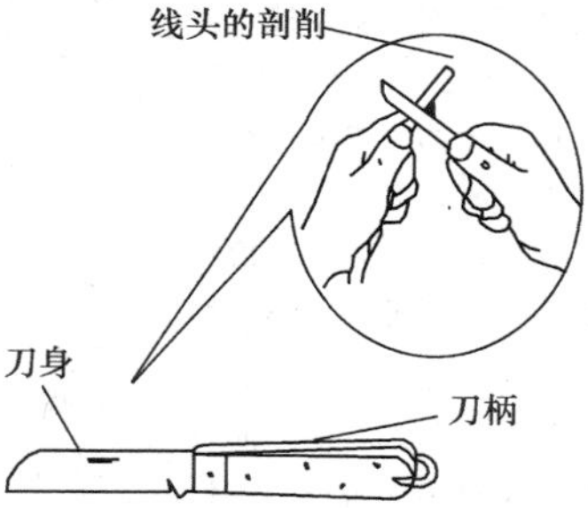 线头的剖削 刀身 刀柄	用来切削电工器材的工具，常用来削割电线、电缆包皮等绝缘部分	(1) 刀口朝外进行操作，削割电线绝缘部分； (2) 使用时刀口略要放平，以免损伤线芯； (3) 使用后要及时把刀身折入刀柄内，以免刀刃受损或危及人身、割破皮肤
活动扳手	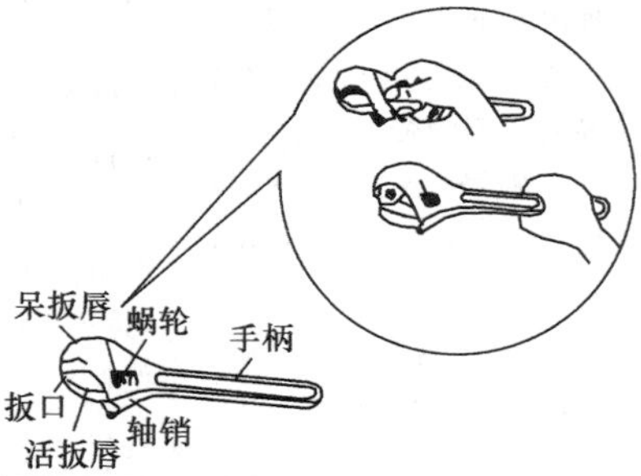 呆扳唇 蜗轮 手柄 扳口 轴销 活扳唇	活动扳手又称扳手、扳子，用来拧紧或拆卸六角螺丝（螺母、螺栓）的专用工具，活动扳手简称活扳手	(1) 不能当锤子用； (2) 要根据螺母、螺栓的大小选用相应规格的活动扳手； (3) 活动扳手的开口调节应以既能夹住螺母不致损伤棱角、或未固牢时失手伤人，又能方便地提取扳手、转换角度为宜
剥线钳	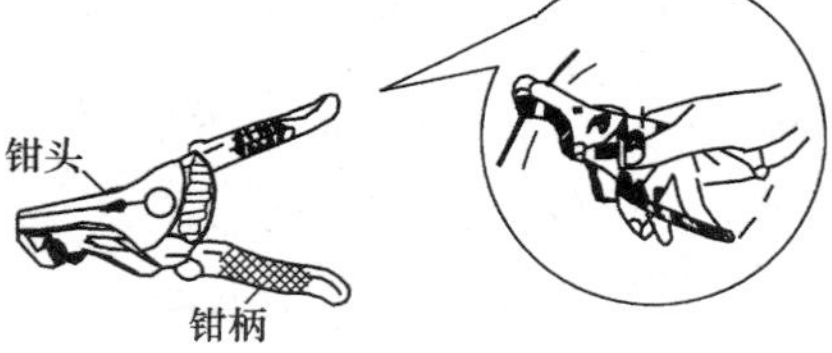 钳头 钳柄	用来剖削小直径导线线头的绝缘外层	(1) 要根据不同的线径来选择剥线钳不同的刃口； (2) 要注意保护好钳柄绝缘部分，以免损坏绝缘而造成触电事故

续表

名称	图示	使用说明	使用注意事项
电烙铁	烙铁头 手柄 大功率电烙铁 小功率电烙铁	用来焊接铜导线、导线、铜接头或导体连接件的镀锡等	(1) 根据焊接物体的大小来选择电烙铁功率； (2) 焊接不同导线或元件时，应掌握好不同的焊接时温度； (3) 注意及时清除电烙铁头上的氧化物； (4) 不使用时要注意随时脱离电源
喷灯	灯头 喷嘴 点火碗 进油阀 安全阀 进油螺塞 手动泵 油桶 手柄	喷灯是一种利用喷射火焰对工件进行加热的工具。在电工作业中，制作电力电缆终端头或中间接头及焊接电力电缆接头时，都要使用喷灯。按照使用燃料油的不同，喷灯分为煤油喷灯和汽油喷灯两种。 使用方法如下：(1) 根据喷灯所用燃料油的种类，加注燃料油，首先旋开加油螺塞，注入燃料油，注入油量要低于油桶最大容量的3/4，然后旋紧加油螺塞； (2) 操作手动泵增加油桶内的油压，然后在点火碗中加入燃料油，点燃烧热喷嘴后，再慢慢打开进油阀门，观察火焰。如果火焰喷射力达到要求，即可开始使用； (3) 手持手柄，使喷灯保持直立，将火焰对准工件即可	(1) 使用前应仔细检查油桶是否漏油、喷嘴是否畅通、是否有漏气等； (2) 打气加压时，首先检查并确认进油阀能可靠关闭，喷灯点火时喷嘴前严禁站人； (3) 工作场所不能有易燃物品，喷灯工作时应注意火焰与带电体之间的安全距离：10kV 以上大于3m,10kV 以下大于 1.5m； (4) 油桶内的油压应根据火焰喷射力掌握； (5) 喷灯的加油、放油和维修应在喷灯熄火后进行； (6) 喷灯使用完毕，倒出剩余燃料油并回收，然后将喷灯污物擦除，妥善保管
冲击电钻	把柄 电源开关 电源引线 冲击钻 冲击钻头	冲击电钻又称冲击钻、电锤，它既可当普通电钻用麻花钻头在金属材料上钻孔，又可用冲击钻头在砖墙、混凝土等处钻孔，供膨胀螺栓使用	(1) 右手应握紧手柄，用力要均匀； (2) 使用冲击电钻时，工作人员要戴护目镜和口罩

续表

名称	图　　示	使　用　说　明	使用注意事项
手电钻		手电钻的种类较多，常见的有手枪式和手提式，主要用来钻削金属、塑料及木材等构件上的孔洞	（1）较长时间未用的手枪钻在使用前应用绝缘电阻表测量其绝缘电阻，一般不应小于0.5MΩ； （2）使用220V的手枪钻时应戴绝缘手套，潮湿环境应使用36V的安全电压； （3）根据所钻孔的大小、合理选择钻头尺寸，钻头装夹要合理、可靠； （4）钻孔时不要用力过猛，当转速较低时应放松压力，以防电钻过热或堵转； （5）被钻孔的构件应固定可靠，以防随钻头一并旋转，造成构件的飞甩

复　习　题

一、选择题

1. 使用喷灯时，火焰与带电部分的距离：电压在10kV及以下者，不得小于1.5m；电压在10kV以上者，不得小于（　　）m。

（A）1.8；（B）2.2；（C）2.5；（D）3。

2. 用电工刀剖削导线时，应以（　　）角倾斜切入塑料绝缘层，应使刀口刚好削透绝缘层而不伤及芯线。

（A）45°；（B）35°；（C）25°；（D）15°。

二、判断题

1. 螺钉旋具的刃口应与螺钉槽配合得当，不要凑合使用，以免损坏刃口或螺钉头部的槽口。（　　）
2. 使用剥线钳应注意宜选大于线芯直径一级的刃口剥线，防止损伤芯线。（　　）
3. 电工不可使用金属直通柄的螺丝刀。（　　）
4. 用扳手紧松螺母时，手离扳手头部越远，越省力。（　　）
5. 剥线钳能剥任何一种导线绝缘。（　　）
6. 使用电钻禁止操作人员戴纱线手套。（　　）
7. 使用喷灯时不能戴手套，要在有火的地方加油。要防止喷射的火焰燃烧到易燃易爆物。（　　）
8. 一般螺钉旋具能用于带电作业。（　　）
9. 在用钢丝钳剪切带电导体时，不得将相、地线或两根相线同时剪切。（　　）
10. 电工刀可以带电切剥。（　　）
11. 钢丝钳（钳子）可当做敲打、捶击的工具。（　　）

12. 对于煤油喷灯在容器内加入汽油也可正常使用。(　　)

三、简答题

1. 钢丝钳使用时应注意什么?
2. 使用电工刀时应注意什么?
3. 剥线钳使用时要注意什么?
4. 电烙铁使用时要注意什么?
5. 冲击电钻使用时要注意什么?
6. 喷灯使用时有哪些注意事项?
7. 简述喷灯的操作步骤。

课题二　常用测量仪表

一、万用表

万用表又叫万能表，可分为模拟式和数字式两种。

(一) 模拟式万用表

1. 万用表的组成及原理

万用表主要由表头、测量电路、转换开关及外壳组成。万用表的表头一般为灵敏度和准确度均较高的磁电系测量机构，其测量电路实质上是由多量程直流电流表、多量程直流电压表、多量程整流系交流电压表以及多量程欧姆表等几种测量电路组合而成的。图 1-2-1 为万用表的简单原理图。

当转动转换开关旋钮时，相应的测量电路与表头和输入端钮（或插孔）接通，便构成具有不同功能的仪表。

2. 万用表的使用方法及注意事项

(1) 正确选择：

1) 正确选择转换开关的位置。每一次测量前，都要认真检查转换开关的位置是否正确。

2) 正确选择红、黑表笔的插入位置。测量前应将红表笔和黑表笔分别与“＋”端和“＊”端连接，以便在进行电流、电压测量时，能通过色标可使红表笔总与被测对象正极或高电位接触，避免指针出现反偏。

(2) 正确测量：

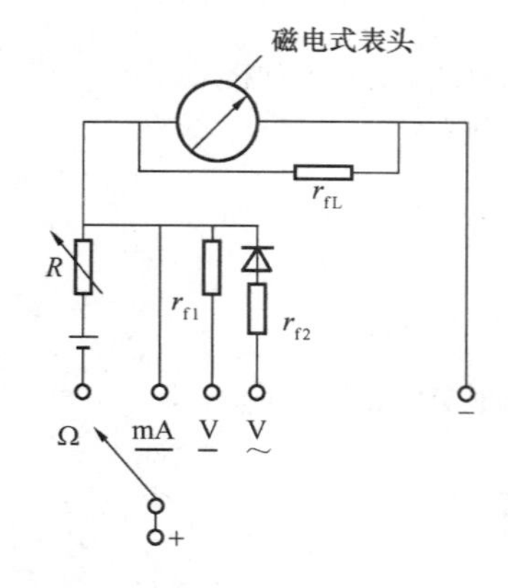

图 1-2-1　万用表的简单原理图

1) 测量电阻。

a) 测量电阻前要调零，即将红、黑表笔相碰，旋动调零旋钮，使指针指在“0”的位置，如图 1-2-2 所示。

b) 测量电阻时，应使万用表指针指示在 0.1～10 倍欧姆中心值（标尺的几何中心线）的刻度范围内。

c) 严禁带电测量被测电阻，如被测电路有电容器，应先将电容器充分放电后才能进行测量。

d) 测量高阻值电阻时，不能用手接触导电部分，以免人体电阻的引入而带来测量误差。

e) 测量晶体管、电解电容器等有极性元器件的等效电阻时，要注意万用表中的电流是从“－”端流出的，即“－”

端（黑表笔）为万用表内附电池的正极，“+”端（红表笔）为内附电池的负极。同时，应将量程选择开关放在×100Ω、×1kΩ挡。量程太小，可能因电流太大烧毁晶体管；量程太大（如×10kΩ挡），则可能因为电压过高而击穿晶体管。

f）不允许用万用表×1Ω、×10Ω挡测量微安表、检流计及标准电池的内阻，以免烧毁动圈或打弯指针。

图 1-2-2　欧姆调零示意

2）电流和电压的测量：

a）测量电流时，应将万用表串入电路，红表笔接被测对象的正极，黑表笔接被测对象的负极。

b）测量电压时，应将万用表并入电路，红表笔接被测对象的高电位，黑表笔接至低电位。

c）测量时，如果不知被测对象数值大小，应先将万用表放置在最大量程，然后视指针偏转情况逐步减小量程。

（3）正确读数：

1）在测量时，要选择与被测量对应的刻度线来读数，不能读错。

2）在读取电阻值时，应将指针指示的数值乘以相应的倍率，如×1、×100 等。

（4）安全注意事项：

1）对大容量电容进行测试时，应先给电容器放电，否则，万用表易烧坏。

2）严禁在通电测量状态下转动量程开关，否则，会产生电弧，损坏转换开关。

3）应养成“单手操作”的习惯，确保人身安全。如测量电压时，应将万用表黑表笔接一个小鳄鱼夹，夹在被测电路的负极或低电位端，用另一只表笔去接触被测电路上的某点以测量电压。

4）使用 2500V 高压插孔时，插头一定要插牢，防止高压打火或因插头脱落引起意外事故。

5）测量完毕后，应将万用表的量程转换开关放至交流电压最高挡。长期不用时，应将电池取出，以免电池存放过久而变质，漏出的电解液腐蚀电路板。

（二）数字式万用表

数字式万用表（DMM）除了模拟万用表的基本功能外，如果带上微处理机和接口，还能对被测数据进行存储和处理，以及用于自动测试系统。

1. 数字式万用表与模拟式万用表的区别

数字式万用表的功能与模拟式万用表基本相同，二者的结构区别可通过图 1-2-3 所示的框图来说明。

由图可知，在模拟式万用表中，各种被测量都要通过相应的测量电路转换成电流，所以，可以说模拟式万用表测量的是电流，其表头相当于一个直流电流表。在数字式万用表中，各种被测量都要通过相应的测量电路转换成电压，所以说数字式万用表测量的是电压，而 A/D 转换器、逻辑控制电路以及显示器等部分的作用相当于指针式万用表表头的作用。

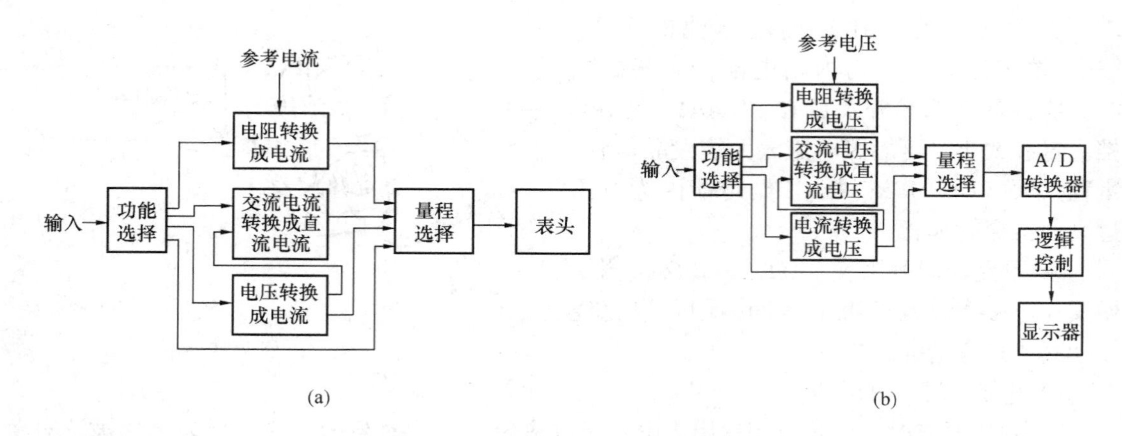

图 1-2-3 模拟式万用表与数字式万用表的基本框图
(a) 模拟式万用表；(b) 数字式万用表

2. DT-830 型数字式万用表

DT-83 型仪表就是一种应用非常广泛的数字式万用表，它采用 LCD 液晶显示，其最大显示为 1999 或－1999。在测量直流电压和电流时能自动显示极性。表内设有快速熔断器，可以实现过载保护；还设有蜂鸣器，可以实现快速连续检查；并且还配有三极管 h_{FE} 和二极管检验功能。DT-830 型数字式万用表外形如图 1-2-4 所示。

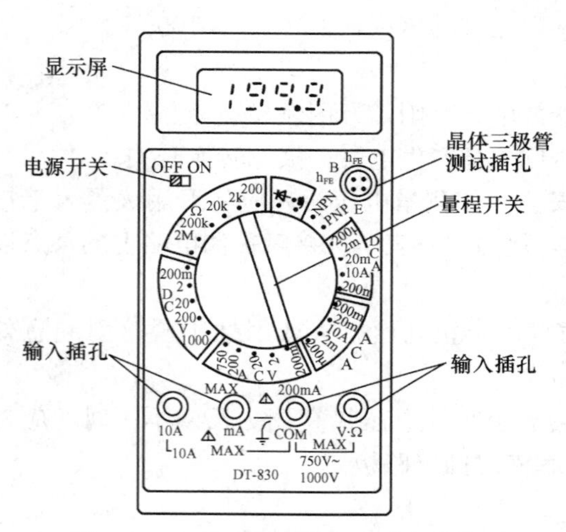

图 1-2-4 DT-830 型数字万用表的外形

DT－830 型数字式万用表的使用方法如下：

(1) 测量直流电压。将万用表转换开关拨至“DCV”(面板的左边) 适当量程 (最大量程不超过 1000V)，黑表笔插入“COM”插孔 (以下各种量的测量中，黑表笔的位置都相同)，红表笔插入“V·Ω”插孔，打开电源开关 (ON)，两支表笔与被测电路并联后，显示屏上便显示被测电压的大小。

(2) 测量交流电压。将万用表转换开关拨至“ACV”(面板的正下方) 适当量程 (最大量程不超过 750V)，红、黑表笔接法和测量方法均与测量直流电压相同。

(3) 测量直流电流。将万用表的转换开关拨至“DCA”(面板的右边) 适当量程。当被测电流小于 200mA 时，红表笔插入“mA”插孔；当被测电流大于 200 mA 时，红表笔应插入“10A”插孔。把万用表串联接入被测电路 (不必考虑极性，因为万用表可以显示极性)。接通电源，即可显示被测电流的读数。需要指出的是：在“mA”插孔下仪表具有自动切换量程的功能，且有保护电路；而在 10A 的大量程下，没有设置保护电路，所以被测电流绝对不能超过量程，测量时间也应尽可能短，一般不要超过 15s，以免烧毁万用表。

(4) 测量交流电流。将万用表的量程转换开关拨至“ACA”(面板的右下方) 适当量程，其余操作与测量直流电流时相同。

(5) 测量电阻。将万用表的量程转换开关拨至“Ω”(面板的左上方)适当量程，红表笔插入“V·Ω”插孔。如果量程开关置于20M或2M挡，显示值以MΩ为单位；量程开关置于200挡时显示值以Ω为单位，其余各挡显示值均以kΩ为单位。

3. 数字万用表的使用方法及注意事项

(1) 正确选择：

1) 测量前，要根据被测量的名称及大小正确选择量程开关的位置，要注意各量程和插口的最大额定电压。

2) 根据被测量的性质，正确选择红、黑表笔的插入位置。

3) 正确选择“HOLD”键。一些新型数字式万用表(DT－830型表无此功能)带有读数保持键“HOLD”，按下此键可将当时的读数保持下来。但作连续测量时不应使用此键，否则仪表不能正常测量。如果刚开机时显示器固定显示某一数值且不随被测量发生变化，有可能是误按“HOLD”键所致。这时，只需松开“HOLD”读数保持键即可。

(2) 正确测量：

1) 测量电阻：①严禁带电测量被测电阻，如被测电路有电容器，应先将电容器充分放电后才能进行测量；②测量高阻值电阻时，不能用手接触导电部分，以免人体电阻的引入而带来测量误差；③在电阻挡时，红表笔的电位高于黑表笔，与普通万用表恰恰相反，在测量晶体管和电解电容等有极性要求的元件时，应特别注意；④测电阻前无需调零。

2) 测量电压和电流：①测量电流时应将万用表串入电路，测量电压时应将万用表并入电路；②对大小不详的被测量，应先选择最高量程进行粗测，然后根据显示结果选择适当的量程。

(3) 正确读数。在测量时，要根据量程转换开关的位置，正确读取被测量的大小和单位。测量刚开始时可能出现跳数现象，应等待显示值稳定后才能读数。

(4) 使用数字万用表应注意的特殊问题。使用数字万用表，除了一些注意事项如每次使用完应将万用表的量程开关切换至交流电压最高挡、正在测试时不能切换挡位等与模拟万用表相同外，还有以下一些特殊问题需要引起注意：

1) 使用数字万用表时要注意插孔旁边所注明的危险标记数据，该数据表示该插孔所允许输入电压、电流的极限值，使用时如果超出此值，仪表可能损坏，甚至危害人身安全。

2) 若在测量时，只有最高位显示数字“1”，其他位无数字显示(消隐)，说明仪表已经过载，应选择更高的量程。

3) 当显示器上出现“⇦”或“[+ −]”符号时，必须更换电池。更换电池时，电源开关必须拨至“OFF”位置。

4) 有些数字万用表的电阻挡往往与蜂鸣器共用一个挡位，因此，当两表笔测试点之间的电阻值小于一定值(一般为几十欧姆)时，蜂鸣器发出声响，利用此功能可用于测试电路和导线的通断情况。

二、钳形电流表

按读数方式不同，钳形电流表可分为指针式钳形电流表和数字式钳形电流表。指针式钳形电流表又可分为磁电式(如T301、T302型等)和电磁式(如MG20、MG21型等)两种，磁电式钳形电流表用于交流电路的测量，而电磁式钳形电流表可交直流两用。本部分主要介绍磁电式钳形电流表。

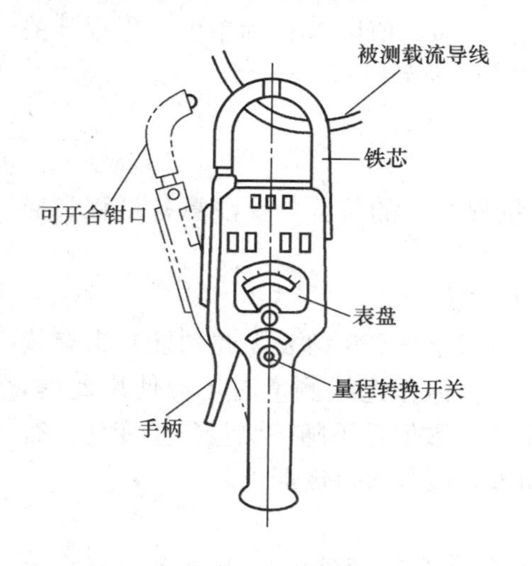

图 1-2-5　T301 型钳形电流表

1. 磁电式钳形电流表的基本结构

磁电式钳形电流表主要由电流互感器、磁电系电流表、量程转换开关及测量电路组成，外形多种多样，图 1-2-5 所示为 T301 型钳形电流表，它只能测量交流电流（与它同一系列的 T302 型钳形表可以测量交流电压和交流电流）。

2. 磁电式钳形电流表的基本原理

钳形电流表的工用原理与电流互感器有关。电流互感器的铁芯有一活动部分在钳形表的上端，并与手柄相连，按动手柄能使活动铁芯张开，将被测电流的导线放入钳口中，松开手柄可使铁芯闭合。互感器没有专门的一次绕组，夹入钳口的载流导线就相当于电流互感器的一次绕组，根据电磁感应的原理可知，在二次绕组中会产生感应电流，通过整流后由磁电系电流表指示出被测电流的数值。

3. 钳形电流表的使用方法及注意事项

钳形电流表的准确度一般为 2.5 级或 5 级，测量精度不高，但由于它能在不断开电源的情况下测量电流，使用方便，所以在一些准确度要求不高的场合应用非常广泛，如测量配电变压器低压侧线路负荷时就可以使用钳形电流表。

钳形电流表的使用方法和注意事项如下：

（1）正确选择钳形电流表。要严格按电压等级选择钳形电流表。低电压等级的钳形电流表只能测低压系统中的电流，不能测量高压系统中的电流。如 T301 型钳形电流表一般只适应于 500V 以下的低压系统。

（2）检查钳形电流表：

1）测量前一定要检查钳形电流表的绝缘性能是否良好，有无破损，钳口有无锈蚀，指针摆动是否灵活，手柄是否清洁干燥等。如果钳口有污物，可以用溶剂洗净，并擦干；如果有锈斑，应轻轻擦去。

2）测量前，要检查钳形电流表的指针是否在零位。如果不在零位，可用小螺丝刀轻轻旋动机构调零旋钮，将指针调到零位。

（3）正确测量：

1）测量前应首先估计被测电流的大小，选择合适的量程，一般以测量时指针偏转后能停留在刻度线的后 1/4 段上为宜。当被测电路的电流难以估算时，先选用较大量程，然后再根据读数的大小，逐渐减小量程。特别是在测量电动机启动电流时，冲击电流很大（有的可达额定电流的 10 倍左右），更应注意量程的合理选择。

2）严禁在测量进行过程中切换钳形电流表的挡位，如果确有必要，则应将被测导线退出钳口后再换挡，如图 1-2-6 所示。

3）测量时，应按动手柄使铁芯张开，将被测导线穿到钳口中央，并垂直于钳口，就可以从表盘上读出被测电流值，如图 1-2-7 所示。

图 1-2-6 钳形电流表挡位调节示意

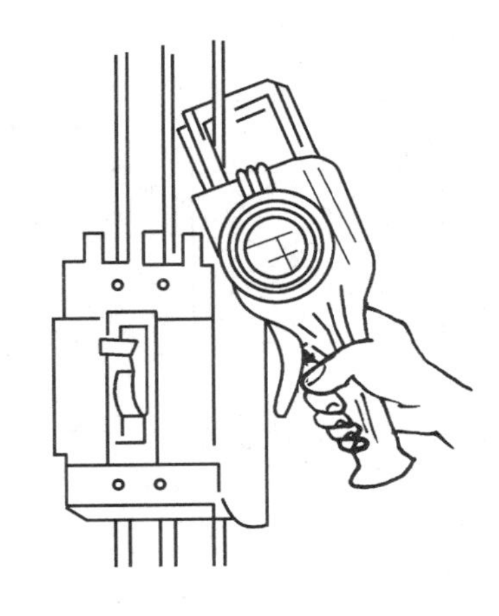
图1-2-7 用钳形电流表测量电流示意

4）钳形电流表表盘上有多条刻度线，读数时应对应选择量程开关所置量程的刻度线进行读数。

5）测量 5A 以下的电流，钳形电流表无法读数时，如果条件允许，可将导线多绕几圈放进钳口进行测量，测量结果除以导线所绕的圈数，即为被测导线的电流值。

（4）安全注意事项：

1）钳形电流表不能测量裸导线的电流。

2）测量时，应由两人进行，即一人操作，一人监护。

3）测量时，应戴绝缘手套或干净的线手套，手与带电设备的安全距离应保持在 100mm 以上，人体与带电设备要保持足够的安全距离，以免发生触电危险。不能用钳形电流表直接测量高压系统中的电流。

4）测量时，应注意防止短路和接地。

5）测量完毕后，应将钳形电流表量程开关放置在最大电流量程的位置上，以免下次使用时，由于操作人员未经量程选择就直接测量大电流而损坏仪表。

4. 数字式钳形电流表

数字式钳形电流表的基本功能与磁电式钳形电流表相同，只不过在配合了相应的测量电路后还具有其他一些测量功能，如测量交流电压、电阻等。使用方法也与钳形电流表和万用表有许多相似之处，具体的使用方法可参看有关产品说明书。

三、绝缘电阻表

绝缘电阻表是一种专门用来测量电气设备或输电线路绝缘电阻的可携式仪表。

1. 绝缘电阻表的结构

指针式绝缘电阻表一般由比率型磁电系测量机构、手摇发电机和外壳组成。手摇发电机的容量很小，在额定转速（120r/min）下会产生很高的电压，绝缘电阻表就是根据发电机发出的最高电压来分的，一般有 500、1000、2500、5000V 几种。电压越高，能测量的绝缘电阻阻值越大。

比率型磁电系测量机构主要由磁路部分、电路部分和指针组成。磁路部分由固定的永久磁铁、极掌和铁芯（由于有开口的铁芯，所以铁芯与磁极间的气隙中的磁场是不均匀

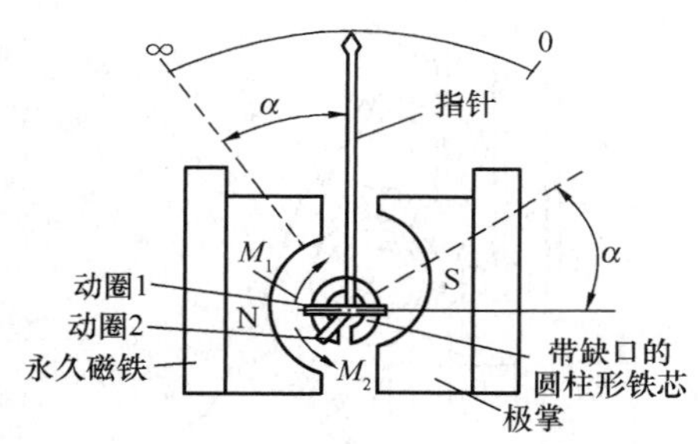

图 1-2-8 绝缘电阻表的结构示意

的）等部件组成。电路部分由两个可动的线圈即动圈 1、动圈 2 组成，两个动圈彼此相交成一固定角度，并连同指针固定在同一转轴上，其结构示意如图 1-2-8 所示。

2. 绝缘电阻表的使用方法及注意事项

（1）正确选择绝缘电阻表。在实际测量中，应根据被测对象和被测设备的额定电压来选择绝缘电阻表的额定电压，如表 1-2-2 所示。

表 1-2-2　绝缘电阻表选用参考表

测 量 对 象	被测设备额定电压（V）	绝缘电阻表额定电压（V）
线圈的绝缘电阻	500 及以下，500 以上	500，1000
电动机绕组的绝缘电阻	500 及以下，500 以上	500～1000，1000～2500
电力变压器绕组的绝缘电阻		
绝缘子、母线、隔离开关	500 以上	2500
低压线路	500 及以下	500～1000
高压线路	500 以上	2500

选择绝缘电阻表时，不能选用测量范围超出被测绝缘电阻值过大的表，否则会产生测量误差。此外，有些绝缘电阻表的标尺刻度不是从零开始，而是从 1MΩ 或 2MΩ 开始，如果用这种表去测量绝缘电阻值较低（如 380V 异步电动机相对地的绝缘电阻最低合格值为 0.5MΩ）的低压电气设备的绝缘电阻时，容易误认为绝缘电阻为零，从而不能对电气设备的绝缘情况作出正确的判断，所以也不能选用这种表。

（2）测量前的准备：

1）测量前的检查。测量前，要对绝缘电阻表进行外观检查和仪表内部检查：

a）外观检查的内容主要包括外壳是否完好，摇柄是否灵活，测试导线是否齐全且完好。

b）内部检查包括开路和短路实验：①开路实验。将绝缘电阻表的接线端 L、E 开路，摇动手柄至额定转速（120r/min），指针应指在"∞"位置；②短路实验。将 L、E 端子短路，轻摇手柄，指针应指在"0"位置，如图 1-2-9 所示。

进行开路和短路实验时，如果指针偏离上述位置，说明绝缘电阻表可能有问题，应进行修理调整。

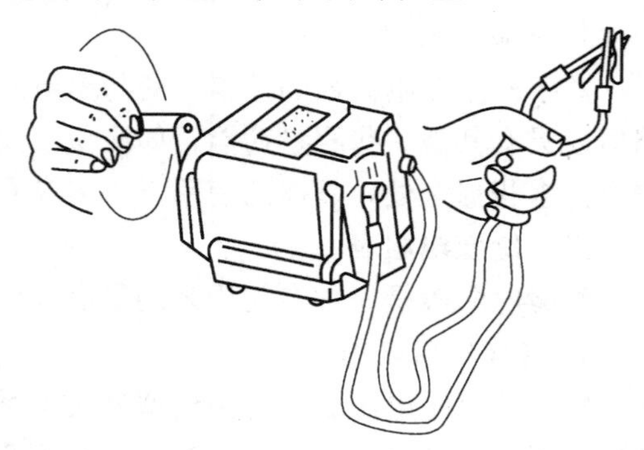
图 1-2-9 绝缘电阻表的短路实验

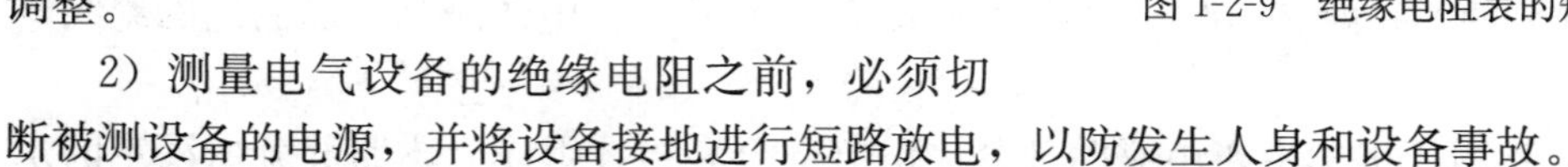

2）测量电气设备的绝缘电阻之前，必须切断被测设备的电源，并将设备接地进行短路放电，以防发生人身和设备事故。

3）对被测设备进行测量前的处理，如拆除无关的接线，对表面进行擦拭等。

4）将绝缘电阻表应放置在平稳牢固的地方，以免在摇动发电机手柄时，表身晃动和倾斜而产生测量误差。

（3）正确接线。绝缘电阻表有三个接线柱，分别是“L”（线）、“E”（地）和“G”（屏蔽端子或保护环）。测量时，“L”用导线接被测设备的待测导体部分，“E”用导线接设备的外壳（测量两绕组的相间绝缘时也可接另一导体）。当被测对象表面不干净或潮湿时，应使用“G”（屏蔽）端钮。例如测量电缆的绝缘电阻时，应在绝缘电阻表表面加一个保护环，并接至G端钮，这样可以消除表面电流的影响，如图 1-2-10 所示。

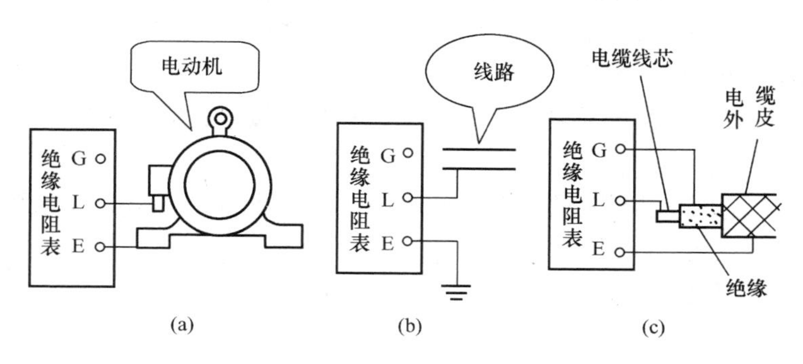

图 1-2-10 用绝缘电阻表测量绝缘电阻的接线图

(a) 测电动机的绝缘电阻；(b) 测线路对地的绝缘电阻；(c) 测电缆的绝缘电阻

（4）正确摇测与读数：

1）摇动绝缘电阻表的手柄，转速要均匀，一般为 120r/min，切忌忽快忽慢。

2）测量电容量较大的被测设备，如变压器、电容器、电缆线路等，除测量前必须先放电，测量后也要先放电再拆线。测量方法应遵循“先摇后接，先撤后停”的原则，如图 1-2-11所示。在测试过程中，要先持续摇动一段时间，让绝缘电阻表对电容充电，等指针稳定后再读数。

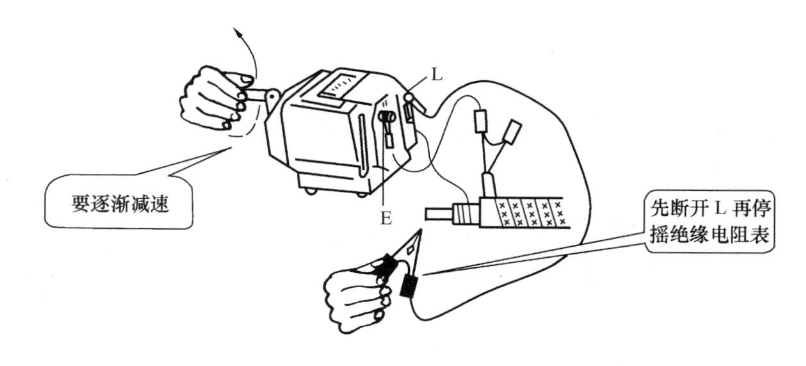

图 1-2-11 绝缘电阻表测试示意

（5）当所测绝缘电阻值过低时，能分解的设备应进行分解试验，找出绝缘电阻最低的部位。

（6）测量完毕，应对被测设备充分放电，拆线时也不可直接触及连接线的裸露部分，以免发生触电事故。

（7）绝缘电阻表没有停止转动或被测设备尚未进行放电之前，不允许用手接触导体。

(8) 不能在潮湿及雷雨天气测试绝缘电阻。

(9) 测量时，应由两人进行。测试人员应注意与周围带电设备保持安全距离，应避免强电场和强磁场的干扰。

3. 常用电气设备的绝缘电阻合格值

(1) 新装和大修的低压线路和设备，其绝缘电阻不低于 0.5MΩ。

(2) 携带式电气设备的绝缘电阻不低于 2MΩ。

(3) 配电盘二次线路的绝缘电阻不应低于 1MΩ，在潮湿环境可降低为 0.5MΩ。

(4) 1kV 电力电缆的绝缘电阻不小于 10MΩ，3kV 电力电缆的绝缘电阻不小于 200MΩ，10kV 电力电缆的绝缘电阻不小于 400MΩ。

(5) 10、35kV 柱上高压断路器其套管、绝缘子和灭弧室的绝缘电阻分别不低于 300MΩ 和 1000MΩ。

(6) 35kV 以上金属氧化物避雷器的绝缘电阻不低于 2500MΩ，35kV 及以下金属氧化物避雷器的绝缘电阻不低于 1000MΩ。

(7) 并联电容器两极对地的绝缘电阻不低于 2000MΩ。

四、接地电阻测量仪

接地电阻测量仪是一种专门用来测量电气设备以及避雷装置等接地电阻的便携式仪表，又称为接地绝缘电阻表。其型号有多种，但工作原理和特点基本相似。

1. 接地及接地电阻的概念

所谓接地，就是用金属导线将电气设备和输电线路需要接地的部分与埋在土壤中的金属接地体连接起来。接地体的接地电阻包括接地体本身电阻、接地线电阻、接地体与土壤的接触电阻和大地的散流电阻。由于前三项电阻很小，可以忽略不计，故接地电阻主要是土壤通过电流时的散流电阻。

测量接地电阻的方法有很多，可用电流电压表法（即伏安法）、电桥法和接地电阻测量仪法等。

2. ZC-8 型接地电阻测量仪的结构

ZC-8 型接地电阻测量仪主要由手摇发电机，相敏整流放大电路、电流互感器、调节电位器及检流计等组成，全部机构装置在铝合金铸造的携带式外壳内。ZC-8 型接地电阻测量仪有三端钮和四端钮两种，其区别见表 1-2-3。

表 1-2-3 三端钮和四端钮接地电阻测量仪的主要区别

规　格	接线端子	倍率 K	测量范围（Ω）
三端钮	C、P、E	×1	0～10
		×10	0～100
		×100	0～1000
四端钮	C_1、C_2、P_1、P_2	×0.1	0～1
		×1	0～10
		×10	0～100

ZC-8 型三端钮接地电阻测量仪的附件有三根连接导线和两根镀锌的接地探测针，三根测量连接线的长度一般为 5、20、40m，两根接地探测针的长度一般为 0.5m 长，其外形和附件如图 1-2-12 所示。

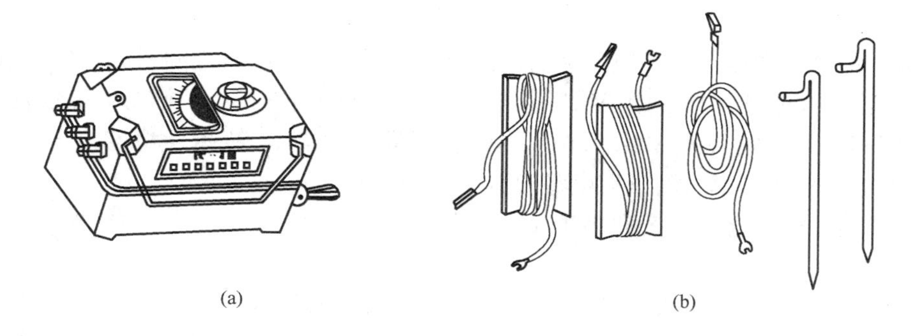

(a) (b)

图 1-2-12 ZC-8 型接地电阻测量仪的外形及附件

(a) 外形；(b) 附件

3. 接地电阻测量仪的使用方法和注意事项

(1) 准备工作。将待测的接地极与所连接的电气设备断开，测量变压器的接地极时，必须断开电源，并采取安全措施，对防雷、安全保护的接地线，须打开预留断开点，将待连接点打磨干净，以减小接触电阻。准备好锤子和辅助接地测量棒与测量连接线。

(2) 检查仪表：

1) 外壳应完好无损、无油污；仪表部件及附件应齐全完好；可动部分应灵活。

2) 将仪表水平放置，检查指针是否指于中心线零位上，否则应将指针调整至中心线零位上。

3) 短路试验。将仪表水平放置，倍率开关拨到最低挡（或要使用的一挡)，用裸铜线短接接线端钮，如图 1-2-13 所示。摇动手柄，指针向左偏转，此时边摇动手柄边调整“标度盘端钮”，当看到指针与中心刻度线重合时，指针应指标度盘上的“0”。否则，说明仪表本身不准确。

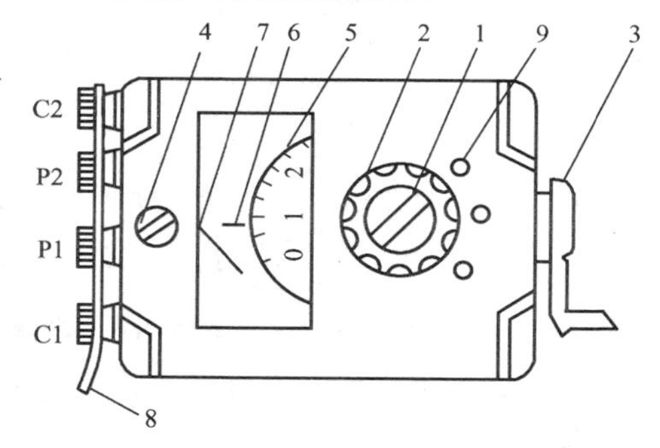

图 1-2-13 接地电阻测量仪短路试验示意

1—挡位开关；2—标盘旋钮；3—摇柄；4—机械调零旋钮；5—标度盘；6—中心刻度线；7—指针；8—裸铜线；9—倍率挡位

(3) 正确接线。将被测接地极与仪表 E 端钮相接，将电位探针 P、电流探针 C 沿直线分别相距 20m 的地方插入地下，与仪表对应的 P、C 端钮相接。三端钮、四端钮测量仪的接线如图 1-2-14 所示。用接地电阻测量仪测量变压器接地电阻的具体接线如图 1-2-15 所示。

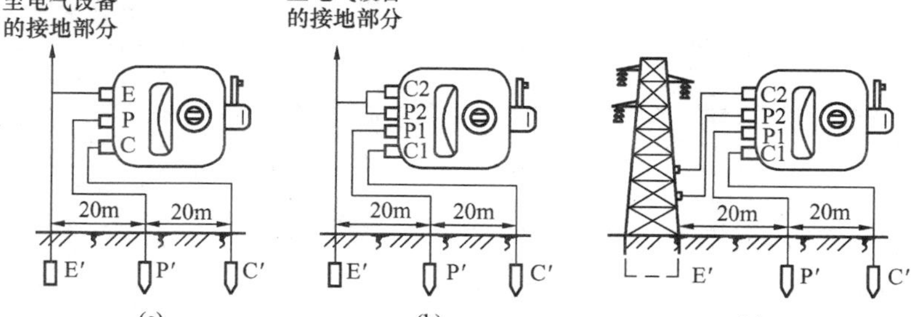

至电气设备的接地部分 E P C 20m 20m E′ P′ C′ (a)

至电气设备的接地部分 C2 P2 P1 C1 20m 20m E′ P′ C′ (b)

C2 P2 P1 C1 20m 20m E′ P′ C′ (c)

图 1-2-14 接地电阻测量仪的接线

(a) 三端钮测量仪的接线；(b) 四端钮测量仪的接线；(c) 测量小接地电阻的接线

（4）正确测量：

1）将“倍率标度盘”置于最大倍数，慢摇发电机手柄，同时旋动“测量标度盘”，即调节电位器使检流计的指针指于中心线零位上。当检流计的指针接近平衡时，加快发电机手柄的转速，使其达到额定转速120r/min，调整“测量标度盘”，使指针稳定指于中心线零位上，这时接地电阻＝倍率×测量标度盘读数。

2）若“测量标度盘”的读数小于1，应将“倍率标度盘”置于较小的倍数，再重新进行测量。

3）当用0～1～10～100Ω规格的仪表测量小于1Ω的接地电阻时，宜使用四端钮接地电阻测量仪进行测量，以消除接线电阻和接触电阻的影响。测量时应将C2、P2间的连片打开，分别用导线连接到被测接地体上，并将端钮P2接在靠近接地体一侧，如图1-2-15（c）所示。

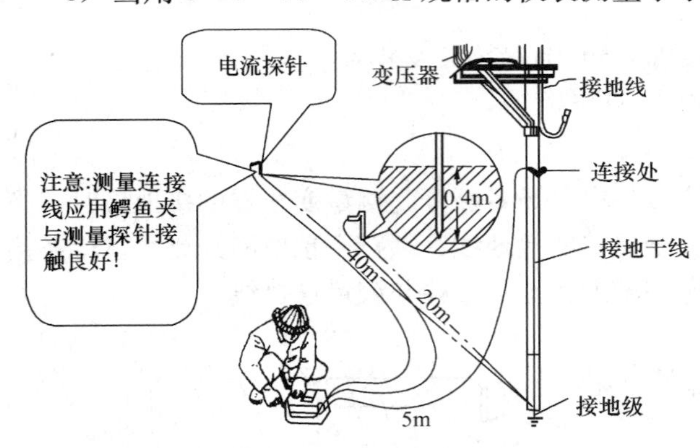

图1-2-15　接地电阻测量仪测量变压器接地电阻

（5）注意事项：

1）不准带电测量接地装置的接地电阻。

2）当测量电气设备接地保护的接地电阻时，一定要将被保护的电气设备断开，否则会影响测量的准确性。

3）当接地极E和电流探针C之间的距离大于20m时，电位探针P应插在离开E和C连线几米以外的地方；小于20m时，则应将电位探针P插在E、C的连线中间。

4）易燃易爆场所和有瓦斯爆炸危险的场所，不得使用普通接地电阻表，必须使用安全火花型接地电阻表。

5）测试线不应与高压架空线或地下金属管道平行，以防止影响准确度。

6）雷雨季节，特别是阴雨天气不得测量避雷接地装置的接地电阻。

4. 常见接地电阻合格值

常见接地电阻的最低合格值如表1-2-4所示。

表1-2-4　　常见接地电阻的最低合格值

序　号	被　测　对　象	接地电阻值最低合格值（Ω）
1	1kV以下电力设备（包括变压器）	不大于4（总容量≥100kVA）
		可大于4但不大于10（总容量＜100kVA）
2	独立避雷针	≤10
3	避雷器	≤5
4	低压进户线绝缘子铁脚	≤30

如配电变压器低压侧中性点工作接地电阻，一般不应大于4Ω，但当配电变压器容量不大于100kVA时，接地电阻可不大于10Ω。

操作训练3　常用电工工具和仪表使用训练

一、训练目的

（1）熟悉常用电工工具和仪表的种类。

（2）掌握仪表工具的使用范围和要求。

（3）学会正确的操作方法和技巧。

二、操作任务

操作任务见表1-2-5。

表1-2-5　常用电工工具和仪表使用训练操作任务表

操作内容	电工工具、万用表、钳形电流表、绝缘电阻表、接地电阻测量仪使用
说明及要求	（1）电工工具在完成示范操作后可放在电气设备安装操作中训练； （2）万用表重点学会电压、电流和电阻的测量和读数； （3）钳形电流表可用于测电动机的启动和空载电流； （4）绝缘电阻表和接地电阻测量仪使用过程要了解常用设备的绝缘电阻值，正确摇测与读数
工具、材料、设备场地	常用电工工具、万用表、绝缘电阻表、接地电阻测量仪、被测设备

三、注意事项和安全措施

（1）作好被测设备仪器仪表的安全检查。

（2）通电测量时必须在指导老师的监督下进行操作，防止设备和人身伤害。

（3）使用完仪器设备后应按规定设置于安全范围。

复　习　题

一、选择题

1. 万用表的转换开关是实现（　　）。

（A）各种测量种类及量程转换的开关；（B）万用表电流接通的开关；（C）接通被测物的测量开关；（D）各种量程转换的开关。

2. 模拟式指针式万用表采用（　　）的测量机构。

（A）磁电系；（B）电磁系；（C）电动系；（D）感应系。

3. 万用表使用完后其转换开关应置于（　　）。

（A）直流电压最大量程挡；（B）直流电流最大量程挡；（C）欧姆电阻最大倍率挡；（D）交流电压最大量程挡。

4. 用万用表测量电阻时，以指针的偏转处于（　　）为最适宜。

（A）刻度范围内；（B）靠近∞端的1/3范围内；（C）靠近O端的1/3范围内；（D）接近于中心刻度线（即中值电阻）。

5. 数字式万用表的表头是（　　）。

（A）磁电式直流电流表；（B）数字直流电压表；（C）数字直流电流表；（D）电动式直流电流表。

6. 用钳形电流表测量单相负荷电流的方法是（　　）。

（A）钳口夹住一根导线；（B）钳口夹住两根导线；（C）把钳形表串联在负荷线路中；（D）把钳形表

与负荷并联。

7. 测量绝缘电阻应采用（　　）方法测量。

（A）万用表法；（B）单臂电桥法；（C）绝缘电阻表法；（D）双臂电桥法。

8. 要测量380V交流电动机绝缘电阻，应选用额定电压为（　　）V的绝缘电阻表。

（A）250；（B）500；（C）1000；（D）2500。

9. 测量10kV以上变压器绕组的绝缘电阻，应采用（　　）V绝缘电阻表。

（A）2500；（B）500；（C）1000；（D）1500。

10. 接地电阻测量仪用于测量（　　）。

（A）小电阻；（B）中值电阻；（C）绝缘电阻；（D）接地电阻。

二、判断题

1. 万用表表头满偏电流越小，表头的灵敏度越高，测量电压时的内阻就越大。（　　）

2. 用万用表的交流电压挡，测直流电压将得不到任何数值。（　　）

3. 万用表中的欧姆挡的标尺为反向刻度，且刻度是不均匀的。（　　）

4. 指针式万用表用电阻挡测量时，其“+”插孔是和内部电池的正极相连。（　　）

5. 万用表使用前，应检查指针是否指在零位上，如不在零位，可调整表盖上的机械零位调整器，使指针恢复至零位。（　　）

6. 万用表测交直流2500V高电压时，应将红表笔插入专用的2500V插孔中。（　　）

7. 万用表如无法使指针调到零位时，则说明万用表内的电池电压太低，应更换新电池。（　　）

8. 万用表在接入电路进行测量前，需先检查转换开关是否在所测挡位上。（　　）

9. 万用表测量电阻时，不必将被测电阻与电源断开。（　　）

10. 使用万用表欧姆挡可以测量小于1Ω的电阻。（　　）

11. 一般钳形电流表适用于低压电路的测量，被测电路的电压不能超过钳形电流表所规定的使用电压。（　　）

12. 无特殊附件的钳形电流表，严禁在高压电路中直接使用。（　　）

13. 钳形电流表的铁芯不要靠近变压器和电动机的外壳以及其他带电部分，以免受到外界磁场的影响。（　　）

14. 钳形电流表的钳口必须钳在有绝缘层的导线上，同时要与其他带电部分保持安全距离，防止发生相间短路事故。（　　）

15. 绝缘电阻表G端钮的作用是屏蔽流过被测绝缘的表面泄漏电流。（　　）

16. 绝缘电阻表的电压越高，测量的绝缘电阻阻值就越小。（　　）

17. 在测500V以下的电器及线路绝缘电阻时，采用500V绝缘电阻表。（　　）

18. 摇测前检查表本身及所配用的绝缘试验引线是否良好。开路时应指向“∞”，短接时应指向“0”。（　　）

19. 用绝缘电阻表测量大电容设备的绝缘电阻后，对被试设备放电的目的是防止触电。（　　）

20. 带有整流元件的回路，不能用绝缘电阻表测绝缘电阻，如果测量绝缘电阻，应将整流元件焊开。（　　）

21. 绝缘电阻表有“线”（L）、“地”（E）和“屏”（G）三个接线柱，进行一般测量时，只要把被测绝缘电阻接在“L”和“E”之间即可。（　　）

22. 测量电缆的绝缘电阻时，需将屏蔽“G”柱接到电缆的绝缘层上。（　　）

23. 测量绝缘时，应先将被测设备脱离电源，进行充分对地放电，并清洁表面。（　　）

24. 测量绝缘若被测物短路，表针摆到“0”点时，应立即停止摇动，以避免烧坏绝缘电阻表。（　　）

25. 对于电容量大的设备，在测量完毕后，就不必将被测设备对地进行放电了。（　　）

26. 用绝缘电阻表摇测带电设备时，带电设备的电压不能高于500V。（　　）

27. 双回路线路或双母线，当一路带电时，不得测量另一路的绝缘电阻。（ ）

28. 雷电时，要用绝缘电阻表在停电的高压线路上测量绝缘电阻。（ ）

29. 在绝缘电阻表没有停止转动或被测设备没有放电之前，切勿用手去触及被测设备或绝缘电阻表的接线柱。（ ）

30. 测量电容器绝缘电阻后，先停止摇动，然后取下测量引线。（ ）

三、问答题

1. 简述万用表使用的安全注意事项。
2. 使用钳形电流表时应注意什么问题？
3. 使用绝缘电阻表测量绝缘电阻时，应该注意哪些事项？
4. 如何测量电缆的绝缘电阻？
5. 绝缘电阻表摇测的快慢与被测电阻值有无关系？为什么？
6. 怎样正确使用接地电阻测量仪？

课题三 验电器和接地线

一、验电器

验电器分为高压和低压两类，是检验电气设备、电器等是否有电的一种专用安全工具。

（一）低压验电器

低压验电器亦称低压试电笔，用于检查500V以下导体或各种用电设备外壳是否带电的一种工具。试电笔通常有钢笔式和螺丝刀式两种，其外形与结构如图1-2-16所示。

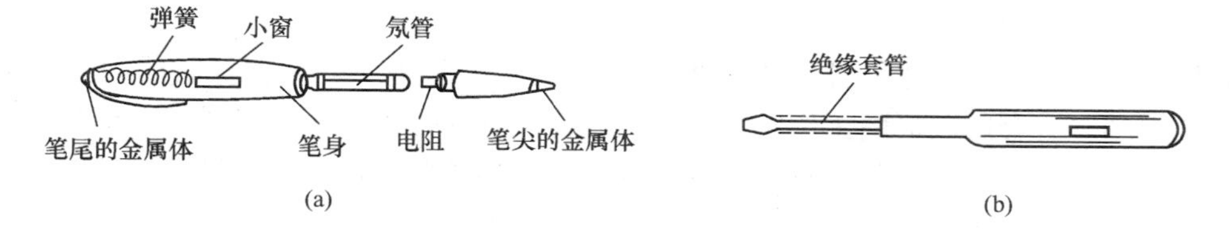

图1-2-16 试电笔

（a）钢笔式试电笔外形；（b）螺丝刀式试电笔外形

（1）使用试电笔时要注意下列几个问题：

1）使用试电笔时，首先要检查它有无电阻在里面，再直观检查验电器是否损坏。检查合格后才可使用。

2）手指必须接触金属笔挂（钢笔式）或测电笔顶部的金属螺钉（螺丝刀式），使电流由被测带电体经试电笔和人体与大地构成回路。只要被测带电体与大地之间电压超过60V时，氖管就会起辉发光。观察时应将氖管窗口背光朝向操作者，如图1-2-17所示。

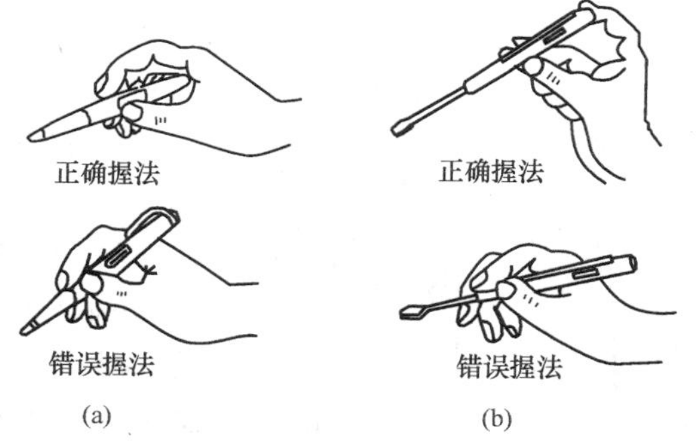

图1-2-17 试电笔的用法

（a）钢笔式试电笔的用法；（b）螺丝刀式试电笔的用法

3）试电笔在每次使用前，应先在确认有电的带电体上试验，检查其是否能正常验电，以免因氖管损坏，在检验中造成误判，危及人身或设备安全。螺丝刀式试电笔裸露部分较长，可在金属杆上加绝缘套管，以保证使用安全。

4）试电笔在使用完毕后，要保持清洁，放置在干燥、防潮、防摔碰之处。

（2）试电笔除了检查导体或各种用电设备外壳是否带电外，还有如下用途：

1）区别相线和零线：相线发亮，零线一般不发亮。

2）区别交流电和直流电：在直流电通过试电笔时，氖灯里的两个极只有一个发亮。

3）区别直流电正极和负极：把试电笔连接在直流电的正负极之间，发亮的一端为负极，不发亮的一端为正极。

4）区别电压高低：电压越高，发光越亮。

5）检查相线接地：接地一相的亮度较弱。接触中性线，若发亮，说明各相负荷不平衡，或有匝间短路现象。

6）检查接线头，若接触不良，或有干扰，则氖灯出现闪烁现象等。

（二）高压验电器

高压验电器根据使用的电压，一般有10kV或35kV两种，如图1-2-18所示。

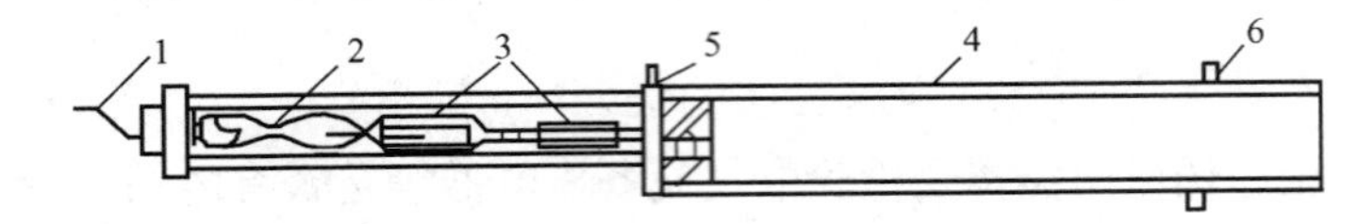

图1-2-18　高压验电器结构

1—工作触头；2—氖灯；3—电容器；4—支持器；5—接地螺丝；6—隔离护环

1. 高压验电器的结构

高压验电器结构分为指示器和支持器两部分。指示器是用绝缘材料制成的一根空心管子，管子上端装有金属制成的工作触头，里面装有氖灯和电容器。支持器是由绝缘部分和握手部分组成，绝缘和握手部分用胶木或硬橡胶制成。高压验电器的工作触头接近或接触带电设备时，则有电容电流通过氖灯，氖灯发光，即表明设备带电。

2. 使用高压验电器的注意事项

（1）使用前确认验电器电压等级与被验设备或线路的电压等级一致。验电前后，应在有电的设备上试验，验证验电器良好。

（2）验电时，验电器应逐渐靠近带电部分，直到氖灯发亮为止，不要直接接触带电部分。验电时，验电器不装接地线，以免操作时接地线碰到带电设备造成接地短路或电击事故。如在木杆或木构架上验电，不接地不能指示者，验电器可加装接地线。

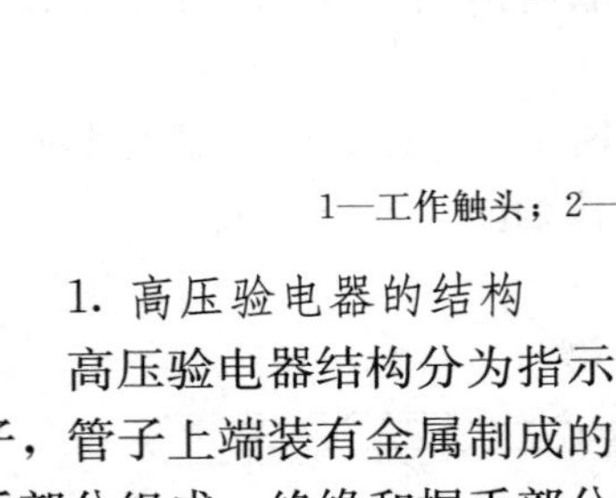

（3）验电时应戴绝缘手套，手不超过握手的隔离护环。

（4）高压验电器每半年试验一次。

（三）回转式高压验电器

回转式高压验电器是利用带电导体尖端电晕放电产生的电晕风来驱动指示叶片旋转，从而检查设备或导体是否带电，也称风车式验电器，如图1-2-19所示。

回转指示器
绝缘杆

图1-2-19　回转式高压验电器

1. 回转式高压验电器结构及优点

回转式高压验电器主要由回转指示器和长度可以自由伸

缩的绝缘杆组成。使用时，将回转指示器触及线路或电气设备，若设备带电，指示叶片旋转，反之则不旋转。电压等级不同，回转式高压验电器配用的绝缘杆的节数及长度不同，使用时，选择合适的绝缘杆，保证测试人员的安全。

回转式高压验电器具有灵敏度高、选择性强、信号指示明确、操作方便等优点，不论在线路、杆塔上，还是在变电站内部，均能够正确、明显地指示电力设备有无电压。它适用于6kV及以上的交流系统。

2. 回转式高压验电器使用注意事项

(1) 使用前，要按所测设备（线路）的电压等级，选用合适型号的回转指示器和绝缘杆，并对回转指示器进行检查，证实良好方可使用。

(2) 将检验过的回转指示器在绝缘杆上固定，并用绸布将其表面擦净，然后转动至所需角度，以便使用时观察方便。

(3) 根据电力设备所需测试的电压等级，将绝缘杆拉伸至规定长度。绝缘杆上标有红线，红线以上部位表示内有电容元件，且属带电部分，该部分应按《电业安全工作规程》要求与临近导体或接地体保持必要的安全距离。

(4) 使用验电器时，工作人员的手必须握在绝缘杆护环以下的部位，不准超过护环。

(5) 在测试时，应逐渐靠近被测设备。一旦指示器叶片开始正常旋转，即说明该设备有电，应随即离开被测设备。叶片不能长期旋转，以保证验电器的使用寿命。这种型号验电器在多回路平行架空线上对其中任一回路进行验电时，均不受其他运行线路感应电压的影响。当电缆或电容器上存在残余电荷电压时，回转指示器叶片仅短时缓慢转动几圈，即自行停转，因此它可以准确鉴别设备停电与否。

回转指示器妥善保管注意事项：

1) 不得强烈振动或冲击，也不准擅自调整拆装。

2) 回转验电器只适用于户内或户外良好天气下使用，在雨、雪等环境下禁止使用。

3) 每次使用完毕，在收缩绝缘杆及取下回转指示器放入包装袋之前，应将表面尘埃擦净，并存放在干燥通风的地方，避免受潮。

4) 为保证使用安全，验电器应每半年进行一次预防性电气试验。

(四) 声光高压验电器

1. 声光高压验电器结构

声光高压验电器结构示意如图1-2-20所示，它由声光显示器（电压指示器）和全绝缘自由伸缩式操作杆两部分组成。声光显示器（电压指示器）的电路采用集成电路屏蔽工艺，

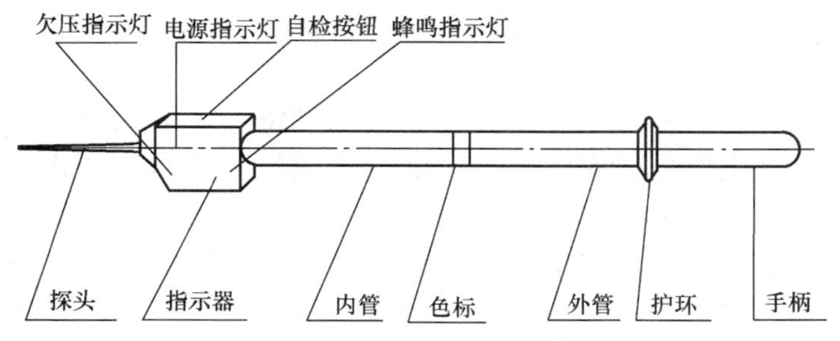

图1-2-20　声光高压验电器结构示意图

可保证在高电压强电场下安全可靠地工作。

操作杆采用内管和外管组成的拉杆式结构，能方便地自由伸缩，采用耐潮、耐酸碱、防霉、耐日光照射、耐弧能力强和绝缘性能优良的环氧树脂、无碱玻璃纤维制作。

2. 声光高压验电器使用方法

声光高压验电器使用前应根据被测电气设备或线路的额定电压选用合适型号的验电器操作杆和指示器。对指示器应先进行自检试验并合格，然后将指示器固定在操作杆上，并将操作杆拉伸至规定长度，再对指示器进行一次自检试验并合格，才能进行验电工作。

3. 声光高压验电器使用注意事项

（1）为确保人身安全，在使用中必须严格按《电业安全工作规程》及有关操作规程规定进行。使用前先要在同等电压带电设备上进行试验，确证验电器良好，才能使用。

（2）验电器用于室外作业时，必须在良好的气候条件下进行。

（3）验电器应保存在阴凉、通风、干燥处。若长期不使用，应将电池取出。

（4）验电器使用前后均应用清洁干燥软布将操作杆擦拭干净，以防使用中发生闪络、爬电等现象。

（5）验电器的操作杆、指示器严禁受碰撞、敲击及剧烈振动，严禁擅自拆卸，以免损坏。

（6）验电器在携带与保管中，要避免跌落、挤压和强烈冲击振动。不要用带腐蚀性的化学溶剂和洗涤剂等溶液擦拭。不能放在露天烈日下曝晒，需经常保持清洁。

（7）高压验电器每半年试验一次。

二、携带型接地线

携带型接地线如图 1-2-21 所示。电气设备和电力线路停电检修时，为防止突然来电，确保作业人员的安全，要采取保证安全的技术措施，即在全部停电或部分停电的电气设备上可能来电的各侧装设地线。

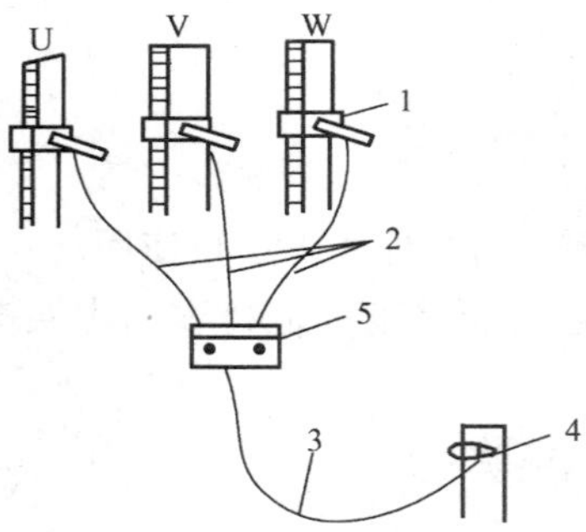

图 1-2-21 携带型接地线

1、4、5—专用夹头（线夹）；2—三相短路多股软铜线；3—接地线

（一）携带型接地线的结构和作用

1. 结构

携带型接地线由各相短路和接地用的多股软裸铜线及专用线夹组成，线夹用于连接接地极及连接被接地的导线。导线端线夹一般由铝合金铸造抛光后制成，是用于连接短路线到电气装置导线上的夹持器，要求连接牢固，并具有足够的接触面。

多股软铜线是接地线的主要部件。其中有三根短软铜线是为连接三相导线使其与接地装置相连接。

2. 作用

将可能来电的两侧三相短路接地，是保护工作人员免遭电击伤害最直接的保护措施。使工作地点始终处于“地电位”的保护之中，同时还可以防止剩余电荷和感应电荷对人体的伤害。在发生误送电时，能使保护动作，迅速切断电源。

携带型接地线采用多股软铜线的目的是携带方便且导电性能好。同时软铜线外面应包有透明的绝缘塑料护套以预防外伤断股，多股软线的截面应满足装设地点短路电流的要求，即在短路电流通过时，铜线不会因为产生高热而熔断，且应保持足够的机械强度，故该截面最小不得小于 25mm²。

（二）接地线的挂接

（1）挂接地线必须在验明线路或设备确无电压后才能进行。

（2）接地线应挂在检修工作的两端导线上。如果是T形回路，则应在工作处的三端导线上挂接地线；若是十字形连接处，则应在工作处四端导线上挂接地线。

（3）同杆架设的多层电力线路挂接地线时，应先挂下层导线，后挂上层导线；先挂离人体较近的导线，后挂离人体较远的导线。

（4）挂接地线时，必须先将接地端接好，验明停电设备无电压后，立即将接地线的另一端接在设备及线路的导体上。拆除接地线时的顺序与挂接的顺序相反。

（5）接地线连接应可靠，不准缠绕，这是因为缠绕使其连接不良，接地线易烧断。连接应采用专用线夹。

（6）不准使用不接地的短路接地短路线来代替接地线，以防有单相电源入侵时，使工作人员电击。

（三）接地线挂接和使用中注意事项

（1）装、拆接地线必须由两人进行。

（2）挂接或拆除接地线时，应使用绝缘棒或戴绝缘手套。人体不得碰触接地线，以免感应电压或突然来电时被电击。

（3）严禁工作人员或其他人员随意移动已挂好的接地线，如需移动，必须经过工作许可人或工作负责人同意，并在工作票或安全措施票上注明。

（4）不允许采用三相导线分别接地的办法来代替接地线。

（5）挂接地线时，人体不得接触接地线和未接地的导线，以防突然来电造成操作人员电击。

（6）挂接地线的操作如图1-2-22所示。10kV高压系统挂接地线必须使用绝缘杆和戴绝缘手套；而380V低压系统挂接地线，允许只使用一种绝缘工具，即使用绝缘杆或戴绝缘手套。

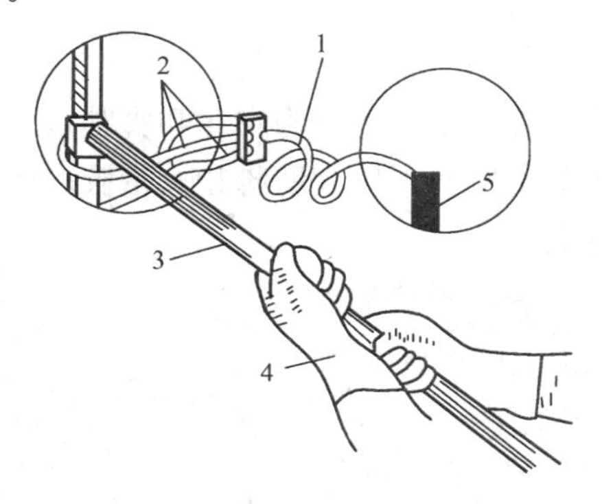

图1-2-22 接地线的安装

1—接地段；2—短路段；3—绝缘棒；4—绝缘手套；5—接地装置

（7）在配电室中挂接地线时，为保证接地线与设备导体之间的接触良好，应将接地线挂在停电侧的闸刀片上。

（8）接地线的接地点与检修设备之间不得连有断路器、隔离开关或熔断器。

（9）对带有电容的设备或电缆线路，在装设接地线之前应放电，以防工作人员被电击。

（10）接地线与带电部分应符合安全距离的规定。

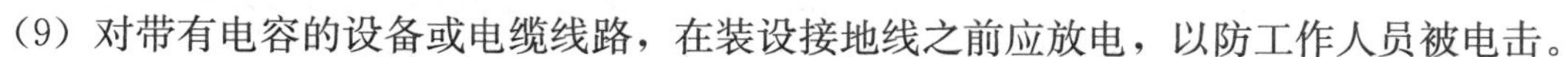

复习题

一、选择题

1. 高压验电器绝缘部分长度，对10kV及以下不小于（　　）m。

(A) 0.4；(B) 0.6；(C) 0.7；(D) 0.9。

2. 接地线一经拆除，应认为线路（　　）。

(A) 不一定停电；(B) 停电；(C) 不一定带电；(D) 已带电。

二、判断题

1. 验电时，必须用电压等级相符合的验电器，在检修设备进出线两侧分别验电。（　　）

2. 使用验电笔时验电前要先到有电的带电体上检验一下验电笔是否正常。（　　）

3. 高压验电器主要测 10kV 及以上线路高压侧是否带电。（　　）

4. 室外使用高压验电器，必须在气候条件良好的条件下进行。在雨、雾、雪及湿度较大的情况下，要加倍注意安全。（　　）

5. 如果已知线路或设备已全部停电，可不经验电挂接地线。（　　）

6. 挂接或拆除接地线时，应使用绝缘棒或戴绝缘手套。（　　）

三、简答题

1. 使用验电笔时应注意什么？

2. 试电笔除了验电外，还有哪些用途？

3. 使用声光高压验电器的注意事项有哪些？

4. 使用回转式高压验电器的注意事项有哪些？

5. 接地线挂接和使用中的注意事项有哪些？

课题四　登杆、登高工具

一、工具

（一）登杆工具

登杆工具可分为脚扣和脚踏板（又称三角板）两种。常用的脚扣又分为用于登混凝土杆带防滑胶套不可调铁脚扣及带胶皮的可调式铁脚扣。脚踏板的使用，一般不受杆质和杆径的限制。

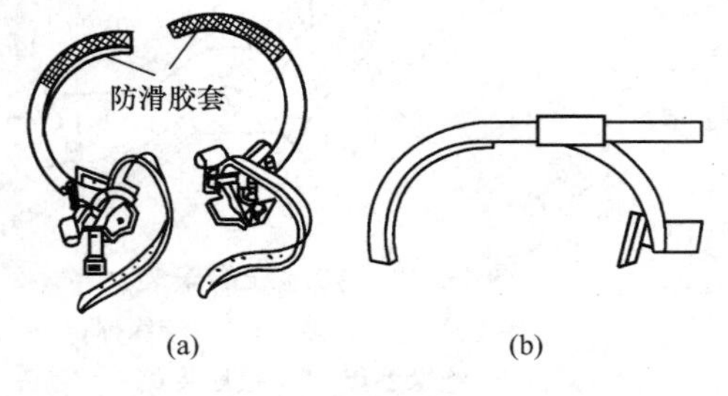

图 1-2-23　脚扣
(a) 混凝土杆脚扣；(b) 可调式脚扣

1. 脚扣

常用可调式铁脚扣，主要用来攀登拔梢水泥杆，也可用于攀登等径杆，脚扣的外形如图 1-2-23 所示（施加 1176N 静压力即可）。

脚扣是电工攀登电杆的主要安全攀登工具，它的质量好坏直接危及工作人员的生命安全，脚扣在使用时应注意：

(1) 在使用前，应按电杆规格选择合适的脚扣，不得用绳子或电线代替脚扣系脚皮带。

(2) 在使用脚扣前进行外观检查，查看各部分是否有裂纹、断裂等现象。

(3) 登杆前，应对脚扣作人体冲击试登以检查其强度。其方法是，将脚扣系于电杆上离地 0.5m 左右处，借人体重量猛力向下蹬踩，此时查看脚扣应无变形及任何损伤，方可使用。

(4) 脚扣不得随意从高处往下摔扔，以防损坏。同时，作业前后应轻拿轻放并妥善保管，存放在工具柜里。

（5）脚扣应定期试验，一般应半年试验一次。

2. 脚踏板（又称三角板）的结构及使用方法

脚踏板是选用质地坚韧的木材，如水曲柳、柞木等，制成30～50mm厚长方形体的踏板，踏板绑绳采用白棕绳（或锦纶绳），绳的两端牢固绑扎在踏板两端的槽内，并在绳的中间穿上一个铁制挂钩制成三角形踏板。绳长应保持操作者一人加手长，踏板和白棕绳应能承受300kg质量（施加2205N静压力即可），脚踏板的尺寸及使用方法如图1-2-24所示。

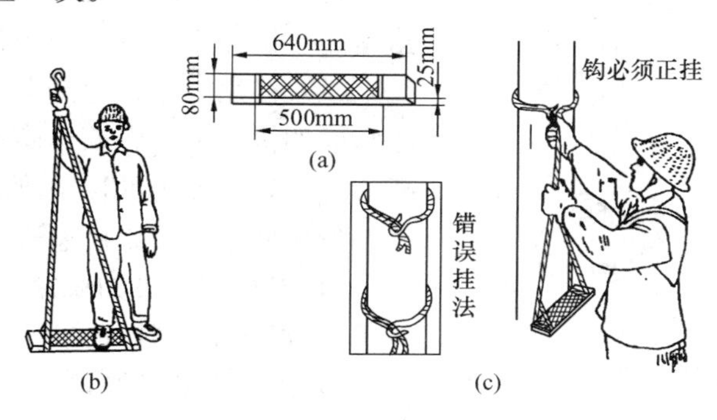

图1-2-24　脚扣板

（a）踏板尺寸；（b）踏板绳长度；（c）挂钩方法

（二）登高工具

梯子是常用的登高工具。

（1）梯子应满足下列要求：

1）梯子的支柱须能承受工作人员携带工具攀登时的总重量。

2）梯子的横木须嵌在支柱上，不准使用钉子钉成的梯子。

3）梯阶的距离不应大于40cm。

4）在梯子上工作时，梯与地面的倾斜角度为60°左右。

5）工作人员必须登在距梯顶不少于1m的梯蹬上工作。

（2）在使用梯子时应注意：

1）在水泥地上（或木板）使用梯子时，其下端须装有带尖头的金属物，或用绳索将梯子下端与固定物缚住。

2）靠在管子上使用的梯子，其上端须有挂钩或用绳索缚住。

3）在通道上使用梯子时，应设监护人或设置临时围栏，梯子不准放在门前使用，有必要时，应采取防止门突然开启的措施。

（三）登杆和登高的安全用具

1. 安全帽

安全帽是对人体头部受外力伤害起防护作用的安全用具，由帽壳、帽衬、下颏带、后箍等组成，如图1-2-25所示。

安全帽的防护作用大体分为：

（1）对飞来物体击向头部时的防护。

（2）当工作人员从2～3m以上高处坠落时对头部的防护。

图1-2-25　安全帽

（3）当工作人员在沟道内行走，对障碍物碰到头部时的防护，或从交通工具上甩出时对头部的防护。

（4）对头部被电击时的防护。

为了有效防止对工作人员头部伤害，安全帽必须具备一定的条件，因此，安全帽在设计制作上必须结构合理，技术上必须达到有关的规定，同时必须正确使用和很好地维护。

2. 安全带

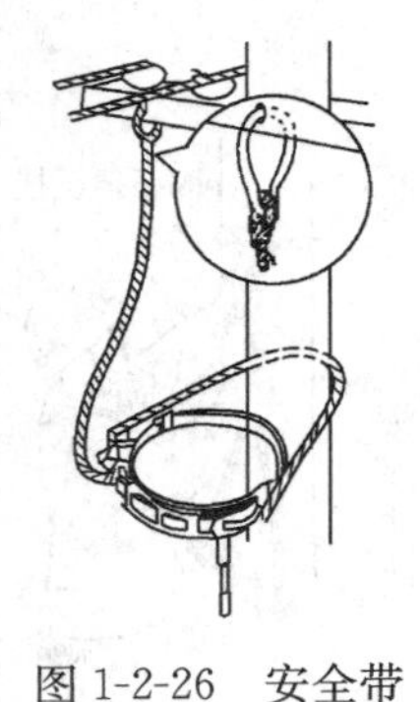

图 1-2-26　安全带

安全带是安装、检修架空线路高空作业必不可少的工具，主要用途是防止工作人员发生高空摔跌，如图 1-2-26 所示。

（1）使用方法：登杆前应检查安全带是否可靠，杆上作业时应系在牢固的构件上，将安全带挂钩上保险环打开，与安全带另一头的挂环扣好，安全带上的保险副绳作业时也应系好。

（2）使用与保管注意事项：

1）安全带系带的长短，视工作的方式而调整。

2）每次解、挂安全带时，必须检查安全带环扣是否扣牢。

3）工作位置转移时，不得失去安全带的保护。

4）安全带的试验周期为 6 个月。

3. 传递绳

《安全生产操作规程》规定高空作业时，上、下传递工具、材料必须使用传递绳，严禁抛扔。常用传递绳为柔性绳索，如麻绳、棕绳、锦纶绳等（施加 4900N 静压力即可）。

二、登杆

1. 踏板登杆

踏板登杆方法的步骤如图 1-2-27 所示。

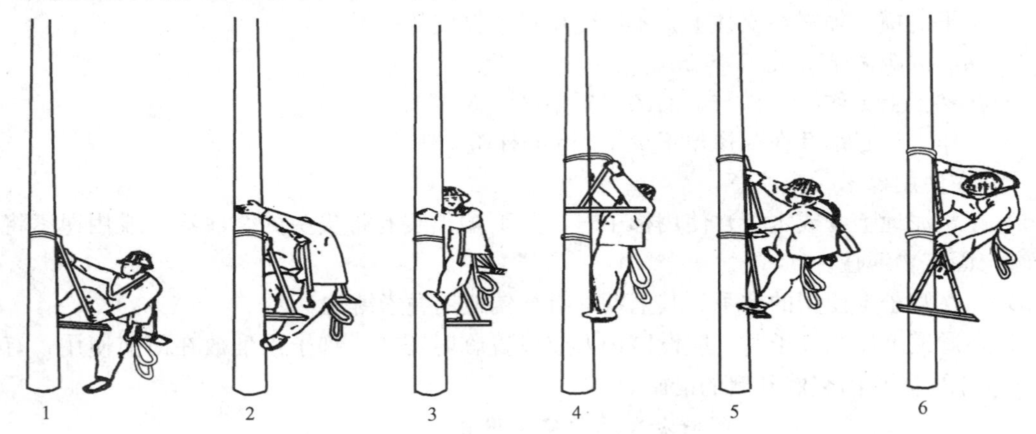

图 1-2-27　踏板登杆方法步骤示意图

（1）系好安全带。

（2）先把一块踏板钩挂在电杆上（高度以操作者能跨上为准），把另一块踏板背挂在肩上，接着右手紧握住双根棕绳，并需使大拇指顶住挂钩，左手握住左边（贴近木板）棕绳，然后把右脚跨上踏板。

（3）当高空作业人员登上第一块踏板时，作业人员要在踏板上用力冲击（作人力冲击试验），再进行外观检查，登上第二块踏板仍作同样的人力冲击试验。

（4）两手和两脚同时用力，使人体上升，待人体重心转到右脚，左手即应松去，并趁势立即向上扶住电杆，左脚抵住电杆。

（5）当人体上升到一定高度时，应立即松去右手，向上扶住电杆，且趁势使人体直立，接着把刚提上的左脚去围绕左边棕绳。

（6）左脚如图 1-2-27 中步骤 3 所示绕过左边棕绳后踏入三角档内，待人体站稳后，才可在电杆上钩挂另一块踏板（注意：此时人体的平稳是依靠左脚围绕住左边棕绳来维持的）。

（7）右手紧握上一块踏板的两根棕绳，并使大拇指顶住挂钩，左手握住左边（贴近木板）棕绳，然后把左脚从棕绳外退出，改成正踏在三角档内，接着才可使右脚跨上另一块踏板（如同步骤 2 所述方法，但必须注意，此时人体已离开踏板，这个步骤人体的受力依靠右手紧握住两根棕绳来获得，人体的平衡依靠左手紧握左边棕绳来维持）。

（8）按步骤 6 所述方法进行攀登，但当人体离开下面一块踏板时，则需把下面一块踏板解下，此时左脚必须抵住电杆，以免人体摇晃不稳。

以后，就重复上述各步骤进行攀登，直至工作所需高度为止。

2. 踏板下杆

踏板的下杆方法的具体步骤如图 1-2-28 所示。

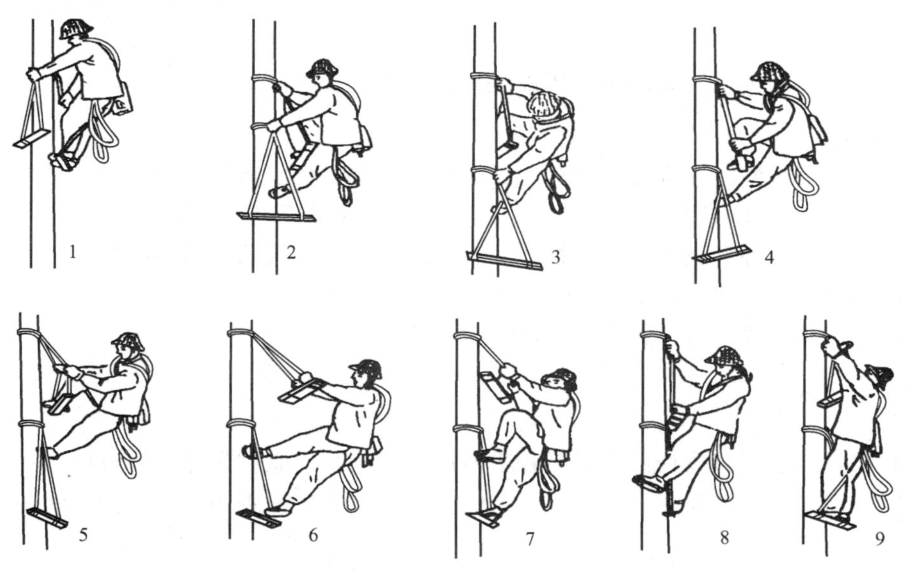

图 1-2-28　踏板下杆方法步骤示意图

（1）人体站稳在现用的一块踏板上，把另一块踏板钩挂在现用踏板下方，别挂得太低。

（2）右手紧握现用踏板钩挂处的两根绳索，并用大拇指抵住挂钩，以防人体下降时踏板随之下降，左脚下伸，并抵住下方电杆。同时，左手握住下一块踏板的挂钩处（不要使已勾好绳索滑脱，也不要抽紧绳索，以免踏板下降时发生困难），人体随左脚的下伸而下降，并使左手配合人体下降而把另一块踏板放下到适当位置。

（3）当人体下降到如图 1-2-29 所示步骤 3 的位置时，使左脚插入另一块踏板的两根棕绳和电杆之间（即应使两根棕绳处在左脚的脚背上）。

（4）左手握住上一块踏板左端绳索，同时左脚用力抵住电杆，这样既可防止踏板滑下，又可防止人体摇晃。

（5）双手紧握上一块踏板的两根绳索，使人体重心下降。

（6）双手随人体下降而下移紧握位置，直至贴近两端木板，左脚不动，但用力支撑住电杆，使人体向后仰开，同时右脚从上一块踏板退下，使人体不断下降，并要使右脚能准确地

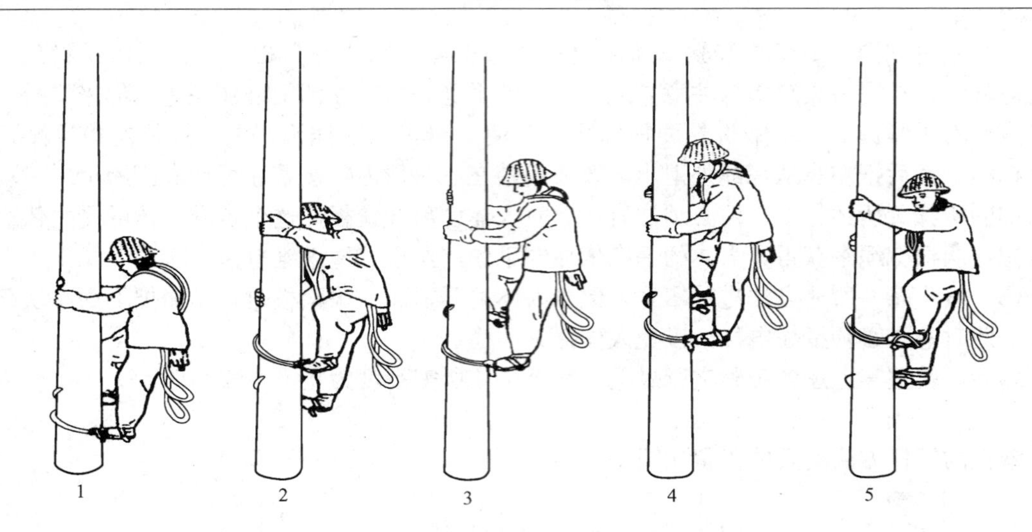

图 1-2-29　脚扣登杆和下杆方法步骤示意图

踏到下一块踏板。

（7）当右脚稍一着落而人体重量尚未完全降落到下一块踏板时，就应立即把左脚从两根棕绳内抽出（注意：此时双手不可松劲），并趁势使人体贴近电杆站稳。

（8）左脚下移，并准备绕过左边棕绳，右手上移到上一块踏板的勾挂处。

（9）左脚如图所示在踏板上站稳，双手解去上一块踏板。

以后按上述步骤重复进行，直至人体着地为止。

3. 脚扣登杆

（1）系好安全带。

（2）脚扣安全检查。登杆前应对脚扣进行冲击试验，试验时先登一步电杆，然后使整个人体重力以冲击的速度加在一只脚扣上，若无问题再试另一只脚扣。当试验证明两只脚扣都完好时方可进行登杆。

（3）脚扣登杆和下杆方法的步骤示意如图 1-2-29 所示，操作时，需注意两手和两脚的协调配合：当左脚向上跨扣时，左手应同时向上扶住电杆；当右脚向上跨扣时，右手应同时向上扶住电杆。下杆，则同样使手脚协调配合往下就可。图 1-2-29 中，1～3 所示是上杆姿势，4～5 所示为下杆姿势。

注意：上、下杆的每一步，必须先使脚扣环完全套入，并可靠地扣住电杆，才能移动身体，否则容易造成事故。

三、登杆操作注意事项

登杆操作训练时必须有专人监督、保护。

（1）使用脚扣登杆时注意事项：

1）在登杆前应对脚扣进行人体荷载冲击试验，检查脚扣是否牢固可靠。穿脚扣时，脚扣带的松紧要适当，应防止脚扣在脚上转动或脱落。

2）上杆时，一定按电杆的规格调节好脚扣的大小，使之牢靠地扣住电杆，上、下杆的每一步都必须使脚扣与电杆之间完全扣牢，否则容易出现下滑及其他事故。

3）雨天或冰雪天登杆容易出现滑落伤人事故，故不宜登杆。

4）登杆人员用脚扣必须穿绝缘胶鞋。

（2）使用脚踏板登杆时注意事项：

1）脚踏板使用前，一定要检查踏板有无开裂或腐朽，绳索有无腐蚀或断股现象。若发现应及时更换处理，否则登杆容易出现滑落伤人事故，故不宜登杆。

2）在登杆前应对脚踏板进行人体荷载冲击试验，检查脚踏板各部位是否牢固可靠。

（3）登杆属于高空作业，凡患有精神病、高血压和心脏病等疾病的人，一律不可参加登杆。

操作训练4　验电器、接地线和登高工具使用训练

一、训练目的

（1）熟悉验电器、接地线、登高工具的种类和要求。

（2）掌握保证安全的技术措施。

（3）学会蹬杆操作方法和技巧。

二、操作任务

操作任务见表1-2-6。

表1-2-6　验电器、接地线和登高工具操作任务表

操作内容	进行验电器、接地线、标志牌、遮栏和登高工具等综合训练
说明及要求	（1）结合保证安全的技术措施：停电、验电、装设接地线、悬挂标志牌和装设遮栏进行规范操作训练； （2）重点训练蹬杆技巧； （3）杆上和杆下作业可相互结合
工具、材料、设备场地	登杆作业场地、安全帽、安全带、接地线、遮栏、标示牌、登杆工具等

三、注意事项和安全措施

（1）作好高空作业前的设备工具检查。

（2）按指导老师的要求进行操作，不得随意攀高。

（3）必须按现场要求准备好服装和鞋子。

（4）训练场地应配备必要的安全措施。

复习题

一、选择题

1. 登杆用的脚扣，必须经静负荷1176N的试验，持续时间为5min，试验周期每（　　）个月进行一次。

（A）3；（B）6；（C）12；（D）18。

2. 对脚扣作人体冲击试验，试验时将脚扣系于混凝土杆离地（　　）m左右处。

（A）0.8；（B）0.5；（C）1；（D）0.9。

3. 对踏板进行检验，试验时应将其系于混凝土杆上，离地（　　）m左右。

（A）0.8；（B）0.5；（C）1；（D）0.9。

二、判断题

1. 用脚扣进行登杆时，应检查脚扣带的松紧是否适当。（　　）
2. 登杆时，要身体上身前倾，臀部后座，双手搂抱电杆。（　　）

三、简答题

1. 使用脚扣登杆时有哪些注意事项？
2. 使用脚踏板登杆时有哪些注意事项？
3. 安全帽的防护作用有哪些？
4. 在使用梯子时有哪些注意事项？
5. 安全带使用与保管时有哪些注意事项？

模块三

起　重　搬　运

课题一　起重搬运工具

常用的起重机具主要有千斤顶、链条葫芦（倒链）、手搬葫芦、滑轮、绞车和绳等，它们具有质量轻、体积小、便于搬运和使用等优点。

一、千斤顶

千斤顶是一种轻便易携带的起重设备，它既可用在不太高的高度内升起重物，又可用来校正设备的安装位置和构件的变形。千斤顶有三种主要类型：油压式、螺旋式及齿条式。

油压式千斤顶是一部小型的油压机，其结构如图 1-3-1 所示，其起重量为 0.5～500t，起重高度一般不超过 200mm。

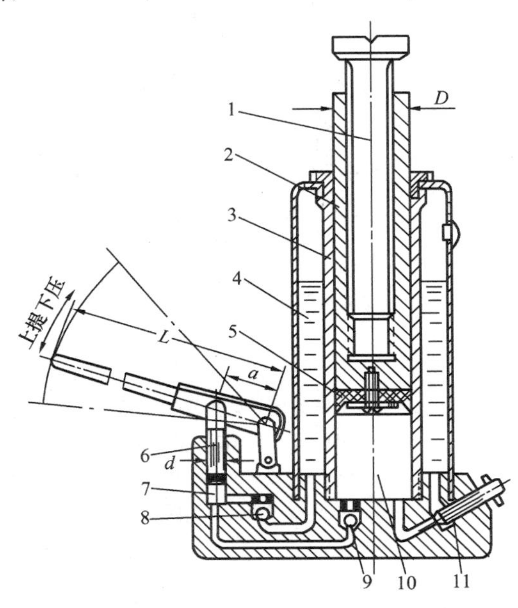

图 1-3-1　油压式千斤顶结构

1—丝杆；2—工作活塞；3—缸套；4—油室；5—橡皮碗；6—压力活塞；7—压力缸；8、9—止回阀；10—工作缸；11—回油阀

二、链条葫芦

链条葫芦又称倒链，它适用于小型设备的吊装或短距离的牵引。链条葫芦是由主链轮、手链轮等组成，如图 1-3-2 所示。

链条葫芦的使用与保养注意事项如下：

（1）在使用前，应检查吊钩、主链是否有变形、裂纹等异常现象，传动部分是否灵活。

（2）在链条葫芦受力之后，应检查制动机构是否能自锁。

（3）在起吊重物时，手拉链不许两人同时拉，因为在设计链条葫芦时，是以一个人的拉力为准进行计算的，超过允许拉力，就相当于链条葫芦超载。以起重量为 3t 的链条葫芦为例，其设计拉力为 350N（相当于一个普通劳动力的正常拉力），当超过 350N 时，就意味着重物已超过 3t。

（4）重物吊起后，如暂时不需放下，则此时应将手拉链拴在固定物上或主链上，以防制动机构失灵，发生滑链事故。

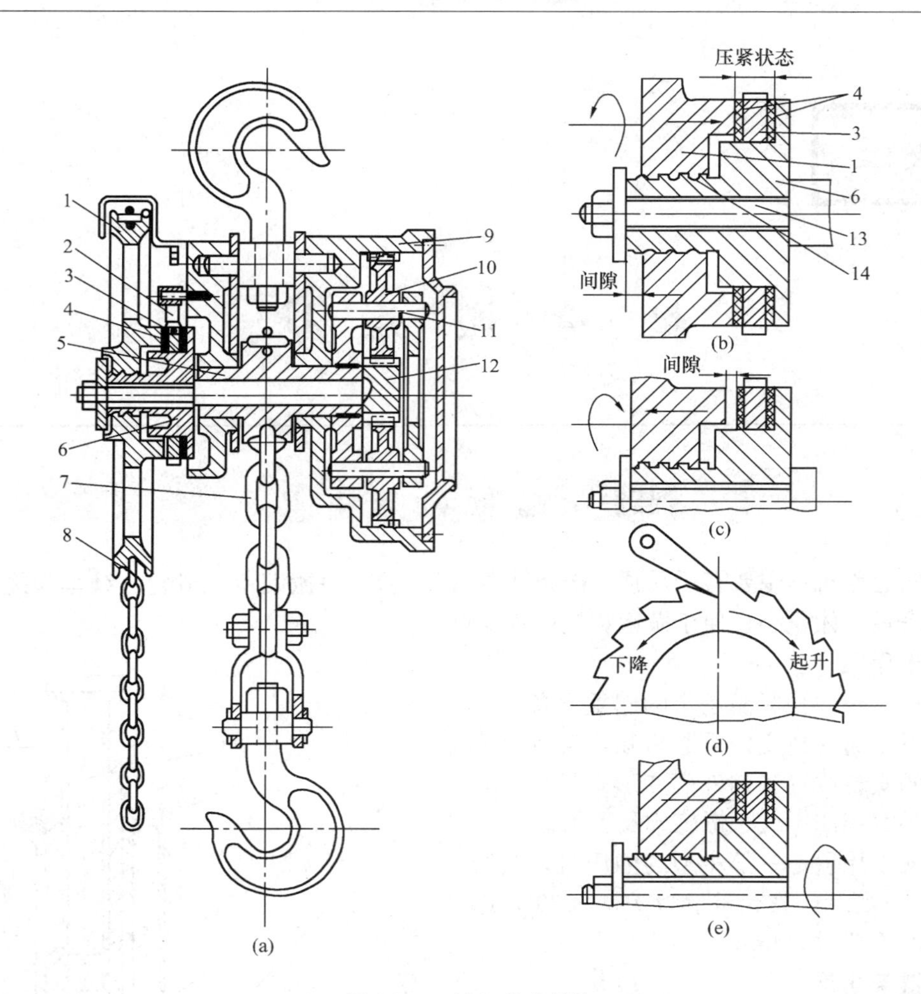

图 1-3-2 链条葫芦结构

(a) 链条葫芦结构；(b) 起升重物时自锁机构状态；(c) 下降重物时自锁机构状态；
(d) 起升或下降重物时棘轮状态；(e) 在重物的重力作用下自锁机构的自锁状态
1—手链轮；2—棘齿；3—棘轮；4—摩擦片；5—主链轮；6—制动座；7—主链；
8—手链；9—齿圈；10—齿轮；11—小轴；12—齿轮轴；13—花键轴；
14—方牙螺纹

(5) 转动部位应定期加润滑油，但严防油渗进摩擦片内而失去自锁作用。

三、手扳葫芦

钢丝绳式手扳葫芦十分轻巧，通常利用它来拉货物或张紧系物绳、导线等，如图 1-3-3 所示。

手扳葫芦的使用方法如下：

(1) 前进。摇动前进手柄 1，带动杠杆，杠杆两端各有一个连杆（长连杆 8 与短连杆 9）分别连着，夹住钢丝绳的夹钳 4。当手柄摇动时，向前运动的夹钳夹紧钢丝绳，拉动钢丝绳向前运动，向后运动的夹钳放松钢丝绳。

(2) 支持。前进手柄 1 与倒退手柄 3 都是松的，载荷钢丝绳被夹持停止不动，两连杆各分提载荷的 1/2。

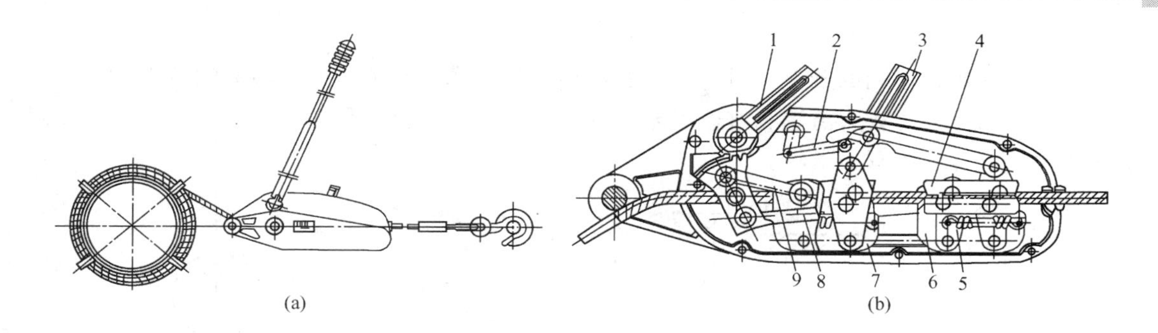

图 1-3-3　钢丝绳式手扳葫芦

(a) 外形；(b) 内部结构

1—前进手柄；2—松卸手柄；3—倒退手柄；4—夹钳；5—夹紧板；
6—后侧板；7—前侧板；8—长连杆；9—短连杆

(3) 后退。摇动倒退手柄 3，向前移动时，夹钳的支持力减小，从而使夹钳向前滑动。向后移动，夹钳夹紧力增大，紧握钢丝绳，使它向后退下。

(4) 松卸。当需要穿进或卸下钢丝绳时，在无载的情况下，扳动松卸手柄 2，使前后两夹钳都松开。

钢丝绳手扳葫芦广泛应用于水平、垂直、倾斜及任意方向上的提升与牵引作业，对于狭窄巷道，以及其他起重设备不能使用的地方，用它来作起吊和牵引之用最为方便，还可用来收紧设备的系紧绳索。使用中，钢丝绳的窜动长度不受限制。若重物超过手扳葫芦的牵引能力时，还可以与滑车组配合使用。

四、滑轮

滑轮结构如图 1-3-4 所示，它分为定滑轮和动滑轮两种。

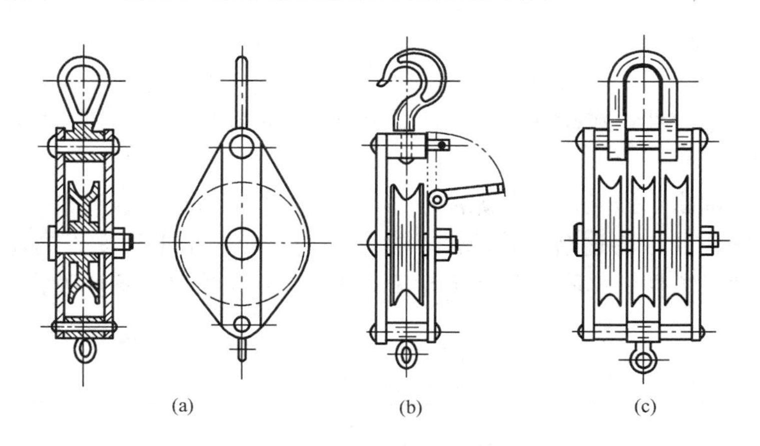

图 1-3-4　滑轮结构

(a) 单滑轮；(b) 开口单滑轮；(c) 三门滑轮

1. 定滑轮

定滑轮安装在固定的轴上，常用来改变绳索的拉力方向，故又称转向滑轮，如图 1-3-5 (a) 所示。定滑轮不省力，也不会改变绳索的牵引速度。

2. 动滑轮

动滑轮安装在运动的轴上，可与牵引的重物一起升降，但不能改变绳索的拉力方向。

动滑轮又可分为省力滑轮和增速滑轮两种，如图 1-3-5（b）和图 1-3-5（c）所示。在起重作业中，大都采用省力滑轮。

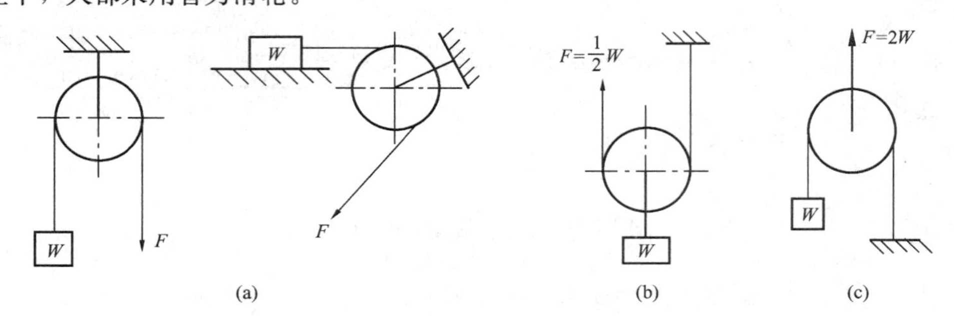

图 1-3-5 滑轮

（a）定滑轮；（b）动滑轮（省力滑轮）；（c）动滑轮（增速滑轮）

F—力；W—重物重量

五、绞车

绞车分为人力推动的绞磨与电动卷扬机两类。绞车与滑轮组配合使用可完成各种起重作业。绞车在使用前，应仔细检查其制动装置（刹车），以保证在起重时不出事故。

在检修场地上装置绞车时应注意以下几点：

（1）绞车的固定必须保证其固定锚点有足够的强度。

（2）绞车应装设在滑轮组作用区域之外，并能清楚地看到物件起吊的地点。

（3）绞车及绳索不得妨碍设备的起吊与拖运，绞车的牵引绳索应与地面平行，并垂直于绞车滚筒的中心线。

六、绳与绳结

1. 麻绳（锦纶绳）

麻绳有较大的柔软性，在起重工作中主要用于捆绑重物或人工搬抬物品，一般不作为起重机械的牵引索具。

近年来，锦纶绳由于强度大约是新麻绳的 3.5 倍，并具有抗油、吸水少、耐腐蚀及弹性好的优点，在起重作业中将逐渐替代麻绳。在使用绳索时，根据用途不同，可打成各种绳扣。对绳扣打法要求方便、牢固，既容易解开，又能在受力情况下不松脱。各种绳扣的打法及用途见表 1-3-1。

表 1-3-1 绳扣的应用

绳扣图	绳扣名称	用途
	直扣（平扣）	用于临时将麻绳的两端结在一起；登杆作业时，也作腰绳扣用
活头	活扣	用途与直扣相似，它用于需要迅速解开的情况下，但不能作腰绳扣用

续表

绳 扣 图	绳扣名称	用 途
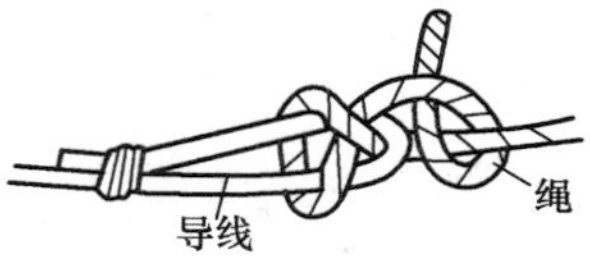	紧线扣	紧线时用来绑结导线，也可用作腰绳系扣
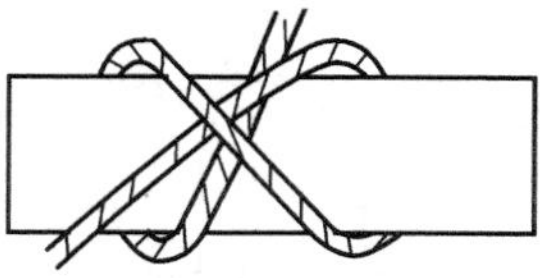	猪蹄扣（梯形结）	在传递物件和抱杆顶部等处绑绳用
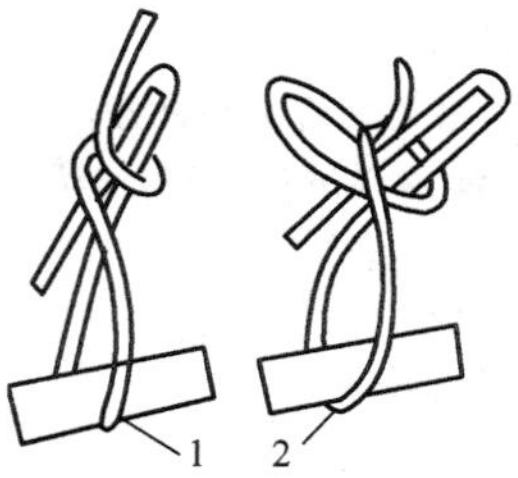	抬 扣	抬重物时用此扣，调整和解开都比较方便
	倒 扣	临时拉线（抱杆或电杆起立用）往地锚上固定时用
	背 扣	在高空作业时，上下传递工具、材料等用
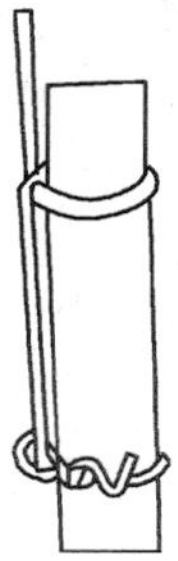	倒背扣	垂直吊起轻而细长的物件时使用

续表

绳扣图	绳扣名称	用途
1 2 3 4	拴马扣	绑扎临时拉绳用
	瓶　扣	吊瓷套管多用此扣，此扣较结实可靠，物体吊起后不易摆动
	钢丝绳扣（琵琶扣）	它是用来临时拖拉或起吊物体时用，为防止钢丝绳打死
	抬缸扣	它是用来起吊缸一样的圆柱形物体

2. 钢丝绳

钢丝绳的特性为：①质量轻、挠性好，能灵活应用；②弹性大、韧性好，能承受冲击载荷；③高速运行中没有噪声；④破断前有断丝预兆等优点。因此，在起重运输工作中钢丝绳是必不可少的牵引索具，一般将钢丝绳的两端作成绳套使用。

钢丝绳的代号是由三组数字组成的：第一组表示钢丝绳股数；第二组表示每股中的钢丝根数；第三组表示油浸绳芯数。如 6×37+1，表示此钢丝绳有 6 股，每股 37 根钢丝，中间 1 根油浸绳芯。其允许拉力的计算式为

$$F=\frac{F_1}{K}$$

式中 F——钢丝绳的允许拉力，N；

F_1——钢丝绳的破断拉力，N；

K——安全系数。

安全系数是人们在实践中总结出的一个重要系数。安全系数取得过大，造成材料上的浪费，构件也笨重；取得过小，安全工作得不到应有的保证。因此，在实际工作中，对安全系数不可随意增大，更不允许随意减小。钢丝绳的破断拉力在机械手册中可查到，钢丝绳的安全系数取决其用途、牵引方式和挠曲度的大小等。表 1-3-2 是根据钢丝绳的用途列举的几种安全系数及滑轮的最小允许直径。

表 1-3-2　　安全系数 K 及滑轮最小允许直径 D

钢丝绳用途和性质	D（mm）	K
缆风绳和牵引绳	$\geqslant 12d$	3.5
人力驱动	$\geqslant 16d$	4.5
捆绑绳		10

注　d 为钢丝绳直径，mm。

课题二　起重搬运方法

人工起重搬运多采用起吊支架、排子加滚杠、再借助于绳子拉、撬杠撬的移动物体方式。

一、起吊支架

起吊支架种类很多，其中最简单的是桅杆（吊杆）。在吊装设备时，常遇到施工现场狭窄，吊车无法进行工作，或者现场无吊车、无悬挂供起吊用的横梁，在这种情况下就可采用桅杆。

桅杆可用木料、钢管或型钢制作。各种桅杆都需用缆绳固定，依靠缆绳的牵引力使桅杆处于稳定状态。桅杆的可靠性在很大程度上决定于缆绳的强度。

常用的桅杆有独脚形与人字形两种，如图 1-3-6 所示。当起重量不很大时，宜采用三角支架。三角支架不用繁杂的绳索捆绑、缆绳固定，用时只要把它撑开，不用时收拢即可，特别适用于小型设备的安装。

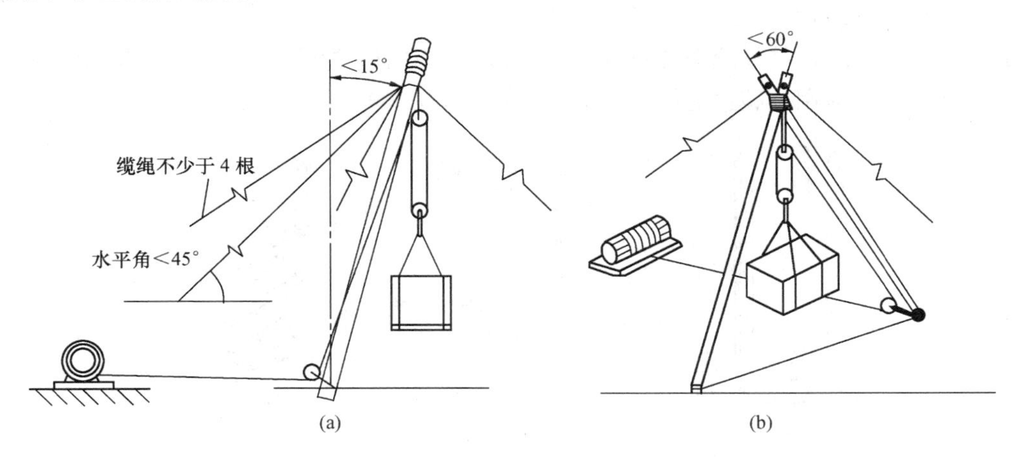

图 1-3-6　桅杆的架设示意
(a) 独脚形桅杆；(b) 人字形桅杆

二、重物移动

（一）滚杠移动

1. 滚移法

利用滚动摩擦原理进行重物的拖动方法称为滚移法。具体方法是用型钢或硬质木制成船形的拖板，把重物放置在拖板上。在拖板的下面安放滚筒（滚杠），如果地面较松软，则还应在滚筒下面加放厚木板，以减小滚动摩擦阻力，再用绞车牵引重物移动，如图 1-3-7（a）所示。在转弯时，应将滚筒放成扇面形，并及时地调整导向滑轮位置。

滚筒下面的厚木板接头处不要对接，应采取像图 1-3-7（b）所示那样错接法。滚筒一般采用 $\phi76\times6$mm 无缝钢管，在拖板下面的滚筒数量通常不少于 4 根。在拖运的过程中，绞车的位置应以保证在不移动其本身的情况下，一直将重物拖到目的地。中途无论转多少弯，均用导向滑轮改变方向。

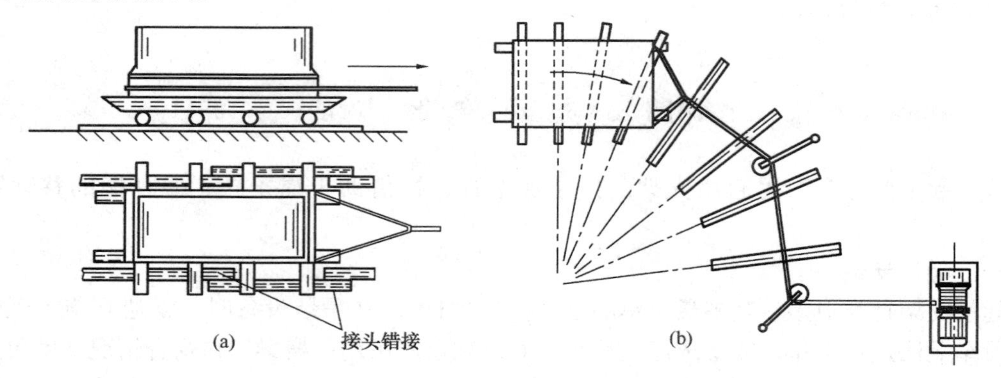

图 1-3-7　滚移法

（a）直线拖动；（b）转弯拖动

2. 滑移法

滑移法用于从高台上将重物滑到平地上，利用重物在斜面上的向下分力使重物下移。此法只需用型钢搭成斜架即可。重物向下滑动时，应在重物上拴上防溜绳索，以控制重物的下滑速度。

（二）撬棍的使用

撬棍的作用是利用杠杆原理使重物产生位移，常用于重物的少量抬高、移动和重物的拨正、止退等。撬棍多用中碳钢材锻制，形状如图 1-3-8（a）所示。

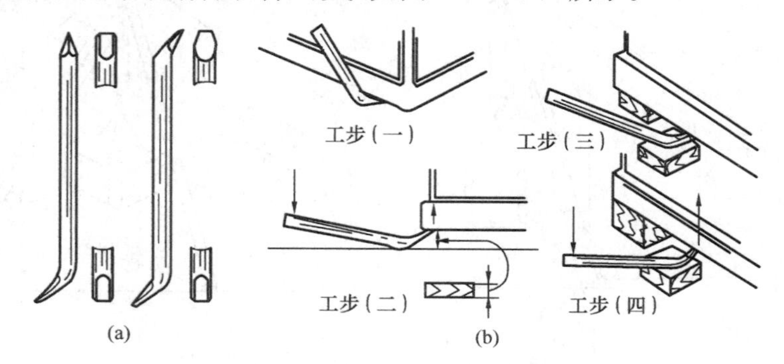

图 1-3-8　撬棍与用撬棍抬高重物

（a）撬棍；（b）用撬棍抬高重物

撬棍的使用方法如下：

（1）重物的抬高。在抬高前要准备好硬质方木块（或金属块），待重物升起后用来支垫重物。一次撬起高度不够时，可将支点垫高继续撬。第二次撬起后，先垫好新的厚垫块，再取出第一次垫的原垫块，如图 1-3-8（b）所示。

（2）重物的移动。若重物下面没有垫块时，则应先将重物用撬棍撬起，并垫上扁铁之类的垫块，使重物离地。然后将撬棍插入重物底部，用双手握住撬棍上端做下压后移动作。这一动作必须在重物的两侧同步进行，随着撬棍的下压后移，重物即可前进，如图 1-3-9 所示。

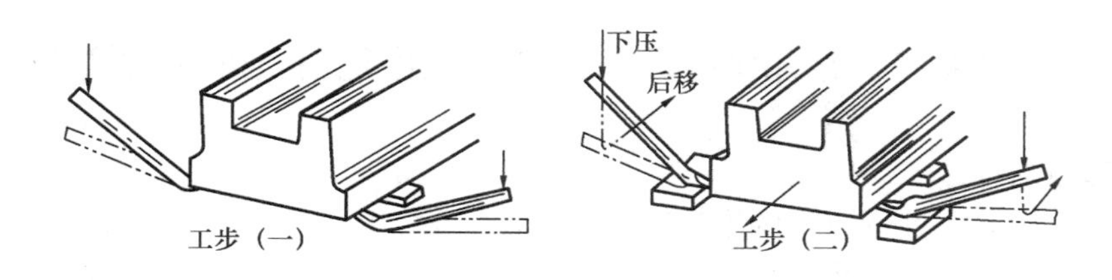

图 1-3-9　用撬棍移动重物

（3）重物的拨正与止退这两种作业的操作方法基本一样，如图 1-3-10 所示。在止退时，如重物退力较大，则不允许人力止退，而必须用三角木楔住。

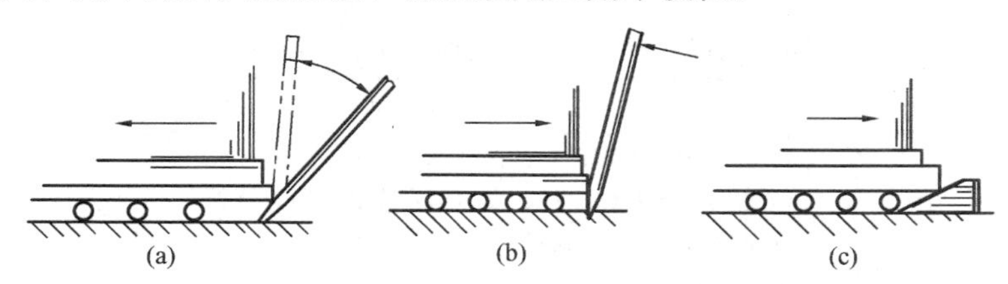

图 1-3-10　重物的拨正与止退

（a）拨正重物；（b）用撬棍止退；（c）用三角木止退

此外，在使用时应注意撬棍的打滑。在用力时要试着来，决不允许用胸部或腹部压着撬棍，以免人力稳不住时重物下落将撬棍弹飞，造成人身、设备事故。

三、起重作业中应注意的事项

由于在起重工作中的粗心大意及考虑不周而造成的人身、设备事故屡见不鲜。为了预防事故，在起重作业中应做到以下几点：

（1）起重前应根据被吊物体的质量和大小检查起吊工具是否经过试验检验合格，起吊中受力不得超过规定的数值，严禁超载使用。挂钩或滑车上的钢丝绳不许扭曲，以免物体吊起时旋转而发生事故。

（2）起重前后，物体上下均不得有人，以免发生意外。工作人员必须精神集中，一切行动听指挥，无关人员不得进入起重现场。

（3）物体离开地面时，应全面检查起重设备、钢丝绳及各处的钢丝绳扣，全部合格方能继续起吊。

（4）重物不能在起重设备上停留太久，当工作人员休息时，应将物体放下。

（5）物体往下降落时，要注意缓慢平稳，不得向下冲击，而且系物体的绳索要有足够的长度，以免物体悬在空中难以处理。

(6) 用人工搬运或装卸重物体而需搭跳板时，要使用厚 50mm 以上的木板，跳板中部应设支持物，防止木板过于弯曲。从斜跳板上滑下物体时，需用绳子将物体从上边拉住，以防物体下滑速度太快。工作人员不得站在重物体正下方，应站在两侧。

(7) 搬运现场应有充足的照明，并且要注意与周围带电设备保持一定的安全距离，搬运工作应在指定的范围内进行。

(8) 起重作业结束后，应将机具、索具一一清点，并认真按技术规程规定进行保养、维护。起重工具存放处应做到规范化。

操作训练 5　常用绳扣的打法和起重搬运机具的使用训练

一、训练目的

(1) 熟悉常用起重搬运机具的类型和使用方法。

(2) 掌握重物简易起重移动的技巧。

(3) 学会熟练应用绳扣的绑结。

二、操作任务

操作任务见表 1-3-3。

表 1-3-3　常用绳扣的打法和起重搬运机具操作任务表

操作内容	进行重物的搬运、起重和绳扣绑结训练
说明及要求	(1) 利用现场重物进行操作训练； (2) 也可结合线路立杆、变压器台安装进行训练； (3) 重点指导绳扣的绑结
工具、材料、设备场地	麻绳、撬棍、滚筒、滑轮、桅杆、木板等

三、注意事项和安全措施

(1) 起重搬运工具必须严格检查，符合安全标准。

(2) 起重搬运训练必须在指导老师的带领下操作，防止设备和人身伤害。

(3) 训练场地应配备相应的安全措施。

问答题

1. 如何使用麻绳和钢丝绳？
2. 常用绳扣有什么作用？
3. 定滑轮和动滑轮各有什么特点？
4. 何谓安全系数？
5. 撬棍有何作用？

模块四

电气工程图读识

课题一　读识图基本知识

一、电气图的基本常识

我国先后三次颁发了三个版本的电气制图和图形符号的国家标准。目前的第三版电气制图标准几乎采用IEC最新标准，并且与ISO（国际标准化组织）的有关规定取得一致，有利于更大范围内加速与国际进行技术交流及标准化的接轨。

（一）电气图的分类

电气图是电气技术领域中绘制的各种图的总称，是电气工作人员进行技术交流和生产活动的语言。电气图的种类很多，GB 6988—1986《电气制图》根据表达形式和用途的不同，将电气图进行了分类，见表1-4-1。

表1-4-1　　电气图的种类和用途

序号	名　称	定 义 和 用 途
1	系统图或框图	用图形符号、带注释的围框或简化外形表示系统或设备中各组成部分之间相互关系及连接关系的一种简图，如电力系统电气主接线图
2	功能图	表示理论的或理想的电路而不涉及实现方法的一种简图，其用途主要是提供绘制电路图和其他有关简图的依据
3	等效电路图	表示理论的或理想的元件及其连接关系的一种功能图，供分析和计算电路特性和状态之用
4	电路图	用图形符号并按工作顺序排列，详细表示电路、设备或成套装置的全部基本组成和连接关系，不考虑其实际位置的一种简图。这种图习惯称电气原理图或原理接线图，如二次回路原理图和展开图、电力拖动电路图
5	接线图接线表	表示成套装置、设备或装置的连接关系，用以进行接线和检查的一种简图或表格，如单元接线图或单元接线表、端子接线图或端子接线表
6	设备元件表	把成套装置、设备和装置中各组成部分和相应数据列成表格，以便表示各组成部分的名称、型号、规格和数量等
7	数据单	对特定项目给出详细信息的资料。如对某种元件或器材编制数据单，列出它的各种工作参数，供调试、检测和维修之用
8	位置图或位置简图	表示成套装置、设备中各个项目位置的一种简图或一种图。其简图用图形符号绘制，用来表示一个区域或一个建筑物内成套电气设备中的元件和连接布线等

续表

序号	名　称	定 义 和 用 途
9	功能表图	表示控制系统的作用和状态的一种表图。这种图往往采用图形符号和文字说明相结合的绘制方法，用以全面描述控制过程、功能和特性
10	端子功能表图	表示功能单元全部外接端子，并用功能图、表图或文字表示其内部功能的简图。通过对端子的测试能确定故障产生在功能单元内部还是外部
11	逻辑图	用二进制逻辑单元图形符号绘制的一种简图或电路图，逻辑图是数字系统产品中一个主要的设计文件
12	程序图	详细表示程序单元和程序片（模块）及其互联关系的一种简图

对于每一种电气装置、电气设备或电气工程，因表达的对象、目的、用途不同，图的数量、种类可以不同。例如建筑电气工程图的内容主要是系统图、位置图（平面图）、电路图（控制原理图）、接线图、端子接线图、设备材料表等。

（二）电气图表示方法

电气图所要表达的对象和用途不同，电气图的种类和表示方法也各不相同。但因为电气图大多是用简图表达，其所表示的内容是元件和连接线、图形符号、项目代号、文字符号等是组成电气图的要素，因此各种电气图必然也存在许多共同点，如基本表示方法。掌握电气图基本表示方法，对绘制、识读电气图十分重要。

1. 连接线表示方法

连接线是构成电气图的重要组成部分。根据各种图形和图面情况不同，连接线有多种表示方法。

（1）导线的一般表示方法，如图 1-4-1 所示。

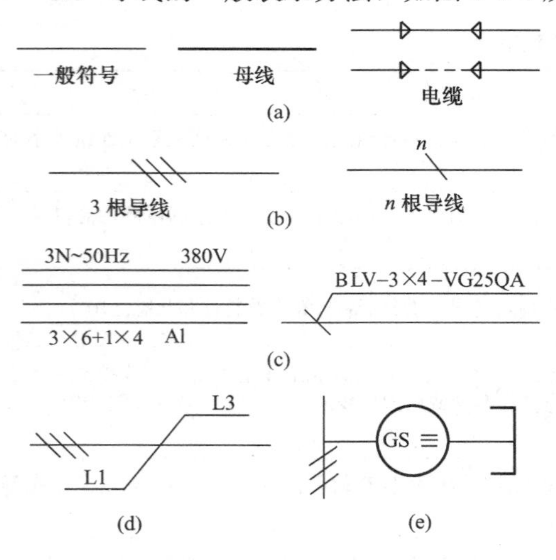

图 1-4-1　导线的一般表示方法
(a) 一般符号；(b) 根数的表示方法；(c) 特征表示方法；(d) 导线换位表示方法；(e) 多相导线中性点表示方法

1）图 1-4-1(a)所示是导线的一般符号，表示一根导线、电线、电缆、传输电路、母线、总线等。

2）当用一条线表示一组导线时，为了表示导线的根数，可在单线上加短斜线(45°)和数字表示，如图 1-4-1(b)所示。

3）导线特征通常采用字母、数字在导线上方、下方或中断处标注，如图 1-4-1(c)表示该电路有三根相线，一根中性线(N)，交流频率为 50Hz，电压为 380V，相线截面积为 $6mm^2$(三根)中性线为 $4mm^2$(一根)，导线材料为铝。

4）图 1-4-1(d)表示 L1 相与 L3 相换位。

5）图 1-4-1(e)表示三相同步发电机(GS)，一端引出连接成 Y 形构成中性点，另一端输出至三相母线。

（2）导线连接点的表示方法，如图 1-4-2 所示。导线连接点有 T 形和十字形两种，要注意实心圆点“•”的应用。如图 1-4-2 (e) 所示是某部分导线的连接点示例。图中：连接点①是T形连接点，可标也可不标实心圆点；连接点②是十字形连接点，必须加实心圆点；连接点③的“○”表示导线与设备端子的固定连接点；连接点④的符号⌀表示可拆卸连接点；A处表示两导线交叉但不连接。

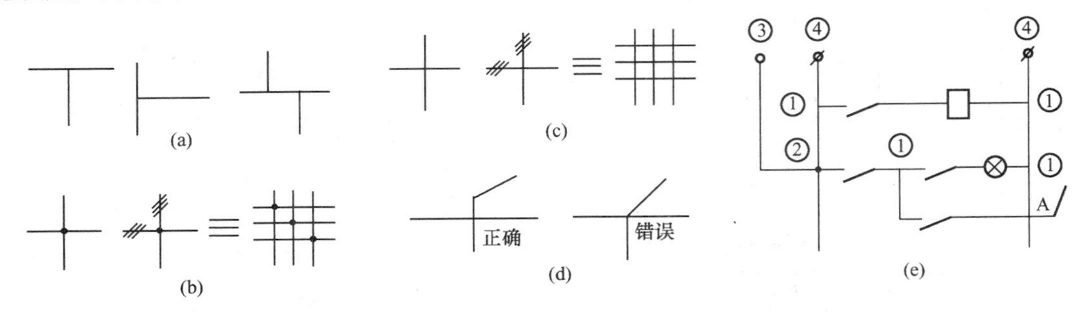

图1-4-2　导线连接点表示方法
(a) T形连接点；(b) 十字形连接点；(c) 交叉但不连接；
(d) 交叉处改变方向；(e) 导线连接示例

(3) 连接线的连续表示法和中断表示法。连续表示法是将连接线头尾用导线连通的表示方法，中断表示法是将连接线在中间中断，再用符号表示导线的去向。

1) 连接线的连续表示法。对于多条去向相同的连接线通常采用单线表示法，如果连接线两端处于不同位置时，必须在两个相互连接关系的线端加注标记，如图1-4-3(a)所示。只有当两端都按顺序编号且线组内线数相同、并在不致引起错接的情况下，才允许省略标记，例如图1-4-3(b)可简化为图1-4-3(c)。如果有一组线，各自按顺序连接，则可按图1-4-3(d)的方法，按顺序编号，用单线表示。

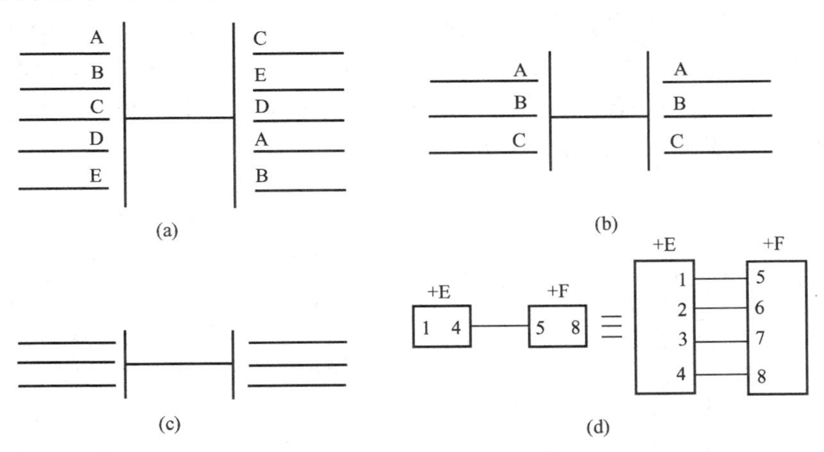

图1-4-3　连接线的单线表示法
(a) 加注对应标记；(b) 按顺序标记；(c) 将图中标记简化；
(d) 线组两端导线编号顺序相同

2) 汇总线单线表示法。如用单线表示汇总线（一组连接线）时，可采用图1-4-4(a)所示方法表示。当需要表示出导线根数，可按图1-4-4(b)所示的方法表示。当需要表示出导线汇入线路，可按图1-4-4(c)所示的方法表示。

3）连接线的中断表示法。如图 1-4-5(a)所示，表明了 A—A 相接；图 1-4-5(b)表明了去向相同的导线组，在中断处的两端标记相应的文字或数字符号；图 1-4-5(c)即为用符号标记中断处示例。

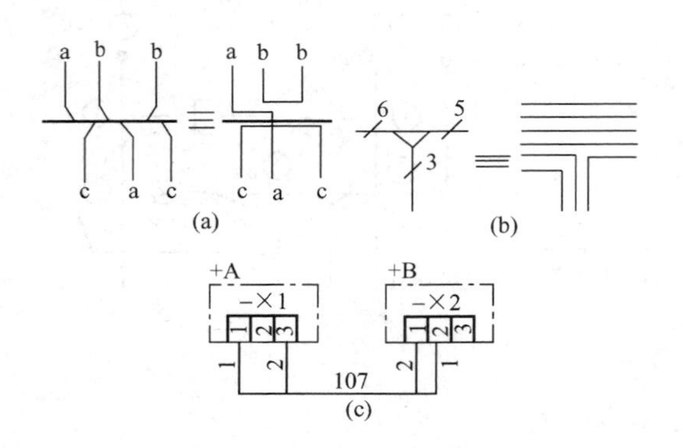

图 1-4-4 汇总线的单线表示法

（a）导线汇入线组部分；（b）用数字表示导线根数；（c）导线汇入线路

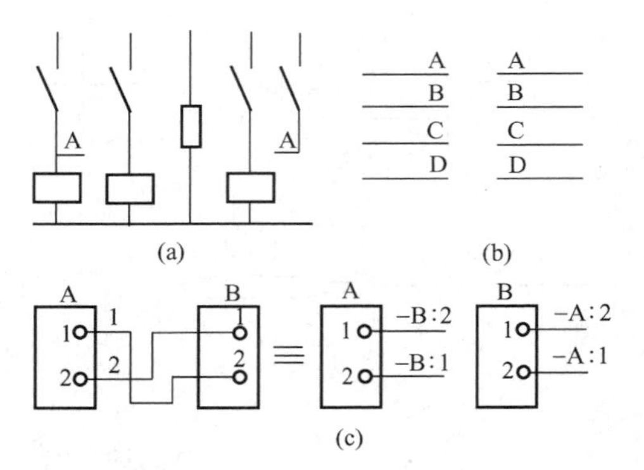

图 1-4-5 中断标记方式

（a）穿越图面的中断线；（b）导线组中断示例；（c）用符号标记中断线

2. 电气元件表示方法

(1) 电气设备、元器件的表示方法。根据电气图的用途，电气设备、元器件图形符号在电气图上可采用集中表示法、半集中表示法和分开表示法，如图 1-4-6 所示。

(2) 电气元件工作状态表示方法。在电气图中，电气元件的可动部分均按正常状态表示。所谓正常状态是指电气设备、电气元件的可动部分，无外力作用时的状态。

(3) 电气元件触点表示方法。电气元件触点分为两大类：

1）由电磁力或人工操纵的触点，如电磁继电器、接触器、开关、按钮等的触点，在同一电路中，在加电或受力后各触点符号的动作方向应一致。触点符号表示采用“左开右闭，下开上闭”，因为信号流（电流）方向通常是从左到右或从上到下，所以静触点与电源侧引线连接，动触点与负荷侧引线连接，如图 1-4-7 所示。

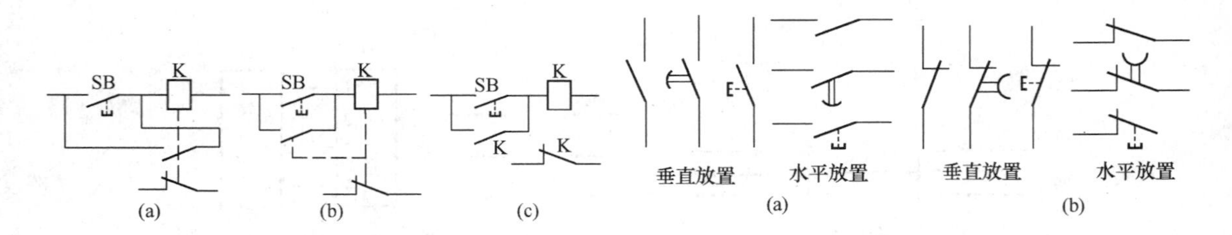

图 1-4-6 图形符号的表示示例

（a）集中表示法；（b）半集中表示法；（c）分开表示法

图 1-4-7 触点符号表示示例

（a）动合（常开）触点；（b）动断（常闭）触点

2）非电和非人工控制的触点，如气体继电器、速度继电器、压力继电器、行程开关等触点，必须在其触点符号附近表明运行方式，如图 1-4-8 所示。

(4) 元件的技术数据及有关注释和标志的表示方法。电器元件的技术数据是指元件的型号、规格、工作条件、额定值等，这些技术数据一般标在图形符号的旁边或里边，在某些情况下，技术数据也可以用表格或注释形式给出，如图 1-4-9 所示。

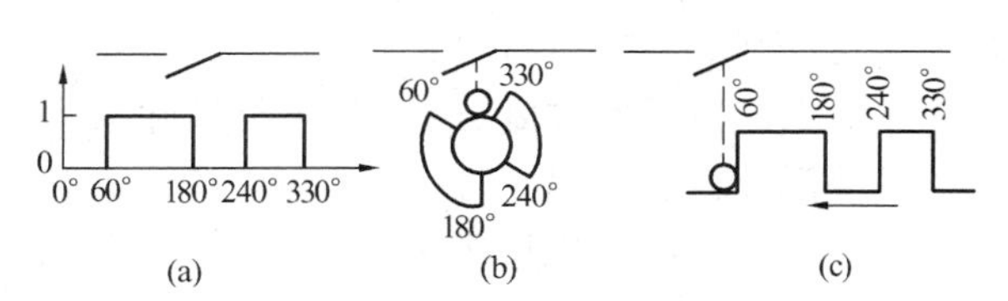

图 1-4-8　某行程开关触点位置表示方法示例
（a）用图形表示；（b）用操作器件符号表示；
（c）用操作过程符号表示

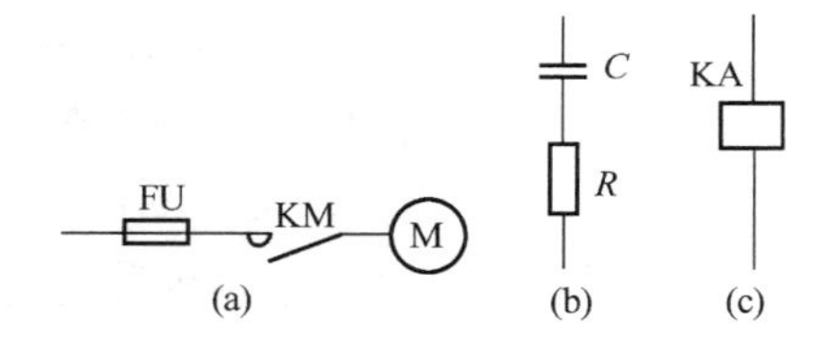

图 1-4-9　技术数据的表示方法
（a）水平连接线；（b）垂直连接线；
（c）方框或简化外形

3. 图形符号

图形符号是用于电气图或其他文件中表示项目或概念的一种图形、记号或符号，是电气技术领域中最基本的工程语言。正确、熟练地掌握绘制和识别各种电气图形符号是识读电气图的基本功。

目前，应用最多的是国家标准 GB/T 4728《电气图用图形符号》系列标准。常用的电气图形符号见附表 1 和附表 2。

4. 项目代号

在电气图上通常用一个图形符号来表示的基本件、部件、组件、功能单元、设备、系统等，如刀开关、电动机、开关设备或某一个系统等，都可称为项目。项目的实物大小相差很大，大到电力系统、电气设备、变压器和电机，小到电阻器、电容器、端子板等，所以项目具有广泛的概念。

（1）项目代号的组成。项目代号在我国是一个新的概念，它与国家标准中的文字符号在结构上有很大区别。项目代号是用以识别图、图表、表格中和设备上的项目种类，并提供项目的层次关系、实际位置等信息的一种特定的代码。通常把项目代号的全部或一部分标在该项目的上方或其附近。完整的项目代号包括四个具有相关信息的代号段。每个代号段都用特定的前缀符号加以区别。GB 5094 中规定的代号段有四种形式：

1）第一段为高层代号，用前缀符号“＝”表示。例如＝T2，表示二号变压器系统。

2）第二段为位置代号，用前缀符号“＋”表示。例如＋D12，表示该设备位置在柜列 D 的 12 号屏。

3）第三段为种类代号，用前缀符号“－”表示。例如－K5，表示设备种类为继电器的第五个继电器。

4）第四段为端子代号，用前缀符号“:”表示。例如 X1∶13，表示端子板 X1 的第 13 号接线端子。

应该注意的是，四个代号段的作用是不同的，通常以第三段种类代号用得最多。

（2）种类代号的组成。种类代号的作用是识别项目的种类，一般由代表项目种类的文字符号和数字组成。例如－K5，K 表示项目种类为继电器、接触器的基本文字符号，5 表示同类设备的数字顺序号。

5. 文字符号

文字符号是表示和说明电气设备、装置、元器件的名称、功能、状态和特征的字符代码，由字母或字母组合构成，是重要的字符代码，它分为基本文字符号和辅助文字符号两类。

(1) 基本文字符号。基本文字符号可采用单字母符号和双字母符号：

1) 单字母符号是按拉丁字母将各种电气设备、装置和元器件划分为23大类（除去J、I、O三个易混淆的字母），每大类用一个专用单字母符号表示。

2) 双字母符号是由一个表示种类的单字母符号与另一个字母组成。只有当用单字母符号不能满足要求，需要将大类进一步划分时，才采用双字母符号，以便较详细地表述电气设备、装置和元器件。例如Q为开关电器的单字母符号，而QF表示断路器，QS则表示隔离开关。基本文字符号不应超过两个字母。电气设备常用的基本文字符号见附表3。

(2) 辅助文字符号。为了表示电气设备、装置和元器件以及线路的功能、状态和特征，常在基本文字符号后面加上辅助文字符号，组成多字母符号。例如：GN表示绿色、HL表示指示等，二者结合在一起HLGN表示绿色指示灯。有时习惯用GN表示绿色，标注在图形符号处。

二、电气工程图的读识

(一) 电气工程图的组成和用途

电气工程图主要由文字说明、电气系统图、电路图、接线图、平面布置图和安装大样图（详图）组成。

1. 文字说明

文字说明包括图纸目录与标题栏、设备材料表和施工说明部分。

2. 电气系统图

用电气简图图形符号表示系统的基本组成，主要电气设备、元件等的连接关系及它们的规格、型号、参数等，便于电气人员掌握系统的基本概况。变配电工程有供电系统图、电力工程有电力系统图、电气照明工程有照明系统图以及电缆系统图等。如发电厂、变电站的电气主系统图，能清楚简洁地说明电能发生、输送、分配关系和设备运行关系，是发电厂、变电站的首张图纸，又称为一次主接线图。又如照明系统图以建筑总平面图为依据，绘出内线安装及配线的范围，分类负荷的数据、总设备容量、计算容量、总电费计量方式和总电压损失等。

3. 平面布置图

平面布置图是建筑电气工程图纸中的重要图纸之一。因为在系统图中，通常不表明电气设备的具体安装位置，因此需要借助于平面图来表示。如变电站设备安装平面图、电力平面图、照明平面图、接地平面图等，都是在图中标明所需安装的供用电设备、照明灯具和开关电器的种类、规格、安装位置、高度，线路敷设部位、敷设方式及所用导线型号、规格、数量，管径大小等。平面布置图通常按相应的建筑平面图绘制，平面布置图是提供安装施工、编制工程预算的主要依据。

4. 电路图和接线图

电路图多采用功能布局法绘制，用于熟悉电路中各电器的性能和特点及各系统中用电设备的电气控制原理，用来指导设备的安装和控制系统的调试工作。在进行控制系统的配线和调校工作中，还可配合接线图和端子图进行。

5. 安装大样图（详图）

安装大样图是对于有特殊要求做法时，为便于施工人员看清详细的做法和尺寸，其按照机械制图方法绘有构件安装大样图，用来详细表示设备安装方法的图纸，也是用来指导施工和编制工程材料计划的重要图纸。特别是对于初学安装的人员更显得重要，甚至可以说是不可缺少的。如果安装大样图国家已有标准图纸，则仅在施工说明和图纸目录中标明相应的标准图集编号和页码（全国通用电气装置标准图集）。

（二）读识电气工程图的基本方法

1. 结合电工、电子技术理论知识识读图

在实际生产的各个领域，变配电所、电力拖动系统、各种照明电路、各种电子电路等，都是建立在电工、电子技术理论知识上的。因此要想看懂电气图，必须具备一定的电工、电子技术理论知识。

2. 结合电气元件的结构和工作原理识读图

电路是由各种电气设备和元器件组成的，如电力供配电系统中的变压器、各种开关、接触器、继电器、熔断器、互感器等，电子电路中的电阻器、电容器、电感器、二极管、三极管、晶闸管及各种集成电路等。因此，只有熟悉这些电气设备、元器件的结构、工作原理、用途和它们与周围元器件的关系，以及在整个电路中的地位和作用，才能正确识图。

3. 结合典型电路识读图

所谓典型电路，就是常用的基本电路，是学习和生产中的基础电路。如三相感应电动机的启动、制动、正反转、过载保护、连锁电路等，供配电系统中电气主接线常用的单母线主接线，电子电路中三极管放大电路、晶体管电路、振荡电路等都是典型电路。

一幅复杂的电路图，细分起来不外乎是由若干典型电路所组成的。因此，熟悉各种典型电路，对于看懂复杂的电路图有很大帮助。

4. 结合相关图纸识读图

大型的电气图纸往往不只一张，也不只是一种图，因而读图时应将各种有关的电气图纸联系起来，对照阅读。如通过概略图、电路图找联系；通过接线图、布置图找位置；通过对照接线图和电路图，可以搞清线路的走向和电路的连接方法。读图时有一定的步骤，先详看图纸说明，再看概略图和框图，接着重点看电路图，最后看安装接线图，进而交错阅读，会收到事半功倍之效。

5. 结合电气制图的制图要求识读图

电气图的绘制有一定的基本规则和要求，按照这些规则和要求画出的图，具有规范性、通用性和示意性。熟悉掌握常用的电气图形符号、文字符号、标注方法及其含义，熟悉电气工程制图标准、常用画法及图样类别，对识读图有很大的帮助。

6. 结合我国电气制图发展概况识读图

目前，所有电气技术文件和图纸一律使用新颁布的国家标准，但对旧设备还存在旧符号，因此，识图时还要新旧兼顾。

7. 结合其他专业技术图识读图

电气工程往往与主体工程及其他工程如安装工程配合进行，电气图与一些其他专业的技术图有着密切的关系，例如电气施工图往往与土建工程图有密切联系。因此，读电气图时，应与其他专业的技术图结合，对应起来仔细阅读。

课题二　二次回路识图及安装、调试

一、二次回路图的分类和特点

在供电系统中，凡是对一次设备进行操作控制、保护、测量的设备及各种信号装置，统称为二次设备。二次回路图是用二次设备、元件特定的图形符号和文字符号，表示二次设备连接关系的电气接线图。二次回路图按其用途常分为原理接线图和安装接线图两大类，而原理接线图又分为归总式原理接线图和展开式原理接线图。

（一）归总式原理接线图

归总式原理接线图简称原理图，以整体的形式表示二次设备之间的电气连接，一般与一次回路的有关部分画在一起。

某10kV线路的过电流保护原理图如图1-4-10所示。

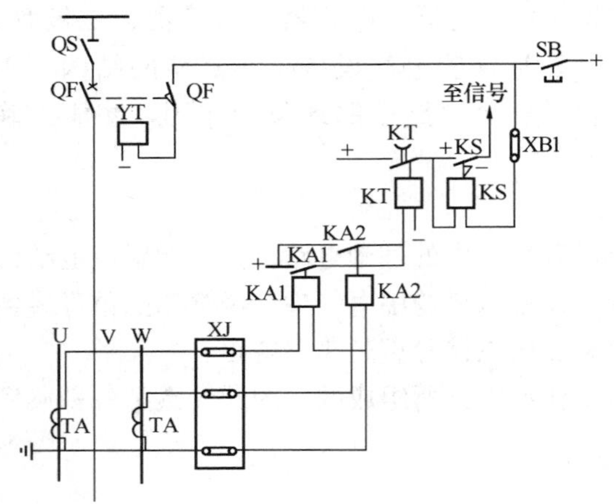

图1-4-10　10kV线路的过电流保护原理图

该电路的工作原理和动作顺序为：当线路过负荷或故障时，流过它的电流增大，使流过接于电流互感器二次侧的电流继电器的电流也相应增大，在电流超过保护装置的整定值时，电流继电器KA1和KA2动作，其动合触点接通时间继电器KT线圈，经过预定的时限，KT的触点闭合发出跳闸脉冲使断路器跳闸线圈YT带电，断路器QF跳闸，同时跳闸脉冲电流流经信号继电器KS的线圈，其触点闭合发出信号。

二次回路原理图有以下特点：

（1）二次设备采用整体的形式表示，一次设备和二次设备画在一张图上，继电器和触点用集中法画在一起，因此，二次设备与一次设备相互关系比较直观，能够使看图者清楚地了解到各设备之间的电气联系和动作原理。

（2）综合地表示出交流电压、电流回路和直流电源之间的联系。

（3）二次设备用三相表示，在原理图中的一次设备一般用单线表示，使图简单明了。

（4）在二次原理图中的线圈和触点的运行状态，都是未带电时的正常状态，否则需注明状态。

（5）在图中的设备不画出内部接线，不注明设备引出端子的编号，电源只注明极性，交流注明相别，但不具体表示是从何处引出来的。

原理图能够清楚地了解整套装置的动作原理，但是这种图存在一些缺点，如元件较多时，接线有时交叉，显得凌乱，而且元件端子及连接线又无符号，实际使用常感不便。由于原理图对细节无法表示，不能表明连接线的实际位置，因此对解释较复杂的保护原理和查找二次回路施工现场的故障等工作有一定的困难。

（二）展开式原理接线图

展开式原理接线图简称为展开图，它由原理图展开得来，以分散的形式表示二次设备之间的电气连接，它是安装接线图绘制的基础，是二次回路图中最重要的图纸。与图 1-4-10 对应的 10kV 的线路过电流保护展开图如图 1-4-11 所示。

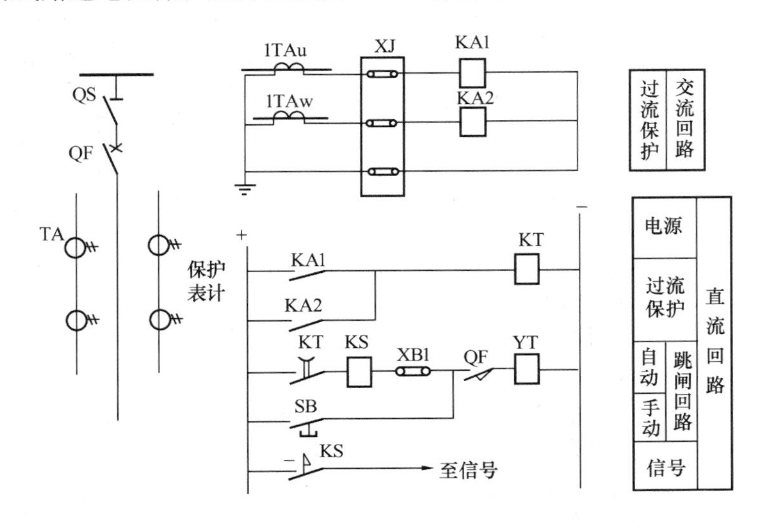

图 1-4-11 10kV 线路过电流保护展开图

二次回路展开图的特点如下：

（1）把二次设备用分开法表示，即分成交流电流回路、交流电压回路、直流控制回路、信号回路等。

（2）同一设备的线圈和触点分别画在所属回路内，属于同一回路的线圈和触点，按照电流通过的顺序依次从左到右（或从上到下）连接，结果就形成了各条独立的支路，即所谓展开图的“行”（或“列”）。阅读时，全图由上而下成“行”，每“行”从左向右阅读，整个电路图从上到下按“行”识图。若是以“列”的形式排列，则各“列”从上到下阅读，整个电路图从左到右，按“列”识图。

（3）在展开图中，每个设备一般用分开法表示，对同一设备的线圈和触点采用相同的文字符号表示。

（4）为便于识图，展开图若以“行”的形式表示时，在图的右侧对应行的位置，以文字说明该回路的用途。若以“列”的形式表达时，在图的下方对应列的位置，以文字说明该回路的用途。

（三）安装图

安装图是加工配电屏和现场安装中不可缺少的图纸，也是运行、调试和检修的主要参考图纸。在这种图上，设备和器具均按实际情况布置。设备、器具及端子和导线、电缆的走向均用符号、标号加以标志。两端连接不同端子的导线，为了便于查找其走向，采用专门的“对面原则”的标号方法。

1. 安装图的分类

安装图包括屏面布置图、屏背面接线图和端子排图。

（1）屏面布置图。表示设备和器具在屏面的安装位置，屏和屏上的设备、器具及其布置均按比例绘制，如图 1-4-12 所示。

（2）屏背面接线图。又称为安装接线图，它标明屏上各个设备引出端子之间、设备与端子排之间的连接情况，是安装、施工和运行时的重要参考图纸。某 10kV 线路定时过电流安装接线图如图 1-4-13 所示。

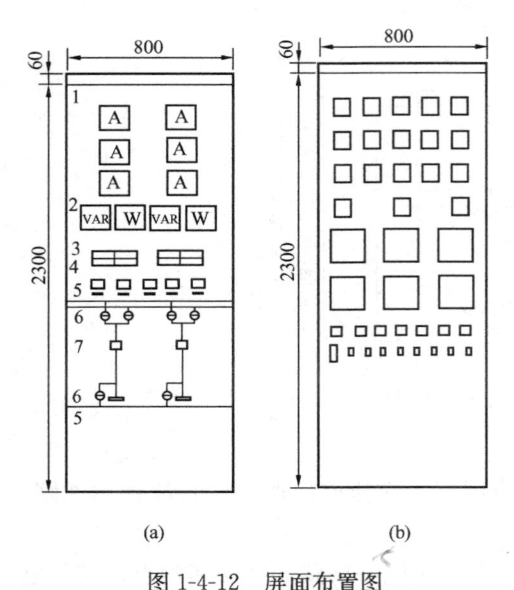

图 1-4-12 屏面布置图
（a）110kV 线路控制屏屏面布置图；
（b）继电保护屏屏面布置图

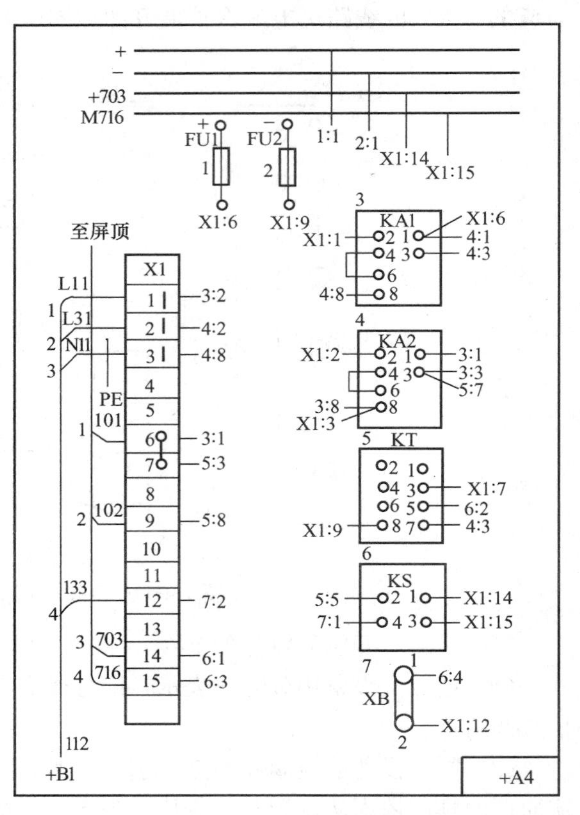

图 1-4-13 10kV 线路定时过电流安装接线图

（3）端子排图。用于表示连接屏内外各设备和器具的各种端子排的布置及电气连接。端子排图通常表示在屏后接线上。常见的三列式端子排图如图 1-4-14 所示。

图 1-4-14 中：左列（或右列）的标号，是指连接电缆的去向和电缆所连接设备接线柱的标号；端子排中间列的编号 1～20 是端子排的顺序号；端子排右列（或左列）的标号是到屏内各设备的编号。如端子排 X1 的第一格标有 3：2，表示连接到屏内设备序号为 3 的第 2 号接线端子。按照“对面原则”，屏内设备 3 的第 2 号接线端子侧应标端子排 X1 的第 1 号端子的标号，即 X1：1。

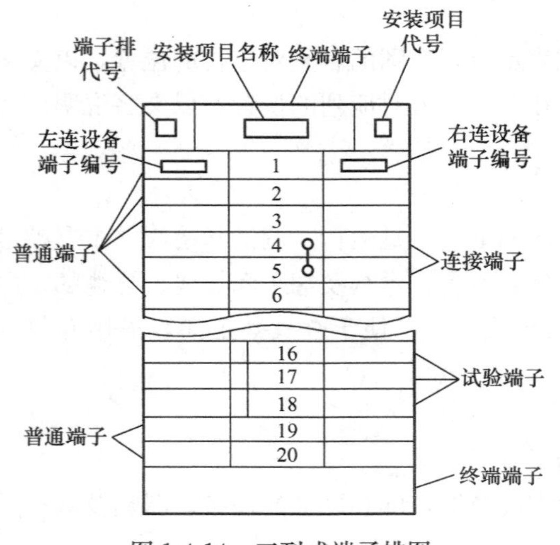

图 1-4-14 三列式端子排图

（4）接线端子。一般根据回路的用途来确定，通常接线端子按导电片的类型可分为一般端子、连接端子、试验端子、连接型试验端子、终端端子，如图 1-4-15 所示。

2. 对面原则

“对面原则”就是常说的“相对标号法”，

是指每一条连接导线的任一端标以对侧所接设备的标号或代号，故同一导线两端的标号是不同的，并与展开图上的回路标号无关。这种方法很容易查找导线的走向，从已知的一端便可知另一端接至何处。对面原则应用很广泛，例如，控制屏和保护屏后接线图就是采用这种标号原则。

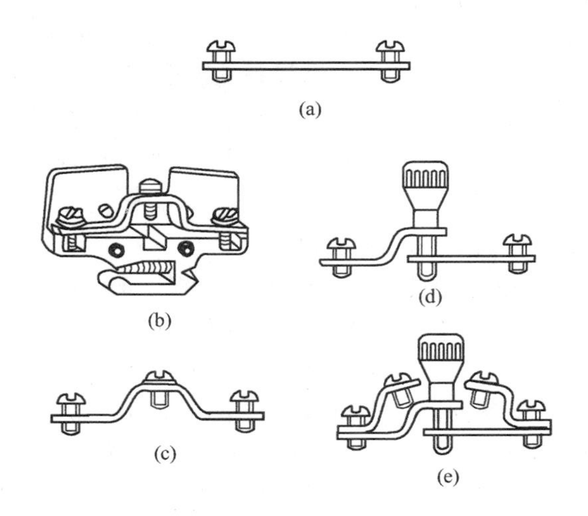

图 1-4-15　不同类型的接线端子导电片
（a）一般端子导电片；（b）连接端子外形；（c）连接端子导电片；（d）特殊端子导电片；（e）试验端子导电片

3. 端子排的布置原则

根据二次回路接线的需要，将许多不同类型的端子组合在一起就构成了端子排。它有垂直的和水平的两种布置方式，前者是将端子排布置在屏后的左侧或右侧，后者则布置在屏后的下部。由于水平布置的端子数目较少，且导线、电缆和端子之间的连接不便，因此，只用于二次接线不复杂的场合。控制屏和保护屏的端子排一般采用垂直布置的方式。

端子排设计的主要原则如下：

（1）屏内与屏外二次回路的连接、同一屏上各安装单位的连接以及过渡回路等均应经过端子排。

（2）屏内设备与接于小母线上的设备（如熔断器、电阻、小开关等）的连接一般应经过端子排。

（3）各安装单位的“+”电源一般经过端子排，保护装置的“−”电源应在屏内设备之间接成环形，环的两端再分别接至端子排。屏内其他设备的连接一般不经过端子排。

（4）交流电流回路、信号回路及其他需要断开的回路，一般需要试验端子。

（5）屏内设备与屏顶较重要的小母线（如控制、信号、电压等小母线），或者在运行中、调试中需要拆卸的接至小母线的设备，均需经过端子排连接。

（6）同一屏上的各安装单位均应有独立的端子排。各端子排的排列应与屏面设备的布置相配合。一般按照下列回路的顺序排列：交流电流回路，交流电压回路，信号回路，控制回路，其他回路，转接回路。

（7）每一安装单位的端子排应在最后留 2～5 个端子作为备用。正、负电源之间，经常带电的正电源与跳闸或合闸回路之间的端子排应不相邻或者以一个空端子隔开。

（8）一个端子的每一端一般只接一根导线，在特殊情况下 B1 型端子最多接两根。B1 型和 D1～20 型端子的连接导线截面不应大于 $6mm^2$，D1～10 型端子的连接导线截面不应大于 $2.5mm^2$。

二、二次回路识图基本方法

二次回路图的逻辑性很强，在绘制时遵循一定的规律，看图时抓住此规律就会很容易看懂。阅图前首先应了解图中继电保护装置的动作原理及其功能；其次是图中各设备、元件都是用国家规定的标准图形符号和文字符号绘制表示的，只有掌握了国标电气符号、二次回路标号的含义、构成和表示方法，才能正确迅速识读图。附表1和附表2分别为电力系统一次、二次回路图中常用电器设备的图形符号，附表3为电气设备常用的基本文字符号，应该熟记。

看图的要领为："先交流、后直流；交流看电源，直流找线圈；抓住触点不放松、一个一个全查清；左开右闭，下开上闭，延时触点也好记；先上后下，先左后右，屏外设备一个也不漏。"

1. 先交流、后直流

先把交流回路看完弄懂后，根据交流回路的电气量以及在系统中发生故障时这些电气量的变化特点，向直流逻辑回路推断，再看直流回路。一般说来，交流回路比较简单，容易看懂。

2. 交流看电源，直流找线圈

交流回路有交流电流和电压回路两部分，要从电源入手先找出电源来自哪组电流互感器或哪组电压互感器，在两种互感器中传输的电流量或电压量起什么作用，与直流回路有何关系，这些电气量是由哪些继电器反应出来的，找出它们的符号和相应的触点回路，看它们用在什么回路，与什么回路有关，在心中形成一个基本轮廓。

3. 抓住触点不放松，一个一个全查清

继电器线圈找到后，再找出与之相应的触点。二次原理图中线圈和触点的运行状态，都是未带电时的正常状态，否则会注明状态。根据触点的闭合或开断引起回路变化的情况，再进一步分析，直至查清整个逻辑回路的动作过程。

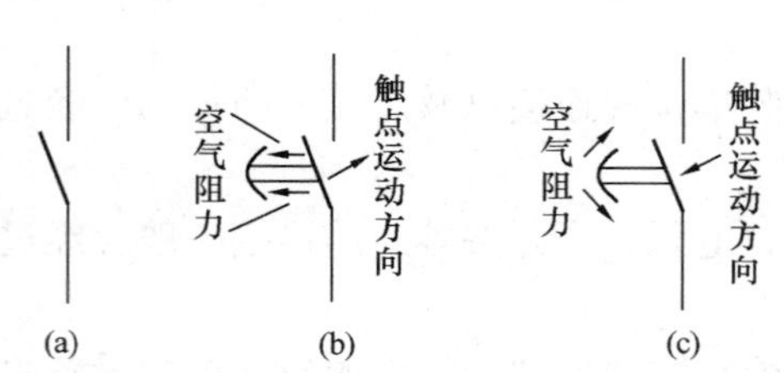

图1-4-16 判断动合触点延时闭合示意
(a) 动合触点；(b) 延时闭合；(c) 瞬时释放

4. 左开右闭，下开上闭，延时触点也好记

在电气图用图形符号中，最难记忆的符号是带时限继电器的触点符号。老电工师傅们在长期识图实践中，总结出触点符号识别的窍门，无需死记硬背，仅根据触点符号特征就可准确地判断触点属于哪种类型。如图1-4-16所示，这是一个动合（常开）触点，其弧形的凹部所受到的空气阻力较大，使触点延时闭合；而当触点释放时，其弧型凸部所受到的空气阻力较小，故触点瞬时释放。由此可以得出结论：该继电器触点是延时闭合、瞬时开启的动合（常开）触点。

同理可以判断图1-4-17中触点是瞬时闭合、延时断开的动合（常开）触点。图1-4-18中触点是瞬时断开、延时闭合的动断（常闭）触点。

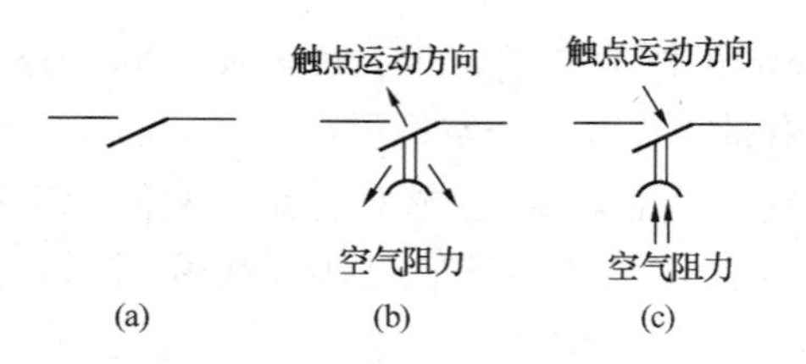

图1-4-17 判断动合触点延时断开示意
(a) 动合触点；(b) 瞬时闭合；(c) 延时闭合

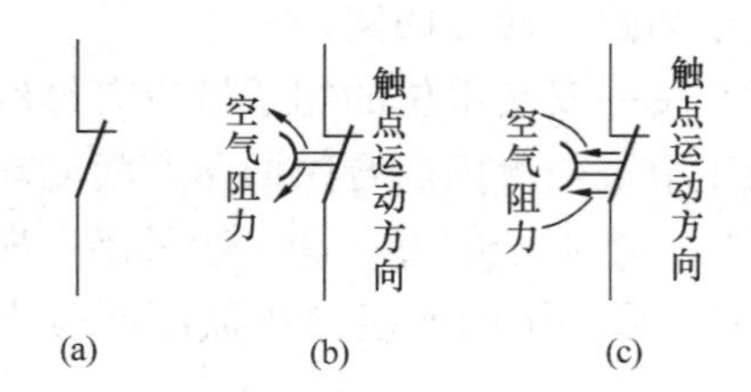

图1-4-18 判断动断触点延时闭合示意
(a) 动断触点；(b) 延时断开；(c) 延时闭合

5. 先上后下，先左后右，屏外设备一个也不漏

这个要领主要是针对端子排图和屏后安装图而言。看端子排图一定要配合展开图来看，

展开图有如下规律：

（1）直流母线或交流电压母线用粗线条表示，以示区别于其他回路的联络线。

（2）继电器和各种电气元件的文字符号与相应原理接线图中的文字符号一致。

（3）继电器和每一个小的逻辑回路的作用都在展开图的右侧注明。

（4）继电器的触点和电气元件之间的连接线段都有回路标号。

（5）同一继电器的线圈与触点采用相同的文字符号。

（6）各种小母线和辅助小母线都有标号。

（7）直流“＋”极按奇数顺序标号，“—”极则按偶数标号。回路经过电气元件（如线圈、电阻、电容等）后，其标号性质随着改变。

（8）常用的回路都有固定的标号，如断路器 QF 的跳闸回路用 33，合闸回路用 3 等。

（9）交流回路的标号除用三位数外，前面还加注文字符号。交流电流回路数字范围为 400～599；电压回路为 600～799。其中个位数表示不同回路，十位数表示互感器组数。回路使用的标号组，要与互感器文字后序号相对应。如：电流互感器 TA1 的 U(A)相回路标号是 U411～U419；电压互感器 TV2 的 U(A)相回路标号应是 U621～U629。

展开图上凡屏内与屏外有联系的回路，均在端子排图上有一个回路标号，单纯看端子排图是不易看懂的。端子排图是一系列的数字和文字符号的集合，把它与展开图结合起来看就可清楚它的连接回路。

教学提示：二次回路读图实例见光盘。

课题三　动力和照明配线工程识图

一、动力与照明工程图的分类与特点

动力与照明工程是现代建筑工程中最基本的电气工程。在一般建筑中，为了避免动力与照明互相影响及便于分别管理，动力与照明配电通常是分开的。为此，按图纸表达的对象可分为电气照明工程图和电气动力工程图，按图纸表达的内容又可分为系统图、电路图、平面图和剖面图、配电箱（柜）安装接线图等。

（一）动力与照明配电系统图

动力与照明配电系统图表明了建筑物内外的动力、照明的供电与配电的基本情况。在系统图上，要向施工人员反映动力及照明的安装容量、计算容量、计算电流、配电方式、开关与熔断器的型号和规格、导线与电缆的型号和截面积、导线与电缆的基本敷设方法和穿管管径等，系统图上还标注整个系统的线路的电压损失和受电设备的型号、功率、名称及编号等，供了解设备或装置的总

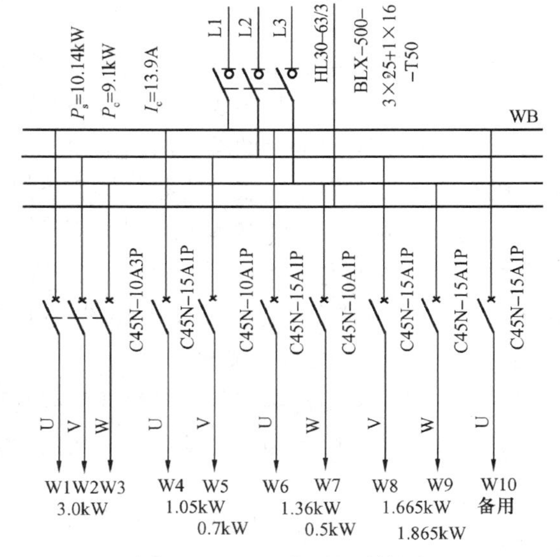

图 1-4-19　照明配电系统图

体概况和简要的工作原理之用，也为编制电路图提供依据。某照明配电系统图如图 1-4-19 所示。

（二）动力与照明配电电路图

电路图用于详细表示电路、设备或成套装置的组成、连接关系和作用原理，为调整、安装和维修提供依据，为编制接线图和接线表等接线文件提供信息。动力与照明的各种配电电路图习惯称为电气原理图或原理接线图，如图 1-4-20 所示。

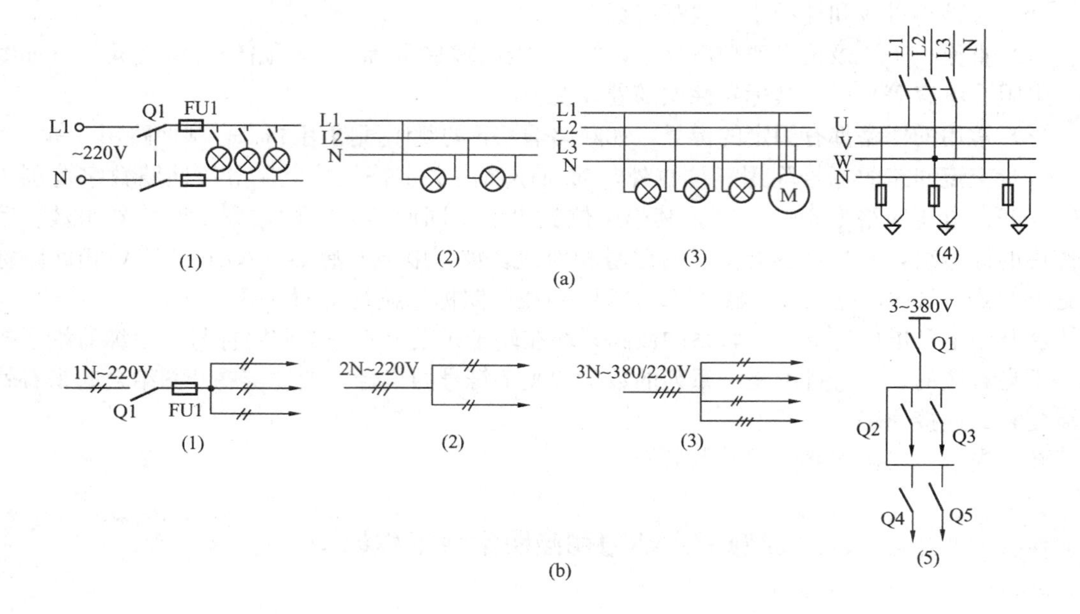

图 1-4-20　动力与照明配电电路图

（a）多线图；（b）单线图

（1）—单相供电方式；（2）—两相三线供电方式；（3）—三相四线供电方式；

（4）—照明配电箱；（5）—动力配电箱

配电电路图按用电设备的实际连接次序画图，不反映平面布置，图形简单、清晰。接线图有两种画法，一种画法是多线画法，电路实际几根线就画几根线，如图 1-4-20（a）所示。另一种画法，也就是通常用的单线图，单相、三相都用单线表示，一个回路的线如用单线表示时，则在线上加斜划短线表示线数，加 3 条斜划短线就表示 3 根线，2 条斜划短线表示 2 根线。对线数多的也可划 1 条斜划短线加注几根线的数字来表示，如图 1-4-20（b）所示。横线上面可加注供电电压相数，如“3N～380V”表示三相四线交流 380V；横线下面可加导线规格，如 2×2.5 表示 2 根 2.5mm² 导线，也可加注导线型号。

（三）动力与照明配电平面图

将系统图以一定的比例表示建筑物外部或内部的电源布置情况的图纸称为平面图。平面图又可分为外电总平面图和动力及照明平面图两类。

1. 外电总平面图

它是表示某一建筑物外接供电电源布置情况的图纸，主要表明变电站与线路的平面布置情况、各用电单位的建筑平面外形、建筑物面积和用电负荷大小，有的还用等高线简要绘制了供电区域的地形。外电总平面图是按比例绘制的，可用比例尺直接从图中测量，通过计算得出导线的长度。它既能反映高压架空线路或电力电缆线路进线方向，变压器台数、容量及变电站的类型，也能反映低压配电线路的走向及负荷分配，还能反映架空线路的电杆类型、编号、电缆沟的规格、导线的型号、截面积及每回线的根数等。某一建筑工程的外电总平面图如图 1-4-21 所示。

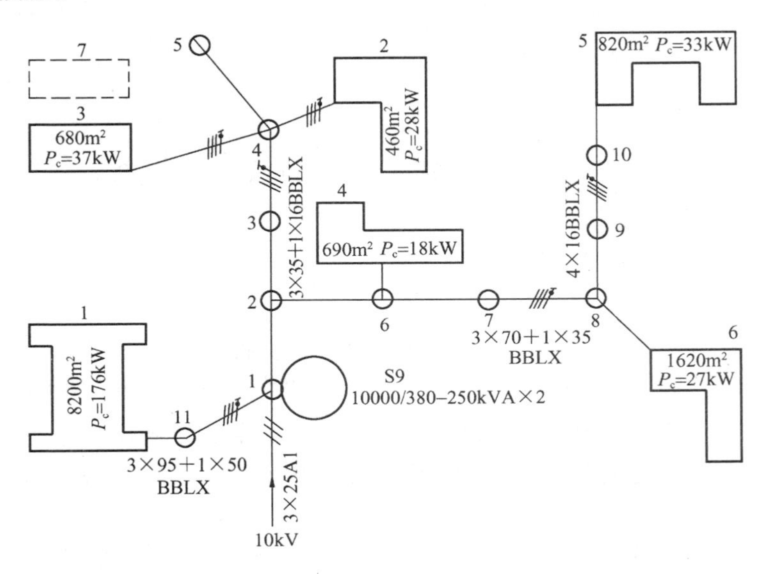

图 1-4-21　某建筑工程的外电总平面图

图 1-4-21 中，电源进线为 10kV 架空线，其导线截面积为 25mm²，采用 LJ 型铝绞线三根。10kV 变电站为一般户外杆上变电站，变压器的型号为 S9，容量为 2×250kVA。由变电站引出三回线 380/220V 架空线至各建筑物：第一回线供 1 号建筑物内用电，采用铝芯橡皮线 BBLX，三根相线截面积为 95mm²，一根中性线截面积为 50mm²；第二回线供 2、3 号建筑物和计划扩建的 7 号建筑物内用电，采用的导线型号和截面积为 BBLX—3×35+1×16；第三回线供 4、5、6 号建筑物用电，采用的导线型号和截面积为 BBLX—3×70+1×35。去 5 号建筑物的导线在 8 号杆上分支，采用 BBLX—4×16 的导线。

2. 动力与照明平面图

动力与照明平面图是表示建筑物内动力、照明设备和线路平面布置的图纸，是按建筑物不同标高的楼层分别画出的，并且动力与照明分开。它不仅反映动力或照明线路的敷设位置、敷设方式、导线穿线管种类、线管管径、导线截面及导线根数，同时还反映各种电气设备的安装数量、型号及相对位置。在动力或照明平面图上，导线与设备间的垂直距离和空间位置一般不另用立面图表示，而是标注安装标高，以及附加必要的施工说明来表明。为了更明确地表示出设备的安装位置安装方法，动力及照明平面图一般都是在简化了的土建平面图上绘制的，如图 1-4-22 所示。

从图 1-4-22 的平面图上可以看出灯具、开关、线路的具体布置情况。在左侧房间的两盏灯 E1 与 E2 分别由开关 S1、S2 控制，在右侧房间的灯 E3 由开关 S3 控制。由图形符号和标注可知，这三盏灯都是搪瓷伞罩灯（S），白炽灯灯泡功率为 60W，线吊式安装（X），安

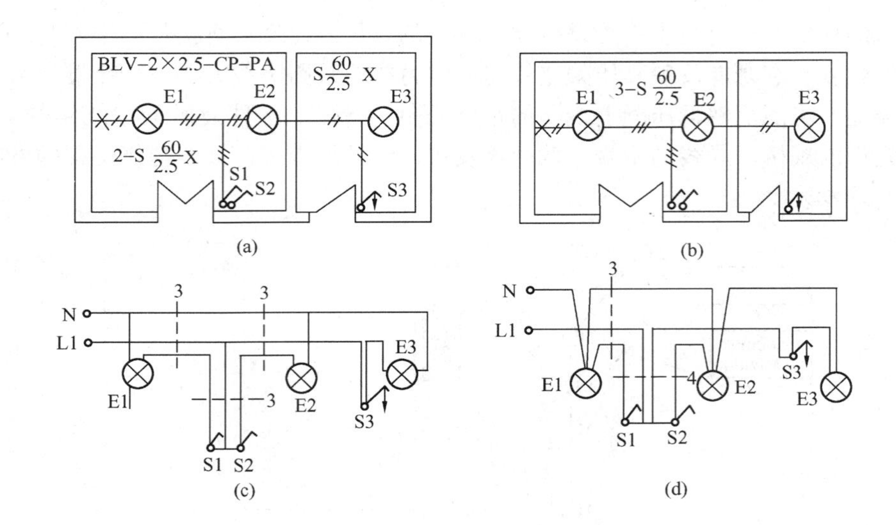

图 1-4-22 电气照明平面图与剖面图

(a) 直接接线平面图；(b) 共头接线平面图；(c) 直接接线剖面图；(d) 共头接线剖面图

装高度为 2.5m，两个开关为单极明装翘板式开关，一个开关为单极拉线开关。室内照明布线BLV 型塑料绝缘导线，截面积为 2.5mm²，采用绝缘子配线(CP)，暗藏于天棚内敷设(PA)。

3. 剖面图

为了读懂电气照明平面图，作为一个读图过程可以另外画出照明电器、开关、插座等的实际连接的示意，这种图称为剖面图或斜视图。剖面图对初学者、现场施工布线很有帮助。剖面图与平面图的对比见图 1-4-22。

由平面图看出，在灯 E1 与 E2 之间以及这两盏灯至两个开关 S1、S2 之间采用 3 根导线，其余均为 2 根导线。画出剖面图便可一目了然其原因。图 1-4-22(a)、(c)采用直接接线法，即由电源而来的一根相线 L1 与一根中性线 N，其中的中性线分别从干线上分支直接与各灯相连。从两灯之间的干线上引一根相线至开关 S1、S2，经过两个开关分别引至 E1、E2。由此可见，E1 与 S1、S2 之间的三根线，一根相线、一根中性线、一根开关线（也是相线），S1、S2 与 E2 之间也是这种情况。图 1-4-22（c）上三根虚线所连的三根线与图 1-4-22（a)平面是一一对应的。

如果将直接接线法改为共头接线法，则在平面图上表示的各段导线的根数亦相应增加，如图 1-4-22（b)、(d）所示。图 1-4-22（c)、(d）中连的虚线表示了其中三根、四根导线的对应关系。

二、电气照明工程图的读识

（一）阅读图纸的有关说明，了解图面的基本情况

图纸的有关说明包括图纸目录、技术说明、器材（元件）明细表及施工说明书等，从全部图纸及施工说明中，可以大致了解工程的整体轮廓、设计内容及配电施工的基本要求。

如某建筑物照明配电电气图有三张主要图纸。图 1-4-19 是照明配电系统图，图 1-4-23 是一层照明平面图，图 1-4-24 是二层照明平面图。

（二）阅读供配电系统图

由图 1-4-19 可知：该照明配电系统安装容量为 10.14kW，计算容量为 9.1kW，计算电

流为 13.9A。建筑物的进线电源是 380/220V 三相四线制，用额定电压 500V、三根 $25mm^2$、1 根 $16mm^2$ 的铝芯橡皮绝缘电线，合计四根线，自室外架空线引入后穿入最小管径为 50mm 的电线钢管，引至配电箱。配电箱用暗配方式，箱内 HL30-63/3 型负荷开关进入低压母线 WB。出线安装了 7 个单极低压断路器（C45N-10～15A1P）和一个三极低压断路器（C45N-10A3P），可以引出七路 220V 单相、一路 380V 三相线路。

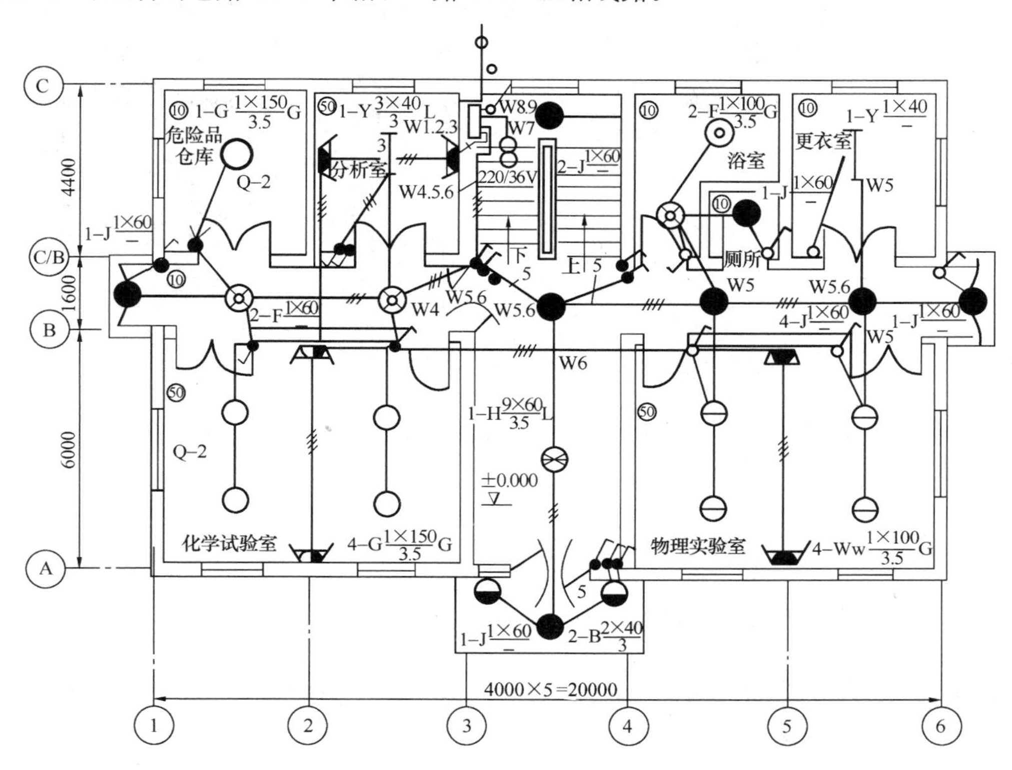

图 1-4-23　一层电气照明平面图

（三）阅读供电平面图

在照明电气工程图中，供电平面图应用最多。从图 1-4-23 和图 1-4-24 可知，该楼为两层混合结构的试验办公楼：一层为试验场所，其电气设备必须采用防爆电器；二层主要是办公用，其照明度要求较高，灯具的布置装饰效果要好。

1. 明确照明设备的安装要求

根据照明设备图形符号及名称参见附表 4，明确各房间灯具、开关、插座等的安装位置与安装方式，见平面图上标注，现以图 1-4-23 和图 1-4-24 举例说明如下：

如一层的化学试验室标注：该房间的照度要求是 50lx。安装灯具为 $4-G\frac{1\times150}{3.5}G$，表示防爆灯 4 盏，每盏灯内一个额定功率为 150W 的白炽灯，安装高度为 3.5m，采用管吊式安装。

楼梯的照明：在一、二层楼梯平台顶棚上安装一吸顶灯供楼梯照明使用，分别在楼梯上下一侧安装两个控制开关。

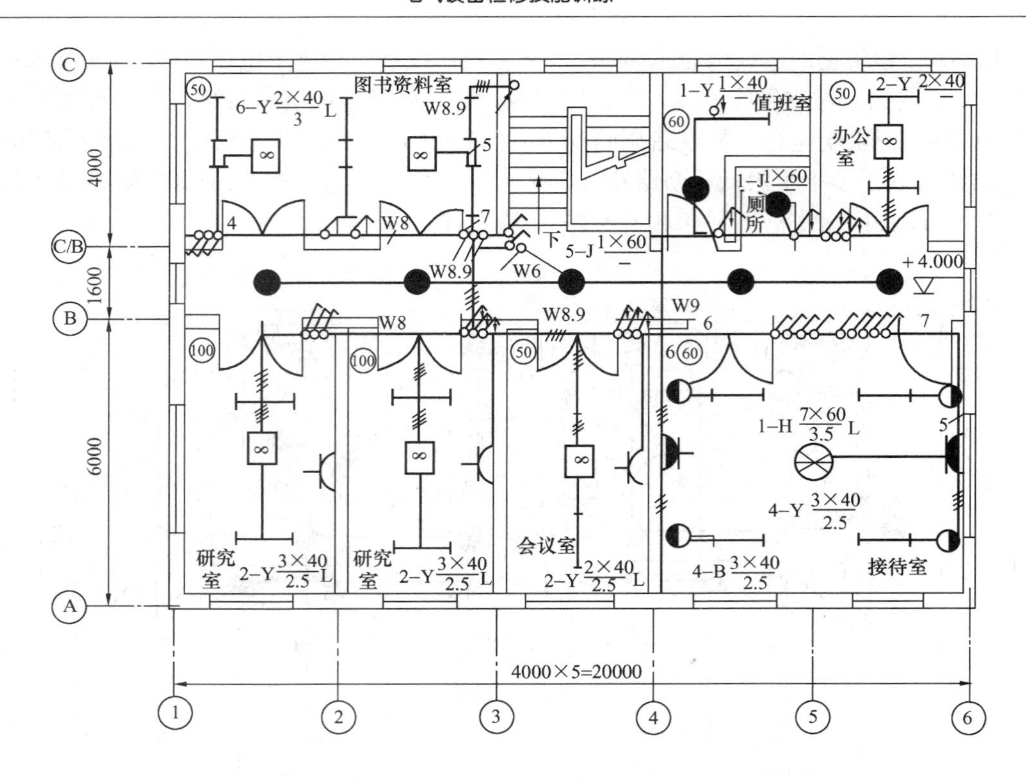

图 1-4-24　二层电气照明平面图

同理可分析化学分析室、物理实验室、办公室等的照明设备安装情况。

2. 明确导线型号、规格及敷设方式

配线标注符号及意义见附表 5。该工程规模较小，使用导线种类较少，配线方式也比较单一，故在平面图上没有分别详细标注，可加说明栏统一说明。

3. 明确导线根数及走向

各条线路导线根数及其走向是照明平面图表现的主要内容。由于图纸上线条较多，看起来麻烦。比较好的读图方法是：先了解接线方式是共头接线法，还是直接接线法；其次再了解各照明器的控制接线方式，分清哪些是采用两个开关或三个开关控制一盏灯的；然后，再按配线回路的情况将建筑物分成若干单元，按电源—导线—照明的顺序将回路接通。在不熟练的情况下可画出线路的剖面图。

操作训练 6　电气识绘图训练

一、训练目的

(1) 熟悉二次回路、照明及动力配电各种图纸的识读。

(2) 掌握二次回路安装接线图的绘制方法。

(3) 学会二次回路安装、检修、调试技术。

二、操作任务

操作任务见表 1-4-2。

表 1-4-2　电气识绘图操作任务表

操作内容	（1）绘制二次回路安装接线图并进行安装接线、调试； （2）绘制照明和动力配电线路安装接线图
说明及要求	（1）指导教师根据设备情况选择典型的保护或控制回路进行训练； （2）以用相对编号法作为重点指导； （3）安装接线要按工艺规范操作； （4）照明和动力配电可结合室内照明和低压控制线路安装绘识图
工具、材料、设备场地	二次配电屏、配电图纸、试验电源、常用电工工具、绘图工具、配线材料、万用表、绝缘电阻表

三、注意事项和安全措施

（1）带电调试之前应对二次回路进行校线和回路电阻的测量，检测正确后方可接电源。

（2）调试是在二次设备带电情况下进行的，应注意人身和设备的安全。调试必须在教师的监督下进行。

（3）要防止在运行中，电流互感器二次回路开路。

（4）正确使用剥线工具，防止伤人。

复　习　题

一、选择题

1. 电气工程图主要由文字说明、（　　）、电路图、接线图、平面布置图和安装大样图（详图）组成。

（A）电气系统图；（B）单线图；（C）设备原理图；（D）展开图。

2. 二次回路展开图把二次设备分开表示，即分成交流电流回路、交流电压回路、直流控制回路和（　　）等。

（A）一次回路；（B）微机控制电路；（C）信号回路；（D）逻辑图。

3. 安装图是加工配电屏和现场安装中不可缺少的图纸，也是运行、调试和检修的主要参考图纸，它包括平面布置图、（　　）、端子排图。

（A）设备原理图；（B）屏背面接线图；（C）电气系统图；（D）逻辑图。

二、判断题

1. 展开式原理接线图简称为展开图。展开图由原理图展开得来，以分散的形式表示二次设备之间的电气连接，它是安装接线图绘制的基础，是电气工程图中最重要的图纸。（　　）

2. “对面原则”就是常说的“相对标号法”，是指每一条连接导线的任一端标以对侧所接设备的标号或代号，故同一导线两端的标号是相同的。（　　）

3. 电路图用于详细表示电路、设备或成套装置的组成、连接关系和作用原理，为调整、安装和维修提供依据。（　　）

三、问答题

1. 按用途二次回路图通常分为几种？各有什么作用？

2. 简述定时限过电流保护的动作过程。

3. 端子排有几种类型？各有什么作用？
4. 电流互感器在运行中应注意什么问题？为什么？如何在运行中更换电流表计？
5. 怎样理解“相对编号法”？如何利用“相对编号法”绘制二次回路安装接线图？
6. 试述动力与照明电气工程图的分类与特点。
7. 识读照明配电平面图的方法和步骤如何？
8. 如何用直接接线法绘制照明供电平面图？

模块五

低压配线安装与检修

课题一　低压绝缘导线及连接工艺

一、导线的特点

（一）导线分类

常用导线一般分为硬导线和软导线两大类。硬导线中又有单股、多股以及多股混合等不同类型。软线多为绝缘线，其芯线是多股细铜丝。导线还可分为裸线和包有绝缘层的绝缘线两大类。裸线中又有截面为圆形的导线和截面为矩形、管形等母线和汇流排的区别。

作为户外架空线使用的导线有硬铝绞线（LJ 型）、硬铜绞线（TJ 型）、铝合金绞线（HLJ 型）、钢芯铝绞线（LGJ 型）、轻型钢芯铝绞线（LGJQ 型）、加强型钢芯铝绞线（LGJJ 型）及镀锌钢绞线等。型号中的“L”表示铝，“T”表示铜，“G”表示钢，第一个“J”表示绞制，第二个“J”表示加强型。

在机械强度要求较高的 10～35kV 及以上的架空线路上，多采用钢芯铝绞线。这种导线的芯是钢线，用以增强导线的机械强度，弥补铝线的机械强度差的缺点；外围用铝线，因此导电性较好。由于交流电流在通过截面较大的导线时，由于集肤效应，交流电流实际只从钢芯外围的铝线通过。钢芯铝绞线型号中表示的面积，就是其铝线部分的面积。

（二）低压绝缘导线

低压绝缘导线一般由线芯、绝缘层和保护层三部分组成，常用的绝缘导线有橡胶绝缘电线 BX、BLX 和聚氯乙烯绝缘导线 BV、BLV 等，绝缘软线则有 RV、RVB 等。

屋内配线的导线截面应根据导线的允许载流量、线路的允许电压损失、导线的机械强度等条件选择。一般先按允许载流量选定导线截面，再以其他条件进行校验。

各种低压绝缘导线的优缺点如下：

（1）塑料绝缘导线。绝缘性能良好，制造工艺简便，价格较低。缺点是对气候适应性能较差，低温时变硬发脆，高温或日光照射下增塑剂容易挥发而使绝缘老化加快。因此，塑料绝缘导线不宜在重要场所和室外敷设。

（2）橡皮绝缘导线。其抗张强度抗撕性和回弹性较好，但耐热老化性能和大气老化性能较差，不耐臭氧，不耐油和有机溶剂，易燃。

（3）氯丁橡皮绝缘电线。其耐油性能好，不易霉，不延燃，适应气候性能好，光老化过程缓慢，老化时间约为普通橡皮绝缘电线的 2 倍，因此适宜在室外敷设。但是，绝缘层机械强度比普通橡皮绝缘稍弱。

（4）聚氯乙烯绝缘及护套电力电缆。制造工艺简便，没有敷设高差限制，可以在很大范围内代替油浸纸绝缘电缆。

（5）橡皮绝缘电力电缆。弯曲性能较好，能够在严寒气候下敷设，特别适用于水平高差大和垂直敷设的场合。它不仅适用于固定敷设的线路，也可用于临时敷设线路。

单根 RV、RVB、RVS、RVV 和 BVV、BLVV 型电线在空气中敷设时的长期允许载流量（环境温度为＋25℃），见表 1-5-1。

表 1-5-1　长期允许载流量表

标称截面积（mm^2）	长期连续负荷允许载流量（A）			
	一　芯		二　芯	
	铜　芯	铝　芯	铜　芯	铝　芯
0.3	9	—	7	—
0.4	11	—	8.5	—
0.5	12.5	—	9.5	—
0.75	16	—	12.5	—
1.0	19	—	15	—
1.5	24	—	19	—
2.0	28	—	22	—
2.5	32	25	26	20
4	42	34	36	26
6	55	43	47	33
10	75	59	65	51

二、导线连接

电气线路检修和安装时，经常遇到导线不够长或需分接支路，需要把一根导线与另一根导线连接起来，或把导线端头固定于电气设备上，这就需要对导线连接头进行处理，连接的方式有直路、分路（T 形）和接线柱三种。

导线连接的基本要求是：导线接头处的电阻要小，不得大于导线本身的电阻值，且稳定性要好；接头处的机械强度应不小于原导线机械强度的 80%；保证接头处的绝缘强度不低于原导线的绝缘强度；导线连接处要耐腐蚀。

导线的连接方法有绞接、绑接、焊接、压接、线夹和螺栓连接等。低压绝缘导线一般要经过剥切绝缘层、导电线芯连接、接头焊接或压接和恢复绝缘层四个环节。各种导线连接方法适用于不同规格以及不同的工作环境条件。

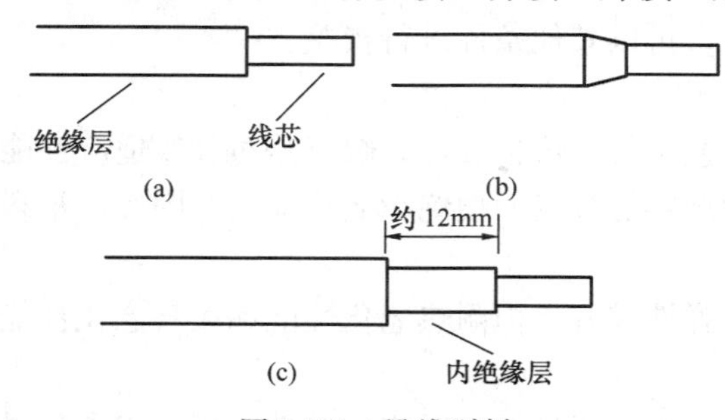

图 1-5-1　导线剥削

(a) 直削法；(b) 斜削法；(c) 分段剥削法

（一）导线绝缘层的剥削

导线线头绝缘层的剥削方法有直削法、斜削法和分段剥削法三种，如图 1-5-1 所示。

直削法、斜削法适用于单层绝缘导线，如塑料绝缘线。分段剥法适用于绝缘层较多导线，如橡皮线铅皮线等。剥削导线时必须注意不得损伤线芯。

（1）线芯截面在 2.5mm² 及以下的塑料硬线和胶质软线，可用钢丝钳剥削。先在线头所需长度交界处，用钢丝钳口轻轻切破绝缘层表皮，然后左手拉紧导线，右手适当用力捏住钢丝钳头部，向外用力勒去绝缘层，如图 1-5-2 所示。在勒去绝缘层时，不可在钳口处加剪切口，这样会伤及线芯，甚至将导线切断。

（2）对于规格大于 4mm² 的塑料硬线。直接用钢丝钳剥削较为困难，可用电工刀剥削。先根据线头所需长度，用电工刀刀口对导线成 45°角切入塑料绝缘层，注意掌握刀口刚好剥透绝缘层而不伤及线芯，如图 1-5-3（a）所示。然后调整刀口与导线间的角度以 15°角向前推进，将绝缘层削出一个缺口，如图 1-5-3（b）所示。接着将未削去的绝缘层向后扳翻，再用电工刀切齐，如图 1-5-3（c）所示。

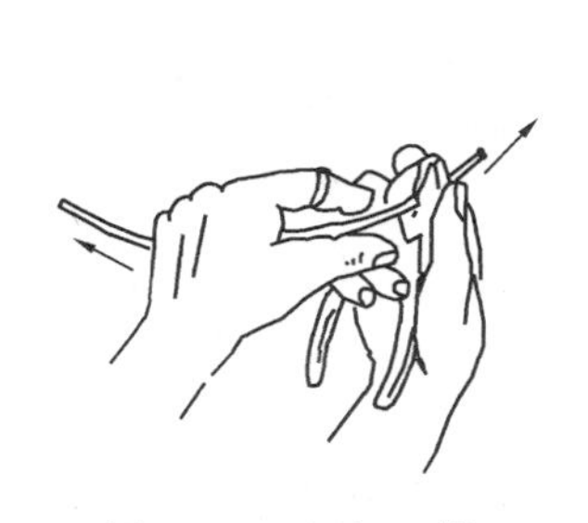

图 1-5-2 用钢丝钳勒去导线外皮

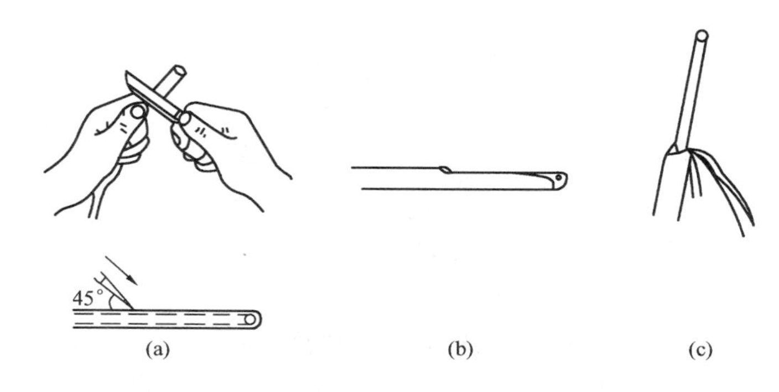

图 1-5-3 用电工刀剥削塑料硬线

（3）塑料护套线绝缘层的剥削。公共护套层一般用电工刀剥削，先按线头所需长度，将刀尖对准两股芯线的中缝划开护套层，并将护套层向后扳翻，然后用电工刀齐根切去，如图 1-5-4 所示。切去护套层后，露出的每根芯线绝缘层，可用钢丝钳或电工刀按照剥削塑料硬线绝缘层的方法分别除去绝缘。

图 1-5-4 塑料护套线的剥削

（二）导线的连接方法

导线连接按单股和多股、直路和分路、绞接和绑接等可以分为多种连接方式，但只要熟练掌握绞接和绑接两种基本方法，其他的连接方式即可衍变简化。

1. 绞接法

绞接法适用于单根导线截面较小（一般为 6mm² 以下）的导线。绞接时，先将导线成 45°交叉互绞 2～3 圈，然后将线端掰成 90°密绕 5～6 圈，剪除多余线，用钳压紧端部，如图 1-5-5 所示。

2. 绑接法

绑接法适用于导线较硬、截面较大（一般为 6mm² 及以上）的导线。绑接时，先将被连接导线两端用钳子弯一小勾，然后相互重叠，并在中间填一辅助线，另用绑线从中间向两端进行密绕（绑扎长度为直径的 10 倍），到端头折回处后再密绕 5 圈，余下线头与辅助线绞合 5～6 圈，剪去多余部分，如图 1-5-6 所示。

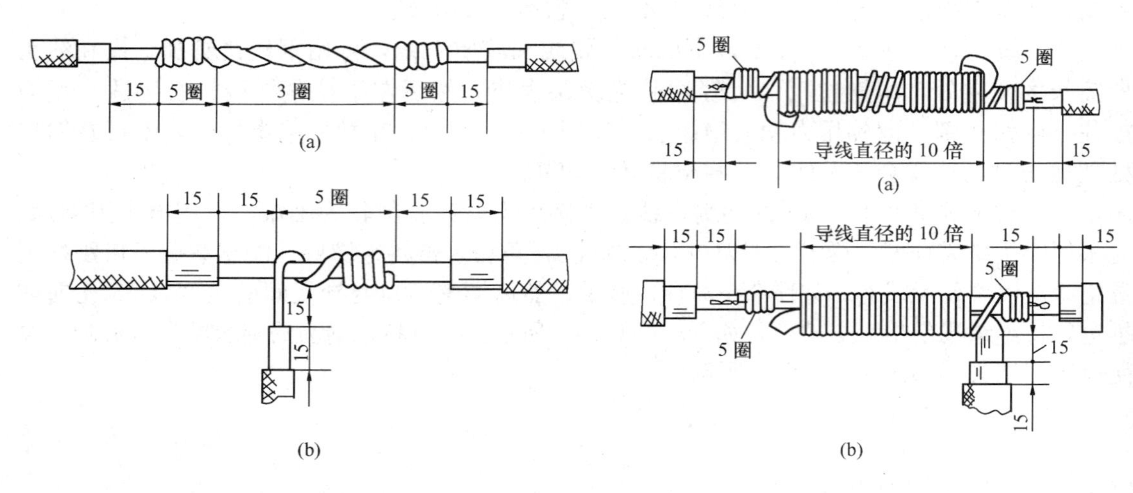

图 1-5-5 单股导线绞接

(a) 单股导线直路绞接；(b) 单股导线分路绞接

图 1-5-6 单股导线绑接

(a) 单股导线直路绑接；(b) 单股导线分路绑接

绑接法使用的辅助线和绑线一般采用直径为 1.6mm 的导线，必须与导线材料相同，对于多股导线可取用单根线芯作为绑线。

3. 多股导线的连接

(1) 多股导线的直路绞接。先将线芯分开钳直，顺次解成 30°伞状，用砂布将表面擦净，把两个伞形线芯一根隔一根交插在一起，并将线捏平。将 7 股芯线的导线按 2、2、3 分成三组，在某侧取二股自中部起缠绕 2～3 圈后，另取两股缠绕，原有二股压住，再缠 2～3 圈后，又取二股缠绕，如此下去，直至缠至导线解开点，剪去余下线芯并钳平线头，另一侧亦同样绕制，如图 1-5-7 所示。

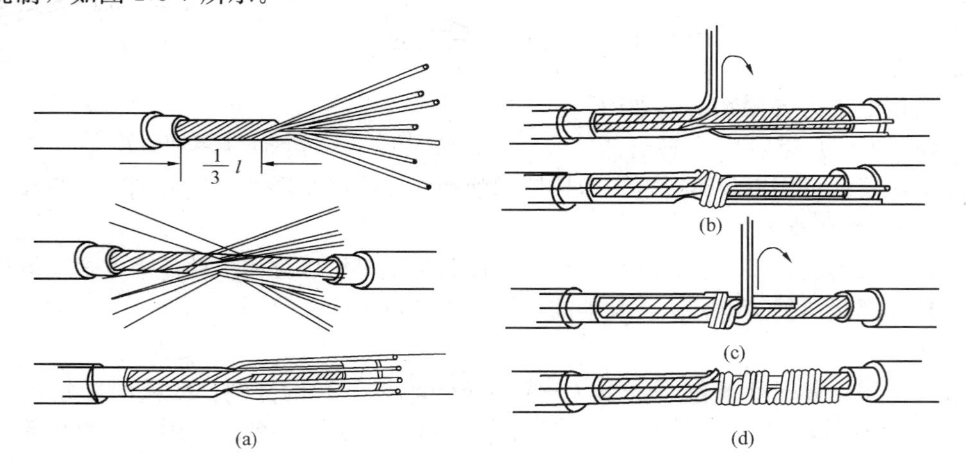

图 1-5-7 多股导线的直路绞接

(a) 步骤 1；(b) 步骤 2；(c) 步骤 3；(d) 步骤 4

(2) 多股导线分路绞接。多股导线分支绞接连接时，先将分支线端头解开，拉直擦净后分为两份，各弯折 90°贴在干线下，先取一份，按顺时针缠绕 3～4 圈，剪去余线，压紧端头，再调换另一侧，依此类推，不过方向应相反。

4. 粗细不等的导线连接或单股导线与软线连接

把细导线在粗导线上缠绕 5～6 圈后，弯折粗导线端部，使它压在细线缠绕层上，再把细线缠绕 3～4 圈后，剪去多余细线头，如图 1-5-9 所示。

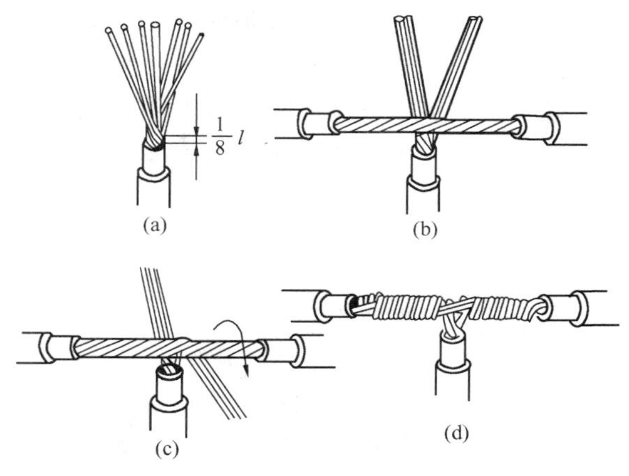

图 1-5-8　多股导线的分路绞接

(a) 步骤 1；(b) 步骤 2；(c) 步骤 3；(d) 步骤 4

5. 导线与接线柱连接

对于单股在 $10mm^2$ 及以下、多股导线在 $4mm^2$ 及以下、软线在 $2.5mm^2$ 及以下的导线截面，可直接将导线终端头插入设备专用垫片下用螺丝压紧，也可弯成小圆圈用螺栓加垫片压紧。圆圈的弯曲方向应与螺钉拧紧方向一致，直径约大于螺栓，距导线绝缘根部 3mm，如图 1-5-10 所示。

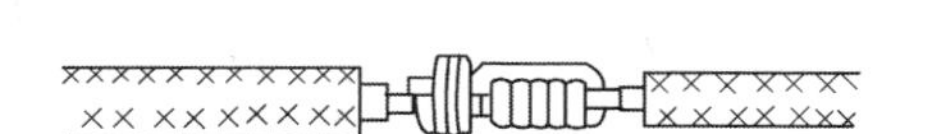

图 1-5-9　粗细不等的导线连接或单股导线与软线连接

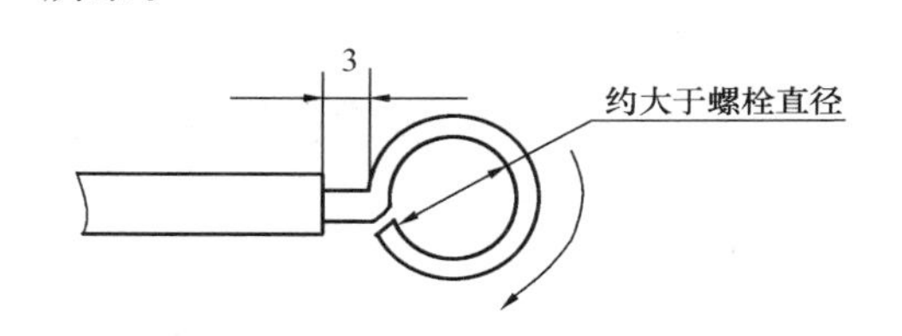

图 1-5-10　单股导线弯圈

6. 导线的压接、焊接

一般电气设备的接线柱多为铜制，对于不能满足直接连接或铜铝材料连接的接线柱，易产生电化腐蚀，引起接头发热或烧断，为防止这种故障发生，常采用加装接线耳（铜铝过渡接头）进行压接或焊接的方法连接。将导线和接线耳端内孔清理干净，涂上中性凡士林油或导电脂，再将导线插入接线耳端，用压接钳压接，如图 1-5-11 所示。

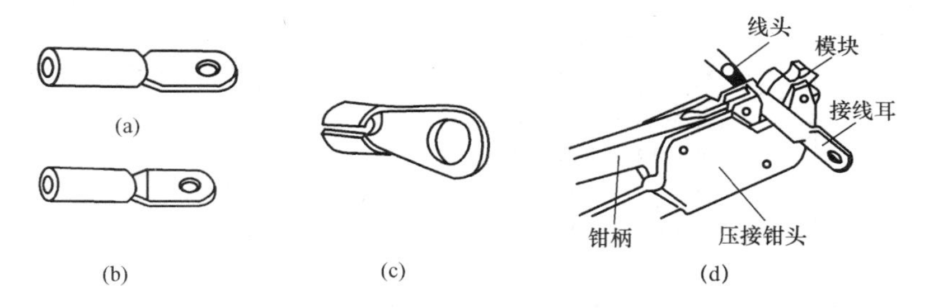

图 1-5-11　接线耳及导线与接线耳的压接

(a) 大载流量接线耳；(b) 铜铝过渡接线耳；(c) 小载流量接线耳；(d) 导线与接线耳的压接

（三）导线绝缘层的恢复

在线头连接完工后，导线连接所破坏的绝缘层必须恢复且恢复后的绝缘强度一般不应低于剥削前的绝缘强度，方能保证用电安全。电力线上恢复线头绝缘层常用黄蜡带、涤纶薄膜带和黑胶带三种绝缘带。绝缘带宽度选 20mm 比较适宜，包缠时先将黄蜡带从线头的一边在完整绝缘层上离切口 40mm 处开始包缠，使黄蜡带与导线保持 55°的倾斜角，后一圈压叠在前一圈 1/2 的宽度上，如图 1-5-12（a）、（b）所示。黄蜡带包缠完以后，将黑胶带接在黄蜡带尾端，朝相反方向斜叠包缠，仍倾斜 55°，后一圈仍压叠前一圈的 1/2 宽度上，如图 1-5-12（c）、（d）所示。

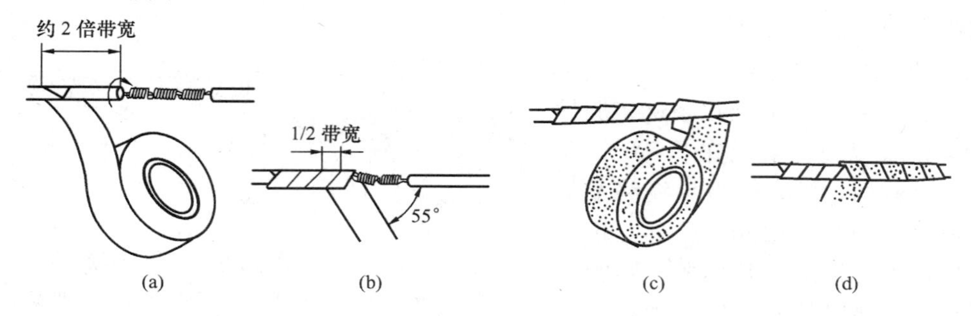

图 1-5-12　绝缘带的包缠

操作训练 7　低压绝缘导线的连接方法

一、训练的目的

（1）熟悉绝缘导线连接的基本要求。

（2）掌握剥削和恢复导线绝缘层的方法。

（3）学会各种类型导线线头的连接技巧。

二、操作任务

操作任务见表 1-5-2。

表 1-5-2　　低压绝缘导线的连接操作任务表

操作内容	进行单股、多股绝缘导线的各种绞接和绑接训练
说明及要求	（1）正确分类导线组合出各种连接方式； （2）结合电工工具的使用，正确使用电工工具进行剥削导线绝缘层及线芯表面处理； （3）重点指导绞接和绑接的基本要领； （4）压接和绝缘层恢复可选示范方式
工具、材料、设备场地	单股、多股绝缘导线，绝缘胶布、砂布若干；钢丝钳、尖嘴钳、电工刀、尺子、钢丝刷各 1 把

三、注意事项和安全措施

（1）在使用电工刀时可能会伤及自身或别人，不要对着他人剥削导线，电工刀使用完毕应折回刀柄。

（2）防止线头扎手。注意按规定步骤和方法操作。

（3）在操作过程中，注意不要损伤导线线芯，缠绕要紧密。

（4）单人操作，独立完成。

复 习 题

一、选择题

户外架空线常常使用的导线是LGJ型导线，它表示（　　）。

（A）硬铜绞线；（B）铝合金绞线；（C）硬铝绞线；（D）钢芯铝绞线。

二、判断题

1. 钢芯铝绞线型号中表示的面积，就是其铝线部分的面积。（　　）

2. 屋内配线的导线截面，应根据导线的经济电流密度、线路的允许电压损失、导线的机械强度等条件选择。（　　）

三、简答题

1. 导线是如何分类的？

2. 按单股和多股导线、直路和分路连接、绞接和绑接归纳导线连接的种类？

3. 导线与接线柱连接有何要求？

课题二　室内照明线路安装

随着人们的生活水平不断提高，室内照明不仅仅只是满足照度的需要，而与装饰和节能也紧紧联系，因此它也是电工需要掌握的一门基本技能。

一、室内配线的要求和方法

室内配线应包括室内照明线路和动力线路。室内配线的方式有两种：一种是导线沿墙壁、天花板、桁架及柱子等表面敷设，称为明配线；另一种是导线穿管埋设在墙内、地坪内或装设在顶棚，称为暗配线。

（一）室内配线的技术要求

室内配线不仅要使电能输送安全可靠，而且要使线路布置合理、安装牢固、整齐美观。其技术要求如下：

1. 材料应符合设计要求

使用导线的额定电压应大于线路的工作电压，绝缘应符合线路的安装方式和敷设的环境条件，截面应能满足供电和机械强度的要求。

2. 施工应符合工艺要求

（1）布线时应尽量避免导线有接头，必要时，应采用压接法和焊接。穿管导线，管内不允许有接头。

（2）明布线路水平敷设时，导线距地面不低于2.5m；垂直敷设时，导线距地面不低于2m。否则，应穿管保护。

（3）导线过楼板时，应穿钢管保护，钢管长度应从离楼板面2m处，到楼板下出口处为止。

（4）导线穿墙要用瓷管保护，瓷管的两端出线口伸出墙面不短于10mm，穿向室外应一管一线，同一回路的可以一管多线，但管内导线的总面积（包括绝缘层）不应超过管内截面的40%。

（5）导线沿墙壁或天花板敷设时，在通过伸缩缝的地方，导线敷设应稍有松弛。对于钢管配线，应装设补偿盒。

(6) 导线互相交叉时，为了避免碰线，在每根导线上套上塑料管或其他绝缘管，并将套管牢靠地固定，使其不能移动。

(二) 布线的方法

1. 室内配线施工的主要工序

(1) 按施工图纸确定灯具、插座、开关，配电箱、设备等的位置。

(2) 根据建筑和地形情况确定导线敷设的路径，穿过墙壁或楼板的位置。

(3) 配合土建打好布线固定点的孔眼和预埋线管、接线盒及木砖等预埋件。

(4) 装设绝缘支持物、线夹或管子。

(5) 敷设导线。

(6) 导线的连接、分支封端及导线和设备的连接。

2. 室内配线方法

室内配线方式很多，有槽板配线、护套配线、线管配线、夹板配线、绝缘子配线、钢索配线、敷设电缆等，应根据不同环境、用途、安全要求、安装条件和经济条件等因素考虑选择配线方法。

对于室内照明线路，以槽板和管式配线为主。动力与照明配线的主要区别是线路容量不同，动力线路比照明线路变化的容量更大，选择配线的方式更多。为了维护检修方便，动力配线常用明配线。

室内配线方式虽然较多，但主要的区别在于固定导线的方式不同，其基本的布线原则是横平竖直。

二、典型室内配线方式

(一) 线槽配线

线槽配线就是把特定的线槽固定在建筑物墙面，而后将导线安装在线槽内，最后进行加盖封装。目前使用的塑料线槽大都是采用阻燃型材料，其特点是外形美观、质地轻、安装维修方便，适用于用电量较小的干燥场所，如住宅、办公室等。

1. 塑料线槽的选择

应根据设计施工图选择塑料线槽，见表 1-5-3。

表 1-5-3　　线槽配线表

导线规格 (mm^2)	BV、BLV 聚氯乙烯绝缘导线数（耐压 500V）				
	两根单芯	三根单芯	四根单芯	五根单芯	六根单芯
	线槽底宽 (mm)				
1	25	25	25	25	25
1.5	25	25	25	25	25
2.5	25	25	25	25	25
4	25	25	25	25	40
6	25	25	25	40	40
10	25	40	40	40	40
16	40	40	40	40	40
25	40	40	40	60	80
35	40	40	40	80	80
50	40	40	40	80	80

2. 施工方法

（1）定位画线。沿建筑物墙、柱、顶的边角布置，但为便于施工不能紧靠墙角，要避免不能打开的混凝土梁、柱，画线在安装完线槽后应能挡住。

（2）槽底下料。平面转角处要锯成45°斜角。

（3）固定槽底和明装盒。敷设槽底，可埋好木榫，用木螺钉固定槽底；也可用塑料胀管来固定槽底。锯槽底和槽盖拐角方向要相同，固定槽底时，要钻孔，以免线槽裂开。

（4）下线、盖面板。接缝最好与槽底接缝错开。

（5）封端、连接设备。与开关、插座、灯头等连接好。

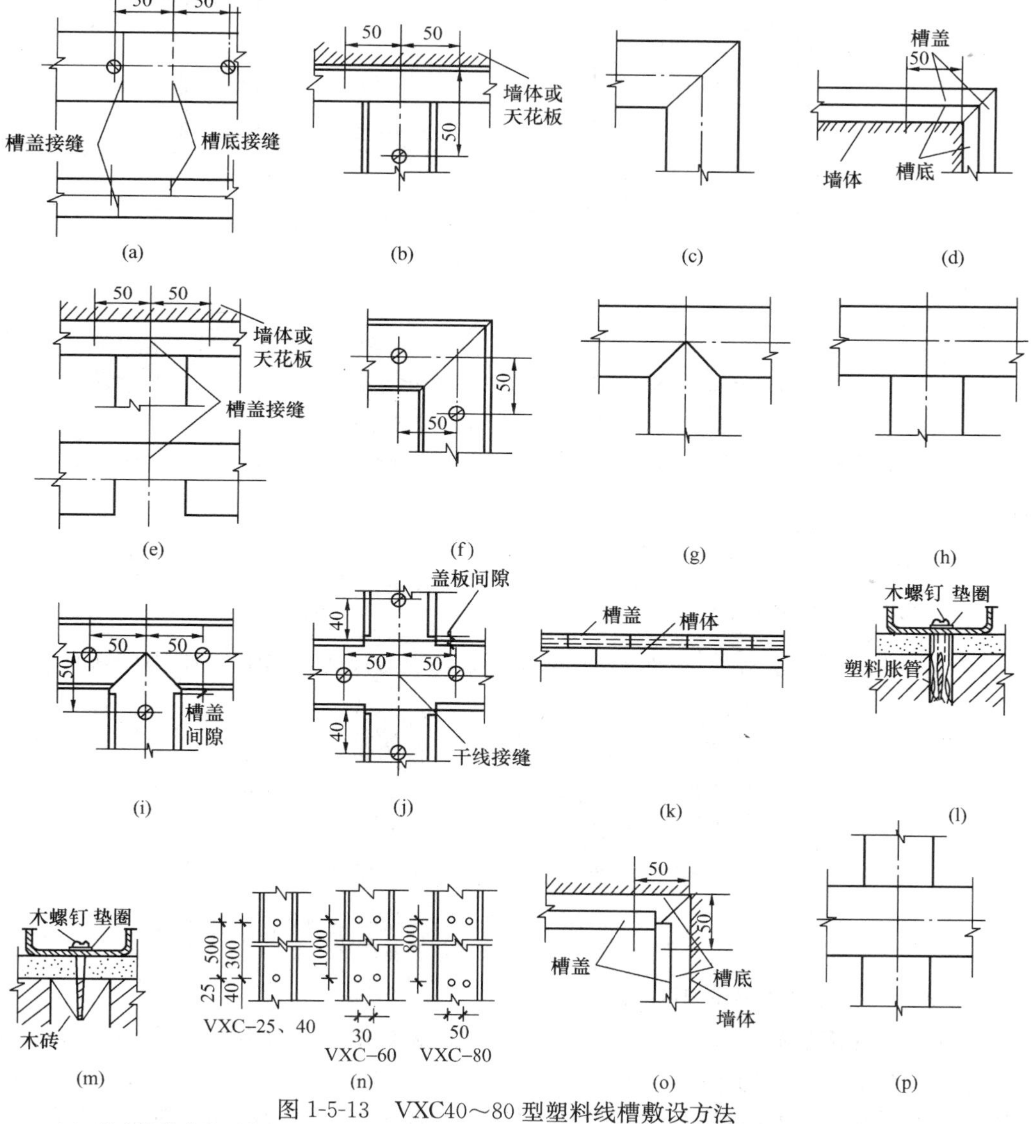

图1-5-13　VXC40～80型塑料线槽敷设方法

（a）槽底和槽盖的对接法；（b）顶三通接头槽底做法；（c）槽盖平拐角做法；（d）槽底和槽盖外拐角做法；（e）顶三角接头槽盖做法；（f）槽底平拐弯做法；（g）槽盖分支接头做法之一；（h）槽盖分支接头做法之二；（i）槽底分支接头做法；（j）槽底十字交叉接头做法；（k）槽盖和槽底错位搭接示意图；（l）用塑料膨胀管安装；（m）用木砖安装；（n）槽底固定点间距尺寸；（o）槽底和槽盖内拐角做法；（p）槽盖十字交叉接头做法

（6）绝缘电阻测量和通电试验。各种线槽的敷设方法如图 1-5-13 和图 1-5-14 所示。

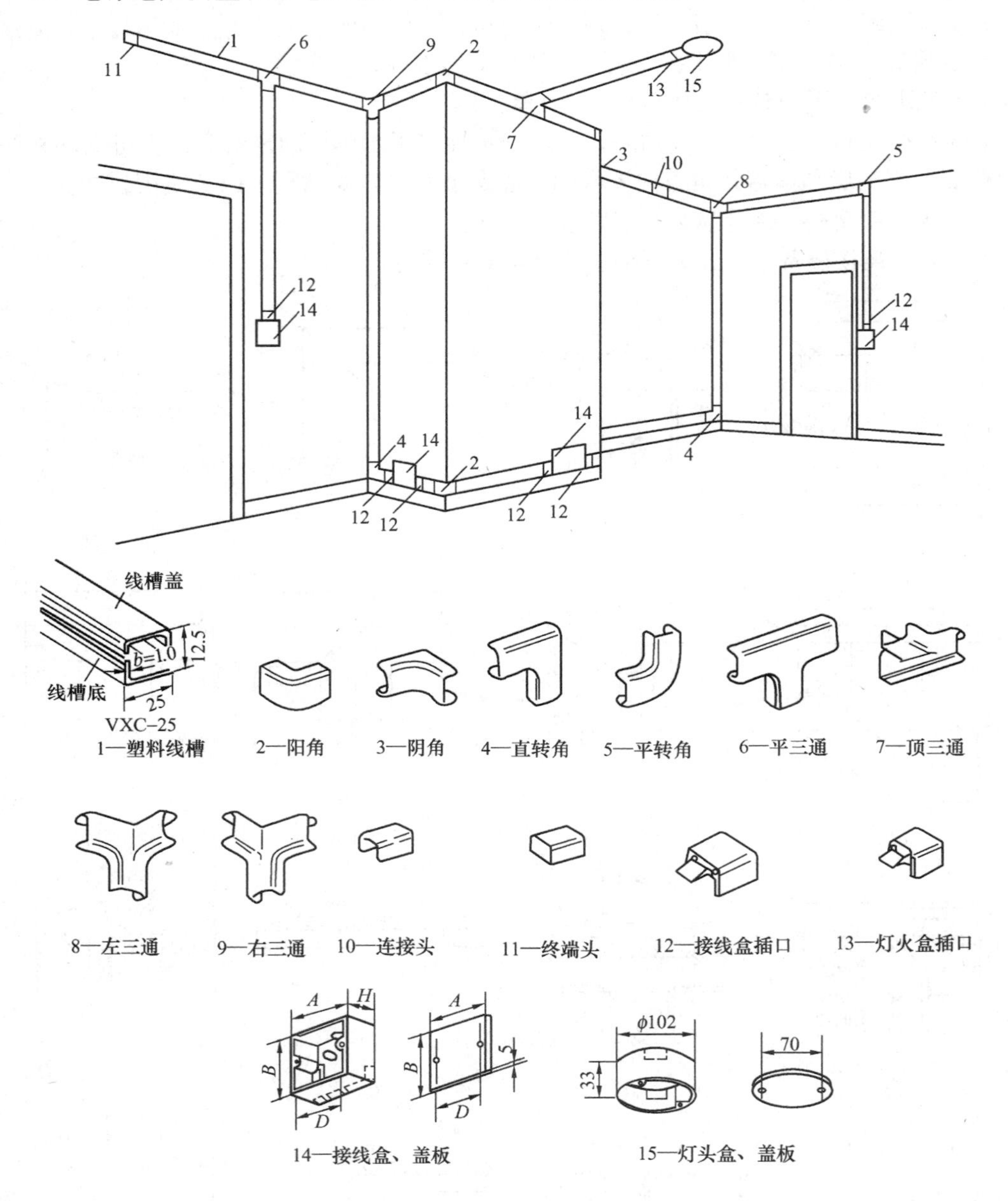

图 1-5-14 VXC25 型塑料线槽明敷照明示意

3. 线槽内导线敷设应符合下列规定

（1）导线的规格和数量应符合设计规定；当设计无规定时，包括绝缘层在内的导线总截面积不应大于线槽截面积的 60％。

（2）在可拆卸盖板的线槽内，包括绝缘层在内的导线接头处所有导线截面积之和不应大于线槽截面积的 75％；在不易拆卸盖板的线槽内，导线的接头应置于线槽的接线盒内。

（二）线管配线

把导线穿在预埋的配线管内称线管配线。线管配线有明配线和暗配线两种。按材料分有钢管配线和塑料管配线，钢管配线由于成本较高、施工较为复杂，目前只在穿楼等特定环境下使用。PVC塑料管加工方便，其连接头、转弯、分支都已做成了专用的配套附件，如图1-5-15所示，因而被广泛使用。

1. 线管配线的操作程序

（1）选择线管。明敷时管壁厚度不得小于2mm，暗敷设管壁厚度不得小于3mm。线管的直径根据穿管导线截面和根数来选择，一般要求穿管导线的总截面积（含绝缘层）不应超过线管内径截面的40%。

（2）加工。塑料管的弯曲通常用直接加热和灌砂加热弯曲法，管子的弯曲曲率半径明敷设时$R \geqslant 4d$（d为管子的外径），暗敷设时$R \geqslant 6d$。

（3）敷设管路。明敷线管应采用管卡固定；暗敷线管应先在墙上开线槽，然后在砖缝里打入木楔或钉子，再用铁丝将线管绑扎在钉子上，进一步钉入；在混凝土内暗配线敷设时，可用铁丝将管子绑扎在钢筋上。

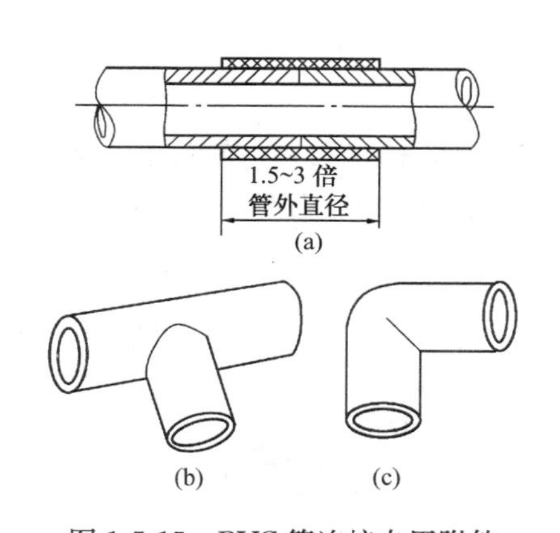

图1-5-15　PVC管连接专用附件

（a）直接连接管；（b）三通连接管；（c）弯头连接管

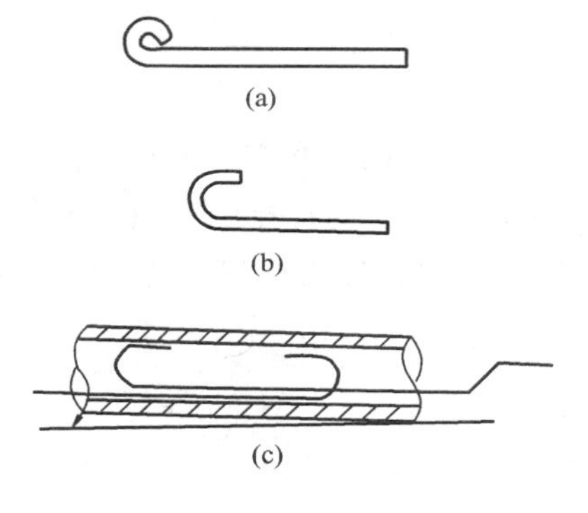

图1-5-16　线管穿引线钢丝

（a）钢丝弯钩1；（b）钢丝弯钩2；（c）两根钢丝钩互相钩住

（4）穿线。

1）穿线准备。必须在穿线前再一次检查管口是否倒角、是否有毛刺，以免穿线时割伤导线。然后向管内穿入ϕ1.2～1.6mm的引线钢丝，用它将导线拉入管内。为了避免壁上凹凸部分挂住钢丝，要求将钢丝头部做成如图1-5-16（a）所示的弯钩。如果管道较长，转弯较多或管径较小，一般钢丝无法直接穿过时，可用两根钢丝分别从两端管口穿入，但应将引线钢丝端头弯成钩状，如图1-5-16（b）所示，使两根钢丝穿入管子并能互相钩住，如图1-5-16（c）所示。然后将要留在管内的钢丝一端拉出管口，使管内保留一根完整钢丝。

2）扎线接头。将需要穿入导线头剥去绝缘层，扭绞后按图1-5-17所示方法将其紧扎在引线头部。

（5）拉线。拉线前，应在管口套上橡皮或塑料护圈，以避免在穿线时管口内侧割伤导线绝缘层。然后由两人在管子两端配合一端送入导线，另一端拉引线钢丝，如图1-5-18所示。如果管道较长，转弯较多或管径太小而造成穿线困难时，可在管内加入适量

图1-5-17　引线钢丝与线头绑扎

滑石粉以减小摩擦。但不得用油脂或石墨粉，以免损伤导线绝缘或将导电粉尘带入管道内。

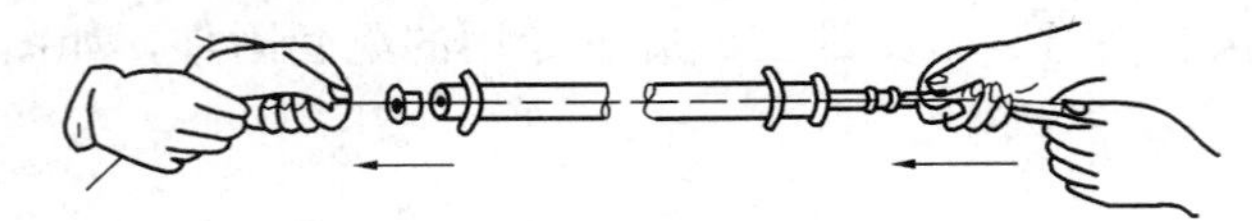

图 1-5-18　导线穿管

(6) 连接设备。连接电器和设备时，应保证接线正确，接触良好，不能有松动。

2. 线管配线时的注意事项

(1) 穿管导线的绝缘强度应不低于500V，导线最小截面规定为铜芯线 $1mm^2$、铝芯线 $2.5mm^2$。

(2) 线管内不准有接头，也不准穿入绝缘破损后经过包缠恢复绝缘的导线。

(3) 管内导线一般不得超过 10 根，不同电压等级的交流与直流的导线，不得穿在同一根线管内。

(4) 除直流回路导线和接地线外，不得在钢管内穿单根导线，钢管必须可靠接地。

(5) 应尽可能少转角和弯曲。为便于穿线，线管超过一定长度时应加装接线盒。

三、室内照明安装

(一) 常用照明灯具

1. 白炽灯

白炽灯有插口和螺口两种形式，插口安全性能较高，螺口接触性较好。一般大功率的灯泡都采用螺口，灯座配有平灯座和吊灯座。单联开关控制白炽灯接线电路如图 1-5-19 所示，用两只双控开关控制一盏白炽灯接线电路如图 1-5-20 所示。

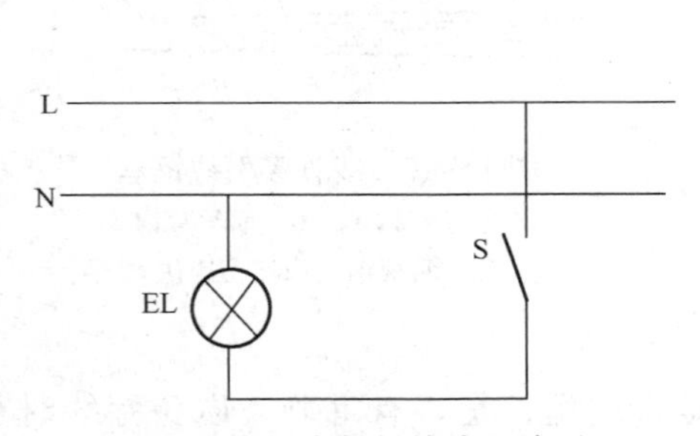

图 1-5-19　白炽灯接线电路图

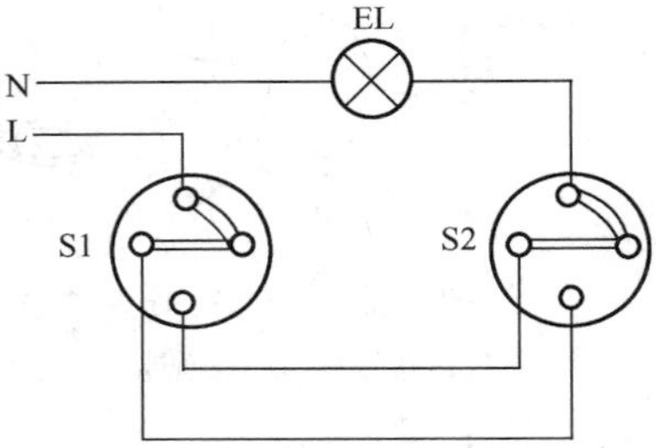

EL
N
L
S1
S2

图 1-5-20　双控开关控制一盏白炽灯接线电路图

2. 日光灯（又叫荧光灯）

日光灯由日光灯管、灯座、镇流器、启辉器、灯架等部分组成，其镇流器有电子式和电感式两种，电感式镇流器接线原理如图 1-5-21 所示。

(1) 电感式镇流器有三个作用：①在灯丝预热时，限制灯丝所需的预热电流值，防止预热温度过高而烧断灯丝，并保证灯丝电子的发射能力；②在启动时与启辉器配合，产生较高的感应电动势点燃日光灯管；③在工作时利用串联在电路中的电感来维持灯管的工作电压和限制灯管工作电流，以保证灯管能稳定工作。

(2) 电子镇流器荧光灯无 50Hz 频闪效应，在环境温度－25～40℃、电压 130～240V 时，经 3s 预热便可一次快速启动日光灯。启动时无火花，不需启辉器和补偿电容器（功率因数≥0.9)。灯管使用寿命延长 2 倍以上，电子镇流器自身耗电 1W 以下。

(3) 启辉器又叫启动器、跳泡。它由氖泡、纸介电容和铝外壳组成。氖泡内有一个固定的触片和一个双金属片制成的倒U形触片，如图1-5-22所示。与氖泡并联的纸介电容容量在5000pF左右，它的作用有两个：①与镇流器线圈组成LC振荡回路，能延长灯丝预热时间和维持脉冲放电；②吸收电磁波，减轻对收音机、录音机、电视机等电子设备的干扰。如果电容被击穿，去掉后氖泡仍可使灯管正常发光，但失去吸收干扰杂波的作用。

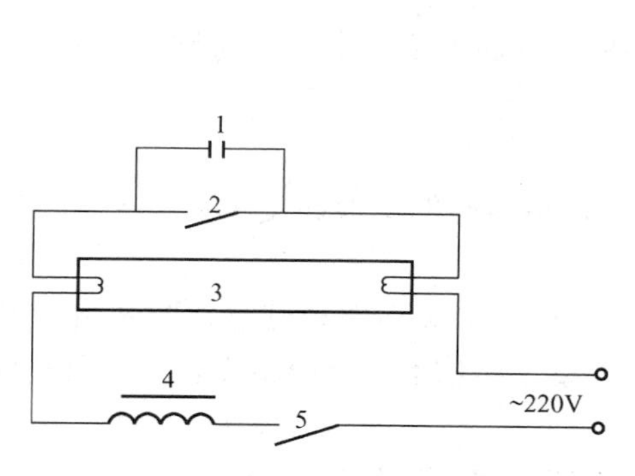

图1-5-21　日光灯电路图
1—启辉器电容；2—U形双金属片面；3—灯管；4—镇流器；5—开关

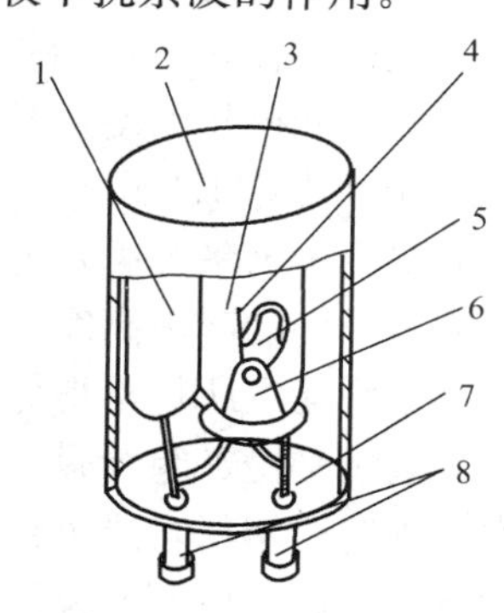

图1-5-22　启辉器
1—电容器；2—铝壳；3—玻璃泡；4—静触片；5—动触片；6—涂铀化物；7—绝缘底座；8—插头

（4）日光灯工作原理。当日光灯接通电源后，电源电流经过镇流器、灯丝，加在启辉器的U形动触片和静触片之间，引起辉光放电。放电时产生的热量使双金属U形动触片膨胀并向外伸张与静触片接触，接通电路，使灯丝预热并发射电子。与此同时，由于U形动触片与静触片相接触，两片间电压为零而停止辉光放电，使U形触片冷却，并复原而脱离静触片。在动触片断开瞬间，镇流器两端会产生一个比电源电压高得多的感应电动势，这个感应电动势加在灯管两端，使管内惰性气体被电离而引起弧光放电。随着弧光放电，灯管内温度升高，液态汞就气化游离，引起汞蒸气弧光放电而产生不可见的紫外线。紫外线激发灯管内壁的荧光粉后，发出近似日光色的灯光。

3. 开关、插座和挂线盒

（1）开关：开关是接通或断开照明灯具的器件。

1）按安装形式划分，开关可分为明装式和暗装式两类：①明装式有拉线开关和扳把开关（又称平头开关）；②暗装式有跷板式和触碰式开关。

2）按结构划分，开关可分为单极开关、三极开关、单控开关、双控开关以及旋转开关等。

（2）插座。插座是为移动照明电器、家用电器和其他用电设备提供电源的元件，有明装和暗装之分，按基本结构分为单相双极双孔、单相三极三孔（有一极为保护接零）和三相四极四孔（有一极为保护接零或保护接地）插座等。

（3）挂线盒：挂线盒是悬挂吊灯或连接线路的元件，一般有塑料和瓷质两种。

（二）灯具安装的基本要求

1. 220V照明灯头离地高度的要求

（1）在潮湿、危险场所及户外应不低于2.5m。

（2）在不属于潮湿、危险场所的生产车间、办公室、商店及住房等一般不低于2m。

（3）如因生产和生活需要，必须将电灯适当放低时，灯头与最低垂直距离不应低于1m，但应在吊灯线上加绝缘套管至离地2m的高度，并应采用安全灯头。若装用日光灯，则日光灯架上应加装盖板。

（4）灯头高度低于上述规定而又无安全措施的车间、行灯和机床局部照明，应采用36V及以下的电压。

2. 照明开关、插座、灯座等的安装要求

照明开关应装在相（火）线上，这样，当开关断开后灯头处不存在电压，可减少触电事故。为使用安全和操作方便，开关、插座距地面的安装高度不应小于下列数值：

（1）拉线开关为1.8m。

（2）墙壁开关（平开关）为1.3m。

（3）明装插座的离地高度一般不低于1.3m，暗装插座的离地高度不应低于0.15m，居民住宅和儿童活动场所均不得低于1.3m。

（4）为安装平稳、绝缘良好，拉线开关和吊灯盒等均应用塑料圆盒、圆木台或塑料方盒、方木台固定。塑料盒或木台若固定在砖墙或混凝土结构上，则应事先在墙上打孔埋好木榫或塑料膨胀管，然后用木螺丝固定。

（5）普通吊线灯，灯具质量不超过1kg时，可用电灯引线自身作电灯吊线，但灯头和用灯盒与吊灯线连接处，均应打一软线结（如图1-5-23所示），以免接头受力而导致接触不良、断线或坠落。灯具质量超过1kg时，应采用吊链或钢管吊装，且导线不应承受拉力。

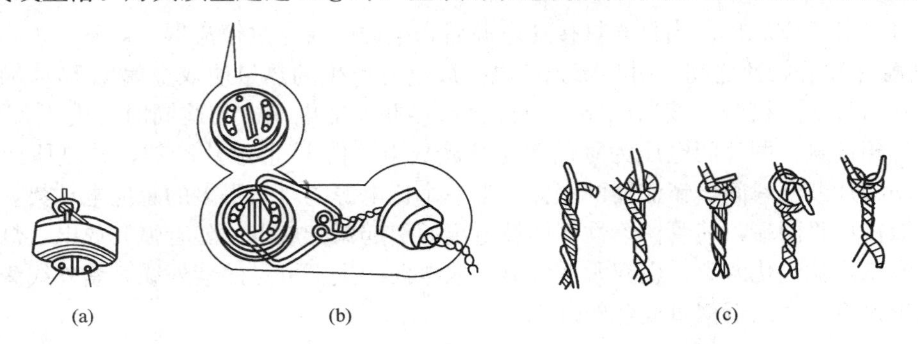

图1-5-23　挂线盒的安装

(a) 吊线盒；(b) 吊灯座；(c) 软线结

（6）灯架或吊灯管内的导线不许有接头。

（7）两孔插座要按左零右火、上火下零接线，三孔插座要按上为接地端，左零右火（上—接地端，L—接火线，N—接零线）。

（8）采用螺口灯座时，应将火（相）线接顶芯极，零线接螺纹极。

（三）照明线路的常见故障

（1）白炽灯照明线路的常见故障及检修方法见表1-5-4。

表1-5-4　白炽灯照明线路的常见故障及检修方法

故障现象	产生原因	检修方法
灯泡不亮	（1）灯泡钨丝烧断； （2）电源熔断器的熔丝烧断； （3）灯座或开关接线松动或接触不良； （4）线路中有断路故障	（1）调换新灯泡； （2）检查熔丝烧断的原因并更换熔丝； （3）检查灯座和开关的接线并修复； （4）用电笔检查线路的断路处并修复

续表

故障现象	产生原因	检修方法
开关合上后熔断器熔丝断烧	(1) 灯座内两线头短路； (2) 螺口灯座内中心铜片与螺旋铜圈相碰短路； (3) 线路中发生短路； (4) 用电器发生短路； (5) 用电量超过熔丝容量	(1) 检查灯座内两线头并修复； (2) 检查灯座并扳中心铜片； (3) 检查导线绝缘是否老化或损坏并修复； (4) 检查用电器并修复； (5) 减小负荷或更换熔断器
灯泡忽亮忽暗或忽亮忽熄	(1) 灯丝烧断，但受振动后忽接忽离； (2) 灯座或开关接线松动； (3) 熔断器熔丝接头接触不良； (4) 电源电压不稳定	(1) 更换灯泡； (2) 检查灯座和开关并修复； (3) 检查熔断器并修复； (4) 检查电源电压
灯泡发强烈白光，并瞬间或短时烧坏	(1) 灯泡额定电压低于电源电压； (2) 灯泡钨丝有搭丝，从而使电阻减小，电流增大	(1) 换与电源电压相符合的灯泡； (2) 更换新灯泡
灯光黯淡	(1) 灯泡内钨丝挥发后积聚在玻璃壳内，表面透光度减低，同时由于钨丝挥发后变细，电阻增大，电流减小，光通亮减小； (2) 电源电压过低； (3) 线路因年久老化或绝缘损坏有漏电现象	(1) 正常现象，不必修理； (2) 提高电源电压； (3) 检查线路，更换导线

(2) 日光灯照明线路的常见故障及检修方法见表 1-5-5。

表 1-5-5　日光灯照明线路常见故障及检修方法

故障现象	产生原因	检修方法
不能发光或发光困难，灯管两头发亮或灯光闪烁	(1) 电源电压太低； (2) 接线错误或灯座与灯脚接触不良； (3) 灯管衰老； (4) 镇流器配用不当或内部接线松脱； (5) 气温过低； (6) 启辉器配用不当、接线断开、电容器短路或触点熔焊	(1) 不必修理； (2) 检查线路和接触点； (3) 更换新灯管； (4) 修理或调换镇流器； (5) 加热或加罩； (6) 检查后更换
灯管两头发黑或生黑斑	(1) 灯管陈旧，寿命将终； (2) 电源电压太高； (3) 镇流器配用不合适； (4) 如系新灯管，可能因启辉器损坏而使灯丝发光物质加速挥发； (5) 灯管内水银凝结，属正常现象	(1) 调换灯管； (2) 测量电压并适当调整； (3) 更换适当镇流器； (4) 更换启辉器； (5) 将灯管旋转 180°安装
灯管寿命短	(1) 镇流器配合不当或质量差，使电压失常； (2) 受到剧振，致使灯丝振断； (3) 接线错误致使灯管烧坏； (4) 电源电压太高； (5) 开关次数太多或各种原因引起的灯光长时间闪烁	(1) 选用适当的镇流器； (2) 换新灯管，改善安装条件； (3) 检修线路后使用新管； (4) 调整电源电压； (5) 减少开关次数，及时检修闪烁故障

续表

故障现象	产生原因	检修方法
镇流器有杂声或电磁声	(1) 镇流器质量差，铁芯未夹紧或沥青未封紧； (2) 镇流器过载或其内部短路； (3) 启辉器不良，启动时有杂声； (4) 镇流器有微弱声响； (5) 电压过高	(1) 换镇流器； (2) 检查过载原因，调换镇流器，配用适当灯管； (3) 换启辉器； (4) 属于正常现象； (5) 设法调整电压
镇流器过热	(1) 灯架内温度太高； (2) 电压太高； (3) 线圈匝间短路； (4) 过载，与灯管配合不当； (5) 灯光长时间闪烁	(1) 改进装接方式； (2) 适当调整； (3) 修理或更换； (4) 检查调换； (5) 检查闪烁原因并修复

（四）其他灯具

1. 三基色节能荧光灯

三基色节能荧光灯的工作原理与普通荧光灯相似，其外形有直管形、单U形、双U形、2D形、H形等。管内壁涂覆的是稀土三基色荧光粉，发光效率可比普通荧光灯提高30%左右，是白炽灯的5～7倍，即一支7 W的三基色节能荧光灯发出的光通量与一只普通40W白炽灯发出的光通量相当。H形荧光灯的主要参数见表1-5-6。

表1-5-6　H形荧光灯的主要参数

型　号	额定功率(W)	工作电压(V)	工作电流(mA)	全　长(mm)	管　宽(mm)	光通量(lm)
Hy-7	7	52	175	130	25	350
Hy-9	9	65	170	165	25	630
Hy-11	11	85	155	240	25	850

2. 碘钨灯

碘钨灯具有结构简单、使用可靠、光谱特性好、发光效率高、体积小、维修方便等优点，但也具有使用寿命不长、要求水平安装等缺点，适用于照度要求较高、悬挂高度较高的室内、外照明。

碘钨灯安装和使用注意事项如下：

(1) 灯管安装要保持在水平位置，不然会破坏碘钨循环，缩短灯管的使用寿命。

(2) 由于灯管的温度可达到500～700℃，故不可安装在木质灯架上，而应配用成套供应的金属灯架。另外，灯管周围不能放置易燃物品，以防发生火灾。

(3) 灯管的电极与灯座接触应良好，不能松动，而且不要剧烈撞击和振动灯丝，以免损坏灯丝。

(4) 功率在1000W以上的碘钨灯，不可用一般的照明开关，应用开启式负荷开关。

3. 高压汞灯

高压汞灯又称高压水银灯，与日光灯相似，属于气体放电光源，适用于车站、广场、工厂车间、礼堂及道路等大面积照明。高压汞灯按结构划分为外镇流式和自镇流式两种。外镇流式高压汞灯安装较简单，它是在普通白炽灯电路基础上串一个镇流器，如图1-5-24所示。使用时其工作温度高，不能使用胶木灯座，必须是与灯泡配套的瓷质灯座。

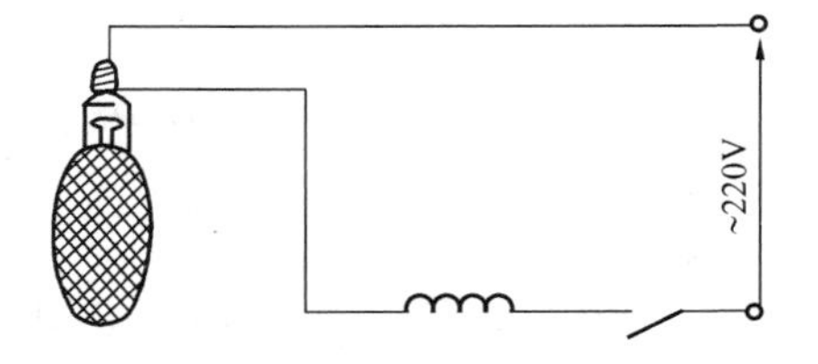

图 1-5-24　高压汞灯接线示意

4. 高压钠灯

高压钠灯是一种发光效率高、省电、透雾能力强的电光源，适用于工厂、车站、广场及道路等大面积照明场所。

高压钠灯等金属卤化物灯使用注意事项如下：

(1) 安装时必须注意灯位距离地面的高度（一般不低于 14m），不准低装，以免对人体产生较高的紫外线辐射，以及产生过高的眩光。

(2) 电源电压变化不宜大于±5%。电源电压变化不仅会引起光效、管压等的变化，而且会造成光色的变化。电源电压变化较大时，灯的熄灭现象也比高压汞灯严重。

(3) 金属卤化物灯有三种安装类型：①水平点燃；②垂直点燃、灯头在上；③垂直点燃、灯头在下。安装时必须认清灯的方向标记，正确使用。垂直点燃的灯若水平安装，会使灯管爆裂。若灯头方向调错，则灯的光色就会偏绿。

操作训练 8　室内配线及照明灯具安装训练

一、训练的目的

(1) 熟悉室内配电线及灯具安装的技术要求。

(2) 掌握照明电路的故障处理。

(3) 学会室内配线和照明灯具的安装方法。

二、操作任务

操作任务见表 1-5-7。

表 1-5-7　　室内配线及照明灯具安装操作任务表

操作内容	采用线槽或线管配线方式进行照明灯具、插座等电路综合安装
操作内容说明及要求	(1) 指导教师先制定安装配线接线图，配线方式； (2) 学员按给定的任务选择设备、工具、材料、仪表等； (3) 按技术标准进行安装接线操作； (4) 排查故障，验收通电
工具、材料、设备场地	配线架（板）、电工工具、万用表、绝缘电阻表、配线材料、灯具、插座等

三、注意事项和安全措施

(1) 各元件均应牢固安装在配电盘的固定位置。

(2) 在断电的状态下，按电气原理接线图进行接线。

(3) 接线完毕，必须按照接线图认真、仔细检查，准确无误后方可通电试验。

(4) 可加装计量装置。

复 习 题

一、选择题

1. 穿管敷设的铝芯绝缘导线的线芯截面应不小于（　　）mm^2。

(A) 1；(B) 1.5；(C) 2.5。

2. 采用一管多线时，管内导线的总面积（包括绝缘层）不应超过管内截面积的(　　)。

(A) 20%；(B) 40%；(C) 60%。

二、判断题

1. 低压绝缘导线可以直接穿过楼板，不需采用钢管或塑料管保护。(　　)
2. 同一单元、同一回路的导线应穿入同一管路。(　　)
3. 单相照明电路中白炽灯的控制开关可以安装在零线上。(　　)
4. 普通吊线灯，灯具质量不超过 1kg 时，可用电灯引线自身作电灯吊线。(　　)
5. 不同电压、不同回路、不同电流种类的供电线不得穿入同一管路。(　　)
6. 所有穿管线路，管内不得有接头。(　　)

三、问答题

1. 室内配线一般有哪些技术要求？
2. 试述线管布线的施工工艺要求。
3. 白炽灯安装方式有哪些？如何安装和接线？
4. 荧光灯是如何工作的？如何安装荧光灯？
5. 如何安装开关和插座？有哪些安装要求？

课题三　电 能 表 安 装

一、电能表分类

计量电能使用电能表（又称电度表），它是专门用来测量电能的积算式仪表，日常应用最多的是感应系电能表，现在电子式电能表也推广得相当迅速。根据被测电路的不同，电能表又可分为单相电能表、三相三线电能表和三相四线电能表。电能表还有有功电能表和无功电能表之分。我国电能表型号是用字母和数字的排列来表示的，内容如下：类别代号（字母）＋组别代号（字母）＋设计序号（数字）＋派生号。型号中各字母含义参见表1-5-8。

表 1-5-8　国产部分电能表型号中字母的含义

类别代号	组别代号						
D	D	S	T	X	B	Z	F
电能表	单相	三相三线	三相四线	无功	标准表	最大需量表	复费率

感应系电能表的种类、型号很多，但它们的基本结构都是相似的，即都是由测量机构，补偿、调整装置和辅助部件所组成。感应系电能表测量机构的简图如图 1-5-25 所示。

二、电能表的接线

电能表的接线是指电能表连同测量用互感器，与被测电路间的连接关系。电能表的接线方式有多种多样，它是由被测电路（单相、三相三线、三相四线等）、测量对象（有功或无功电能）以及选用的电能表或互感器等多种情况决定的。不管选择哪种接线方式，都必须保证接线的正确性。如果接线不正确，就达不到准确测量的目的，甚至会造成人身伤亡事故或仪器（仪表）的损坏，所以，必须按设计要求和规程的规定进行接线。

由于各类电能表的电压、电流量限各不相同，被测电路又有不同的电压等级，因此，电能表在接于被测电路时，分为经互感器接入式和直接接入式两类。

直接接入式就是将电能表的端子盒内的接线端子直接接入被测电路。

当电能表电流或电压量限不能满足要求时，便需经互感器接入。有时只需经电流互感器接入，有时需同时经电流互感器和电压互感器接入。当电能表内电流、电压的同名端连接片是连着的，可采用电流、电压线共用方式接线；当电能表内连接片是拆开的，则采用电流、电压线分开方式接线。

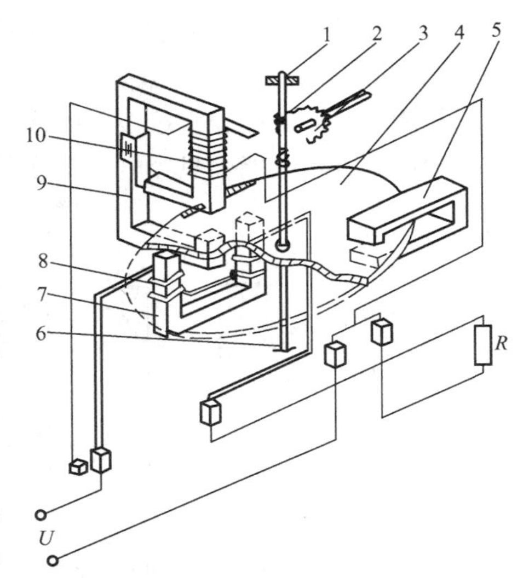

图 1-5-25　感应系电能表测量机构示意
1—轴承；2—蜗杆；3—蜗轮；4—铝盘；5—永久磁钢；6—转轴；7—电流铁芯；8—电流线圈；9—电压磁芯；10—电压线圈

三、电能的测量

（一）单相电路有功电能的测量

测量单相电路的电能用单相电能表，测量时接线如图 1-5-26 所示。

单相电能表同时经电流互感器和电压互感器接入方式如图 1-5-27 所示，如果互感器的极性接反，则会使电能表反转。

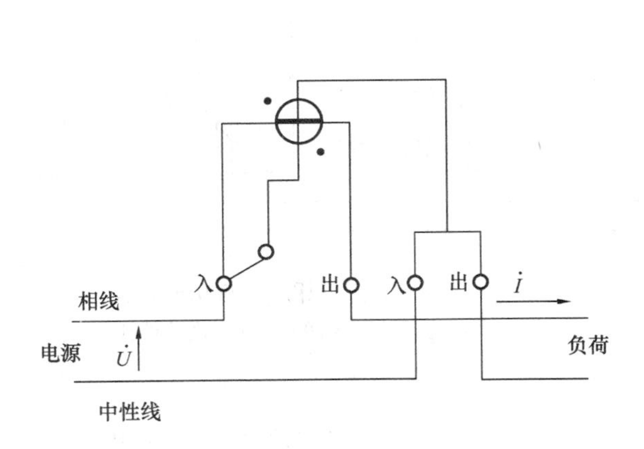

图 1-5-26　单相有功电能表直接接入方式

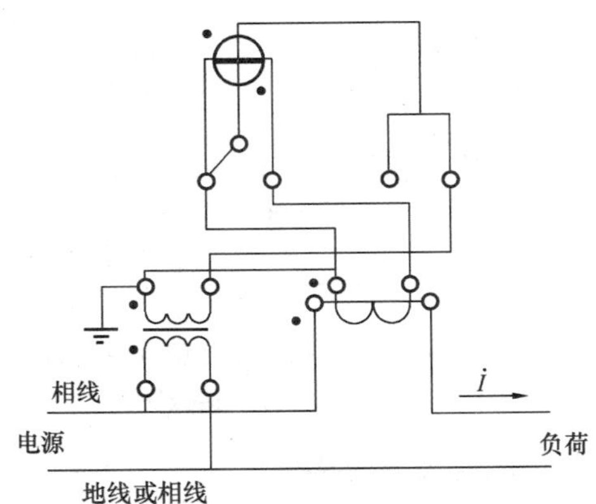

图 1-5-27　单相有功电能表经过电流互感器和电压互感器共用方式接线

（二）三相电路有功电能的测量

1. 三相四线制电路有功电能的测量

三相四线制电路有功电能的测量，一般采用三相四线有功电能表，它的结构基本上与单相电能表相同，只是它由三组测量机构共同驱动同一转轴上的 1～3 个铝盘。这样，转轴的转速与三相负荷的有功功率成正比，计数装置的读数便可以直接反映三相负荷所消耗的有功电能。

三相四线有功电能表直接接入的接线方法如图 1-5-28 所示。

三相四线有功电能表只经电流互感器时的共用接线方式如图 1-5-29 所示。

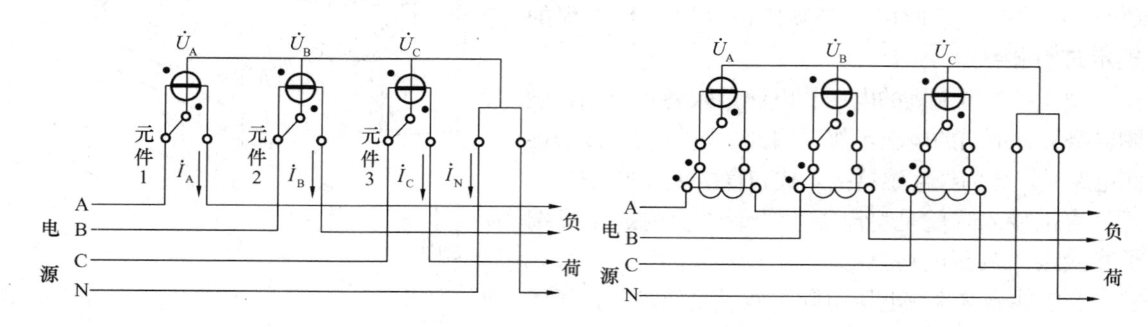

图 1-5-28　三相四线有功电能表的直接接入方式

图 1-5-29　三相四线有功电能表只经电流互感器时的共用接线方式

2. 三相三线制电路有功电能的测量

三相三线制电路有功电能的测量一般采用三相三线有功电能表，它由两组测量机构共同驱动同一转轴上的铝盘，计数装置的读数可以直接反映三相对称或不对称负荷所消耗的有功电能。

三相三线有功电能表的直接接入接线方法如图 1-5-30 所示，三相三线有功电能表只经电流互感器时的共用方式接线如图 1-5-31 所示。实际接线时可以参考电能表端子盒或说明书上的接线图进行连接。

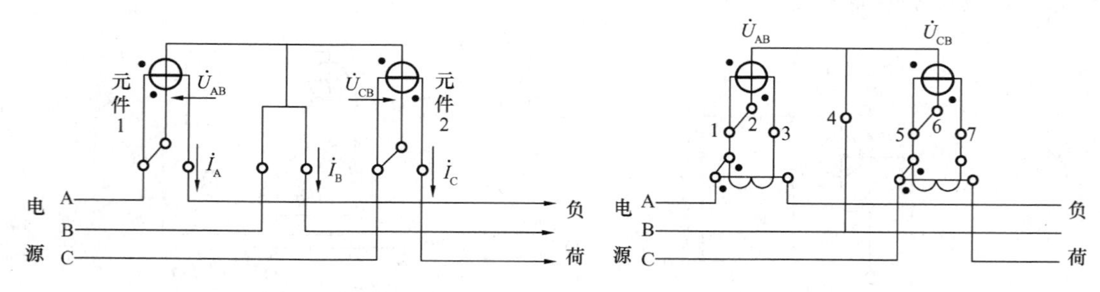

图 1-5-30　三相三线有功电能表的直接接入方式接线图

图 1-5-31　三相三线有功电能表经电流互感器的共用方式接线图

四、电能表安装要求

(1) 正确选择电能表的容量。电能表的额定电压与用电器的额定电压相一致，负荷的最大工作电流不得超过电能表的最大额定电流。

(2) 电能表应安装在箱体内或涂有防潮漆的木质底盘、塑料底盘上。

(3) 电能表不得安装过高，一般以距地面 1.8～2.2m 为宜。

(4) 单相电能表一般应装在配电盘的左边或上方，而开关应装在右边或下方。与上、下进线间的距离大约为 80mm，与其他仪表左右距离大约为 60mm。

(5) 电能表的安装部位，一般应在走廊、门厅、屋檐下，切忌安装在厨房、厕所等潮湿或有腐蚀性气体的地方。表的周围环境应干燥、通风，安装应牢固、无振动。其环境温度不可超出－10～50℃的范围，过冷过热均会影响其准确度。现住宅多采用集表箱安装在走廊。

(6) 电能表的进线出线应使用单股铜芯绝缘线，线芯截面电压不得小于 $2.5mm^2$、电流不得小于 $4mm^2$。接线要牢固，但不可焊接，裸露的线头部分，不可露出接线盒。

(7) 电能表的安装必须垂直于地面，不得倾斜，其垂直方向的偏移不大于1°，否则会增大计量误差，将影响电能表计数的准确性。

(8) 电能表总线必须明线敷设或线管明敷，进入电能表时，一般以“左进右出”原则接线。

(9) 对于同一电能表只有一种接线方法是正确的，具体如何接线，一定要参照电能表接线盒上的电路接线。因此接线前，一定要看懂接线图，按图接线。

(10) 豪华住宅家用电器多、电流大，以及小区多层住宅或景区等场所，必须采用三相四线制供电。对于三相四线电路，可以用三只单相电能表进行分相计费，将三只电能表的读数相加则可以算出总的电量读数。但是，这样多有不便，故一般采用三相电能表。

(11) 由供电部门直接收取电费的电能表，一般由其指定部门验表，然后由验表部门在表头盒上封铅封或塑料封，安装完后，再由供电局直接在接线桩头盖上或计量柜门封上铅封或塑料封。未经允许，不得拆掉铅封。

操作训练9　电能表安装接线训练

一、训练的目的

(1) 熟悉电能表的结构和工作原理。

(2) 会看电能表接线图。

(3) 掌握电能表和电流互感器的安装接线方法。

二、操作任务

操作任务见表1-5-9。

表1-5-9　电能表安装接线操作任务表

操作内容	进行电能表的安装接线训练
说明及要求	(1) 指导教师根据设备情况制定安装接线方式； (2) 学员根据任务正确选择计量设备、材料，工具等进行操作； (3) 重点指导带电流互感器的三元件三相四线有功电能表的接线； (4) 正确检查、测试电路，试运行良好
工具、材料、设备场地	电能表模拟安装屏、大电流试验电源、电能表、电流互感器、常用电工工具、检测仪器、验电笔

三、注意事项和安全措施

(1) 各元件均应牢固安装在配电盘的固定位置。

(2) 在断电的状态下，按电气原理接线图进行接线。

(3) 接线完毕，必须按照接线图认真、仔细检查，准确无误后方可通电试验。

复习题

一、选择题

1. 电能表进线必须采用（　　）电线，且最小截面应不小于 2.5mm²。

（A）铜芯；（B）铝芯；（C）钢芯铝绞线。

2. DT864-2 表示（　　）。

（A）无功电能表；（B）三相四线有功电能表；（C）三相三线有功电能表；（D）单相电能表。

二、判断题

1. 电能表进线必须采用明线敷设，不准将导线穿入表板背后。（　　）

2. DD 型电能表用于单相 220V 电路，测量有功电量。（　　）

三、问答题

1. 如何将单相电能表接入线路？怎样识别接线端标记不清的单相电能表？

2. 如何选择电能表的容量？

课题四　低压架空线路

一、架空线路的基本知识

架空线电压在 1kV 以下为低压架空线路，超过 1kV 的为高压架空线路。

架空线路的导线，通常采用 LJ 型硬铝绞线和 LGJ 型钢芯硬铝绞线，其截面积一般不应小于 16mm²。当架空线路的电压为 6～10kV 时，铝绞线截面不应小于 35mm²，以保证有足够的机械强度。

厂区的架空线路，通常在同一电杆上架设几种线路。高压电力线路，面向负荷从左侧起，导线排列相序为 L1、L2、L3；低压电力线路，面向负荷从左侧起，导线排列相序为 L1、N、L2、L3。

二、架空线的结构

低压架空线路常用的结构形式如图 1-5-32 所示。

架空线路由电杆、横担、导线、金具、绝缘子和拉线等组成。

架空线导线最小截面规定：裸铜绞线为 6mm²；裸铝绞线为 16mm²。如果采用单股裸铜线时，其最大截面不应超过 16mm²；裸铝导线不允许采用单股导线，也不允许把多股裸铝绞线拆开成小股使用。

在同一路所架设的同一段线路内，所采用的导线必须“三同”，即材料相同、型号相同、规格相同。但在三相四线制线路中，中性线的截面允许比相线小 50%，而材料和型号则应与相线相同。若采用绝缘导线，则绝缘色泽也应相同。

1. 电杆

电杆分混凝土杆、木杆和金属杆（铁杆、铁塔）三种。现已普遍采用混凝土杆，它具有抗腐蚀、机械强度高和价格较低等优点，又可节约木材和减少线路维修工作量。铁塔一般用于 35kV 以上架空线路的重要位置上。一般架空线路采用圆形杆，圆形杆又分为等径杆和锥形杆两种。锥形杆又称拔梢杆，其锥度为 1∶75。电杆长度为 8、9、10、12、15m 等。

电杆按其在架空线路中的作用分为五种，各种杆型在低压架空线路上的应用如图 1-5-33

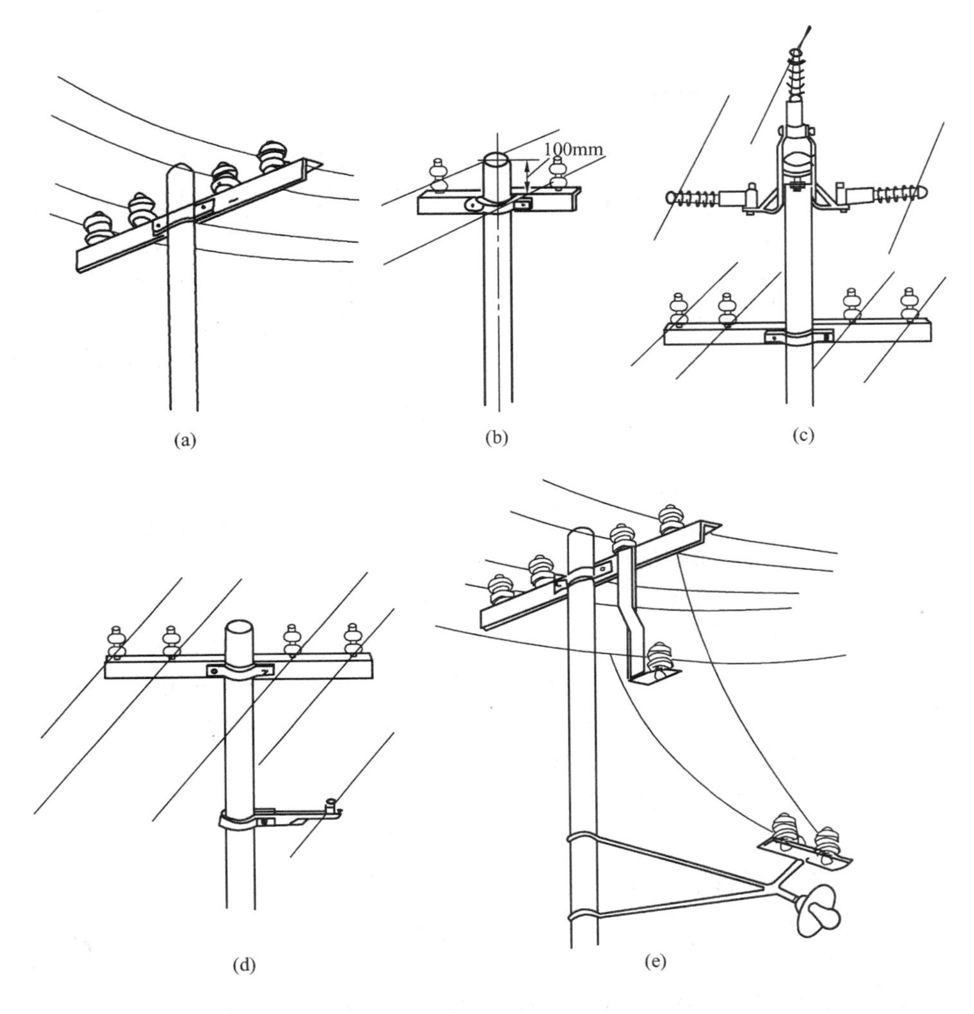

图 1-5-32　低压架空线路结构形式

(a) 三相四线线路；(b) 单相两线线路；(c) 高低压同杆架空线路；
(d) 电力、通信同杆架空线路；(e) 与路灯线同杆架空线路

所示。

(1) 直线杆。直线杆作为线路直线部分的支持点，位于线路直线段上，仅作支持导线、绝缘子和金具用。在正常情况下，能承受线路侧面的风力，但不能承受线路方向的拉力，此类是电杆占线路中全部电杆数的 80%以上。

(2) 耐张杆。耐张杆作为线路分段的支持点，位于线路的直线段的几根直线杆之间，或有特殊要求的地方，如铁路、公路、河流、管道等交叉处。这种电杆在断线事故和紧线情况下，能承受一侧导线的拉力。

(3) 转角杆。转角杆作为线路转折处的支持点，位于线路改变方向的地方。这种电杆可能是耐张型的，也可能是直线型的，视转角大小而定。它能承受两侧导线的合力。

(4) 终端杆。终端杆作为线路起始或终端的支持点，位于线路的首端与终端。在正常情况下，能承受线路方向上全部导线拉力。

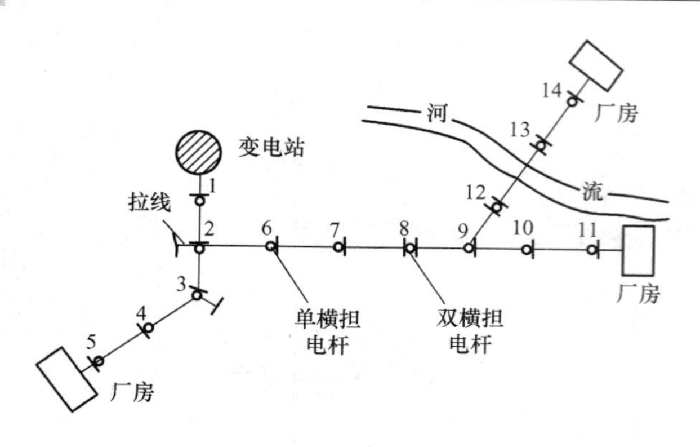

图 1-5-33　各种杆型在低压架空线路上的应用

1、5、11、14—终端杆；2、9—分支杆；3—转角杆；4、6、7、10—直线杆；8—耐张杆；2、13—跨越杆

（5）分支杆。分支杆作为线路分支不同方向支线路的支持点，位于线路的分路处。这种电杆在主线路方向有直线型和耐张型两种，在分路方向则为耐张型，应能承受分支线路导线的全部拉力。

电杆应有足够机械强度，木杆的梢径不应小于下述规定：单相线路为10cm，三相线路为13cm。电杆的长度配合档距应满足导线对地和跨越物之间的距离要求。在同一条线路中，杆长应尽量保持一致。

2. 横担

横担作为绝缘子的支架，也是保持导线间距的排列架。横担分角钢横担、木横担和陶瓷横担三种。最常用的是角钢横担，它具有耐用、强度高和安装方便等优点。

（1）角钢横担的规格和适用范围。40mm×40mm×5mm 角钢横担适用于单相架空线路；50mm×50mm×5mm 角钢横担适用于导线截面为 $50mm^2$ 以下的三相四线制架空线路；65mm×65mm×8mm 角钢横担适用于导线截面大于 $50mm^2$ 的三相四线制架空线路。角钢横担的长度，按绝缘子孔的个数及其分布距离来决定。

（2）绝缘子孔分布距离。角钢横担两端头与第一个绝缘子孔中心距离一般为 40～50mm。

3. 绝缘子

绝缘子主要用来固定导线，并使带电导线之间或导线和大地之间绝缘。同时也可受导线的垂直荷重和水平拉力。架空线常用的绝缘子有针式绝缘子、悬式绝缘子、蝶式绝缘子和陶瓷横担。

针式和蝶式绝缘子都分为高压和低压两种。低压绝缘子用于 1kV 以下线路，高压绝缘子用于 3、6、10kV 线路，高压针式绝缘子可用于 35kV 线路。悬式绝缘子使用在电压为 10kV 及以上的线路中。使用时，将一片一片的悬式绝缘子组成绝缘子串，每串片数根据线路额定电压和电杆类型来决定。现在还生产了棒式绝缘子和钢化玻璃制成的绝缘子。

4. 拉线

由于电杆架线后受力不平衡或是杆的基础不牢固，或者电杆的弯曲力矩过大，超过电杆的安全强度，因此，必须设置拉线，以平衡电杆所受线路不平衡的张力。拉线结构如图 1-5-34 所示。

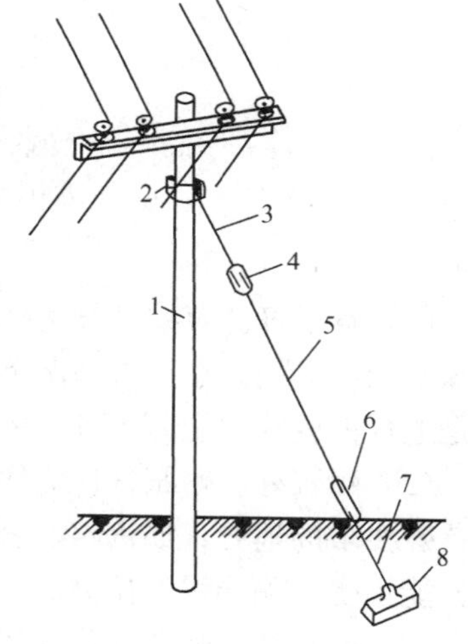

图 1-5-34　拉线的结构

1—电杆；2—拉线抱箍；3—上把；4—拉线绝缘；5—腰把；6—花篮螺钉；7—底把；8—拉线底盘

5. 金具

架空线路上所用的金属部件称为金具。如接拉导线用的接线管，连接悬式绝缘子用的挂环、挂板和联板、导线

和避雷线的跳线用线夹、导线防振用的防振锤、护线条及把导线固定在悬式绝缘子上的线夹等。

三、架空电力线路施工

架空电力线路由电杆、导线、横担、金具、绝缘子和拉线等组成。架空电力线路的施工主要内容包括线路的勘测定位、基础施工、立杆、拉线的制作和安装、横担的安装、导线架设及驰度观测等。

教学提示：架空电力线路设备的安装方法和工艺要求见光盘。

四、进户装置的安装

进户装置是户外线路的衔接装置，是低压用户内部线路的电源引接点。通常由进户杆或角钢支架上装绝缘子、进户线及进户管等部分组成。

1. 进户杆的安装

凡进户点低于 2.7m，或接户线（从架空配电线的电杆至用户外第一个支持点之间的导线）因安全需要而放高等原因，需加装进户杆来支持接户线和进户线（从用户户外第一个支持点至用户户内第一个支持点之间的导线）。进户杆分为长杆和短杆，如图 1-5-35 所示，可采用混凝土杆或木杆两种。

（1）用木质进户杆埋入地面前，应在地面以上 30mm 和地面以下 500mm 的一段采用绕根或涂水泊油等方法进行防腐处理。木质短进户杆与建筑物连接时，应用两通道墙螺栓或抱箍等固紧方法进行接装，两道固紧点的中心距离不应小于 500mm。这种现已较少使用。

（2）混凝土进户杆安装前应检查有无弯曲、裂缝和松酥等情况。

（3）进户杆杆顶应安装横担，横担上安装低压 ED 型绝缘子。常用的横担由镀锌角钢制成，用来支持单相两线，一般规定角钢规格不应小于 40mm×40mm×5mm；用来支持三相四线，一般规定角钢规格不应小于 50mm×50mm×6mm。两绝缘子在角钢上的距离不应小于 150mm。

（4）用角钢支架加装绝缘子来支持接户线和进户线的安装形式如图 1-5-36 所示。

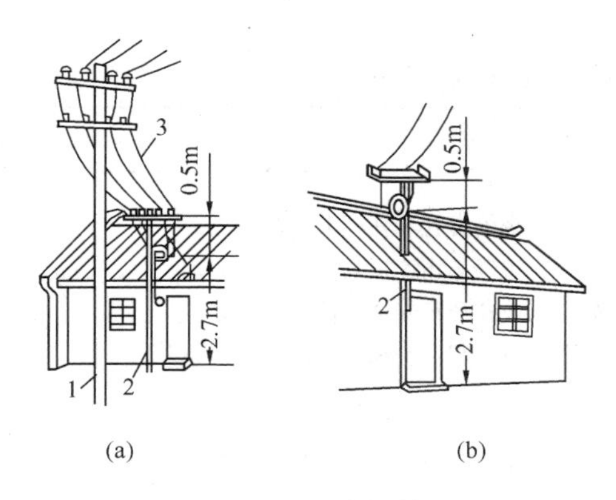

图 1-5-35　进户杆装置

（a）长杆；（b）短杆

1—接户杆；2—进户杆；3—接户线

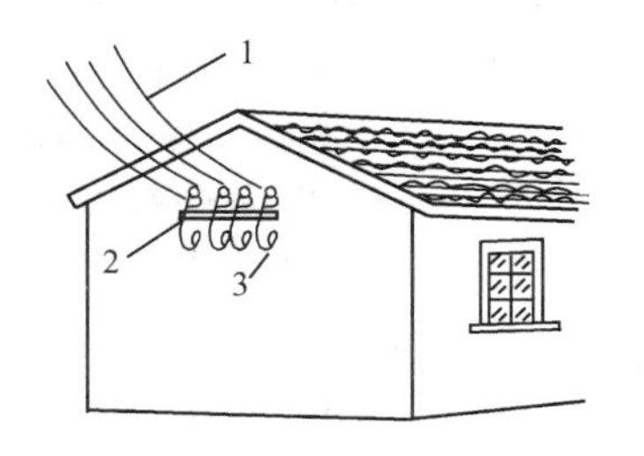

图1-5-36　角钢支架加装绝缘子装置

1—接户线；2—角钢支架；3—进户线

2. 进户线的安装

（1）进户线必须采用绝缘良好的铜芯或铝芯绝缘导线，铜芯线最小截面不得小于

$1.5mm^2$，铝芯线截面不得小于$2.5mm^2$，进户线中间不准有接头。

（2）进户线穿墙时，应套上瓷管、钢管或塑料管。

（3）进户线在安装时应有足够长度，户内一端一般接于总熔丝盒，户外一端与接户线连接后应保持200mm的弛度，户外一段进户线不应小于800mm。

3. 进户管的安装

用来保护进户线常用的进户管有瓷管、钢管和塑料管三种，瓷管又分弯口和反口两种。瓷管管径以内径标称，常用的有13、16、19、25、32mm等多种。

安装进户管时应注意：

（1）进户管的管径应根据进户线的根数和截面来决定，管内线（包括绝缘层）的总截面不应大于有效截面的40%，最小管内径不应小于15mm。

（2）进户瓷管必须每线一根，并应采用弯头瓷管，户外的一端弯头向下。当进户线截面在$50mm^2$以上时，宜用反口瓷管，户外一端应稍低。

（3）当一根瓷管的长度不能满足进户墙壁厚度时，可用两根瓷管紧密连接，或用硬塑料管代替瓷管。

（4）进户钢管须用白铁管或经过涂漆的黑铁管，钢管两端应装设护圈，户外一端必须有防雨的弯头，进户线必须全部穿于一根钢管内。

操作训练10 室外动力线路架设和金具安装

一、训练的目的

（1）熟悉架空线路所需要的设备、金具材料名称和种类。

（2）掌握架空线路施工的基本步骤、方法及工艺要求。

（3）学会杆上作业的操作和技巧。

二、操作任务

操作任务见表1-5-10。

表1-5-10　室外动力线路架设和金具安装操作任务

操作内容	进行10kV架空线路横担、绝缘子、金具及导线的安装训练
说明及要求	（1）按指导教师设计的安装方式进行操作，绝缘子绑扎可在杆下训练； （2）正确识别架空线路的金具、设备和材料，正确选用工机具； （3）指导教师应将学员分组，重点指导架空作业技巧和安全规范； （4）上杆人员严格高空作业要求操作，杆下人员要起监护和地勤作用
工具、材料、设备场地	架空配电场地、蹬杆工具、常用电工工具、线路金具设备和工器具、安全用具等

三、注意事项和安全措施

（1）上杆前应先检查杆根是否牢固，新立电杆在杆基未完全牢固以前，严禁攀登。遇有冲刷、起土、上拔的电杆，应先培土加固。

（2）在杆上工作必须使用安全带，安全带应系在电杆及牢固的构件上，应防止安全带从杆顶脱出。系安全带时必须检查扣环是否扣牢。

（3）在杆上作业转位时，不得失去安全带保护。

（4）现场人员应戴安全帽，杆上人员应防止向下扔任何东西。

（5）使用的工具、材料用绳索提吊，不得乱扔。

（6）杆下禁止行人逗留。

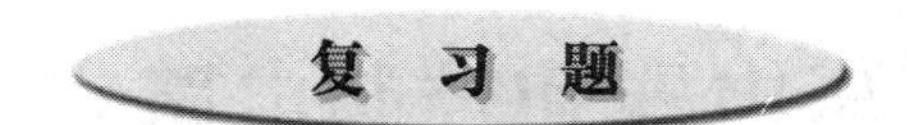

一、选择题

1. 环形钢筋混凝土锥形杆，两头直径不等，杆身的锥度为(　　)。

(A) 1/50；(B) 1/60；(C) 1/75。

2. (　　)杆主要作用是将线路分段及控制事故范围，而不致扩展到相邻的另一耐张段。除了能承受垂直和水平荷载外，还能承受更大的顺线路方向的断线和施工紧线张力。

(A) 耐张；(B) 转角；(C) 分支。

二、判断题

1. 直线杆塔用于线路直线段上，它在正常情况下主要是承受导线的垂直荷重。(　　)

2. 架空线路主要由电杆、横担、导线、绝缘子、拉线及金具等元件组成。(　　)

三、简答题

1. 架空线路由什么组成？其结构如何？

2. 架空线路的电杆分为哪几种？在线路中各起什么作用？

3. 架空线路的绝缘子有哪几种？如何选用？

4. 架空线路中拉线的作用是什么？

5. 进户线是如何安装的？

模块六

常用低压电器和控制电路安装 》

课题一　低压熔断器

低压熔断器（以下简称熔断器）广泛应用于低压配电系统和控制系统中，主要用作短路保护，同时也是单台电气设备的重要保护元件之一，使用时串联在被保护的电路中。它具有结构简单、价格便宜、动作可靠、使用维护方便等优点，因此得到广泛应用。

一、熔断器的结构与主要技术参数

1. 熔断器的结构

目前在工矿企业中广泛使用的熔断器是填料封闭式熔断器，这类熔断器主要由熔体、安装熔体的熔管和熔座三部分组成。

熔体是熔断器的主要组成部分，通过选取合适的熔体材料和适当的熔体形状就能够控制熔断时间和熔断器的整个分断过程。熔体常做成丝状、片状或栅状。熔体的材料可分为低熔点（铅、锡、锌及铅锡合金等）和高熔点（银和铜）两类。

熔管是熔体的保护外壳兼“灭弧室”，一般高强度用耐热绝缘材料制成，在熔体熔断时兼有灭弧作用。

熔座是熔断器的底座，主要用来固定熔管和外接引线。

2. 熔断器的主要技术参数

（1）额定电压：是指熔断器长期工作时和分断后能够耐受的电压，其值一般等于或大于电气设备的额定电压。

（2）额定电流：是指保证熔断器能长期正常工作的电流，是由熔断器各部分长期工作时的允许温升决定的。它与熔体的额定电流是两个不同的概念。熔体的额定电流是指在规定的工作条件下，长时间通过熔体而熔体不熔断的最大电流值。通常，一个额定电流等级的熔断器可以配用若干个额定电流等级的熔体，但熔体的额定电流总值不能大于熔断器的额定电流值。

（3）分断能力：通常是指熔断器在额定电压及一定的功率因数下切断的最大短路电流，常用极限分断电流值来表示。

（4）时间—电流特性曲线：在规定工作条件下，表征流过熔体的电流与熔体熔断时间关系的函数曲线，也称保护特性曲线或熔断特性曲线，如图 1-6-1 所示。

从特性上可看出，熔断器的熔断时间随着电流的增大而减小，即熔断器通过的电流越大，熔断时间越短。一般熔断器的熔断时间与熔断电流的关系见表 1-6-1。

表 1-6-1 熔断器的熔断电流与熔断时间的关系

熔断电流 I_s（A）	$1.25I_N$	$1.6I_N$	$2.0I_N$	$2.5I_N$	$3.0I_N$	$4.0I_N$	$8.0I_N$	$10.0I_N$
熔断时间 t（s）	∞	3600	40	8	4.5	2.5	1	0.4

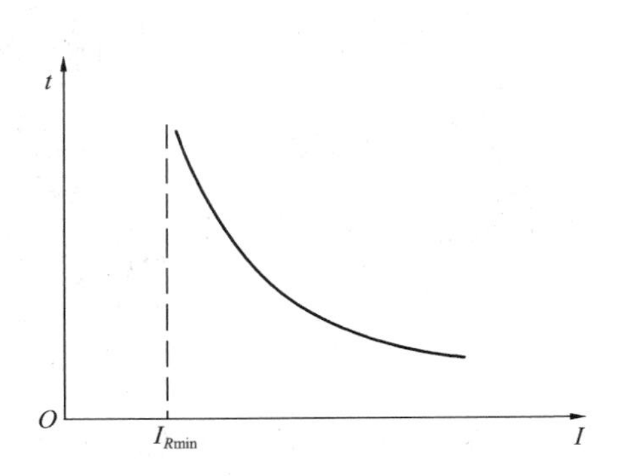

图 1-6-1 熔断器的时间—电流特性曲线

可见，熔断器对过载反应是很不灵敏的，尤其是当电气设备发生轻度过载时，熔断器将持续很长时间才熔断，有时甚至不熔断。因此，除在照明电路中外，熔断器一般不宜用作过载保护，主要用作短路保护。

二、常用低压熔断器

熔断器按结构形式分为半封闭插入式、无填料封闭管式、有填料封闭管式和自复式四类。

（一）RC1A 系列插入式熔断器（瓷插式熔断器）

RC1A 系列插入式熔断器，结构简单，廉价、外形小、带电更换熔丝方便，具有较好的保护特性。

1. 型号及含义

RC1A 系列插入式熔断器的型号及含义如下：

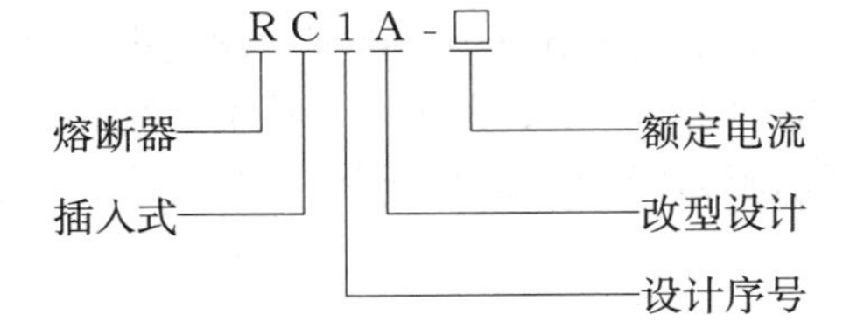

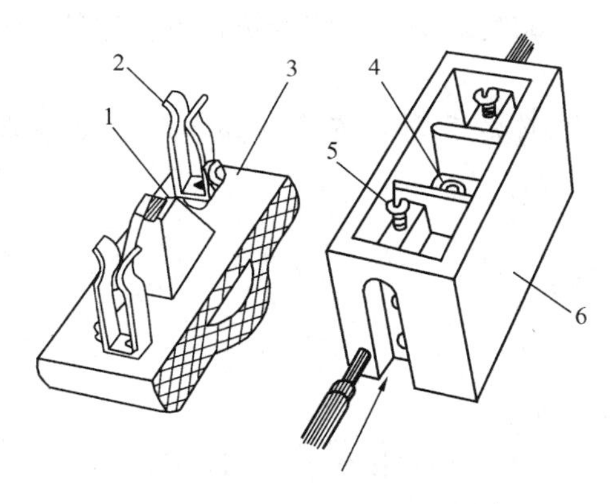

图 1-6-2 RC1A 系列插入式熔断器

1—熔丝；2—动触头；3—瓷盖；4—空腔；5—静触头；6—瓷座

2. 结构

RC1A 系列插入式熔断器属半封闭插入式，它由瓷座、瓷盖、动触头、静触头及熔丝五部分组成，其结构如图 1-6-2 所示。

3. 用途

RC1A 系列插入式熔断器广泛用于中小容量的控制系统（交流 50Hz、额定电压 380V 及以下、额定电流 200A 及以下的低压线路末端或分支电路）中，作为电气设备的短路保护及一定程度的过载保护。但其分断能力低，熔化特性不稳定，不能使用在比较重要的场所。由于在熔丝熔断的过程当中会产生声光现象，对于有易爆炸尘埃的工作场所应严禁使用。

（二）RL 系列螺旋式熔断器

螺旋式熔断器属于有填料封闭管式熔断器的一种，主要由熔断管及其支持件（瓷制底座、带螺纹的瓷帽、瓷套）所组成。

1. 型号及含义

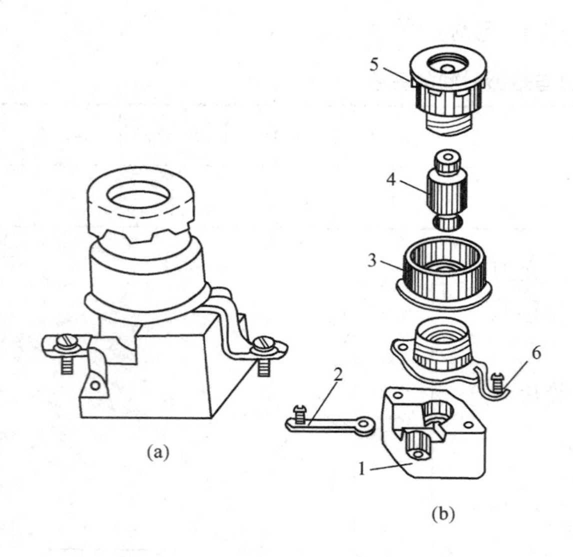

图 1-6-3 RL1 系列螺旋式熔断器
(a) 外形；(b) 结构
1—瓷座；2—下接线座；3—瓷套；4—熔断管；
5—瓷帽；6—上接线座

RL 系列螺旋式熔断器的型号及含义如下。

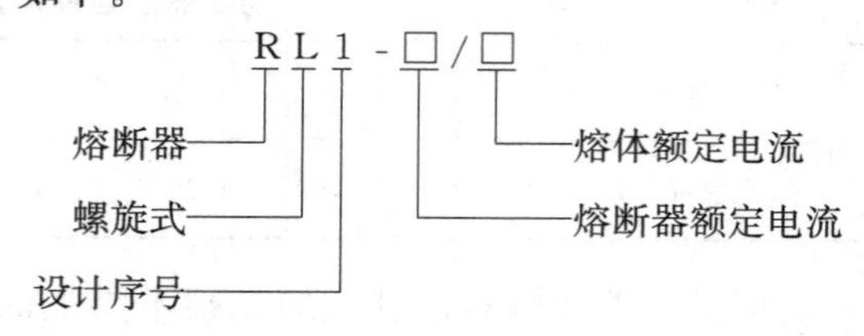

2. 结构

RL1 系列螺旋式熔断器外形和结构如图 1-6-3 所示。

熔管为一瓷管，内装石英砂（可以增强灭弧性能）和熔丝。熔丝焊在瓷管两端的金属盖上，其上端盖中央有一个熔断指示器（通常为黄色或红色金属小圆片），当熔丝熔断时，熔断指示器自动脱落，此时只需更换同规格的新熔管即可。

3. 用途

RL1 系列螺旋式熔断器的分断能力较高，结构紧凑，体积小，安装面积小，更换熔体方便，工作安全可靠，并且熔丝熔断后有明显指示，广泛应用于控制箱、配电屏、机床设备等场合。在交流额定电压 500V、额定电流 200A 及以下的电路中，可作为短路保护器件。

（三）RM 系列无填料封闭管式熔断器

无填料封闭管式熔断器是一种可拆卸的熔断器。熔体熔断时管内产生高气压，使电弧熄灭。

1. 型号及含义

RM 系列无填料封闭管式熔断器的型号及含义如下：

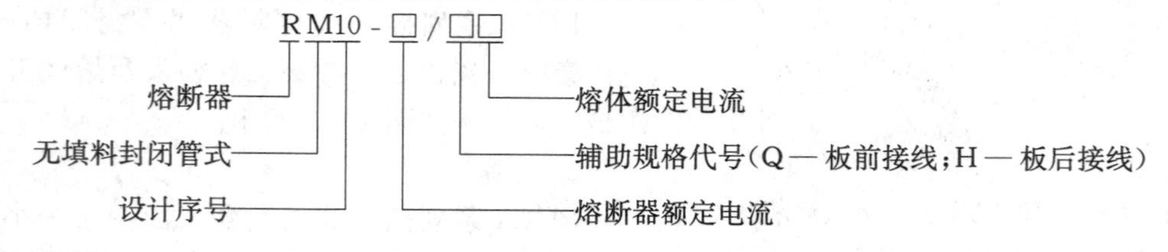

2. 结构

RM10 系列无填料封闭管式熔断器主要由熔断管、熔体、夹头及夹座等部分组成，外形和结构如图 1-6-4 所示。

这种结构的熔断器具有以下两个特点：①采用钢纸管作熔管，当熔体熔断时，钢纸管内壁在电弧热量的作用下产生 30～80 个大气压的高压气体，使电弧迅速熄灭；②采用变截面低熔点锌片作熔体，当电路发生短路故障时，锌片几处狭窄部位同时熔断，形成较大空隙，因此灭弧容易。RM10 系列无填料封闭管式熔断器可同时起过载和短路保护两重作用。

3. 用途

RM10 系列无填料封闭管式熔断器适用于交流 50Hz、额定电压 380V 或直流额定电压

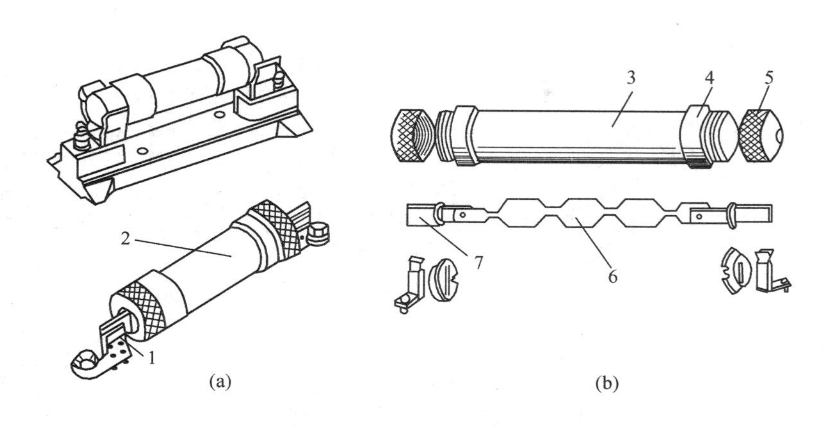

图 1-6-4　RM10 系列无填料封闭管式熔断器

(a) 外形；(b) 结构

1—夹座；2—熔断管；3—钢纸管；4—黄铜套管；5—黄铜帽；6—熔体；7—刀形夹头

440V 及以下电压等级的动力网络和成套配电设备中，作为导线、电缆及较大容量电气设备的短路和连续过载保护。

（四）RT 系列有填料封闭管式熔断器

RT 系列有填料封闭管式熔断器由装有石英砂的瓷管（内装栅状熔体）和底座组成，管顶端装有熔断指示器（红色），正常时基本与端面齐平，熔断时弹出，便于检修人员发现。

1. 型号及含义

RT 系列有填料封闭管式熔断器的型号及含义如下：

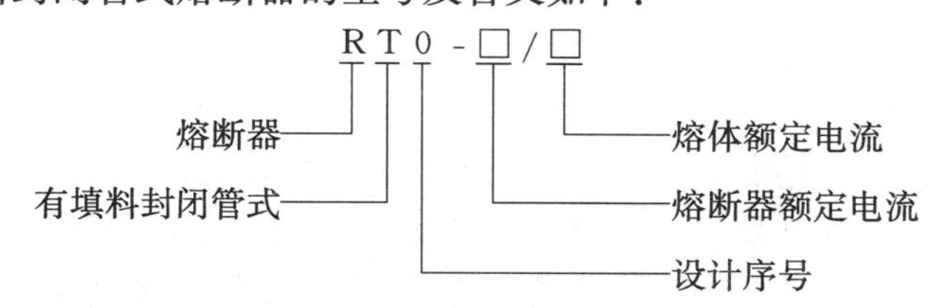

2. 结构

RT0 系列有填料封闭管式熔断器主要由熔管、底座、夹头、夹座等部分组成，其外形和结构如图 1-6-5 所示。

它的熔管用高频电工瓷制成。熔体是两片网状紫铜片，中间用锡桥连接。熔体周围填满石英砂，在熔体熔断时起灭弧作用。它制造工艺复杂，性能较好，使用安全，分断规定的短路电流时，无声光现象，并有醒目的熔断标记；它还附有活动的绝缘手柄，可在带电的情况下调换熔体。

3. 用途

RT 系列有填料封闭管式熔断器分断能力高，广泛用于供电线路及要求分断能力较高的场合，可作为电缆、导线和电气设备的短路保护及导线、电缆的过载保护。

（五）RLS、RS 系列快速熔断器

快速熔断器动作速度快、分断能力大，极限分断能力可达 50000A（有效值），又叫半导体器件保护用熔断器，主要用于过载能力很差（只允许在较短的时间内承受一定的过载电

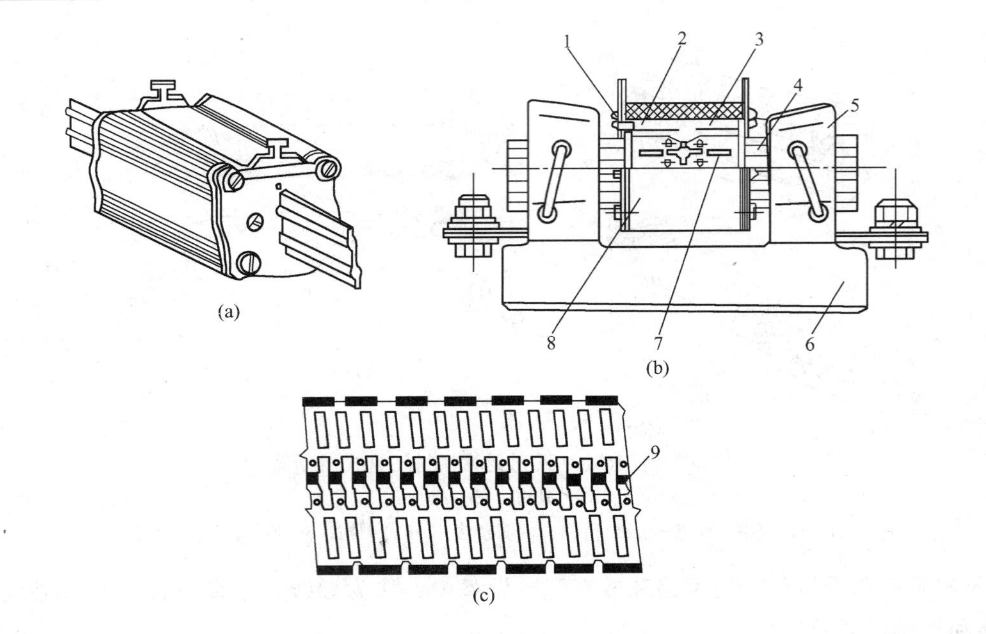

图 1-6-5 RT0 系列有填料封闭管式熔断器

(a) 外形；(b) 结构；(c) 锡桥

1—熔断指示器；2—石英砂填料；3—指示器熔丝；4—夹头；5—夹座；6—底座；7—熔体；8—熔管；9—锡桥

流）的半导体功率元件的过电流保护。快速熔断器结构简单，使用方便，动作灵敏可靠，因而得到了广泛应用。

(六) 自复式熔断器

常用熔断器的熔体一旦熔断，必须更换新的熔体，这就延缓了供电时间。近年来，可重复使用一定次数的自复式熔断器开始在电力网络的输配电线路中得到应用。

自复式熔断器的基本工作原理是：自复式熔断器的熔体用非线性电阻元件（如金属钠等）制成，在特大短路电流产生的高温下，熔体气化，阻值剧增，即瞬间呈现高阻状态。从而能将故障电流限制在较小的数值范围内。

自复式熔断器与一般的熔断器不同，它是一种限流元件，不能真正分断电路，但由于它具有限流作用显著、动作时间短、动作后不需更换熔体等优点，在生产中的应用范围不断扩大，常与断路器配合使用，以提高组合分断能力。

目前自复式熔断器的工业产品有 RZ1 系列熔断器，它适用在交流 380V 的电路中与断路器配合使用。

三、熔断器的选用原则

熔断器和熔体只有经过正确的选择，才能起到应有的保护作用。

1. 熔断器类型的选择

(1) 首先根据实际使用条件确定熔断器的类型。所依据的主要是负荷的保护特性和短路电流的大小。例如：用于容量较小的照明线路，可选用 RC1A 系列插入式熔断器；在开关柜或配电屏中可选用 RM10 系列无填料封闭管式熔断器；对于短路电流相当大或有易燃气体的地方，应选用 RT0 系列有填料封闭管式熔断器；在机床控制线路中，多选用 RL1 系列螺旋式熔断器；用于半导体功率元件及晶闸管保护时，则应选用 RLS 或 RS 系列快速熔断器等。

(2) 熔断器的额定电压应与相应的电网电压相匹配。

(3) 熔断器的额定电流应大于或等于熔体的额定电流。

(4) 根据系统中可能出现的最大故障电流确定相应分断能力的熔断器。

(5) 熔断器各级必须相互配合，一般要求前一级熔体比后一级熔体的额定电流大 2～3 倍，这样才能避免发生越级动作而扩大停电范围的事故。

2. 熔体额定电流的选择

(1) 对照明、电热等电流较平稳、无冲击电流的负荷短路保护，熔体的额定电流应等于或稍大于负荷的额定电流。

(2) 对一台不经常启动且启动时间不长的电动机的短路保护，熔体的额定电流 I_{RN}应大于或等于 1.5～2.5 倍电动机额定电流 I_N，即

$$I_{RN} \geqslant (1.5 \sim 2.5) I_N$$

对于频繁启动或启动时间较长的电动机，上式的系数应增加到 3～3.5。

(3) 对多台电动机的短路保护，熔体的额定电流应大于或等于其中最大容量电动机的额定电流 I_{Nmax}的 1.5～2.5 倍再加上其余电动机额定电流的总和 ΣI_N，即

$$I_{RN} \geqslant (1.5 \sim 2.5) I_{Nmax} + \Sigma I_N$$

在电动机功率较大而实际负荷较小时，熔体额定电流可适当小些，小到以电动机启动时熔体不熔断为准。

四、熔断器的安装与运行

熔断器的安装与运行要符合下列要求：

(1) 熔断器应完整无损，安装时应保证熔体和夹头以及夹头和夹座接触良好，避免因接触不良造成熔体温度升高而发生误动作。

(2) 插入式熔断器应垂直安装，螺旋式熔断器的电源线应接在瓷底座的下接线座上，负荷线应接在螺纹壳的上接线座上。这样在更换熔断管时，旋出螺帽后螺纹壳上不带电，保证操作者的安全。

(3) 熔断器内要安装合格的熔体。

(4) 安装熔丝时，熔丝应在螺栓上沿顺时针方向缠绕，压在垫圈下，拧紧螺钉的力应适当，以保证接触良好，同时注意不能损伤熔丝，以免减小熔体的截面积，产生局部发热而产生误动作。

(5) 更换熔体或熔管时，必须切断电源。尤其不允许带负荷操作，以免发生电弧灼伤。

(6) 对 RM10 系列熔断器，在切断过三次相当于分断能力的电流后，必须更换熔断管，以保证能可靠地切断所规定分断能力的电流。

(7) 熔断器兼做隔离器件使用时应安装在控制开关的电源进线端。若仅做短路保护用，应装在控制开关的出线端。

(8) 熔断器连线的材料和截面积或连接温升均应符合规定，不得随意改变。

(9) 熔断器上落有灰尘应及时清除。

(10) 巡视检查中应注意检查熔管外壁有无破损、变形现象，瓷绝缘部分有无破损或闪络放电痕迹。

(11) 熔断器环境温度应与被保护对象的环境温度基本一致，若相差过大可能使保护动作产生误差。

五、熔断器的常见故障及处理

熔断器的常见故障及处理方法见表 1-6-2。

表 1-6-2 熔断器的常见故障及处理方法

故障现象	可能原因	处理方法
电路接通瞬间，熔体熔断	(1) 熔体电流等级选择过小； (2) 负荷侧短路或接地； (3) 熔体安装时受机械损伤	(1) 更换熔体； (2) 排除负荷故障； (3) 更换熔体
熔体未见熔断，但电路不通	熔体或接线座接触不良	重新连接

课题二 低压刀开关和低压断路器

控制线路中，所使用开关均为低压开关。低压开关主要起接通、断开电源的作用，可用来直接控制小容量电动机的启动、停止和正、反转，除此之外还可用作隔离、转换及接通和分断电路。

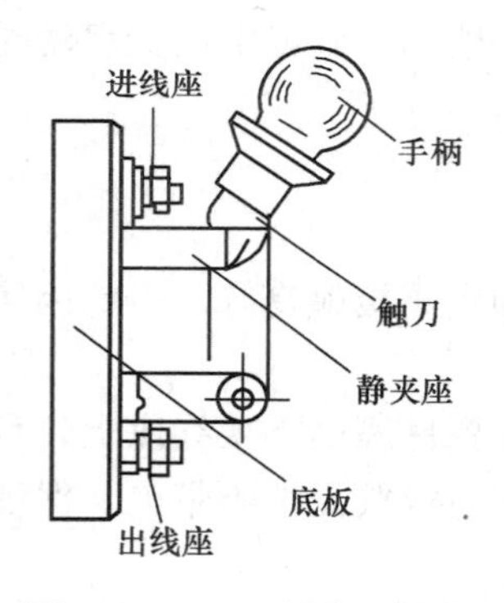

图 1-6-6 刀开关典型结构

低压开关一般为非自动切换电器，常用的主要类型有低压刀开关和低压断路器。

一、低压刀开关

普通刀开关是一种结构最简单且应用最广泛的低压电器。

刀开关的典型结构如图 1-6-6 所示，它由手柄、触刀、静夹座、进线座、出线座和绝缘底板组成。推动手柄使触刀插入静夹座中，电路就会被接通。

刀开关的种类很多，在电力拖动控制线路中最常用的是由刀开关和熔断器组合而成的负荷开关。负荷开关分为开启式负荷开关和封闭式负荷开关两种。

(一) 开启式负荷开关

开启式负荷开关又称为瓷底胶盖刀开关，简称闸刀开关。生产中常用的是 HK 系列开启式负荷开关，适用于照明、电热设备及小容量电动机控制线路中，供手动不频繁地接通和分断电路，并起短路保护。它具有价格便宜、使用维修方便的优点，目前在农村，普遍采用它来操作和控制电力排灌、电动脱粒、饲料粉碎等许多机械的拖动电机，使用量相当可观。

1. 型号及含义

低压刀开关的型号及含义如下：

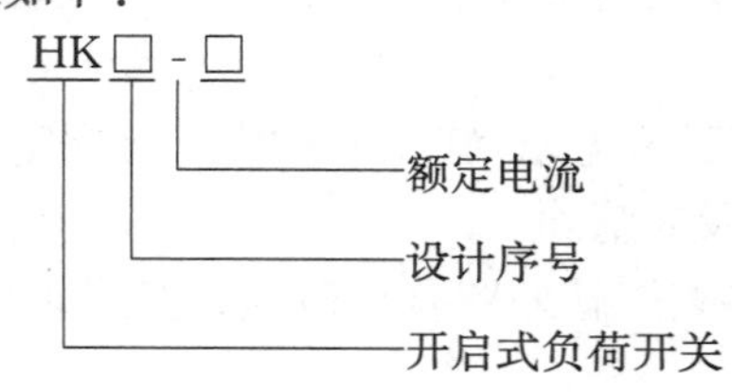

2. 结构

HK 系列负荷开关由刀开关和熔断器组合而成，主要由瓷底座、进线座、出线座、静触头、动触刀、熔丝、瓷质手柄、胶盖及紧固螺帽等零件装配而成，结构如图 1-6-7（a）所示。开启式负荷开关在电路图中的符号如图 1-6-7（b）所示。

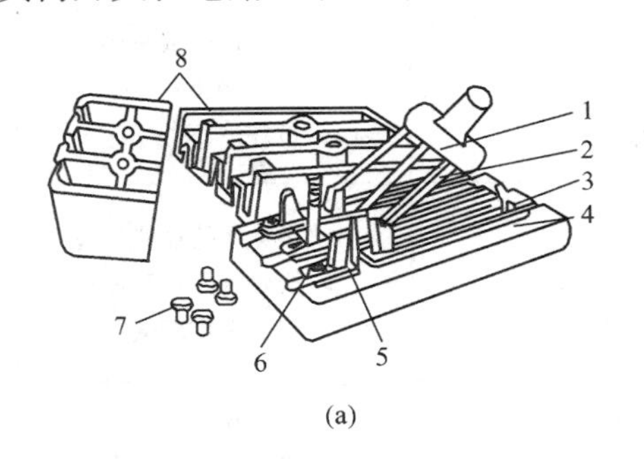

(a)

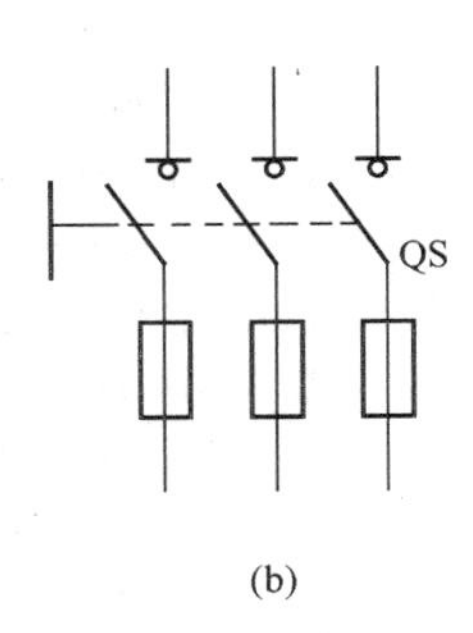

(b)

图 1-6-7 HK 系列开启式负荷开关

(a) 结构；(b) 符号

1—瓷质手柄；2—动触头；3—出线座；4—瓷底座；5—静触头；6—进线座；7—胶盖紧固螺钉；8—胶盖

3. 选用

在一般的照明电路和功率小于 5.5kW 的电动机控制线路中，广泛采用开启式负荷开关。但这种开关没有专门的灭弧装置，其刀式动触头和静夹座易被电弧灼伤引起接触不良，因此不宜用于操作频繁的电路。具体选用方法如下：

（1）用于照明和电热负荷时，一般选用两极开关。额定电压 220V 或 250V，额定电流不小于电路所有负荷额定电流之和。

（2）用于控制电动机的直接启动和停止时，一般选用三极开关额定电压 380V 或 500V，额定电流不小于电动机额定电流的 3 倍。

4. 安装与运行

为了保证开启式负荷开关工作可靠性，安装与使用要符合以下要求：

（1）必须垂直正装，合闸状态时手柄应朝上，不允许倒装或平装。以利于电弧熄灭及防止发生操作手柄掉落误合闸事故。

（2）作为控制照明和电热负荷使用时，要装接熔断器作短路和过载保护。接线时应上进下出，即把电源进线接在静触头一边的进线座，负荷接在动触头一边的出线座，这样在开关断开后，闸刀和熔丝上都不会带电，方便更换熔丝。

（3）更换熔体时，必须在闸刀断开的情况下，按原规格更换。

（4）在分闸或合闸操作时，应动作迅速，使电弧尽快熄灭。

（5）胶盖和瓷底一旦破损就不宜继续使用（除非把已损坏的零部件换掉），否则易发生人身触电伤亡事故。

5. 常见故障及处理方法

开启式负荷开关的常见故障及处理方法见表 1-6-3。

表 1-6-3 开启式负荷开关的常见故障及处理方法

故障现象	可能的原因	处理方法
合闸后，开关一相或两相开路	（1）静触头开口过大，弹性消失，造成动、静触头接触不良； （2）熔丝熔断或虚连； （3）动、静触头氧化或有尘污； （4）开关进线或出线线头接触不良	（1）修整或更换静触头； （2）更换熔丝或紧固； （3）清洁触头； （4）重新连接
合闸后，熔丝熔断	（1）外接负荷短路； （2）熔体规格偏小； （3）开关出线线头接触不良造成局部发热	（1）排除负荷短路故障； （2）按要求更换熔体； （3）按要求重新接线
触头烧坏	（1）开关容量太小； （2）拉、合闸动作过慢，造成电弧过大，烧坏触头	（1）更换开关； （2）修整或更换触头，并改善操作方法

（二）封闭式负荷开关

封闭式负荷开关是在开启式负荷开关的基础上改进设计的一种开关，其操作性能、灭弧性能、通断能力和安全防护性能都有所提高。其外壳多为铸铁或用薄钢板冲压而成，故俗称铁壳开关。一般用于手动、不频繁地接通和断开带负荷的电路，可作为线路末端的短路保护，也可用于控制 15kW 以下的交流电动机不频繁地直接启动和停止。

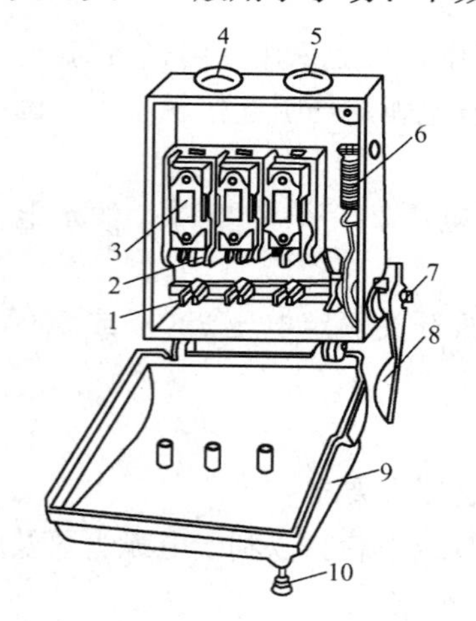

图 1-6-8 HH 系列封闭式负荷开关
1—动触刀；2—静夹座；3—熔断器；4—进线孔；5—出线孔；6—速断弹簧；7—转轴；8—手柄；9—开关盖；10—开关盖锁紧螺栓

1. 型号及含义

封闭式负荷开关的型号及含义如下：

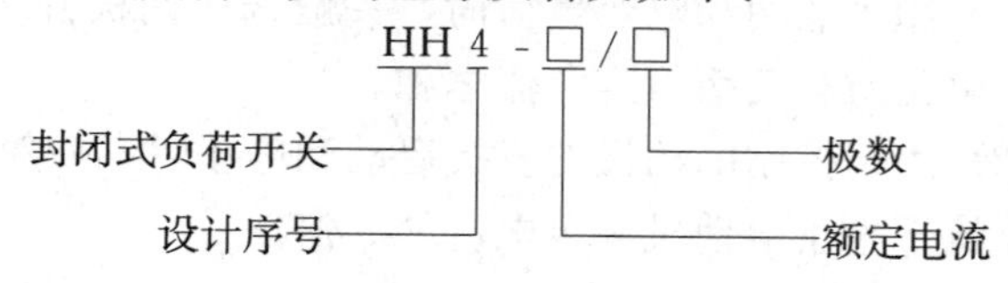

2. 结构

常用的封闭式负荷开关有 HH3、HH4 系列，其中 HH4 系列为全国统一设计产品，主要由刀开关、熔断器、操作机构和外壳组成，它的结构如图 1-6-8 所示。

这种开关的操作机构具有以下特点：

（1）采用了储能分合闸方式，使触头的分、合速度与手柄操作速度无关，有利于迅速熄灭电弧，从而提高开关的通断能力，延长其使用寿命。

（2）设置了联锁装置，保证开关在合闸状态下开关盖不能开启，而开关盖开启时又不能合闸，确保操作安全。

封闭式负荷开关在电路图中的符号与开启式负荷开关相同，见图 1-6-7（b）。

3. 选用

封闭式负荷开关的选用，应符合如下技术条件：

(1) 封闭式负荷开关的额定电压不小于线路工作电压。

(2) 用于控制照明、电热负荷时，封闭式负荷开关的额定电流不小于所有负荷额定电流之和；用于控制电动机时，封闭式负荷开关的额定电流不小于电动机额定电流的3倍，或根据封闭式负荷开关的技术参数选择。

4. 安装与运行注意事项

封闭式负荷开关安装与运行符合下面几点要求：

(1) 封闭式负荷开关必须垂直安装，以操作方便和安全为原则，安装高度一般离地不低于1.3～1.5m。

(2) 开关外壳必须可靠接地。

(3) 接线时，将电源进线接在静夹座一边的端子上，负荷引线接在熔断器一边的端子上，且进出线应通过开关的进出线孔。

(4) 操作时，要站在开关的手柄侧，不可站在开关的正面，以免因意外发生故障而开关不能分断短路电流时，开关爆炸，铁壳飞出伤人。

(5) 一般不用额定电流60A以上的封闭式负荷开关控制电动机，以免发生弧光烧手事故。

(6) 要经常注意检查熔断器底座是否碎裂、动静触头接触情况、储能弹簧老化情况等，并及时更换易损坏部件，确保开关的安全运行。

5. 常见故障及处理方法

封闭式负荷开关常见故障及处理方法见表1-6-4。

表1-6-4　封闭式负荷开关常见故障及处理方法

故障现象	可能原因	处理方法
操作手柄带电	(1) 外壳未接地或接地线松脱； (2) 电源进出线绝缘损坏碰壳	(1) 检查后，加固接地导线； (2) 更换导线或恢复绝缘
夹座（静触头）过热或烧坏	(1) 夹座表面烧毛； (2) 闸刀与夹座压力不足； (3) 负荷额定电流大于开关额定电流	(1) 用细锉修整夹座； (2) 调整夹座压力； (3) 减轻负荷或更换大容量开关

二、低压断路器

低压断路器又叫自动空气开关或自动空气断路器，可简称断路器。它是低压配电网络和电力拖动系统中常用的一种配电电器，集控制和多种保护功能于一体，在正常情况下可用于不频繁地接通和断开电路及控制电动机的运行。当电路中发生短路、过载和失压等故障时，能自动切断其控制电路，保护线路和电气设备。

低压断路器类型品种很多，常用的有塑壳式（又称装置式）、框架式（又称万能式）、限流式、漏电保护式等。

低压断路器具有操作安全、安装使用方便、工作可靠、动作值可调、分断能力高、有多种保护、保护动作跳闸后不需要更换元件等优点，因此得到广泛应用。

在电力拖动控制系统中，常用的低压断路器是DZ系列塑壳式断路器，如DZ5系列和DZ10系列。下面以DZ5-20型断路器为例介绍低压断路器。

(一) 低压断路器的型号及含义

低压断路器的型号及含义如下：

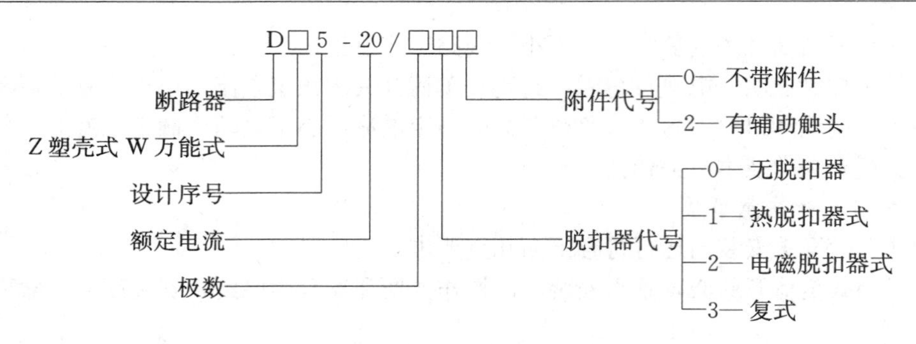

（二）低压断路器的结构及工作原理

低压断路器的形式种类虽然很多，但其基本结构和工作原理基本相同，主要由三个基本部分组成：①触头和灭弧系统；②各种脱扣器，包括过电流脱扣器、失压（欠压）脱扣器、热脱扣器等；③操动机构和自由脱扣器机构。DZ5-20 型低压断路器的外形和结构如图 1-6-9 所示。其结构上采用立体布局，操动机构在中间，其上有由加热元件和双金属片等构成的热脱扣器作过载保护，并配有调节装置，调节整定电流。还有由线圈和铁芯等组成的电磁脱扣器，作短路保护，也有一个调节装置，调节瞬时脱扣整定电流。主触头在操动机构后面，由动触头和静触头组成，配有栅片灭弧罩，用以接通和分断主回路电流。另外还有动合和动断辅助触头各一对。主、辅触头的接线柱均伸出壳外，便于接线。在外壳顶部还伸出接通（绿色）和分断（红色）按钮，通过储能弹簧和杠杆机构实现断路器的手动分和合操作。

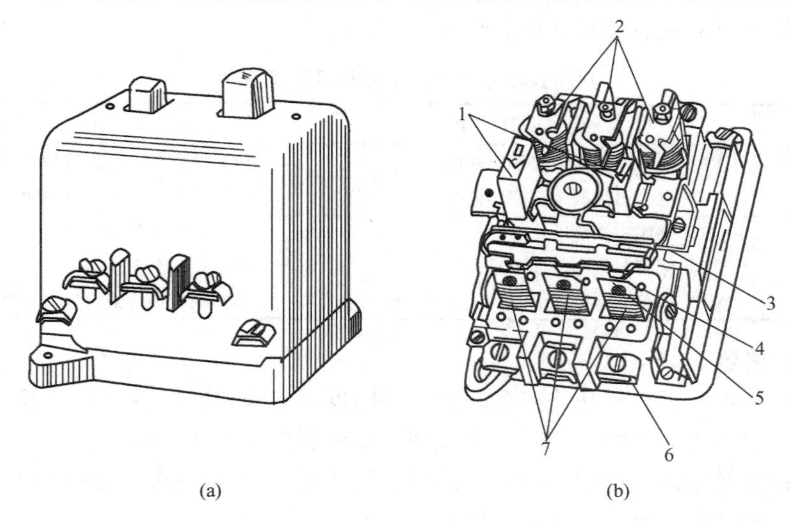

图 1-6-9　DZ5-20 型低压断路器
（a）外形；（b）结构
1—按钮；2—电磁脱扣器；3—自由脱扣器；4—动触头；5—静触头；6—接线柱；7—热脱扣器

断路器的工作原理如图 1-6-10 所示。断路器的静触头 2 串联在被控制的三相主电路中，按下接通按钮 16 时，外力克服反作用弹簧 5 的张力，推动固定在锁扣上的动触头 1 使之与静触头 2 闭合，并由搭钩 4 扣住锁扣 3 使动静触头保持闭合接通。当线路发生过载时，过载电流使热元件 12 产生更多热量，使双金属片 13 受热进一步向上弯曲，通过杠杆机构 8 推动搭钩与锁扣脱开，在反作用弹簧的推动下，动、静触头分开，从而切断电路，使用电气设备不致因过载而烧毁。

当线路发生短路故障时，短路电流远大于电磁脱扣器的瞬时脱扣整定电流，电磁脱扣器 15 产生足够大的吸力将衔铁 14 吸合，通过杠杆机构 8 推动搭钩与锁扣分开，从而切断电路，实现短路保护。产品出厂时，电磁脱扣器的瞬时脱扣整定电流一般整定为 $10I_N$（I_N 为断路器的额定电流）。

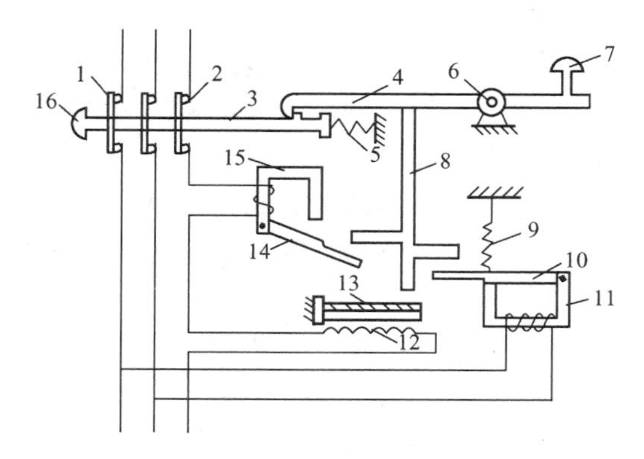

图 1-6-10　低压断路器工作原理示意图

1—动触头；2—静触头；3—锁扣；4—搭钩；5—反作用弹簧；6—转轴座；7—分断按钮；8—杠杆机构；9—拉力弹簧；10—欠压脱扣器衔铁；11—欠压脱扣器；12—热元件；13—双金属片；14—电磁脱扣器衔铁；15—电磁脱扣器；16—接通按钮

欠压脱扣器的动作过程与电磁脱扣器恰好相反。当线路电压正常时，欠压脱扣器 11 的衔铁 10 被吸合，衔铁 10 与杠杆机构 8 脱离，断路器的主触头能够闭合；当线路上的电压消失或下降到某一数值时，欠压脱扣器的吸力消失或减小到不足以克服拉力弹簧 9 的拉力时，衔铁 10 在拉力弹簧 9 的作用下撞击杠杆，将搭钩顶开，使触头分断。由此看出，具有欠压脱扣器的断路器在断路器两端无电压或电压过低时，不能接通电路。

需手动分断电路时，按下分断按钮 7 即可。

低压断路器在电路图中的符号如图 1-6-11 所示。

万能式（框架式）低压断路器一般有一个钢制的框架，断路器的所有部件都装在框架内，导电部分加以绝缘。其特点如下：

（1）一般具有过电流脱扣器和欠电压脱扣器，可对电路和电气设备实现短路、失压等保护。

（2）操作方式有手动、杠杆传动、电磁铁操作、电动传动以及压缩空气操作等。

（3）容量较大，有较高的短路分断能力和较高的动稳定性。

（4）广泛应用于工企变配电站，作为接通和断开正常工作电流，以及不频繁的电路转换。

万能式低压断路器的代表产品有 DW10 和 DW16 系列，外形如图 1-6-12 所示。

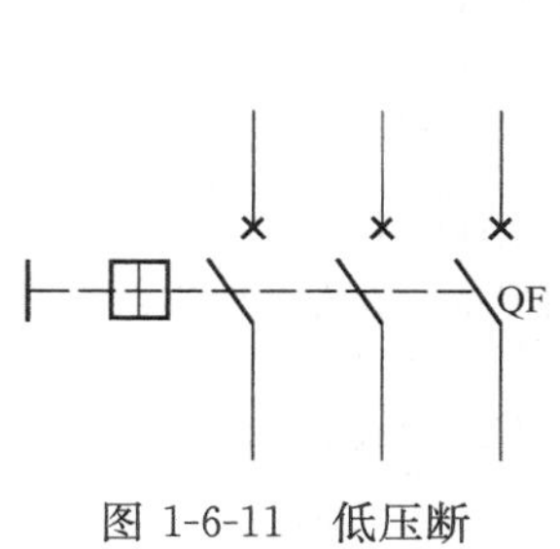

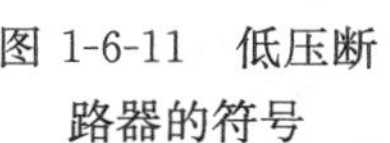

图 1-6-11　低压断路器的符号

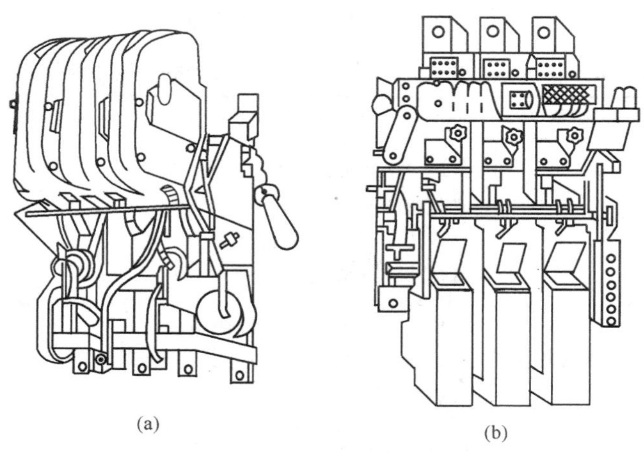

图 1-6-12　框架式低压断路器外形

（a）DW10 系列；（b）DW16 系列

(三)低压断路器的一般选用原则

低压断路器的选用，一般应遵循下列原则：

(1)低压断路器的额定电压和额定电流不小于线路的正常工作电压和计算负荷电流。

(2)热脱扣器的整定电流等于所控制负荷的额定电流。

(3)电磁脱扣器的瞬时脱扣整定电流大于负荷正常工作时可能出现的峰值电流。用于控制异步电动机的断路器，其瞬时脱扣整定电流可按下式选取

$$I_Z \geqslant K I_{ST}$$

式中 K——安全系数，可取1.5～1.7；

I_{ST}——电动机的启动电流。

(4)欠压脱扣器的额定电压等于线路的额定电压。

(5)断路器的极限通断能力不小于电路可能出现的最大短路电流。

(四)低压断路器的安装与运行

低压断路器的安装与运行应符合下列要求：

(1)低压断路器应垂直正装，一般电源引线应接到上端子，负荷则引线接到下端子，且引线必须使用规定截面的导线或母线连接。

(2)低压断路器用作电源总开关或电动机的控制开关时，在电源进线侧必须加装刀开关或熔断器等，以形成明显的断开点。

(3)低压断路器在使用前应将脱扣器工作面的防锈油脂擦干净。各脱扣器动作值一经厂家调整好，不允许随意变动，以免影响其动作值。

(4)使用过程中若遇分断短路电流，应及时检查触头系统，若发现电灼烧痕，应及时修理或更换。

(5)断路器上的积尘应定期清除，并定期检查各脱扣器动作值，给操动机构添加润滑剂。

(6)断路器接线一定要可靠，尤其是负荷引线更要注意，防止因虚接造成局部发热而引起热脱扣器误动。

(五)低压断路器的常见故障及处理

低压断路器的常见故障及处理方法见表1-6-5。

表1-6-5 低压断路器的常见故障及处理

故障现象	故障原因	处理方法
不能合闸	(1)欠压脱扣器无电压或线圈损坏； (2)储能弹簧变形； (3)反作用弹簧力过大； (4)机构不能复位再扣	(1)检查施加电压或更换线圈； (2)更换储能弹簧； (3)重新调整； (4)调整再扣接触面至规定值
电流达到整定值时断路器不动作	(1)热脱扣器双金属片损坏； (2)电磁脱扣器的衔铁与铁芯距离太大或电磁线圈损坏； (3)主触头熔焊	(1)更换双金属片； (2)调整衔铁与铁芯的距离或更换断路器； (3)检查原因并更换主触头
启动电动机时断路器立即分断	(1)电磁脱扣器瞬动整定值过小； (2)电磁脱扣器某些零件损坏	(1)调高整定值至规定值； (2)更换脱扣器

续表

故障现象	故障原因	处理方法
断路器闭合后经一定时间自行分断	热脱扣器整定值过小	调高整定值至规定值
断路器温升过高	(1) 触头压力过小； (2) 触头表面过分磨损或接触不良； (3) 两个导电零件连接螺钉松动	(1) 调整触头压力或更换弹簧； (2) 更换触头或修整接触面； (3) 重新拧紧

教学提示：低压电器选用计算实例和技术参数见光盘。

课题三　异步电动机控制电路安装与检修

异步电动机常见的控制线路有点动、正转、正反转、位置、顺序、异地、降压启动、调速和制动等控制线路。这些控制线路主要由接触器、按钮和热继电器等组成，其基本结构都是由接触器控制电路演变而成。掌握好接触器控制电路，就可以推导应用其他的控制电路。

一、控制元器件

（一）接触器

接触器主要是用于电力拖动（以电动机作动力）系统中，以频繁分断和接通主电路的电器，也可用于其他低压电器设备的控制，如电容器、电阻炉或大功率照明灯等。其文字符号用 KM 表示。

1. 接触器的型号

接触器的型号如下：

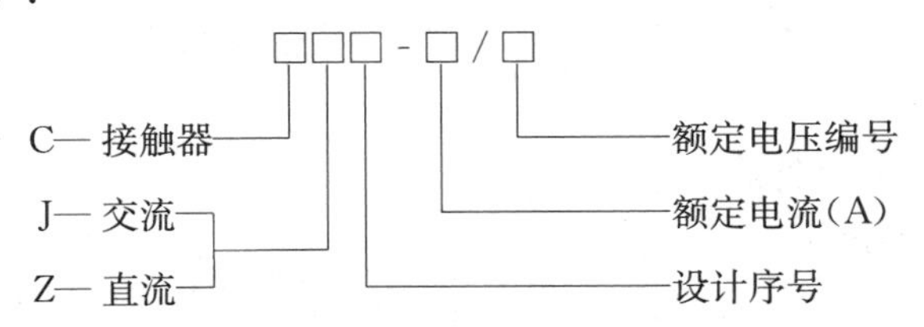

额定电压编号如下：

03——表示额定电压为 380V（03 可以不写出）；

06——表示额定电压为 660V；

11——表示额定电压为 1140V。

例如：CJ10-40 表示额定电流为 40A、电压 380V 的交流接触器。

需要强调的是，额定电压是表示接触器断口所能承受的电压，而接触器的线圈电压一般有 36、110、220、380V 等多种。目前除 CJ10 型外市场上还有 CJ20 系列的接触器。

2. 交流接触器的外形及结构

交流接触器的外形及结构如图 1-6-13 所示。

从图 1-6-13 交流接触器的结构图可见，交流接触器的主要结构由以下部件组成：

（1）电磁系统。主要有电磁线圈、铁芯、短路环。短路环安装在静铁芯上了一个，其作用是减小电磁机构的振动和因此产生的噪声，保证动、静触头接触良好。

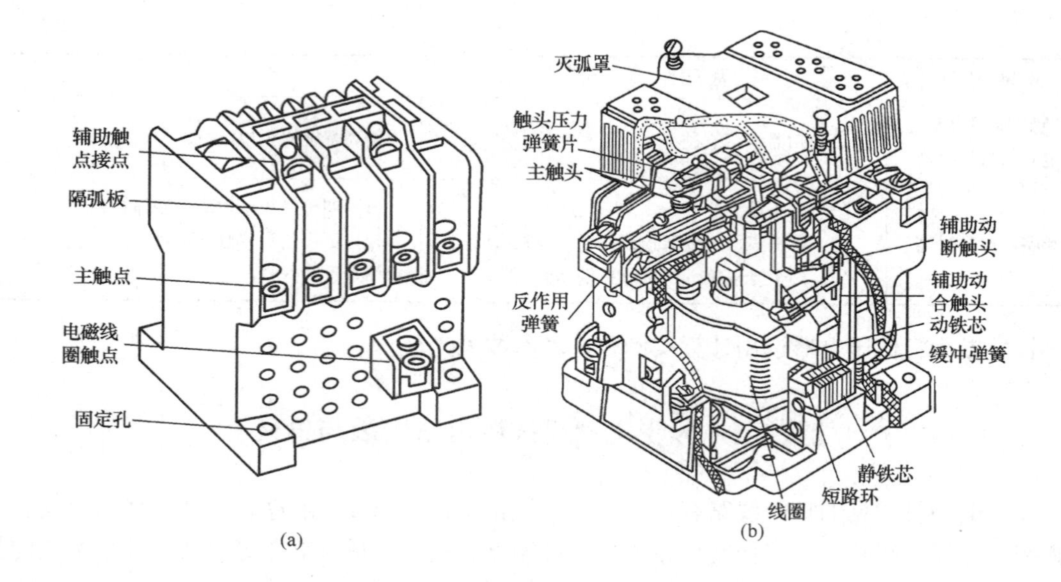

图 1-6-13 交流接触器的外形及结构

(a) CJ10-10；(b) CJ10-20

(2) 触头系统。包括主触头和辅助触头，其中辅助触头又有动合和动断触头两种。

(3) 灭弧装置。20A 以上的有灭弧罩。

3. 交流接触器的工作原理

当电磁线圈通电后，其电流产生的磁场使磁轭磁化，吸引衔铁使衔铁沿着磁轭运动，最终吸合在一起。衔铁向磁轭运动时，由于触头的支持件与衔铁固定在一起，所以动触头随衔铁运动，与静触头接通，使电路接通。动合（常开）辅助触点闭合，动断（常闭）辅助触点断开。

4. 交流接触器的选择与安装

(1) 交流接触器的选择：

1) 同一系列、同一容量的交流接触器的电磁线圈电压有多种，选择交流接触器电磁线圈电压时应注意控制回路的电压应一致。

2) 选择交流接触器主触点的额定电压应大于或等于负荷的额定电压。

3) 选择交流接触器主触点的额定电流应大于或等于负荷的额定电流。

(2) 交流接触器的安装：

1) 交流接触器的安装环境要求清洁、干燥，安装位置不得受到剧烈振动。因剧烈振动容易造成触头抖动，严重时会发生误动作。

2) 安装前应检查交流接触器的型号、技术数据是否符合使用要求，检查丝圈电压是否与电源电压一致。

3) 安装前应将铁芯面上的防锈油擦净，防止油垢粘滞造成断电后衔铁不能释放。

4) 安装交流接触器要与地面垂直，倾斜度不大于 5°，并要求预留有适当的飞弧空间，避免烧坏相邻的设备。

5) 安装中应防止将螺帽、垫圈等零件落入接触器内造成机械卡阻或发生短路故障。

（二）控制按钮

控制按钮属于主令电器，主要作用是远距离操作具有电磁式线圈的电器（如接触器和继电器等），并在控制电路发布指令的同时执行电气连锁。显然，按钮是操作人员与控制装置之间的中间环节。文字符号用 SB 表示，图形符号用E-\或E-7表示。

1. 型号

控制按钮的型号含义如下：

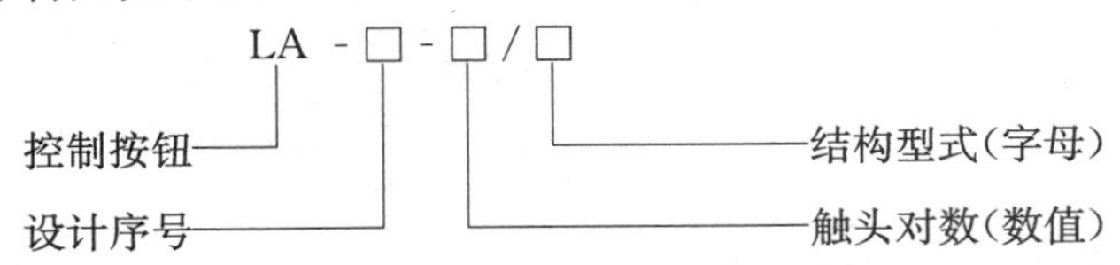

结构型式字母的含义：

（1）K——开闭式。它适用于嵌装在面板上，不能防止偶然触及带电部分。

（2）H——保护式。有保护外壳，能防止按钮元件受机械损伤及触及带电部分。

（3）S——防水式。有能防止雨水浸入的密封外壳。

（4）F——防腐式。有能防止化工腐蚀气体侵入的密封外壳。

（5）J——紧急式。有红色大蘑菇头按钮帽，供在紧急情况下切断电源用。

（6）Y——钥匙式。它需要钥匙来操作，从而防止误操作。

（7）X——旋钮式。它用旋转式按钮帽来操作。

（8）D——带批示灯式。按钮帽内装有指示灯。

（9）Z——自持按钮。内部装有自保持用电磁机构。

2. 外形和结构

控制按钮的外形和结构如图 1-6-14 和图 1-6-15 所示。

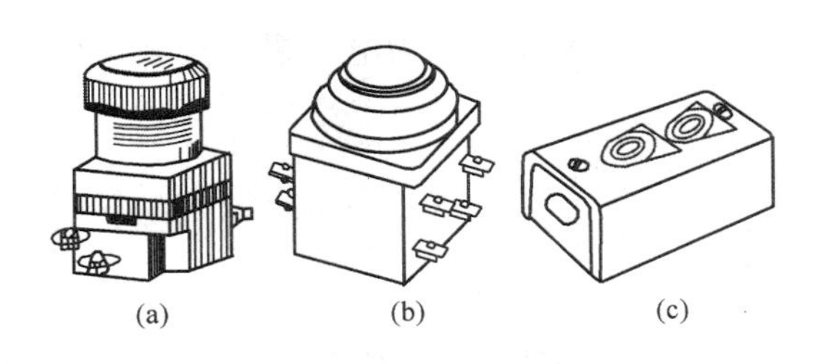

图 1-6-14　按钮外形

（a）LA19-11；（b）LA18-22；（c）LA10-2H

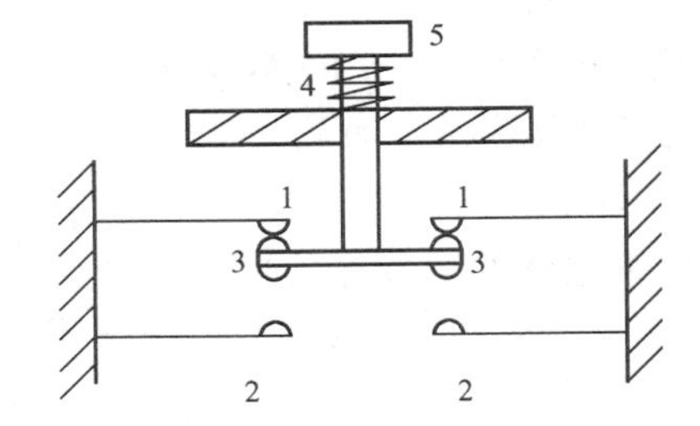

图 1-6-15　控制按钮的结构原理图

1-1—动断静触点；2-2—动合静触点；3-3—动触点；4—复位弹簧；5—按钮帽

3. 按钮的工作原理

操作时，按下按钮帽，动触头 3-3 就向下移动，首先使静触头 1-1（动断触点）断开，然后接通静触头 2-2（动合触点），使之闭合。松手后在复位弹簧 4 的作用下，动触点 3-3 返回，各触点的通断位置又回到图 1-6-15 所示的状态。

4. 按钮的选用及维护

（1）选用：

1）根据使用场合和具体用途选择按钮和类型。

2）根据控制作用选择按钮帽的颜色，按钮颜色的含义及规定见表1-6-6。

表1-6-6 按钮颜色的含义及规定

颜色	含　义	典 型 说 明
红色	危险情况的操作	紧急停止
	停止或中断	全部停机，停止一台或多台电动机，停止一台机器的某一部分，使电器元件失电，有停止功能的复位按钮
黄色	应急、干预	应急操作、抑制不正常情况或中断不理想的工作周期
绿色	启动或接通	启动、启动一台或多台电动机，启动一台机器的一部分，使某电器元件得电
蓝色	上述几种颜色即红、黄、绿色未包括的任一种功能	
黑色 灰色 白色	无专门指定功能	可用于停止和分断以外的任何情况

3）根据控制回路的需要选择按钮的数量。

（2）维护：

1）应经常检查按钮，清除污垢。

2）若发现接触不良，应查明原因。

3）若固紧件塑料老化以至按钮松动，为防止固接线螺丝钉松动，使导线相碰发生短路，应增加一个紧固圈或给接线螺丝钉加上绝缘套管。

4）凡带指示灯的按钮，一般不宜用于需长期通电显示处，以免塑料过度受热而变形，使更换灯泡困难。

（三）热继电器

热继电器广泛应用在低压交流500V、额定电流150A以下作为电动机的过载保护。文字符号用FR表示。

1. 型号

热继电器的型号含义如下：

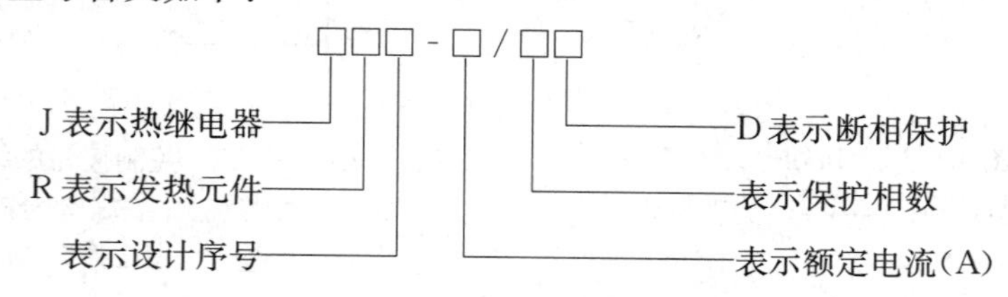

示例：JR15-20/3型表示额定电流为20A、三相保护式、设计序号为15的热继电器。

2. 外形和结构

热继电器的外形和结构如图1-6-16所示。

3. 热继电器常用的种类

目前，我国广泛使用的热继电器有JR9、JR16等系列，引进的产品有T系列和UA系列。热继电器常见的类型有双金属片和热敏电阻式。

热继电器按额定电流等级分为10、40、100、160A四种；按极数分为二极式和三极式

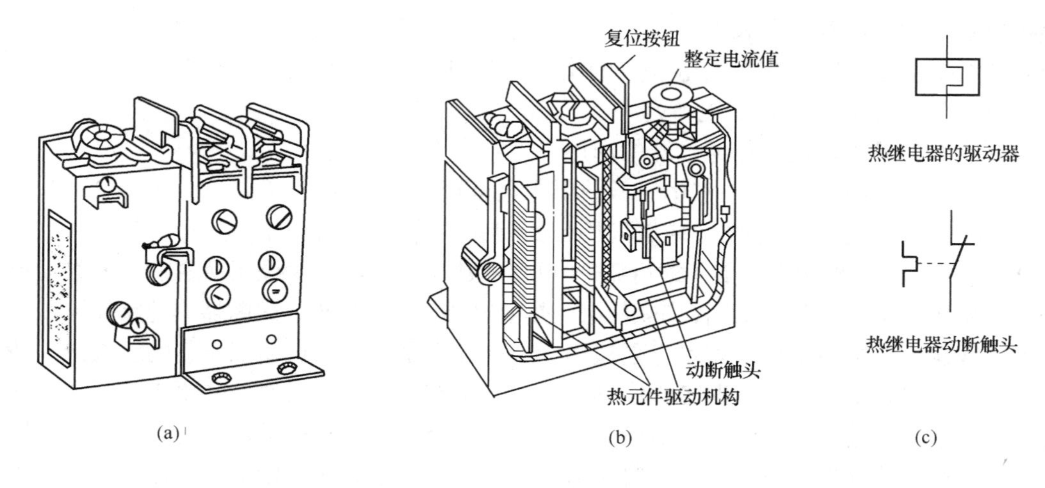

图 1-6-16　热继电器

(a) 外形；(b) 结构；(c) 图形符号

两种，其中三极式又可分为带断相保护和不带断相保护两种。

4. 工作原理

热继电器的执行元件串接于电动机的主回路中，当电动机过载时，电流流经发热元件产生的热量使主双金属片受热膨胀弯曲，推动导板、导杆等，使串接在控制电器中的动断触点断开，从而使电动机断电，达到过载保护的目的，如图 1-6-17 所示。

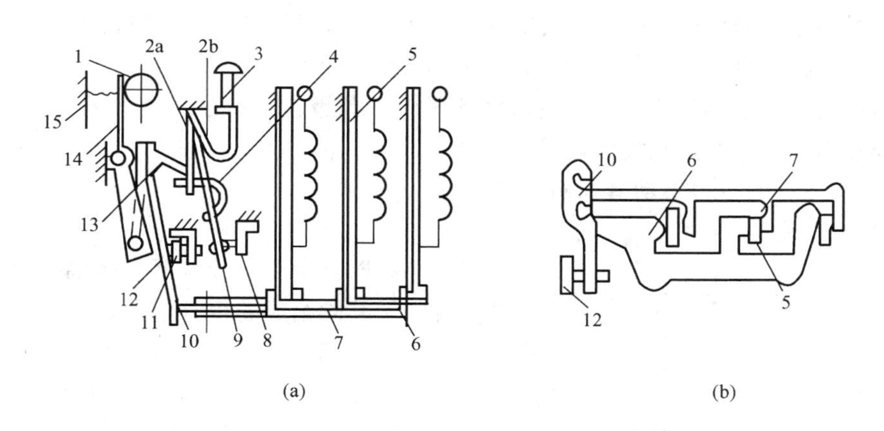

图 1-6-17　JR16 系列热继电器及其差动导板的结构图

(a) 热继电器的结构原理；(b) 差动导板的结构

1—电流调节凸轮；2—簧片（2a、2b）；3—手动复位按钮；4—弹簧片；5—主双金属片；6—外导板；7—内导板；8—动断静触点；9—动触点；10—杠杆；11—动合静触点（复位调节螺钉）；12—补偿双金属片；13—推杆；14—连杆；15—压簧

5. 热继电器的选用

热继电器主要用于电动机的过载保护。选用时应根据电动机的工作环境、负荷性质、启动情况、工作制式及电动机的过载能力等进行选择，应使热继电器的安—秒特性位于电动机过载特性之下，并尽可能接近或重合，这样有利于充分发挥电动机的潜力，同时可使电动机的短时过载和大电流启动瞬间不受影响。

热继电器选用的注意事项如下：

(1) 热继电器整定电流应根据电动机的实际负荷电流和生产工艺要求在 0.95～1.05I_N 范围内调整（I_N 为电动机的额定电流）。

(2) 具有断相保护功能的热继电器的选用：

1) 对星形接法的电动机，一般的三极热继电器即可作断相保护。

2) 对于三角形接法的电动机，应选取用带断相保护的热继电器。

(3) 双金属片式热继电器一般不能可靠进行短路保护，因热继电器的热元件很容易被短路电流烧坏。通常热继电器都与熔断器串联使用（热继电器作过载保护、熔断器作短路保护）。

目前，我国生产的热继电器基本上是适用于长期工作制或间断长期工作制的轻载或一般负荷启动的电动机。对于反复短时工作制的电动机，则有一定的局限性。当要求更高的操作频率时，可选取用带速饱和电流互感器的热继电器。频繁启动的电动机，不应采用热继电器作过载保护，因为热继电器具有惯性，复位时间长，可能会造成误动作或不动作，同时由于热量的积累也可能造成误动作，这种情况下可用热敏电阻型温度继电器来保护。

6. 热继电器在运行中的维护检查

(1) 检查电路的负荷电流是否在热元件的整定值范围内。

(2) 检查与热继电器连接的导线连接点处有无发热现象，导线荷面是否满足负荷的需要。

(3) 检查热继电器的工作环境温度是否与型号的特点相适应。

(4) 检查与热继电器上的绝缘盖板是否完整无损地盖好。

(5) 检查与发热元件的发热阻丝外观是否完好，检查与热继电器的辅助触点是否烧毛、熔接现象，机构各部件是否完好，动作是否灵活可靠。

(6) 检查与热继电器的绝缘壳体是否完整无损，内部是否清洁。

二、异步电动机电机启动控制电路

（一）单向运行的磁力启动器控制电路

1. 组成和作用

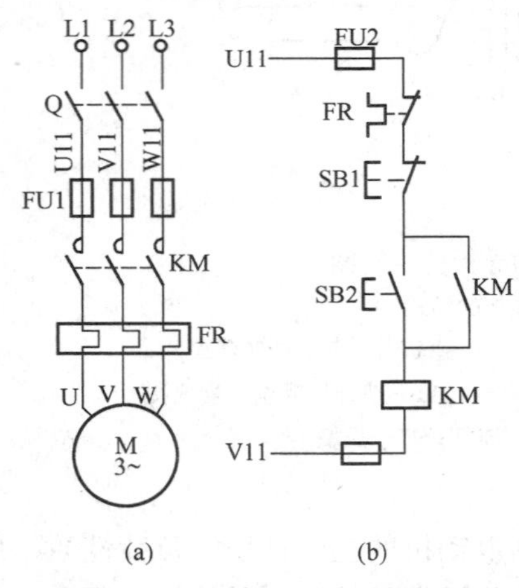

图 1-6-18 单向运行的磁力启动器控制电路原理图
(a) 主电路；(b) 辅助电路

磁力启动器是由交流接触器与热继电器、控制按钮开关等部件共同组成的组合电器，它广泛使用在额定电压为380V、额定电流在150A及以下的配电线路中，供远距离控制三相鼠笼型电动机的单向直接启动、停止运转之用。它的失压线圈或热继电器、熔断器附件，可在电网电压消失时，或设备发生过载时起保护作用。

2. 控制电路

控制电路原理图如图 1-6-18 所示。图中各电器的元件没有按它们的实际位置画在一起，而是按其在电路中所起作用画在不同的部位上，但同一电气元件用同一文字符号表示，图中所有电器触头都按没有通电时的正常状态位置画出。为了方便阅读和分析控制原理，图用“展开法”绘制，它由主电路（一次回路）、辅助电路（二次回路）两部分组成。主电路是电源向负荷（电动机）输送电能的电路，辅助电路是对主电路进行控制保护、监视、测量的电路。

（1）主电路：三相电源 L1、L2、L3 电源开关 Q→熔断器 FU1→接触器 KM→热继电器 FR→电动机 M。

（2）辅助电路：交流 380V（U11～V11 相）电源→熔断器→FU1→热继电器 FR→控制按钮 SB1→控制按钮 SB2→接触器线圈 KM。并联接触器动合辅助触头是为了给接触器线圈 KM 进行自保持。

（二）电气和机械互锁的正反转磁力启动器控制电路

该电路又称为双重连锁可逆磁力启动器控制电路，同样有失压和过载保护功能，并能方便地切换电动机的正反转。

1. 控制原理

控制原理图如图 1-6-19 所示。它的主回路由两个接触器组成换相电路；辅助电路有两条支路，即接触器 KM1、KM2 回路。为了保证只能有一个接触器工作，在两条支路上相互串联了按钮和接触器辅助动断触点，作为机械和电气互锁，其动作过程如下：

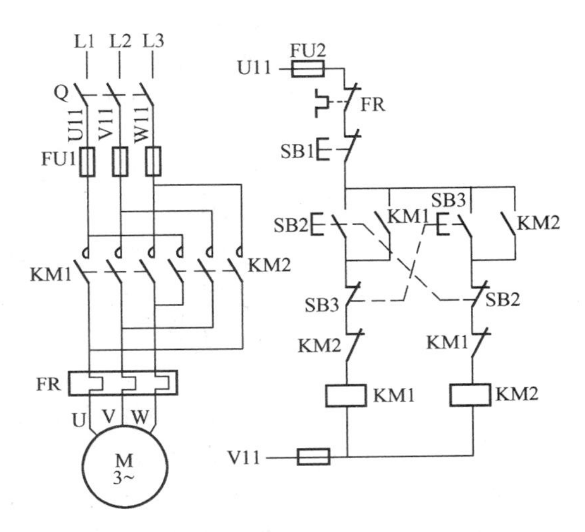

图 1-6-19 电气和机械互锁的正反转磁力启动器控制电路原理图

当闭合电源开关 Q，按下启动按钮 SB2 即形成一条回路：U11→热继电器 FR→停止按钮 SB1→启动按钮 SB2→停止按钮 SB3→接触器 KM2 动断触点→接触器 KM1 线圈→V11，接触器 KM1 吸合并自保持，使电动机正转。当按下启动按钮 SB3，闭锁正转回路，即形成另一条回路：U11→热继电器 FR→停止按钮 SB1→启动按钮 SB3→停止按钮 SB2→接触器 KM1 动断触点→接触器 KM2 线圈→V11，接触器 KM2 吸合并自保持，使电动机反转。停车只要按下停止按钮 SB1 即可。

2. 电气安装接线图

电气安装接线图是根据电气原理图绘制而成的，但它不能明显表示电气动作原理，主要表达导线的走向和连接，便于现场配线及维护检修。在图中，电气设备、电气元件之间的导线连接线上标有标号，它的标号方法是“穿越原则”，与变电站二次安装接线图导线标号（对面原则）不一样，它是同一根线的两端标以同一标号，即凡是同一标号的都是一条线，如图 1-6-20 所示。

识图的一般规律为：识读接线图时，先看主回路，再看控制回路，注意对照电气原理图看接线图。

（1）在安装接线图中，主回路的识图是从电源线顺次往下看，直到电动机，主要看负荷是通过哪些电器元件而获得电源的。

（2）看辅助电路要按每条小回路去看。每条小回路要从电源顺线去查，经过哪些电气元件后又回到另一相电源。按动作顺序了解各小回路的作用，主要目的是明白辅助电路是怎样控制电动机的。

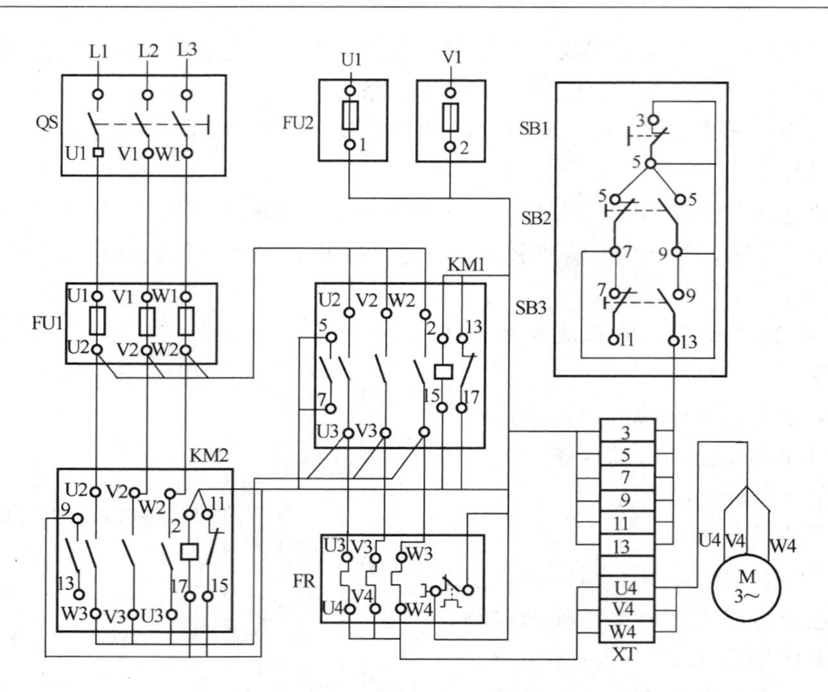

图 1-6-20 具有电气和机械互锁的正、反转线路安装接线图

（三）星—三角（Y—△）降压启动控制电路

凡是在正常运行时定子绕组接成三角形连接形式、额定工作电压为 380V 的三相异步电动机，均可采用星—三角降压启动。就是指电动机启动时，把定子绕组接成星形，以降低启动电压，限制启动电流。待电动机转速上升到一定程度后，再把定子绕组改接成三角形，使电动机全压运行。

1. 时间继电器自动控制星—三角启动

时间继电器自动控制星—三角降压启动电路如图 1-6-21 所示。该线路主回路主要由三个接触器、一个热继电器组成，控制回路中由一个时间继电器和两个按钮组成。时间继电器 KT 控制星形降压启动时间和完成星—三角自动切换。在合上电源 QS 后，线路的工作原理如下：

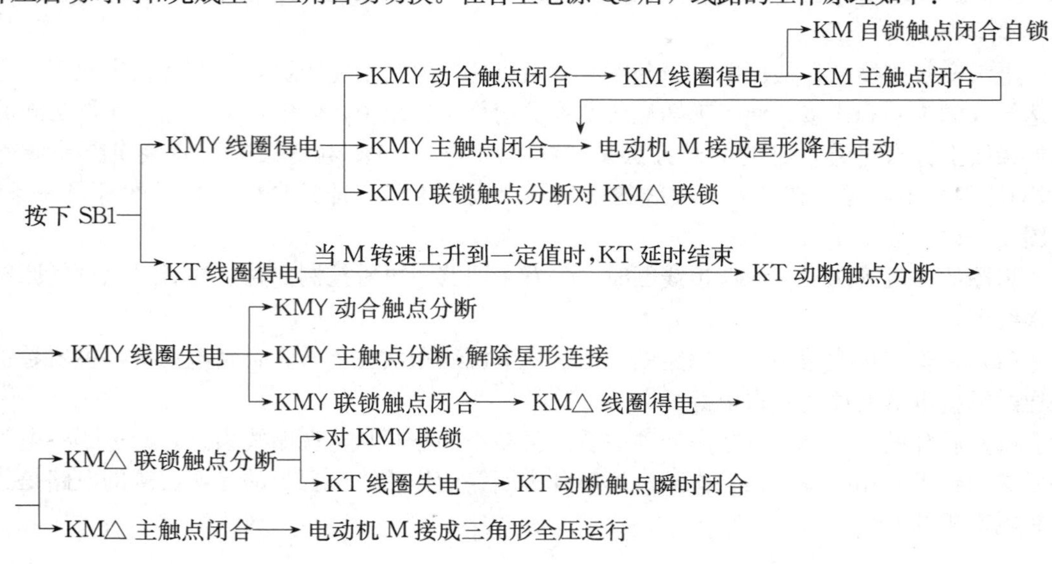

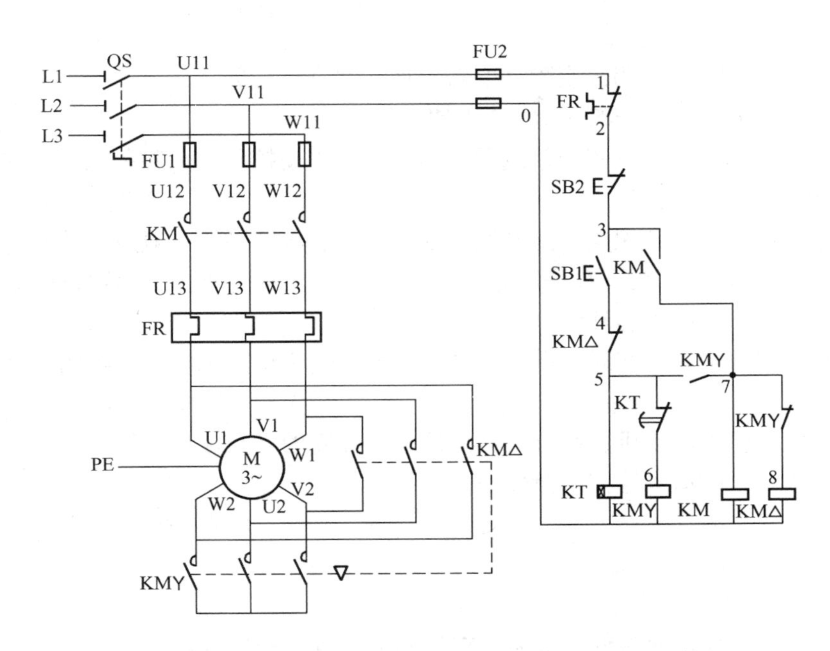

图 1-6-21　时间继电器自动控制星—三角降压启动电路图

停止时按下 SB2 即可。该线路中，接触器 KMY 得电以后，通过 KMY 的常开辅助触点使接触器 KM 得电动作，这样 KMY 的主触点是在无负载的条件下进行闭合的，故可延长接触器 KMY 主触点的使用寿命。

2. 软启动器主电路

近年来，随着电力电子技术、计算机技术的迅猛发展异步电动机软启动器（亦称为智能电动机控制器）应用越来越广泛。

软启动器主电路通常采用三组反并联晶闸管组成三相三线交流调压电路，如图 1-6-22 所示。

通过控制三组反并联晶闸管的控制角 α 来控制异步电动机定子端电压，以达到降压启动的目的。目前大部分软启动器产品都具有时间可调软启动、限流启动和全压启动三种方式，同时具有泵控制、智能电动机制动、预制低速准确停车、软停止等可选功能。因没有中性线，线路中不存在三次谐波电流，对电源基本没有影响。三相异步电动机定子绕组可以是星形，也可以是三角形，应用起来非常方便。但其初次投资较高，且晶闸管触发电路比较复杂，维修时需要技术水平较高的人员。

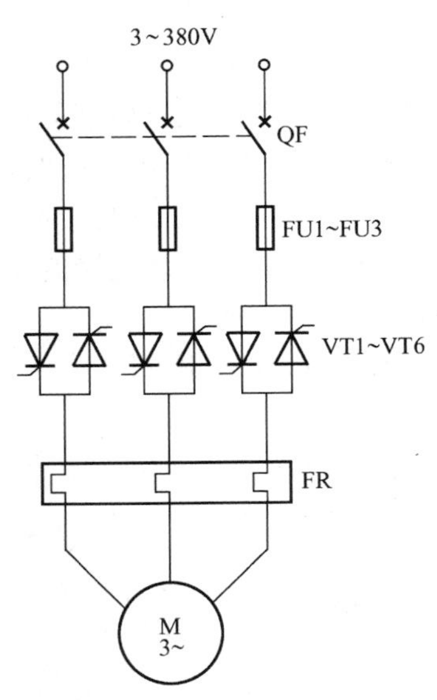

图 1-6-22　异步电动机软启动器主电路

三、电动机控制线路的安装

（一）控制线路安装步骤

电动机基本控制线路的安装，一般应按以下步骤进行：

（1）识读电路图，明确线路所用电器元件及其作用，熟悉线路的工作原理。

(2) 根据电路图或元件明细表配齐电器元件，并进行检验。

(3) 根据电器元件选配安装工具和控制板。

(4) 根据电路图绘制布置图和接线图，然后按要求在控制板上安装电器元件（电动机除外)，并贴上醒目的文字符号。

(5) 根据电动机容量选配主电路导线的截面。控制电路导线一般采用截面为 $1mm^2$ 的铜芯线（BV 或 BVR)；按钮线一般采用截面为 $0.75mm^2$ 的铜芯软线（BVR)；接地线一般采用截面不小于 $1.5mm^2$ 的铜芯软线（BVR)。

(6) 根据接线图接线，同时将剥去绝缘层的两端线头套上标有与电路图线号相一致的编码套管。

(7) 安装电动机，电动机和所有电器元件金属外壳的必须保护接地。

(8) 连接电源、电动机等控制板外部的导线。

(9) 检查试验。

(10) 通电试转。

(二) 安装接线工艺要求

(1) 设备布局合理，元器件的安装要求牢固、美观、操作方便。

(2) 接线正确，要防止漏接和错接，通电前必须检查回路。

(3) 主回路和辅助（控制）回路必须分开。

(4) 布线做到横平竖直，弯成直角，分布均匀和便于检修，同一平面导线不能交叉。

(5) 接头应接触可靠，符合设备连接方式，每个连接端钮最多并联两根导线。

(6) 控制板与外部设备的连接应采用多股软铜线，电源负荷也可用橡胶电缆连接。

操作训练 11　低压电器和控制电路综合训练

一、训练目的

(1) 了解常用低压电器的种类和型号。

(2) 熟悉常用电器的使用方法和选用原则。

(3) 掌握异步电动机控制电路原理图。

(4) 学会常用低压电器的安装和维护检修。

二、操作任务

操作任务见表 1-6-7。

表 1-6-7　低压电器和控制电路操作任务表

操作内容	进行异步电动机控制电路安装
说明及要求	(1) 指导教师根据设备情况在制定控制电路的安装接线； (2) 方案中应将熔断器、闸刀和空气开关结合训练； (3) 低压电器运行维护、故障处理可作示范操作训练； (4) 重点指导交流接触器或磁力启动器的安装方法
工具、材料、设备场地	低压控制屏或配电盘、常用电工工具、低压电器、导线、螺丝等

三、注意事项和安全措施

(1) 正确使用工具，避免人身伤害和元器件损坏。

(2) 通电试验：接线时应先接负荷侧后接电源侧，拆线时相反。

(3) 搭接试验电源时要防止短路或人身触电，应按指导老师的要求进行操作。

(4) 尽量避免带电检查故障，必要时要有专人监护，并确保安全。

复　习　题

一、选择题

1. 在采用接零保护的低压三相四线制线路中，零线(　　)。

(A) 严禁安装熔断器；(B) 必须安装熔断器；(C) 可根据实际情况确定。

2. 双重连锁可逆磁力启动器控制电路中互锁触头用(　　)。

(A) 动断触头；(B) 动合触头；(C) 动断和动合触头都可以。

二、判断题

1. 熔断器广泛应用于低压配电系统和控制系统中，主要用作短路保护和欠压保护。(　　)

2. 螺旋式熔断器的进线应接在底座的中心桩上、出线应接在螺纹壳上。(　　)

3. 对一台不经常启动且启动时间不长的电动机的短路保护，熔体的额定电流应大于或等于1.5～2.5倍电动机额定电流。(　　)

4. 刀开关必须垂直正装，合闸状态时手柄应朝下。(　　)

5. 低压断路器类型品种很多，常用的有塑壳式、框架式、限流式和漏电保护式等。(　　)

三、简答题

1. 熔断器主要由哪几部分组成？各部分的作用是什么？

2. 常用的熔断器有哪几种类型？

3. 如何正确选用熔断器？

4. 在安装和使用熔断器时，应注意哪些问题？

5. 如何选用开启式负荷开关？

6. 在安装和使用开启式负荷开关时，应注意哪些问题？

7. 低压断路器具有哪些优点？

8. 低压断路器主要由哪几部分组成？

9. 简述低压断路器的选用原则。

10. 如果低压断路器不能合闸，可能的故障原因有哪些？

11. 异步电动机控制由哪些基本元件组成？

12. 怎样选择交流接触器？

13. 磁力启动器有何作用？

14. 画出双重连锁可逆磁力启动器控制电路。

15. 画出时间继电器自动控制星—三角降压启动电路图。

第二单元　检修专业技能训练

模块一

高压断路器及其检修

课题一　断路器本体及其检修

一、高压断路器概述

高压断路器是指电压等级在1000V及以上的断路器，具有控制和保护双重功能，控制功能是指根据运行需要，将部分电力设备和线路投入或退出运行；保护功能是指在电力设备或线路发生故障时，将故障部分迅速切除，以保证电力系统无故障部分的正常运行。

（一）高压断路器的类型及用途

按照灭弧介质以及绝缘介质的不同，高压断路器可分为油断路器、真空断路器、六氟化硫（SF_6）断路器、空气断路器、磁吹断路器等。目前，我国使用最多的高压断路器有少油断路器、真空断路器和六氟化硫（SF_6）断路器。

1. 油断路器

油断路器是采用绝缘油作为灭弧介质的断路器，它利用绝缘油在电弧高温作用下分解产生的高压油气来吹动电弧，使之熄灭。根据用油量的多少，油断路器又分为多油和少油两种。多油断路器的结构特点是所有元件都处于接地的金属油箱中，油一方面用作灭弧介质，另一方面用作导电部分之间以及导电部分与接地油箱之间的绝缘介质。少油断路器的结构特点是触头、灭弧系统放置在绝缘油筒中，绝缘油只作为灭弧介质和触头间的绝缘，用油量少，对地绝缘主要靠绝缘子、环氧玻璃布、环氧树脂等固体介质实现，相间绝缘利用空气来实现。

油断路器结构简单，价格便宜，但容易发生火灾和爆炸，开断能力难以做得很高，电寿命有限，检修周期短，检修费用高。随着无油化改造进程的加快，电网中的油断路器将被逐渐淘汰。

2. 真空断路器

真空有很高的熄灭电弧能力，由于触头的改进，真空断路器在真空泡中分、合电路，其灭弧速度快，频繁操作性能好，触头寿命长，维修工作量小，在10kV配电系统中作为少油断路器的替代产品得到广泛应用。目前，真空断路器已从标准型进一步发展为标准型和专用型，标准型多用于开断电流较大的场合，专用型主要用于操作频率特高的场合。

3. SF_6断路器

采用具有很高灭弧能力和绝缘能力的SF_6气体作为灭弧和绝缘介质的断路器，具有开断能力强、动作快、体积小、检修周期长等优点。SF_6断路器还和隔离开关、互感器、避雷器、母线等设备组成全封闭组合电器，SF_6 断路器目前主要用于 110kV 及以上电力系统，并已向 35kV 以下系统延伸。

（二）高压断路器型号含义

目前我国断路器型号根据国家技术标准的规定，一般由字母和数字按以下方式组成：

[1] [2] [3] [4] — [5] /[6] [7]—[8]

1——产品名称，用产品名称的第一个汉字汉语拼音的第一个字母表示。S—少油断路器，Z—真空断路器，L—SF_6 断路器，K—空气断路器，Q—自产气断路器；C—磁吹断路器。

2——使用场所，N—户内，W—户外。

3——设计序号，用阿拉伯数字 1、2、3、…表示。

4——改进顺序号，用拉丁字母 A、B、C、…表示。

5——额定电压，用千伏（kV）数表示。

6——额定电流，以设备额定电流的安培（A）数表示。

7——操动机构类别，用操动机构名称的第一个汉字汉语拼音的第一个字母表示。D—电磁操动机构，T—弹簧操动机构，Y—液压操动机构，Q—气动操动机构。

8——额定短路开断电流，以设备额定短路开断电流的千安（kA）数表示。

例如：ZN28-12/1250-31.5 表示设计序号为 28、额定电压为 12kV、额定电流为 1250A、额定短路开断电流为 31.5kA 的户内真空断路器。

（三）高压断路器主要技术参数

1. 额定电压

额定电压是指断路器所能长期承受的最高运行电压，在数值上等于所在系统的系统最高电压。我国规定：对 220kV 及以下的电压等级，系统最高工作电压为系统额定电压的 1.1～1.15 倍左右；对 330kV 及以上电压等级，系统最高工作电压为系统额定电压的 1.1 倍。交流高压断路器的额定电压（即最高电压）为 3.6、7.2、12、24、40.5、72.5、126、252、363、550kV。

2. 额定电流

额定电流是指铭牌上所标明的断路器在规定温度下可以长期通过的最大工作电流。额定电流的大小决定了断路器的发热程度，从而决定了断路器触头及导电部分的截面，并在一定程度上决定了它的结构。

3. 额定短时耐受电流

额定短时耐受电流又称额定热稳定电流，是指断路器处于合闸状态下，在一定的持续时间内，所耐受的电流有效值，此时断路器各零部件的温度不应超过短时发热最高允许值，且不致出现触头熔焊或软化变形，以及其他妨碍正常运行的异常现象。此参数反映了断路器承受短路电流热效应的能力。国家标准规定：断路器的额定短时耐受电流等于额定短路开断电流。额定热稳定电流的持续时间一般为 2s，需要大于 2s 时，推荐 4s。

4. 额定峰值耐受电流

额定峰值耐受电流即额定动稳定电流，是指断路器在闭合位置时所耐受的峰值电流，在此电流下，断路器应不因电动力作用而损坏。此参数反映了断路器承受短路电流电动力效应的能力。

5. 额定短路开断电流

额定短路开断电流简称额定开断电流，它是指断路器在额定电压下能可靠开断的最大短路电流，其大小由断路器的灭弧能力和承受内部气体压力的机械强度所决定。

6. 额定短路关合电流

额定短路关合电流是指断路器能够可靠关合的最大短路峰值电流，此时断路器不会发生触头熔焊或其他损伤。额定短路关合电流在数值上等于额定峰值耐受电流。

7. 分闸时间

分闸时间是指处于合闸状态的断路器，从接受分闸指令瞬间起到所有极弧触头均分离瞬间的时间间隔。

8. 燃弧时间

燃弧时间是指从首先分离极主回路触头刚脱离电接触起，到断路器各极中触头间的电弧最终熄灭为止的时间间隔。

9. 开断时间

开断时间是指从断路器接受分闸命令瞬间起，到断路器各极触头间的电弧最终熄灭瞬间为止的时间间隔。开断时间一般等于分闸时间和燃弧时间之和。

10. 合闸时间

合闸时间是指从接到合闸指令瞬间起到所有极触头都接触瞬间的时间间隔。

11. 额定操作顺序

额定操作顺序是指在规定的时间间隔内进行多次分、合的操作。额定操作顺序分以下两种：

（1）自动重合闸操作顺序：分—θ—合分—t—合分。

（2）非自动重合闸操作顺序：分—t—合分—t—合分。

其中，θ 为无电流间隔时间，即断路器断开故障电路，从电弧熄灭起到电路重新自动接通的时间，标准时间为0.3s或0.5s，也即重合闸动作时间。t 为运行人员强送电时间，标准时间为180s。

（四）高压断路器基本结构

高压断路器的类型较多，结构各有不同，但从总体上由以下五个部分组成：

（1）开闭装置。包括断路器的灭弧装置和导电系统的动、静触头等。

（2）支持元件。用来支撑断路器器身，包括断路器外壳和支持绝缘子。

（3）基座。用来支撑和固定断路器。

（4）传动机构。将操动机构的分、合运动传动给导电杆和动触头。

（5）操动机构。用来提供操作动能控制断路器的分、合闸。

二、高压断路器检修概述

（一）检修目的

高压断路器检修是保持和提高断路器技术性能稳定、发挥断路器潜力、保证断路器可靠运行的重要措施。断路器检修后应达到以下目的：

（1）消除断路器缺陷、排除隐患，使断路器能安全运行。

（2）保持或恢复断路器的铭牌出力，延长断路器的使用年限。

（3）改善或保持断路器的性能，提高设备的利用率。

（二）检修类型

断路器检修分为大修、小修、临时性检修和状态检修。

（1）大修。大修是指对断路器进行较全面、细致地检查、修理和更换，使之重新恢复到技术标准要求的正常功能，检修周期（间隔时间）长。

（2）小修。小修属于维护性的一般检查，主要是对经常动作的易磨易损元件进行必要的调试维护，消除运行中发现的一般缺陷，以便对大修后设备在技术性能上起巩固和提高的作用，也是对大修的补充。小修一般每年一次，如设备状态良好，也可适当延长。

（3）临时性检修。临时性检修是指当断路器有危及安全运行的缺陷时或正常操作次数达到规定值时进行的检修。

（4）状态检修。状态检修是一种应用先进的诊断技术对设备进行在线监测，通过分析、诊断后，根据设备的技术状态和存在问题安排检修时间和项目的检修方式。状态检修的优点如下：

1）针对性强，通过检测和诊断，可具体确定对象和内容，从而可以减少检测项目，缩短检修时间。

2）检修周期更具有科学性，通过检测和诊断，可在确认设备完好的状态下，延长其检修间隔；而当发现有隐患时可及时检修，以防止发展成破坏性故障。

大修和小修都属于定期检修，即是将检修对象和周期预先设定，到规定时间就必须进行检修。随着科学技术的发展，设备材料性能和制造工艺技术水平的提高，设备寿命延长，传统的“定期”就会造成不必要的解体检修。状态检修是一种新的检修方式，弥补了定期检修的盲目性，它与大修和小修有机结合，可进一步提高检修效率。

（三）检修的依据

应根据设备的状况、运行时间并参照设备安装使用说明书中推荐的实施检修的条件等因素，来决定是否应该对交流高压断路器进行检修。

（1）对于实施状态检修的设备，应根据对设备全面的状态评估结果来决定对断路器设备进行相应规模的检修工作。

（2）对于未实施状态检修的设备，一般应结合设备的预防性试验进行小修，但周期一般不应超过 3 年。如果满足表 2-1-1 中规定的条件之一，则应该对其进行大修。

表 2-1-1　断路器大修的条件

序号	断路器类型	电寿命	机械寿命	运行时间（推荐）
1	SF_6 断路器	累计故障开断电流达到设备技术条件中的规定	机械操作次数达到设备技术条件中的规定	12～15 年
2	少油断路器			6～8 年
3	真空断路器			8～10 年

（四）检修项目

1. 高压断路器大修项目

（1）本体分解。

（2）灭弧、导电、绝缘部分解体检修。

（3）控制、传动部分解体检修。

(4) 操动机构解体检修。

(5) 其他附件解体检修。

(6) 组装、调试。

(7) 绝缘油处理。

(8) 电气试验及机构特性试验。

(9) 整体清扫、防锈涂漆。

(10) 现场清理、验收移交。

2. 高压断路器小修项目

(1) 消除大修后运行中所发现的新缺陷。

(2) 重点检查易损件、易磨件（指外观能检查到的），发现问题及时处理，并对设备进行必要的外部清扫。

(3) 进行电器预防性试验，对注油设备还应进行油样化验。

(4) 大修前一次小修应作为必要的检查测试，为编制大修计划做准备。

(五) 检修人员要求

(1) 检修人员必须了解熟悉断路器的结构、动作原理及操作方法，并经过专业培训合格。

(2) 现场解体大修需要时，应有制造厂的专业人员指导。

(3) 对各检修项目的责任人进行明确分工。

(六) 检修前准备工作

1. 资料的准备

检修前应收集检修断路器的有关资料，如设备使用说明书、设备图纸、设备安装记录、设备运行记录、故障情况记录、缺陷记录等，先对设备的安装情况、运行情况、故障情况、缺陷情况及断路器近期的试验检测等方面情况进行详细、全面地调查分析，以判定断路器的综合状况。

2. 检修方案的制订

根据断路器的综合状况制订出具体的检修方案，包括断路器检修的具体内容、标准、工期、流程等。

3. 检修工器具、备品备件及材料的准备

根据被检修断路器的检修方案及内容，准备检修时必需的工具、材料、测试仪器和备品备件及施工电源。

断路器检修常用工器具有：

(1) 常用电工工具：钢丝钳、螺丝刀、电工刀、活动扳手、尖嘴钳等。

(2) 公用工具：套扳手、管子钳、平口钳、电钻、电烙铁、砂轮、钳工工具、起重工具等。

(3) 常用量具：钢板尺、水平尺、千分尺、游标卡尺等。

(4) 仪表：万用表、绝缘电阻表、电桥等。

(5) 断路器检修专用工具。

4. 做好安全措施

按《安全生产工作规程》规定，办理工作票许可手续，做好现场检修安全措施。

（1）所有进入施工现场工作人员，必须严格执行《安全生产工作规程》，明确停电范围、工作内容、停电时间，核实站内所做安全措施是否与工作内容相符。

（2）向设备制造厂人员提供《安全生产工作规程》（变电站和发电厂电气部分），并让其学习有关部分。向制造厂人员介绍变电站的接线情况、工作范围、安全措施。

（3）检修前必须针对被检修断路器的具体情况，对检修工作危险点进行详细分析，做好充分的预防措施，并组织所有检修人员共同学习。

（4）现场如需进行电气焊工作，要开动火工作票，应有专业人员操作，严禁无证人员进行操作，同时要做好防火措施。

（5）在断路器传动前，要进行认真检查，防止造成人身伤害和设备损坏。

（6）当需接触润滑脂或润滑油时，需准备防护手套。

（7）抽真空时必须有专人监护。

5．检修环境的要求

断路器的解体检修，尤其是 SF_6 断路器的本体检修对环境的清洁度、湿度的要求十分严格，灰尘、水分的存在都影响断路器的性能，故应加强对现场环境的要求，具体要求如下：

（1）大气条件。温度：5℃以上；相对湿度：<80%。

（2）重要部件分解检修工作尽量在检修间进行，现场应考虑采取防雨、防尘保护。

（3）有充足的施工电源和照明措施。

（4）有足够宽敞的场地摆放器具、设备和已拆部件。

6．废油、废气等的处理措施准备

（1）使用过的 SF_6 气体应用专业设备回收处理。

（2）SF_6 断路器内部含有有毒的或腐蚀性的粉末，有些固态粉末附着在设备内及元件的表面，要仔细地将这些粉末彻底清除干净。应用吸尘器进行清理，用于清理的物品需要用浓度约20%的氢氧化钠水溶液浸泡后深埋。

（3）所有溢出的油脂应用吸附剂覆盖，按化学废物处理。

（七）检修前后的检查和试验

为了解高压断路器检修前的状态以及为检修后试验数据进行比较，在检修前后，应对被检断路器进行检查和试验。

（1）断路器检修前后的检查项目包括：外观检查、渗漏检查、瓷套检查、压力指示、动作次数、储能器检查等。

（2）断路器检修前后的试验项目包括：

1）断路器开距、导电杆行程、超行程和三相同期性测量。

2）断路器主回路电阻测量。

3）断路器机械特性试验。

4）断路器的低电压动作试验。

5）断路器液压（气动）机构的零起打压时间及补压时间试验。

（八）检修记录及总结报告

高压断路器检修后的总结报告应包括以下内容：

（1）设备检修前的状况。

（2）检修的工程组织。

（3）检修项目及检修方案。

（4）检修质量情况。

（5）检修过程中发现的缺陷、处理情况及遗留问题。

（6）检修前、后的试验和调整记录。

（7）应总结的经验、教训。

（九）检修后断路器的投运

断路器在检修后，在投运前应进行以下工作：

（1）对所有紧固件进行紧固。

（2）接好断路器引线，接线端子及导线对断路器不应产生附加拉伸和弯曲应力。

（3）对所有相对转动、相对移动的零件进行润滑。

（4）金属件外表面除锈、着漆。

（5）清理现场，清点工具。

（6）整体清扫工作现场。

（7）安全检查。

（8）投运。

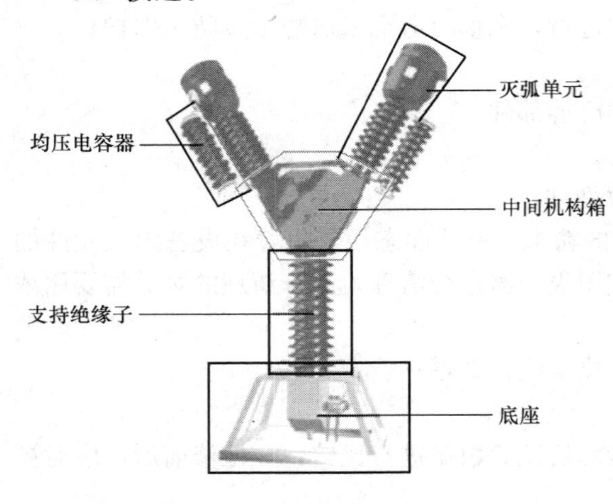

图 2-1-1 SW6 型断路器单极结构

三、少油断路器本体

（一）SW6 型断路器

SW6-110 型高压少油断路器为单柱双断口式结构，结构如图 2-1-1 所示。每极有两个灭弧单元对称地固定在中间机构箱上，与支持绝缘子组成 Y 形结构，在每个灭弧单元上并联有均压电容器，三极由一个液压操动机构实现机械联动。

SW6 型断路器灭弧单元结构如图 2-1-2 所示。

1. 导电系统

导电系统由接线板 19、静触头 12、导电杆 3、中间触头 27、下法兰 29、导电板 30 组成。电流从一侧铝帽上的接线板引入，经过静触头、导电杆、中间触头传至下法兰，再由中间导电板传至另一铝帽接线端引出。

2. 灭弧装置

灭弧装置的主体是玻璃钢筒 5，它既起到连接上帽、灭弧室及中间传动机构箱的作用，又起到承受灭弧时产生的高压力作用。玻璃钢筒 5 内装有六片隔弧板和五个衬环，组成多油囊连续纵吹灭弧室。在开断大电流时，电弧高温使油分解气化，灭弧室内压力增高，通过纵吹灭弧室强烈吹弧而使电弧熄灭。开断小电流时，电弧一般拉到下部油囊内熄灭。在每片隔弧板上有凹形槽，断路器合闸时，凹形槽中存有一部分空气，灭弧室中的绝缘油在导电杆的冲击下一部分被压缩到凹形槽中，从而起到缓冲作用。在分闸时，由于导电杆下拉，带动凹形槽中纯净的绝缘油补充到导电杆的活动孔中，有利于灭弧。衬环 9 的作用是储存绝缘油，

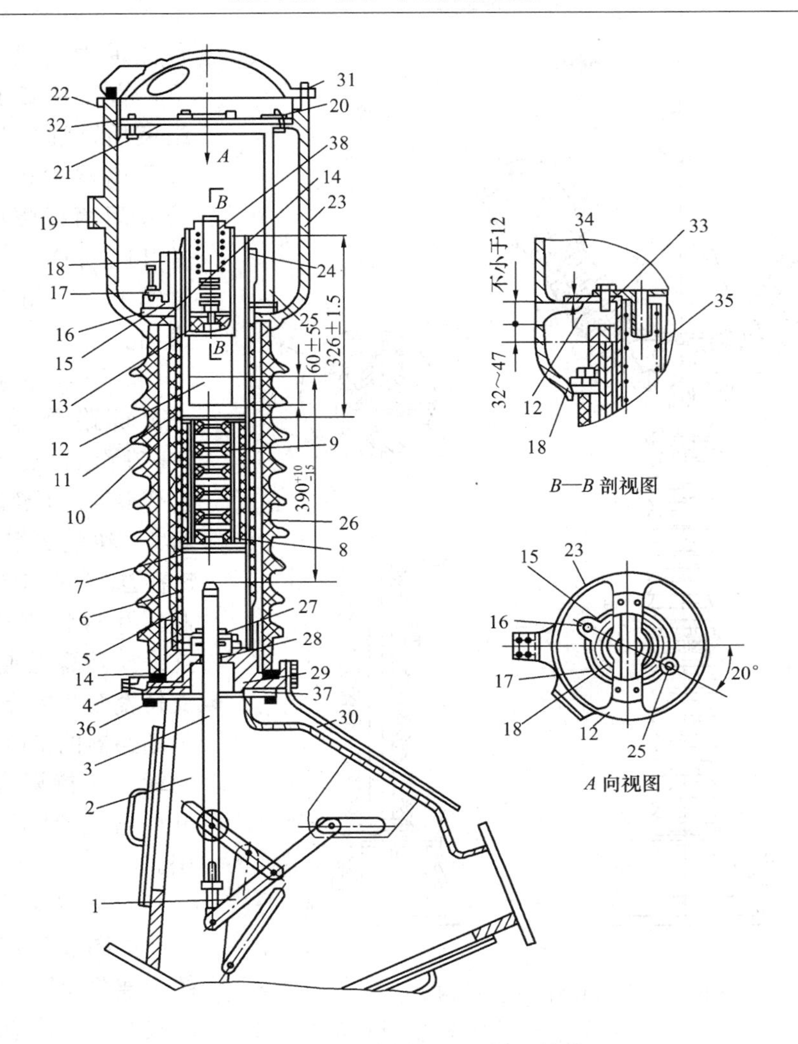

图 2-1-2　SW6 型断路器灭弧单元结构

1—直线机构；2—中间机构箱；3—导电杆；4—放油阀；5—玻璃钢筒；6—下衬筒；7、10—调节垫；8—灭弧片装配；9—衬环；11—上衬筒；12—静触头；13—压油活塞；14、37—密封垫；15—铝压圈；16—止回阀；17—铁压圈；18—铝法兰；19—接线板；20—上盖板；21—安全阀片；22—铝帽盖；23—铝帽；24—铜压圈；25—通气管；26—瓷套；27—中间触头；28—毛毡垫；29—下法兰；30—导电板；31—M10 螺栓；32—M12 螺母；33—导向件；34—M14 螺栓；35—压油活塞弹簧；36—M12 螺栓；38—压油活塞装配

并且隔开隔弧板，以防止隔弧板被电弧碳化而降低绝缘强度。隔弧板和衬环组成的空气垫油囊结构还可以调节电流过零及峰值时灭弧室外的压力，以改善灭弧性能。

在静触头 12 处还装有压油活塞 13，它在分闸过程中向灭弧室内喷油，有助于开断小电流，有利于提高重合闸时的灭弧能力，在开断容性电流时无重燃现象，同时可促进油的更新循环，对静触头有保护作用。为防止铝帽 23 内压力意外升高，在盖板上安装有安全阀片 21，铝帽内有一止回阀 16，用以防止灭弧时高压力对瓷套的冲击。灭弧室内、外的油经止回阀连通，油面应在油位指示计红圈之内，少量注油时可从安全阀片注入，大

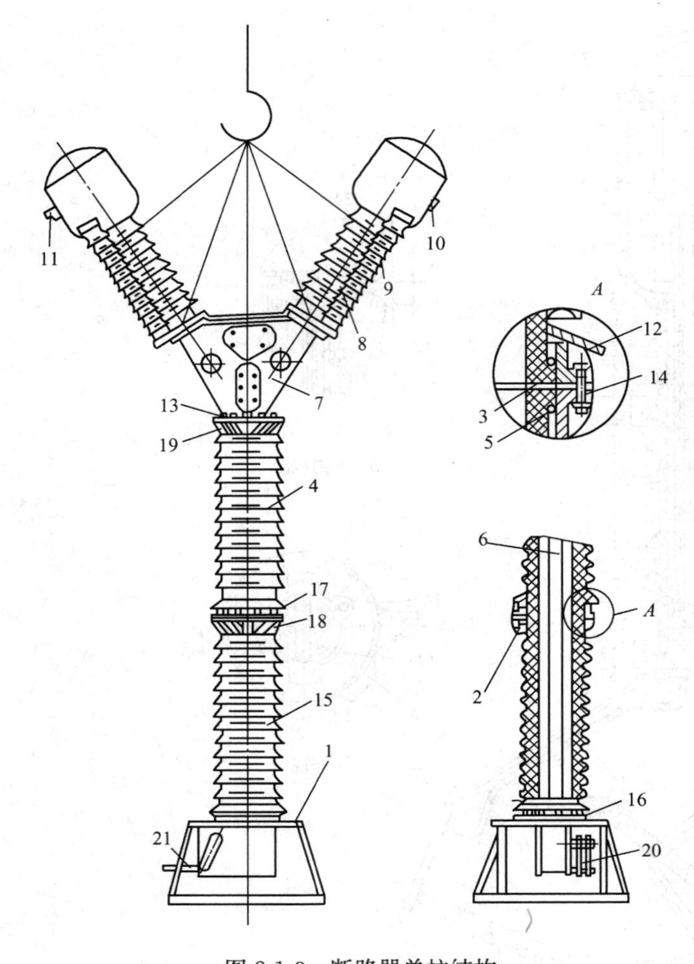

图 2-1-3　断路器单柱结构

1—底座；2—法兰；3—橡皮垫；4—上瓷套；5—卡箍弹簧；6—绝缘提升杆；7—中间机构箱；8—灭弧单元；9—并联电容器；10—软连接；11—接线板；12—防雨橡皮；13、14—M12 螺栓；15—下瓷套；16—下法兰；17、18—中间法兰；19—上法兰；20—外拐臂；21—连杆

量注油时可将通气管 25 拧下，直接由该孔注油。灭弧结束后，油气经铝帽上的油气分离器进行分离，该分离器采用两级膨胀式结构，正常开断时产生的油气只能通过帽上一个相当于 $\phi6$ 的缝隙逸出。

3. 支持绝缘系统

断路器单柱结构如图 2-1-3所示，支持系统主要由上瓷套 4、下瓷套 15、卡箍弹簧 5、法兰 2 组成。卡箍弹簧 5 在法兰里将两瓷套连在一起，并与底座传动机构箱相连。支持瓷套起到支撑作用，支持瓷套其内充满变压器油作为断路器的带电部位对地的主绝缘。支持瓷套内装有提升杆，它起到对地绝缘的作用。

4. 传动系统

如图 2-1-3 所示，传动系统由连杆 21、外拐臂 20、绝缘提升杆 6 及中间机构箱 7 内的中间机构等组成。中间机构由两个对称的准确椭圆直线机构组成，通过它将垂直方向运动变为两斜向直线运动。在底座装有合闸缓冲器和合闸保持弹簧，合闸缓冲器在分闸时起缓冲和定位作用，合闸保持弹簧是一个拉伸弹簧，它的作用是保证当液压机构因泄漏使工作压力下降至零时，断路器仍能处于正常合闸位置。

5. SW6 型断路器本体检修主要技术参数

SW6 型断路器本体检修主要技术参数见表 2-1-2 和表 2-1-3。

表 2-1-2　　SW6 型断路器装配后的尺寸要求

序号	项　目	单　位	技术要求
1	分闸到底时提升杆连接尺寸	mm	14±2
2	超行程合格后，与导电杆连接的调节杆螺纹外露尺寸	mm	不大于 51

续表

序号	项目	单位	技术要求
3	灭弧室第一块隔弧片上平面至保护环端面之间的距离	mm	33.5±1.5
4	玻璃钢铜筒上端面距铝（铜）法兰上端面的距离	mm	32～47
5	铝帽内铜套上端面距铝帽凸台上端面的距离	mm	不小于12
6	底架下合闸保持弹簧在合闸位置拉簧长度	mm	约80
7	吊装灭弧室三角架前，提升杆 ϕ20孔下沿至支柱瓷套上端面之间的距离	mm	不小于102
8	无油调试前，每柱底架内灌入变压器油质量	kg	30（淹没油缓冲）

表2-1-3　　SW6型断路器调整后应达到的技术标准

序号	项目	单位	技术标准
1	导电杆总行程	mm	$390\pm^{10}_{15}$
2	导电杆超行程	mm	62±4
3	超行程各断口差	mm	2
4	刚分速度(无油/有油)	mm/s	$(8.2/8)\pm^{1}_{0.5}$
5	最大分闸速度(无油/有油)	mm/s	$(10/9.5)\pm^{1.5}_{1}$
6	刚合速度(无油/有油)	mm/s	$(3.5/3.4)\pm^{1}_{0.5}$
7	同相各断口分闸同期差	ms	≤2.5
8	三相分闸同期差	ms	≤5
9	同相各断口合闸同期差	ms	≤2.5
10	三相合闸同期性	ms	≤10
11	110kV每相回路电阻	μΩ	≤180
12	220kV每相回路电阻	μΩ	≤400
13	合闸时间	s	≤0.2
14	分闸时间	s	≤0.04

教学提示：SW6型断路器本体大修流程及工艺见光盘。

（二）SN10-12型断路器本体结构

SN10-12型高压断路器是一种性能良好的户内用少油式断路器，适用于工矿企业、发电厂、变电站及其他具有同类要求的电力系统中，作为切换正常电流和开断短路故障电流用，并可作为联络断路器用。该类断路器主要配用CD10系列直流电磁操动机构，可以配装成固定式或手车式开关柜。

根据额定电流大小，SN10-12 断路器分为Ⅰ、Ⅱ、Ⅲ三种型号，本书只涉及Ⅰ、Ⅱ两种型号。Ⅰ、Ⅱ型结构剖面结构如图 2-1-4 和图 2-1-5 所示。

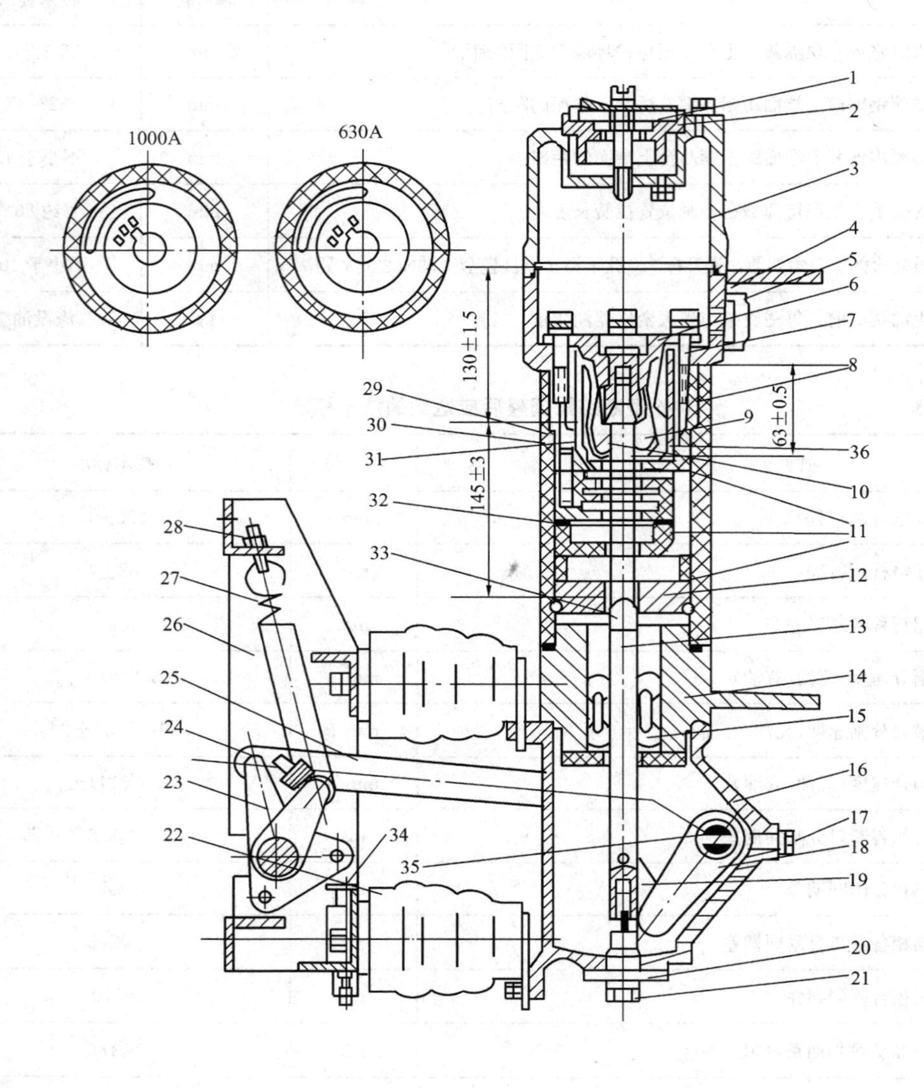

图 2-1-4 SN10-12Ⅰ型断路器结构剖面

1—注油螺钉；2—油气分离器；3—上帽；4—上接线端子；5—油标；6—静触座；7—逆止螺钉；8—螺纹压圈；9—指形触头；10—弧触指；11—灭弧片；12—下压环；13—动导电杆；14—下接线端子；15—滚动触头；16—基座；17—特殊螺钉；18—拐臂；19—连杆；20—分闸缓冲器；21—放油螺钉；22—绝缘子；23—大轴；24—分闸限位器；25—绝缘拉杆；26—框架；27—分闸弹簧；28—螺帽；29—衬圈；30—大绝缘筒；31—垫圈；32—绝缘衬垫；33—动触头；34—合闸缓冲器；35—小转轴；36—小绝缘筒

SN10-12 型少油断路器由本体、框架、传动系统、操动机构等部分组成。

SN10-12 系列断路器调整参数见表 2-1-4。

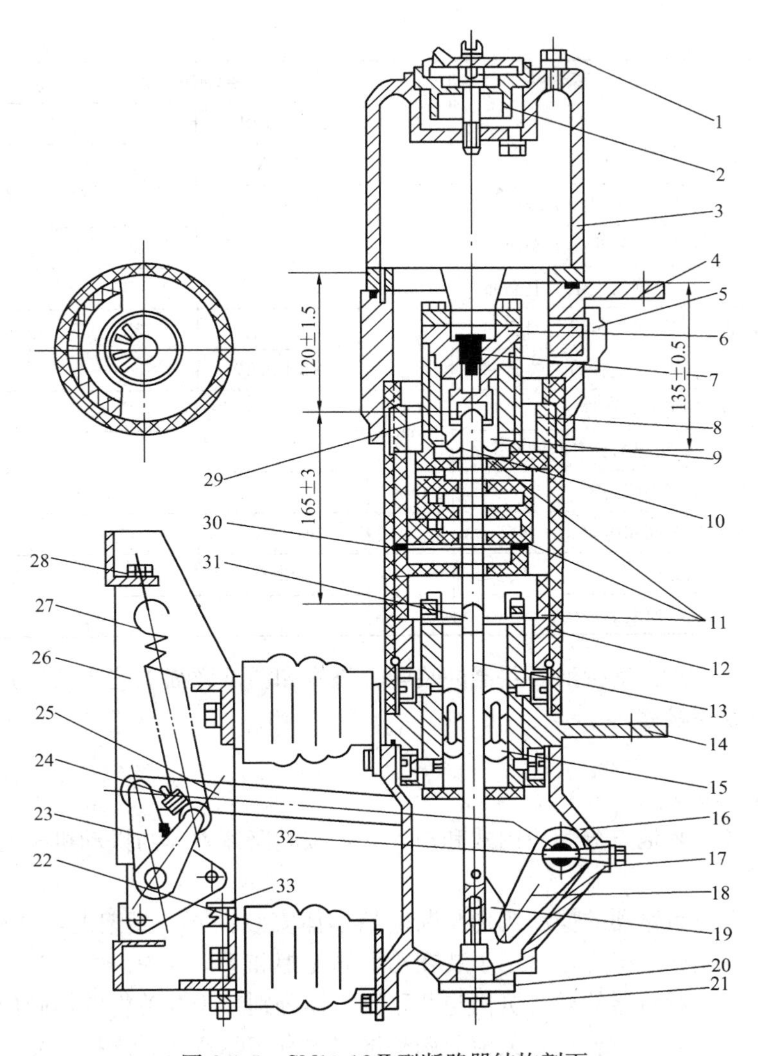

图 2-1-5　SN10-12Ⅱ型断路器结构剖面

1—注油螺钉；2—油气分离器；3—上帽；4—上接线端子；5—油标；6—静触座；7—逆止螺钉；8—螺纹压圈；9—指形触头；10—弧触指；11—灭弧片；12—下压环；13—动导电杆；14—下接线端子；15—滚动触头；16—基座；17—特殊螺钉；18—拐臂；19—连杆；20—分闸缓冲器；21—放油螺钉；22—绝缘子；23—大轴；24—分闸限位器；25—绝缘拉杆；26—框架；27—分闸弹簧；28—螺帽；29—小绝缘筒；30—绝缘衬垫；31—动触头；32—小转轴；33—合闸缓冲器

表 2-1-4　SN10-12 系列断路器调整参数

<table>
<tr><th rowspan="3">序号</th><th rowspan="3" colspan="2">项　　目</th><th rowspan="3">单位</th><th colspan="4">数　　据</th></tr>
<tr><th>SN10-12Ⅰ</th><th>SN10-12Ⅱ</th><th colspan="2">SN10-12Ⅲ</th></tr>
<tr><th>630A</th><th>1000A</th><th>1250A</th><th>3000A</th></tr>
<tr><td rowspan="2">1</td><td rowspan="2">导电杆行程</td><td>主筒</td><td rowspan="2">mm</td><td rowspan="2">$145\pm_{3}^{4}$</td><td rowspan="2">$155\pm_{3}^{4}$</td><td colspan="2">$157\pm_{3}^{4}$</td></tr>
<tr><td>副筒</td><td>—</td><td>$66\pm_{3}^{4}$</td></tr>
</table>

续表

序号	项目		单位	数据			
				SN10-12Ⅰ	SN10-12Ⅱ	SN10-12Ⅲ	
				630A	1000A	1250A	3000A
2	电动合闸位置时导电杆上端距	上出线上端面	mm	130±1.5	—	—	
		触头架上端面		—	120±1.5	$136\pm^{1}_{2}$	
		副筒上法兰上端面		—	—	—	$106\pm^{2}_{1}$
3	灭弧室上端面距	上出线上端面		—	135±0.5	153±0.5	
		绝缘筒上端面		63±0.5	—	—	
4	三相分闸不同期性		ms	≤2			
5	副触头比主触头提前分开时间			—			≥10
6	最小空气绝缘距离		mm	≥100			
7	每相导电回路电阻			≤100	≤60	≤40	≤17
8	刚分速度		m/s	≥3.5	≥4		
9	刚分速度			$3\pm^{0.3}_{0}$			

教学提示：SN10-12 型少油断路器的装配、检修和调试详细工艺要求见光盘。

四、真空断路器检修

（一）概述

1. 真空断路器分类

真空断路器按安装地点分为户内式和户外式，按断路器本体与操动机构的安装位置分为整体式和分体式。

（1）整体式真空断路器的操动机构与断路器本体安装在同一骨架上，体积小、质量小、安装调整方便、机械性能稳定，适用于装在箱形固定柜和手车柜中。

（2）分体式真空断路器的操动机构与断路器本体分别装于开关柜的不同位置上，断路器的各项机械特性参数必须安装在开关柜上调整试验才有实际意义。这种安装方式主要受我国少油断路器的安装方式的影响，比较适合于少油开关柜的无油化改造。其优点是巡视和检修方便，缺点是安装调整稍麻烦、机械特性的稳定性和可靠性稍逊。

2. 真空断路器结构

真空断路器结构分为六个部分：

（1）支架：安装各功能组件的架体。

（2）真空灭弧室：实现电路的关合与开断功能的熄弧元件。

（3）导电回路：与灭弧室的动端及静端连接构成电流通道。

（4）传动机构：把操动机构的运动传输至灭弧室，实现灭弧室的合、分闸操作。

（5）绝缘支撑：绝缘支持件将各功能元件，满足断路器的绝缘要求。

（6）操动机构：断路器合、分间的动力驱动装置。

3. 真空灭弧室结构

真空灭弧室是真空断路器中关键的元件，承担着开断、导电和绝缘等功能。灭弧室像一个大型电子管，为不可拆卸的整体，它主要由绝缘外壳、波纹管、动静导电杆、屏蔽罩、触头等元件构成。真空灭弧室基本结构图如图 2-1-6 所示。

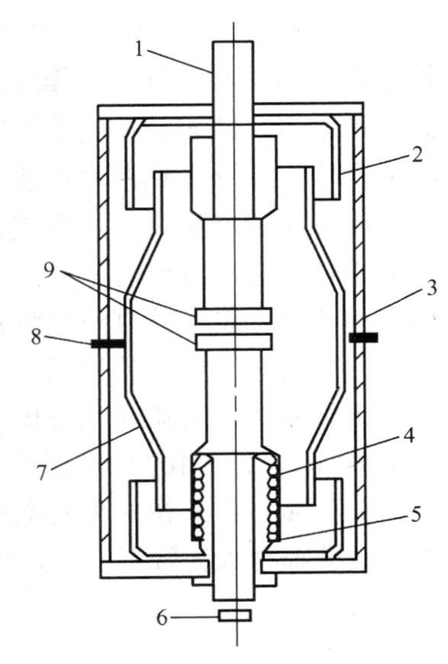

图 2-1-6　真空灭弧室基本结构图

1—静导电杆；2—屏蔽；3—绝缘外壳；4—波纹管屏蔽；5—波纹管；6—动导电杆；7—屏蔽罩；8—屏蔽罩法兰；9—触头

（1）外壳。灭弧室外壳使用玻璃、陶瓷等无机绝缘材料制成，呈圆筒状，作绝缘及密封用。玻璃外壳的优点是加工容易，有一定的机械强度，与金属封接容易，又由于玻璃是透明的，可以观察到内部情况，易于监视，因此得到了广泛应用。陶瓷外壳的机械强度远比玻璃高，软化温度也高，但装配焊接工艺复杂，对于 40.5kV 及以上的灭弧室以陶瓷外壳为主。

（2）波纹管。波纹管是灭弧室中的重要元件，其作用是保持灭弧室内部高真空度，并且使触头在一定范围内运动。波纹管是用金属薄壁管制成的波纹状弹性元件，它的一端同管壳密封，另一端同动导电杆密封。当动导电杆在外加机械力的作用下上下运动时，波纹管即被拉伸或压缩，使真空灭弧室的真空度得到保持；同时连接在动导电杆上的触头也上下运动完成合、分功能。波纹管的伸缩量决定了灭弧室所能获得的触头最大开距，通常，波纹管的疲劳寿命也就决定了真空灭弧室的机构寿命。

（3）触头。触头广泛采用铜铬合金材料，因为铬对氧的亲和力强，每次开断过程中产生的含铬蒸发薄膜具有吸气作用，这样有利于保持灭弧室的真空度。结构上较多采用的是横向磁场和纵向磁场触头。横向磁场触头是利用电流流过本身时所产生的横向磁场（与弧柱轴线相垂直）驱使电弧在触头表面运动的触头，主要类型有螺旋槽触头和杯状触头两种。纵向磁场触头是利用在触头间隙中呈现纵向磁场来提高开断能力的触头，纵向磁场触头比横向磁场触头的开断能力，使用寿命长，已被广泛应用。

（4）屏蔽罩。屏蔽罩分主屏蔽罩、波纹屏蔽罩、均压屏蔽罩，主要作用如下：

1）防止燃弧过程中电弧生成物喷溅到绝缘外壳内壁上，防止降低外壳绝缘。

2）改善灭弧室内部电场，使其均匀化，促进真空灭弧室的小型化。

3）吸收大部分电弧能量（达 70%）冷凝电弧生成物，有利于介电强度的恢复。

4. 交流真空电弧形成与熄灭

（1）真空特性。真空是指绝对压力低于 1 个大气压的气体状态，海平面平均气压为 760mmHg 的压强为 1 个标准大气压，其数值为 1.013×10^{5}Pa（帕斯卡）。描述真空程度的量叫真空度，用该气体的绝对压力大小来表示，绝对压力越低，则真空度越高。真空灭弧室通常采用的真空度范围为 $1.33\times10^{-3}\sim1.33\times10^{-6}$Pa。

（2）交流真空电弧的形成与熄灭。真空中的电弧是在触头分离时电极蒸发出来的金属蒸气中形成的。当断路器分闸时，触头间产生以金属蒸气为介质的低气压电弧，当交流电在自然过零时，电弧熄灭，触头间的残存金属蒸气在周围真空状态下飞快地扩散，并凝结在屏蔽罩上，又保持了触头间的高绝缘状态。

1）在真空灭弧室内，由于气体非常稀薄，残存气体分子的平均自由行程（平均自由行程是指粒子在空气或液体中无碰撞运动距离的平均值）相对较大，发生相互碰撞的几率很小，气体不容易产生游离，残存气体的电离可忽略不记。

2）当触头即将分离前，触头上原先施加的接触压力开始减弱，动静触头间的接触电阻开始增大，由于负荷电流的作用，发热量增加。在触头刚要分离瞬间，动静触头之间仅靠几个尖峰联系着，此时负荷电流将密集收缩到这几个尖峰桥上，接触电阻急剧增大，同时电流密度又剧增，导致发热温度迅速提高，致使触头表面金属产生蒸发，同时微小的触头距离下也会形成极高的电场强度，造成强烈的场致发射，间隙击穿，继而形成真空电弧。真空电弧一旦形成，就会出现电流密度在 104A/cm^2 以上的阴极斑点，使阴极表面局部区域的金属不断熔化和蒸发，以维持真空电弧。

（3）交流真空电弧的熄灭。当交流电在自然过零时，由于触头设计为特殊形状，在电流通过时产生磁场，电弧在此磁场力的作用下快速扩散，在金属圆筒（即屏蔽罩）上凝结了部分金属蒸汽，触头间的粒子因扩散而消失的数量超过产生的数量时，电弧即不能维持而熄灭。真空灭弧室由起初的平板电极、横磁场发展到现在的纵磁场灭弧室，熄弧性能得到长足发展，电磨损也大大降低。一般国产的真空灭弧室在额定短路开断电流下的开断次数可稳定于 30 次以上。

5. 操动机构

真空断路器现常用的操动机构有电磁操动机构、弹簧操动机构和近几年发展起来的永磁操动机构三种。

（1）电磁操动机构。真空断路器发展初期因无专用操动机构而采用 CD10 型操动机构，后来专门为真空断路器设计、生产了 CD17 电磁机构，其体积、质量都比 CD10 型机构小得多，合、分闸操作电流也仅是 CD10 型机构的 2/3，安装占用空间小。

（2）弹簧操动机构。国内 12kV 真空断路器初期是采用 CT7 型和 CT8 型弹簧操动机构，运行中故障较多，维修不便，体积较大，不够理想。目前我国多采用 CT17 型和 CT19 型弹簧机构，新型弹簧操动机构可交、直流操作，操作电流很小，一般仅为 1.5～3A，采用直流操作时所需的直流蓄电装置容量也小。它可手动储能合闸、分闸，并且具有过流脱扣功能，在一般的终端配电室可以取消直流蓄电装置而节省投资。

（3）永磁操动机构。永磁操动机构是一种永磁保持、电子控制的电磁操动机构，其结构简单、零部件少，工作时主要运动部件只有一个，无需机械脱、锁扣装置，故障源少，机械寿命可达 10 万次，具有很高的可靠性，可实现免维护运行，同时还可大大提高电力系统的可靠性，近年来倍受关注，主要用作真空断路器的操动。

（二）真空断路器检修

由于真空断路器燃弧时间短，触头烧损轻，触头开距小，机械寿命长，使得真空断路器的维修工作量较小。

对于那些操作并不频繁，每年操作不超过机械寿命的 1/5 的真空断路器，则在机械寿命期内，每年进行一次常规检查即可。如果操作次数较为频繁，那么在两次检查之间的操作次数不宜超过其机械寿命的 1/5。

周期性检修的项目如下：

（1）对断路器表面除尘。真空断路器应经常保持清洁，特别是要及时清洁绝缘子、绝缘杆及真空灭弧室绝缘外壳上的尘埃。清洁时需要注意的是，不能用水清洗，应用干净的毛巾或绸布擦拭，如毛巾需要打湿，应使用酒精。

（2）触头开距的测量与调整。触头开距是指触头在开断情况下动、静触头间的距离。真空断路器触头开距的测量是检修工作中最重要的环节，触头开距决定于使用条件下的开断能力和耐压水平，又是决定真空断路器额定电压的重要因素。

1）测量方法：在动导电杆上和灭弧室固定件上各选一点，测定动导电杆上所选点在断路器分、合位置时相对于固定件上所选参考点的位移差。

2）调整方法：旋转与真空灭弧室动导电杆连接件，若开距大，则松几扣；反之，则紧几扣。对于分闸限位器为橡胶垫或毡垫时，可以增加其厚度来减小开距，反之增大开距。

（3）接触行程的测量与调整。接触行程又称超行程、压缩行程，是指在合闸操作中，断路器触头接触后动触头继续运动的距离。超行程的作用为：①保证触头在一定程度电磨损后仍能保持一定的接触压力而可靠地接触；②为触头闭合时提供缓冲，减少弹跳；③在触头分闸时，使动触头获得一定的初始加速度，拉断熔焊点，减少燃弧时间，提高介质恢复速度。

1）测量方法：测定断路器动触头在分闸状态下和合闸状态下触头压力弹簧的长度，两者之差即为接触行程。

2）调整方法：调节绝缘拉杆连接头与真空灭弧室动导电杆的螺纹来实现。螺距为1.5mm的连接头，旋转90°、180°、270°、360°时，调节距离分别为0.375、0.75、1.125、1.5mm。螺距为1mm的连接头，旋转90°、180°、270°、360°时，调节距离分别为0.25、0.5、0.75、1mm。如连接头不能旋转90°和270°时，则可借助旋转灭弧室来达到。

对于运行的真空断路器，可以用超行程的减小值来表示触头的磨损量，以此间接估算真空断路器的剩余电寿命。断路器在开断短路电流5次后应调整触头接触行程值。每次接触行程调整后，必须记录调整量，当累计调整量达到触头磨损厚度（3mm）时，应更换灭弧室。

（4）真空度检测。真空灭弧室的好坏直接影响到真空断路器的技术性能和使用寿命。如果真空灭弧室存在漏气现象，将会使其真空度下降，从而使得断路器的开断性能劣化，寿命缩短。真空灭弧室漏气的故障分为两种类型：一种为硬故障，即外壳破裂、波纹管破损而进气，使灭弧室失去真空度，与周围大气相通；另一种为软故障，即灭弧室未与大气相通，而是由于制造工艺、运输、安装及使用维护等原因，使灭弧室内的气体压力高于允许值，灭弧室不能满足正常开断容量，存在潜伏性故障。

1）工频耐压法。真空度的传统检测方法是断口工频耐压试验法，试验时，将灭弧室调整到额定的触头开距（即分闸状态），在灭弧室断口间施加工频耐受电压（电压值按厂家技术标准，一般12kV等级加42kV），将电压从零逐渐升至70%额定工频电压，稳定1min，然后再用0.5min均匀地升至额定工频电压，如果真空灭弧室有泄漏，真空灭弧室内气体压力升高到一定程度，触头间比较短的间隙就不能承受试验电压，甚至在升压过程中就会出现放电击穿现象。真空灭弧室内部如有持续的放电现象，应更换真空灭弧室。工频耐压法的优点是原理简单操作方便，但它只能粗略地判断其真空度严重劣化的硬故障，属定质检测。在工频电压42kV以上者，真空器件则有X射线辐射。因此，试验时应设有射线防护措施，或者操作者与试品之间应保持足够的距离，以防射线对人身的危害。

2）真空度检测仪。随着测试技术的发展，真空度测试仪在现场真空灭弧室的检测中逐渐得到广泛运用。现场使用的真空度测试仪大多为免拆卸型产品，仪器采用了先进的同步脉冲磁控放电原理及单片机技术。

a）简要机理。将真空灭弧室动、静触头分开，施加脉冲高压，将电磁线圈绕于灭弧室外侧，向线圈通以大电流，从而在灭弧室内产生与高压电场同步的脉冲磁场，这样，在脉冲磁场的作用下，灭弧室中的电子作螺旋运动，并与残余气体分子发生碰撞电离，所产生的离子电流与残余气体密度即真空度近似成比例关系，只要测量离子电流就可以得到真空度值。对于直径不同的真空泡，同等真空度条件下，离子电流大小也不相同，通过实验可以标定出各种管型的真空度与离子电流的对应关系曲线。当测知离子电流后，就可以通过查询该管型的离子电流—真空度关系曲线获得该管型的真空度，这一过程由单片机自动完成。

b）真空度测试仪能对“软故障”进行准确测量，可掌握灭弧室真空度的变化情况，了解真空灭弧室的泄漏发展情况，使得对真空灭弧室的检测从定性上升到定量阶段，并且可以根据一定间隔时期内真空度的变化情况推算出真空灭弧室的使用寿命，这为保障真空断路器运行的可靠性提供了一种技术手段。

c）真空度测试仪对手车式真空断路器测试较方便，对固定柜式真空断路器，测试不是很方便。另外，真空度测试由于受测试范围限制（1×10^{-1}Pa～10^{4}Pa），必须配合工频耐压试验才能对真空灭弧室作出准确的诊断。真空度测试虽良好但工频耐压没通过的灭弧室必须更换；工频耐压通过但真空度不合格的灭弧室也必须更换：耐压通过，真空度合格，但真空度下降较快的要加强检测。

3）观色法。观察真空灭弧室开断电流时真空电弧的颜色。正常的真空灭弧室弧光颜色为蓝色，经屏蔽罩反射后，呈黄绿色。若弧光颜色为紫红色，可能是真空灭弧室失效。通过该方法判断并不容易，仅供参考。

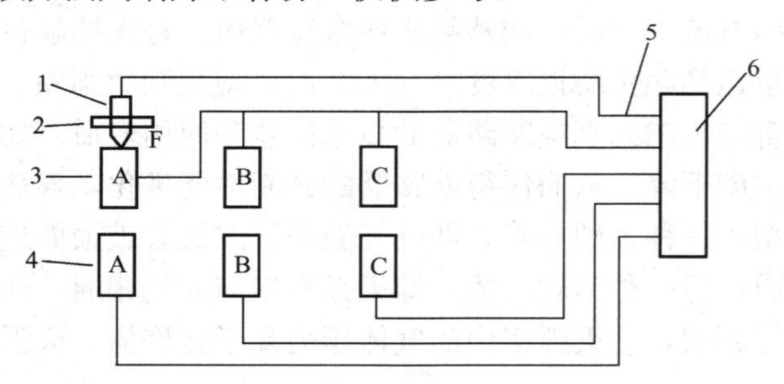

图 2-1-7　真空开关测速原理示意
1—辅助触点；2—辅助触点支架；3—动触头；4—静触头；5—辅助触点连线；6—开关特性测试仪

（5）分、合闸速度的测量与调整。速度是保证断路器正常工作和系统安全运行的主要参数，速度过慢，不仅会加长灭弧时间、切除故障时易造成越级跳闸、扩大停电范围，还易烧坏触头、增高内压，引起爆炸。

1）测量方法：使用真空开关机械特性测试仪来完成。原理接线图如图 2-1-7 所示，将用于测速的辅助触点 F（自制）安装于 A 相动触头上，将测速信号线接到辅助触头 F 上，辅助触点 F 与断路器的工作状态相反。设置辅助触点 F 的目的是为了采集断路器在接触行程段的时间参数。

2）调整方法。调整分闸弹簧的长度：分闸弹簧拉紧，则分闸速度快，而合闸速度相应变慢；分闸弹簧加长，则分闸速度减慢，而合闸速度相应加快。调整时要综合考虑。

（6）三相同期性调整。真空断路器三相分、合闸同期性最大误差不应超过 1ms，不合格时可调节水平拉杆或垂直导杆的长度，调节时要保证水平拉杆或垂直导杆螺纹部分旋入螺母的深度不小于 15mm。

（三）ZN28（A）-12 系列真空断路器介绍

1. 结构

ZN28 系列断路器采用的是整体式结构，其操动机构安装在开关本体内，二者结为一体，是为手车柜设计的，外形结构见图 2-1-8，侧面结构见图 2-1-9。ZN28A 系列断路器采用的是分体式结构，其操动机构与开关本体分别安装在开关柜或其他支架上，二者通过连杆及传动轴相连，适用于各种固定式开关柜，外形结构见图 2-1-10，侧面结构见图 2-1-11。

真空断路器主要由真空灭弧室、操动机构、框架及绝缘子等组成，动静支架装于框架前方的六个绝缘子上，动静支架的前端兼作出线端子，灭弧室装于动静支架之间，动静支架之间还装有两根绝缘杆。主轴通过绝缘拉杆、拐臂与真空灭弧室动导电杆连接。操作时，通过主轴转动，使断路器分合闸。

2. 主要技术参数

ZN28-12 真空断路器主要技术参数见表 2-1-5。

图 2-1-8 ZN28-12 真空断路器外观图

图 2-1-10 ZN28A-12 真空断路器外观图

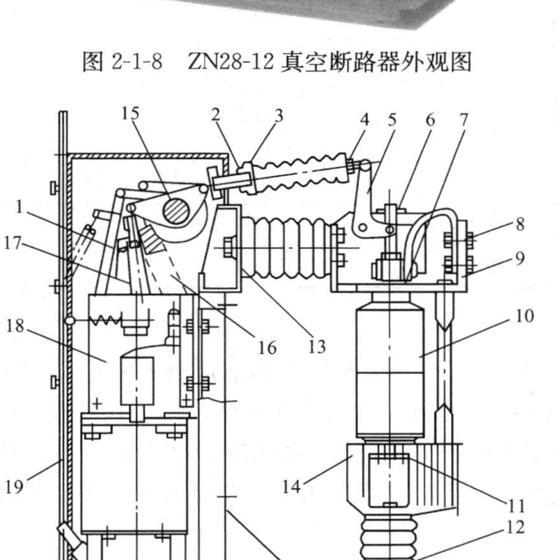

图 2-1-9 ZN28-12 真空断路器侧面图

1—开距调整垫片；2—触头压力弹簧；3—弹簧座；4—接触行程调整螺栓；5—拐臂；6—导向板；7—导电夹紧固螺栓；8—动支架；9—螺钉；10—真空灭弧室；11—真空灭弧室固定螺栓；12—绝缘子；13—绝缘子固定螺栓；14—静支架；15—主轴；16—分闸弹簧；17—输出轴；18—操动机构；19—面板

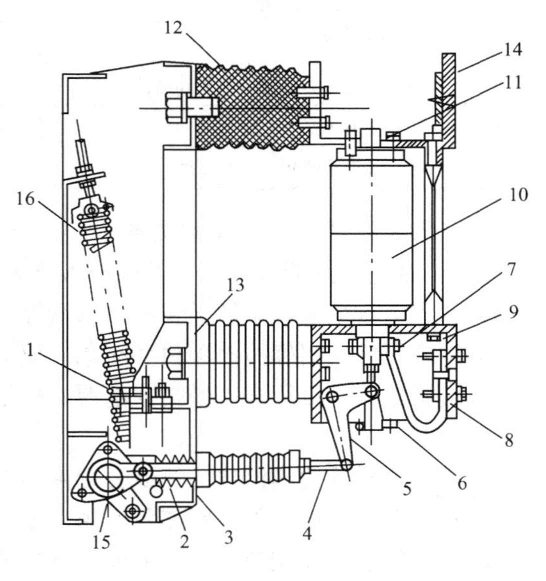

图 2-1-11 ZN28A-12 真空断路器侧面图

1—开距调整垫片；2—触头压力弹簧；3—弹簧座；4—接触行程调整螺栓；5—拐臂；6—导向板；7—导电夹紧固螺栓；8—动支架；9—螺钉；10—真空灭弧室；11—真空灭弧室固定螺栓；12—绝缘子；13—绝缘子固定螺栓；14—静支架；15—主轴；16—分闸弹簧

表 2-1-5 ZN28-12 真空断路器主要技术参数表

序号	名称	单位	数据		
1	额定电压	kV	12		
2	额定电流	A	630 1000 1250	1250 1600	1250 1600 2000 2500
3	额定短路开断电流	kA	20	25	31.5
4	额定短路关合电流（峰值）	kA	50	63	80
5	额定动稳定电流（峰值）	kA	50	63	80
6	额定短时耐受电流	kA	20	25	31.5
7	额定短路持续时间	s	4		
8	额定短路电流开断次数	次	50		
9	额定操作顺序		分-0.3s-合分-180s-合分		
10	1min 工频耐压（有效值）	kV	42		
11	雷电冲击耐压	kV	75		
12	机械寿命	次	10000		
13	触头开距	mm	11±1		
14	接触行程	mm	4±1		
15	三相分合闸同期性	ms	≤2		
16	合闸触头弹跳时间	ms	≤2		
17	极间中心距	mm	250±5		
18	平均分闸速度（接触油缓冲器前）	m/s	0.7～1.3	0.7～1.3	0.9～1.3
19	平均合闸速度	m/s	0.4～0.8		
20	动静触头累计允许磨损厚度	mm	3		

3. ZN28-12 真空灭弧室的更换

12kV 真空断路器检修，一般检修人员不少于 3 人，检修人员工作前应查看该断路器的原始资料和运行记录，了解设备的运行情况，通过对实验方法和数据分析，初步判断存在缺陷的部位或元件，明确检修项目和对象。应根据工作任务提前准备断路器特性测试仪、电阻测试仪、调压器、万用表、便携式电源、接地线、工具箱及专用工具，备品有真空泡、绝缘件等。

（1）断路器特性测试仪：测试分合闸速度、分合闸时间、分合闸同期、弹跳等。

（2）电阻测试仪：测试断路器合闸后电阻值。

（3）调压器：在调节断路器低电压动作值时使用。

（4）绝缘拉杆专用工具：用于拆装断路器绝缘拉杆。

（5）游标卡尺：用于精确测量断路器的行程。

（6）力矩扳手：用于保证断路器螺栓的紧固力度。

（7）检修班成员应按规定穿棉质工作服、绝缘鞋，进入工作现场必须戴安全帽。

（8）拆卸真空灭弧室：按图 2-1-8 所示，断路器分闸→拆下拐臂 5→松开导向杆紧固螺母→松开导电夹与软连接的紧固螺栓→松开软连接另一端紧固螺栓→拆下导向板6→取出导电夹与软连接→松开动支架紧固螺栓→松开静支架紧固螺栓→将动、静支架及灭弧室整相拆下→松下绝缘撑杆两头的螺栓→拆下导向杆→松开灭弧室静端六颗紧固螺栓→取下真空灭弧室。

（9）安装真空灭弧室：采用与上述相反顺序进行。

（10）注意事项：在安装导杆时，在导杆与真空灭弧室动导电杆间应加调整垫圈，使导杆旋紧，并使导杆上端伸出导向板（5±1）mm。紧固件紧固后灭弧室不应受弯矩，灭弧室弯曲变形不得大于0.5mm。动支架安装时不得压在导向套上，动支架与导向套之间的间隙应为0.5～1.5mm。

4. 维修检查真空断路器的注意事项

（1）对运行状态下的真空断路器进行外观检查时，要防止不小心进入危险区域，同时还必须断开真空断路器中的主回路和控制回路，并将主回路接地后才可以开始检修。

（2）真空断路器中采用电动的弹簧操动机构时，一定要松开合闸弹簧后才可以开始检修。

（3）必须充分注意勿使真空断路器开关管的绝缘壳体、法兰的焊接部分和排气管的压接部分碰触硬物而损坏。

（4）真空开关管外表面玷污时，要用汽油之类的溶剂擦拭干净。

（5）进行检修操作时，不得麻痹疏忽，掉落工具。

（6）不允许用湿手、脏手触摸真空断路器。

（7）必须注意：松动的螺栓之类的零件要完全拧紧，弹簧挡圈之类的零件用过之后，禁止再使用。

（8）检查工作结束时，一定要查清有没有遗忘使用过的工具和器材。

5. 断路器机械特性测试

压缩行程和触头开距调好以后，通电操作，用机械特性仪测量三相分合闸时间、同期性和弹跳等性质，如不能满足如下数据，则分别调整压缩行程和开距，使断路器满足技术参数值。

用电流不小于100A回路电阻检测仪测试断路器各相回路接触电阻，按厂家要求一般不大于40$\mu\Omega$。

断路器分、合闸低电压值的测试是检验断路器在不稳定直流电压的情况下，确保不会拒动或误动，从而保证电网及设备的安全运行。因此，断路器应定期进行低电压值测试，其测试标准为：在电压≥65%额定电压时，应能可靠分合闸，＜30%额定电压值时应不能动作。

教学提示：ZN63-12（VS1）型户内高压真空断路器介绍。

五、SF_6 断路器检修

（一）SF_6 气体特性

纯净的 SF_6 是无色、无臭、无毒、不易燃烧的惰性气体，在常温下化学性能稳定，它的密度是空气的5倍，在同空气未充分混合的情况下，此气体有向低处积聚的倾向，靠对流和扩散同空气混合缓慢，但一经混合，则不再分离。

SF_6 分子具有良好的高温导热性，在电弧温度达某一数值时，吸热作用变大，导热系数也伴随增大，对电弧的冷却效果极强。

SF_6 气体还具有很强的电负性，即吸附电子的特性，SF_6 分子捕捉自由电子形成负离子后再与正离子结合会使空间带电离子迅速减少，电弧容易熄灭，其灭弧能力比空气大100倍。

SF_6 气体虽有很强的绝缘和灭弧性能，但其电气性能受电场的均匀程度及水分等杂质的影响特别大。

（二）SF_6 断路器的分类

1. 按照外形结构分类

按照外形结构，SF_6 断路器可划分为瓷柱式、落地罐式和环氧树脂式三类，见表2-1-6。

表 2-1-6　　SF_6 断路器外形结构分类表

序号	分　类	特　点
1	瓷柱式	瓷柱式 SF_6 断路器在结构上和户外少油断路器相似，它有系列性好、单断口电压高、开断电流大、运行可靠性高和检修维护工作量小等特点，但不能内附电流互感器，且抗振能力相对较差。其灭弧装置置于支柱瓷套的顶部，由绝缘的操作杆进行操动，SF_6 气体只承担灭弧任务，而对地绝缘由支持瓷套管担任
2	环氧树脂浇注外壳式	环氧树脂外壳式断路器主要为户内中压产品
3	落地罐式	落地罐式 SF_6 断路器是在瓷柱式基础上发展起来的，它具有瓷柱式 SF_6 断路器的所有优点，而且可以内附电流互感器，产品整体高度低，抗振能力相对提高，但造价比较昂贵。其灭弧室置于接地的金属罐中，高压带电部分由盆式绝缘子支撑，对罐体的绝缘主要靠 SF_6 气体和盆式绝缘子，电流互感器、电压互感器安装在断路器与母线侧，避雷器安装在进线侧

2. 按灭弧原理及产品发展过程分类

按灭弧原理及产品发展过程划分，SF_6 断路器可分为双压式、单压式、旋弧式、热膨胀式及混合式断路器，见表2-1-7。

表 2-1-7　　SF_6 断路器按灭弧原理及产品发展过程分类表

序号	分　类	原　理	特　点
1	双压式	灭弧室内的 SF_6 气体有高低压两个压力区，开断时低压力气体作为绝缘介质，高压力气体用于熄灭开断时的电弧。开断过程中，打开吹气阀门后，高压气体经过喷口吹向低压系统，对电弧进行吹弧使之熄灭，随后关闭吹气阀门，启动压缩机，将排到低压力区域中的 SF_6 气体重新打压回到高压力区域，以备下次开断使用	最早的 SF_6 断路器采用了此种灭弧室，该类型断路器的优点是：开断能力强、开断时间短，但由于结构复杂，高压气体易于液化（压力高）、可靠性较低，因此很快被淘汰
2	单压式（压气式）	利用开断过程中压缩 SF_6 气体的方式，灭弧室的可动部分带有压气装置，开断时，压气缸与活塞作相对运动，压缩缸内气体，造成短时间的气压升高，经喷口高速吹弧使之熄灭	与双压力式相比，单压力式断路器取消了压缩机，结构简单，制造容易，可靠性高，由于单纯依靠压气灭弧需要有较长的压缩行程和压气时间，使其在高电压、大容量产品方面的发展受到限制
3	自能式 旋弧式	旋弧式断路器灭弧室是在电弧电流的回路中串联一线圈，通过其产生的磁场使电弧高速旋转达到熄弧目的。它又分为径向电弧旋转和纵向电弧旋转两种	旋弧式断路器产品主要适用于40.5kV及以下的电力系统
	热膨胀式	它是利用电弧将热膨胀室的 SF_6 气体加热形成局部高压力，通过喷口释放，产生强力气流吹弧而使其熄灭	由于充分利用了电弧能量，可减小灭弧室的径向尺寸，大幅度降低了操作功，其操作功可减至单压力式的20%～50%
4	混合式	采用压气式＋热膨胀或压气式＋旋弧式的混合灭弧方式进行灭弧	这种方式提高了灭弧效能和断路器性能，是 SF_6 断路器技术的发展趋势

（三）SF_6 断路器的结构特点

高压 SF_6 断路器主要由灭弧室、操动机构、支持元件及辅助装置组成。

SF_6 断路器采用的操动机构主要有气动机构、液压机构和弹簧机构三种类型。

（1）气动机构由压缩空气提供分闸动力，合闸弹簧提供合闸动力，其结构简单、动作稳定可靠，且由于控制阀仅在分闸操作瞬时充气，故耗气量小，不存在慢分、慢合问题，但其工作时噪声大。

（2）液压机构是利用液压油为工作介质来传递动力的操动机构，其工作可靠，但结构较复杂，需安装防慢分、慢合装置，并可能由于漏油而影响环境。

（3）弹簧机构具有合闸速度稳定，操作功耗小，寿命长等优点。

辅助灭弧装置包括合闸电阻器及其辅助投切装置和并联电容器。电阻器是为抑制断路器在关合和重合空载输电线路产生的过电压，一般在 363、550kV 等级产品上使用，其取值范围为 400～1000Ω；电容器用来改善瞬态恢复电压特性，提高开断能力，尤其可提高开断近区故障能力，并在多断口断路器中起均压作用，其值一般为几千皮法。

（四）SF_6 气体检漏及处理

由于 SF_6 气体的绝缘性能与其密度成比例关系，即密度越大，绝缘性能越高；密度越低，绝缘性能越低。所以 SF_6 断路器在投运前及正常运行中应进行气体密度监视及定期进行密封性能检查即检漏。

SF_6 断路器在灭弧室及其支持绝缘子中均充有 5～7 个表压的 SF_6 气体，对其密封结构的要求应十分严格，尽管如此，SF_6 断路器仍存在一个漏气问题。实践表明，将每年的漏气量控制在 1%～3%，基本可以满足安全运行要求。

SF_6 断路器漏气时不能完全通过压力表来判断是否漏气，而是采用了密度继电器进行漏气监测，及时发出信号，因为气态的 SF_6 在温度变化时其压力也会随之发生变化。密度继电器能自动补偿温度变化引起的压力变化，只有出现漏气所引起的压力降低才会动作，其辅助触点会发出两次信号：第一次信号为补气信号，即在 SF_6 压力降低到一定数值时，报警装置通知值班人员及时处理漏气故障；当压力下降到下限值时，密度继电器会发出第二次报警信号，同时闭锁断路器的控制回路，使断路器不能自动分闸。

1. 检漏方法

常用的检漏方法分为定性检漏和定量检漏两种，见表 2-1-8。

表 2-1-8　SF_6 检漏方法

检漏类型		具体方法
定性检漏	抽真空检漏	将断路器抽真空到真空度为 133.32Pa，维持真空泵运转 30min 后停泵，读取真空度 A 值，5h 后再读真空度 B 值，若 $B-A$ 值小于 133.32Pa，则认为密封性能良好
	检漏仪检漏	对产品灭弧室的各个密封面以及 SF_6 管路进行检测，当检漏仪发出响声，证明该处漏气，响声越大越快说明漏气量越大。如果未发现漏点，则认为产品漏气率合格，如果检漏结果为微量漏气时应实行定量检漏以确定漏气率
定量检漏	整体检测法	又叫封闭罩法，是把一个体积大于 SF_6 断路器的塑料罩子将 SF_6 断路器全罩起来，罩口向下，且不使气体外泄；一定时间后 SF_6 气体从各个漏点漏出，罩内浓度不断增大，然后用检漏仪探头伸进封闭空间进行检测 SF_6 气体浓度。此种方法现场一般较少采用

续表

检漏类型		具体方法
定量检漏	局部包扎法	一般用于组装单元和大型产品的场合，是用塑料薄膜把每一个需要检漏的部位扎紧，防止气体外泄，包扎后5h将检漏仪的探头伸入包扎内部检测塑料薄膜内SF_6气体浓度
	挂瓶法	适用于法兰面有两道密封槽的场所，在双道密封圈之间有一个检测孔，试品充至额定压力后，取掉检测孔的螺栓，经24h后，用软胶管分别连接检漏孔和挂瓶，过一定时间后取下挂瓶，用灵敏度不低于0.01×10^{-6}的检漏仪测定瓶内SF_6气体浓度

2. 漏气后的处理

当发现运行中的SF_6断路器出现漏气时，一般尚不至于发生危险，不要慌张，值班人员应打开门窗、开起通风设施，使室内的空气流通，然后进行认真的检漏工作。

（1）首先区分出漏气的管路系统，通过观察压力表查出漏气系统，然后分段关闭阀门，再逐步找出漏气段或漏气范围。

（2）在检查漏气点前应先将漏气点周围聚集的SF_6气体用风扇吹走，以免误检。

（3）对管路、阀口逐个检漏。一般漏气点多出现在管路的连接部位，故应注意检查螺母是否松动，密封圈压缩量是否足够、有无老化等。在处理连接部位时：首先半闭断路器出口阀门，使气舱内的气体不再外溢；修理时应将密封面用酒精擦洗干净，检查有无划痕及杂物颗粒等，然后更换密封圈，并正确紧固密封部位，最后开起断路器出口阀门，并重新检漏。

（4）如管路无问题，应再检查开关本体的每个静止密封面和活动密封面有无泄漏点。当本体有微量漏气时，可通过阀门补气，一般补气时可用SF_6气体充气装置充气或用SF_6钢瓶直接补气。利用钢瓶补气时，应将钢瓶斜放，让瓶底高于阀门。由于瓶中的水分和杂质一般浮在SF_6气体的上部，从而可使得放出的气体为纯净的SF_6气体，然后慢慢开启阀门直至充到规定的额定压力，再关闭瓶口阀门和断路器的充气阀。当漏气十分严重时，仅靠充气已不能达到额定压力时，必须停电处理。

（五）SF_6含水量检测及处理

1. SF_6含水量检测

检测SF_6断路器中的水分十分必要，当含水量超出一定指标时，就有可能在绝缘表面产生凝露，湿润绝缘表面，造成绝缘下降，严重时会引起表面闪络，威胁安全运行。另外，SF_6气体的电弧分解物在水分参与下发生化学反应，产生物质会腐蚀断路器内部结构材料，缩短了设备寿命，并且有毒物质直接威胁检修人员安全。

SF_6气体含水量的测量方法主要有露点法和电解法两种。露点法的测量原理是当测试系统温度略低于被试品气体中水蒸气饱和温度时（露点时），水蒸气凝结，通过光电转换输出信号。电解法的原理是被测SF_6气体通过电解池，水被P_2O_5薄膜吸收，同时被电解，根据气体定律和库仑电解定律计算出1×10^{-6}的电流数，从指示仪表直接读出含水量。

2. 含水量超标处理工艺

水分超标处理流程为：SF_6气体回收→抽真空→充高纯氮→放掉氮气→再次抽真空→检测水分含量。如不合格重复上述步骤。

（六）SF_6电气设备上工作危险点及预控

SF_6电气设备上工作危险点及预控见表2-1-9。

表 2-1-9　　SF_6 电气设备上工作危险点及预控

作业内容	危险点	预控措施
进行气体采样和处理一般渗漏	接触有害气体，灼烧身体和内脏	（1）必须戴防毒面具； （2）室内工作，需在工作前开启强力通风装置； （3）身体各部的皮肤不得直接接触有毒气体； （4）作业人员身体置于上风口
设备的解体检修	有毒气体毒害作业人员	（1）室内工作，需在工作前开启强力通风装置； （2）检修时需穿防护服、戴防毒面具和防护手套； （3）打开设备后，人员应暂离现场 30min； （4）检修结束后，需洗澡，把用过的工器具和防护用具清洗干净
紧急事故处理	有毒气体毒害作业人员	（1）立即开启强力通风装置进行通风； （2）抢修时需穿防护服、戴防毒面具和防护手套； （3）发生设备防爆膜破裂事故时，应停电处理并用汽油或丙酮擦拭干净； （4）抢修结束后需洗澡，把用过的工器具和防护用具清洗干净
设备充装 SF_6 气体	有毒气体毒害作业人员	（1）SF_6 新气按有关规定，进行复核、检验、使用； （2）在室内充气时，必须开启强力通风装置； （3）周围环境相对湿度≤80%，工作区空气中 SF_6 气体含量不得超过 1‰
装有 SF_6 设备的配电装置室的巡视	有害气体伤害作业人员	（1）主控室与 SF_6 配电室间须采取气密性隔离措施； （2）进入 SF_6 配电室前，必须先通风 15min，并用检漏仪测量 SF_6 气体含量； （3）尽量避免单人进入 SF_6 配电装置室内巡视； （4）不准在 SF_6 设备防爆膜附近停留； （5）巡视中发现异常情况应立即报告，查明原因，采取有效措施进行处理

（七）LW10B-252 断路器检修

LW10B-252 型断路器外形如图 2-1-12 所示，该断路器为单柱、单断口支柱结构，灭弧断口不带并联电容器，它继承了 LW6 型断路器结构紧凑、灭弧室小、操作方便、性能稳

图 2-1-12　LW10B-252 外形图

定、使用寿命长等优点。灭弧室采用单压变开距结构，操动机构采用液压式，每一极均有一套独立的液压系统中，可分极操作，也可三极电气联动操动。

1. 主要技术参数

LW10B-252断路器主要技术参数见表2-1-10。

表2-1-10　　LW10B-252断路器主要技术参数表

序号	项　　目	单位	参　　数
1	额定电压	kV	252
2	额定电流	A	3150
3	额定频率	Hz	50
4	额定短路开断电流	kA	50
5	额定失步开断电流	kA	12.5
6	近区故障开断电流（L90/75）	kA	45/37.5
7	额定线路充电开合电流（有效值）	A	160
8	额定短时耐受电流	kA	50
9	额定短路持续时间	s	3
10	额定峰值耐受电流	kA	125
11	额定短路关合电流	kA	125
12	额定操作顺序		分—0.3s—合分—180s—合分
13	分闸速度	m/s	9±1
14	合闸速度	m/s	4.6±0.5
15	分闸时间	ms	≤32
16	开断时间	周	2.5
17	合闸时间	ms	≤100
18	分闸同期性	ms	≤3
19	合闸同期性	ms	≤5
20	储压器预充氮气压力（15℃）	MPa	15±0.5
21	额定油压	MPa	25±0.5
22	额定 SF_6 气压（20℃）	MPa	0.6
23	SF_6 气体年漏气率	%	≤1
24	SF_6 气体含水量	ppm（体积分数）	≤1
25	SF_6 气体质量	kg/台	27
26	每台断路器质量	kg	800×3
27	保温和加热电源电压	V	AC 220
28	断路器机械寿命	次	3000
29	额定绝缘水平：工频耐压1min（有效值）	kV	断口间460
			极对地395
	额定绝缘水平：雷电冲击耐压1.2/50μs（峰值）	kV	断口间1050
			极对地950
	额定绝缘水平：SF_6 气体零表压5min工频耐压（有效值）	kV	断口间220
			极对地220

注　分、合闸速度值的规定为断路器单分、单合的速度值，其定义如下：

（1）分闸速度：触头刚分点至分闸后90mm行程段的平均速度。

（2）合闸速度：触头刚合点至合闸前40mm行程段的平均速度。

2. LW10B-252 断路器检修周期与项目

（1）大修周期与项目。按照断路器制造厂家的规定，正常运行的 LW10B-252 断路器本体大修周期为 10～15 年，液压机构大修周期为 7～10 年。

1）本体大修项目：① 灭弧室分解，检查各部件状况，对各部件清洗、测量、更换密封垫、分子筛等处理；② 检查所有绝缘子，确认完好无损后对其进行清理、清洗和烘干；③ 支柱解体、检查，更换导向套、密封垫圈、分子筛，对绝缘拉杆采取防松措施；④ 主储压器解体检修，更换密封件、下端帽及不合格部件、检测漏氮装置；⑤ 工作缸解体检查，更换密封件；⑥ 更换本体液压管；⑦ 更换非粘接性的总装标准件；⑧ 大修后产品气压充至运输压力（0.03MPa）。

2）液压机构大修项目：① 各管路检修；② 一、二级阀检修；③ 分、合闸电磁铁检修；④ 压力开关组件检修；⑤ 高压油泵检修。

由于现场条件的限制，断路器的本体及机构中的液压元件一般不在现场解体大修，需要大修时一般可由制造厂派人或返厂大修。

（2）小修周期与项目：

1）小修周期：正常运行的 LW10B-252 断路器每 1～2 年应进行一次小修。

2）小修项目：小修前一般应将断路器退出运行，使之处于分闸位置，切除交、直流等电源，将液压机构油压释放到零。小修项目为：

（a）本体及液压机构外观检查，有无渗漏、外观损坏等。

（b）检查 SF_6 气体压力。

（c）检查液压机构的管路有无渗漏油，元器件有无损坏。

（d）油箱油位应符合规定。

（e）检查贮压预压力：机构处于零压时，用油泵或手力泵打压，开始进油压上升迅速，当压力升到某值时，上升速度突然减缓，该值即为储压器的预压力。储压器预充氮气压力15℃预压力在参数表中已给出，在某温度 t 时测得的预压力应换算到 15℃后再于额定值比较，公式如下

$$p(15℃) = p_t - 0.075 \times (t - 15)$$

如发现该值低于 13MPa 时，应查明氮气泄露原因并予以修理或更换，以免继续降低影响断路器的动作特性。

（f）试验：

a）将液压机构电源、操作电源恢复。

b）检查油泵启动、停止油压值，分、合闸闭锁油压值、安全阀开启油压值。

c）检查电气控制部件动作是否正常。

d）机构经排气后打压至额定油压，电动操作断路器应动作正常。

e）检查分、合闸操作油压降。

f）检查密度继电器的动作值。

g）SF_6 气体报警和闭锁压力(20℃)：额定气压为 0.6MPa 时，报警值 p_1 为(0.52±0.0015) MPa，闭锁值 p_2 为(0.5±0.015)MPa。

如果使用指针式密度继电器，可以把密度继电器罩取下，把密度继电器从本体上取下（带自封接头），然后进行充放气来检查其第一报警值及第二报警值。

(g) 将液压油全部放出，拆下油箱进行清理。放油步骤如下：准备一个30L左右的容器和一根约1m长、内径为18mm的耐油软管，将该软管在油箱底部的低压放油阀上，打开放油阀，通过软管将油箱中的油全部放到容器中，拧紧低压放油阀，去掉软管，然后拆掉油箱和油箱里边的过滤器分别进行清洗，清洗好后装上过滤器和油箱。

(h) 将新液压油注入油箱至规定油位。

(i) 做排气操作后打压至额定油压。

(j) 试验：在额定SF_6气体压力、额定油压、额定操作电压下进行20次单合操作和20次分—0.3s—合分操作，每次操作之间要有1～1.5min的时间间隔。测量断路器动作时间、极间同期性及分、合闸速度，结果应符合厂家要求。

(k) 测量弧触头的烧损程度。断路器弧头的烧损情况直接关系到断路器的检修周期，运行部门可以根据运行记录，统计出断路器的开断次数，然后根据产品的寿命水平，决定是否对弧触头和烧损程度进行测量。断路器可在灭弧室不打开的情况下进行弧触头烧损程度的检查。将断路器退出运行，用300mm长钢板尺在连接座中断路器的分闸位置上找出一个测量基准点A，使断路器慢合至刚合点（利于万用表的欧姆挡接至灭弧室进出线，刚合时，万用表的表计动作），这时再标记点B，量出基准点A与刚合点位置时的测量点B之间的距离L为开距。使断路器至合闸位置，标记点C，量出基准点A与合闸点位置时的测量点C之间的距离为行程。$X-L$为超程，此超程与出厂值比较不得小于10mm，即超程不小于37mm。从计算结果判断弧触头和烧损程度，如果触头烧损严重，应对灭弧室进行检查并更换零部件。

(3) LW10-252断路器检漏。采用挂瓶法，步骤如下：

1) 用氮气或压缩空气将检漏瓶吹干净，并用检漏仪检查确认无SF_6气体，检查瓶盖连接胶管、连接螺丝密封良好；

2) 将瓶子按顺序分别挂在试品检漏仪上，拧紧螺丝，并记好每个瓶子的挂瓶时间；

3) 挂瓶33 min后按顺序一个个取下瓶子，用专用螺帽将瓶上接头口封住，摇动检漏瓶使瓶内SF_6气体充分均匀，将检漏仪探头伸进瓶子内，读出仪表格数，再根据仪器提供的曲线查出SF_6浓度。

(4) LW10B-252断路器微水测量。

1) 水分处理。

(a) 抽真空时间一般需2～3h，使真空度达133.3Pa并至少维持2h以上，抽真空时间越长，真空度越高，对降低气体含水量越有利。所需设备有隔膜式真空泵和麦式真空计。

(b) 使用隔膜式真空泵时，在断路器本体处于负压的情况下，必须先关闭被抽管路阀门，后切断电源停泵，防止泵中真空油倒吸入本体中，因此，在抽真空时，真空泵不得随意停电。

(c) 在抽真空过程中用麦式真空计来检查本体的真空度，仅在测量时，按规定使用方法打开与真空计相连的管路的阀门，其余时间应关闭阀门，以防止水银抽到本体中。

(d) 在抽真空后充SF_6气体前先充0.5MPa的高纯氮进行干燥，停留12h以上，检查氮气的水分含量，其值应远小于150×10^{-6}，然后放掉氮气，再抽一次真空，充SF_6气体至额定压力，由于测水分时要消耗掉一部分SF_6气体，因此充气时要高于额定压力。

2) 水分测量。所需设备包括水分仪、减压阀、调纯氮，测量前检查断路器本体内SF_6

气体压力为额定压力，测量时间选择在充 SF_6 气体后 24h 后进行。

操作训练 1　高压断路器本体的检修与调整训练

一、训练目的

（1）了解高压断路器的类型和在电力系统中的作用。

（2）熟悉高压断路器本体结构的检修规范和技术要求。

（3）通过对典型高压断路器的拆装检修，掌握高压断路器本体的检修、调试工艺流程。

（4）学会对高压断路器进行机械和电气特性测试的方法。

二、操作任务

操作任务见表 2-1-11。

表 2-1-11　　高压断路器本体的检修与调整操作任务

操作内容	（1）进行油断路器本体的拆装检修与调整； （2）进行真空断路器或 SF_6 断路器的机械和电气特性测试
说明及要求	（1）根据设备情况可选择断路器拆装解体检修和调试； （2）重点指导触头、灭弧室检修，调整行程、超行程、同期性的方法； （3）选择相应的机械和电气参数测试仪器进行仪器的使用方法训练； （4）操作中指导教师应结合标准化作业规范指导训练
工具、材料、设备场地	常用安全用具、检修工器具、检修平台、专用工具、试验仪器和设备、消耗性材料等

三、注意事项和安全措施

（1）检修操作时，应搭好检修平台。

（2）搭接试验电源时要防止短路或人身触电，应按指导老师的要求进行操作。

（3）不允许少油断路器在油缓冲器无油情况下进行快速分闸。

（4）室外检修应选择天气条件，作好防雨、防潮措施。

（5）不能随意进行断路器分、合试验操作，以防发生设备和人身伤害。

一、选择题

1. 断路器之所以具有灭弧能力，主要是因为它具有（　　）。

（A）灭弧室；（B）绝缘油；（C）快速机构；（D）并联电容器。

2. 真空断路器的触头常采用（　　）触头。

（A）桥式；（B）指形；（C）对接式；（D）插入式。

3. 纯净的 SF_6 气体是（　　）的。

（A）无毒；（B）有毒；（C）中性；（D）有益。

4. SF_6 气体灭弧能力比空气大（　　）倍。

(A) 30；(B) 50；(C) 80；(D) 100。

5. SN10-12型断路器三相分合闸同期性不应大于(　　)mm。

(A) 4；(B) 3；(C) 2；(D) 1。

二、判断题

1. 高压断路器只有控制作用。(　　)

2. 国内常用的交流高压断路器有少油断路器、真空断路器、SF_6断路器。(　　)

3. SF_6断路器按照外壳材料划分可分为金属外壳式和绝缘外壳式两大类。(　　)

4. 断路器临时性检修也属于定期检修。(　　)

5. SF_6断路器灭弧室都采用单压式。(　　)

6. SF_6断路器常用的检漏方法分为定性检漏和定量检漏两种，检漏仪检漏属定性检漏。(　　)

三、简答题

1. 高压断路器的基本组成部分包括什么？

2. 少油断路器油箱内的油位为什么不能过高或过低？

3. 真空断路器具有哪些特点？

4. 什么叫真空断路器的接触行程？如何测量和调整？

5. SF_6断路器具有哪些优点？

6. 请说出LW35-126/3150-31.5的型号意义。

7. SF_6气体含水量多有什么害处？

课题二　断路器操动机构检修

一、概述

断路器操动机构是用来控制断路器分、合闸操作并保持合闸状态的装置。操动机构的工作性能和质量的优劣，对高压断路器的工作性能和可靠性起着极为重要的作用。

(一) 分类

根据合闸的动力来源不同，目前与高压断路器相配套使用的操动机构有以下几种：

(1) 手动操动机构(CS)。是利用人力直接作为合闸动力的机构，这种机械比较简单，但操作功受人力限制，合闸时间长，不能实现自动重合闸，只适用于开断小电流断路器。

(2) 电磁操动机构(CD)。是利用电磁铁将电能转变成机械能实现分、合闸操作的动力机构，一般与户内少油断路器、真空断路器配套使用。该机构的优点是结构比较简单，运行较可靠，缺点是需要配备直流电源如蓄电池组或硅整流设备。

(3) 永磁保持电磁操动机构(CDY)。永磁操动机构是将永磁体和电磁机构结合而成的一种新型操动机构，它利用永磁磁场将断路器保持在分闸或合闸位置，取代了传统的锁扣装置。该机构与传统的直流电磁机构相比，具有体积小、质量小、结构简单、寿命长、成本低、功耗低等非常明显的特点，现主要用于真空断路器的操动。

(4) 气动操动机构(CQ)。是利用压缩空气作为力的传递介质，通过阀门控制气缸内活塞运动使开关合闸的操动机构，它具有灵活、快速和简便等优点，同时可以提供较大的操作功，但结构复杂且需要空气压缩设备，现在用得较少。

(5) 弹簧储能操动机构(CT)。弹簧操动机构是利用已储能的弹簧为动力使断路器动作的操动机构。弹簧操动机构的优点是不需要大功率的直流电源，电动机功率小，交直流两用；其缺点是机构零件数量多，要求加工精度高，制造工艺复杂。

（6）液压操动机构（CY）。利用高压气体（氮气）储能液压传动的操动机构。该机构优点是运行维护简单、寿命长、动作迅速快、体积小、噪声低、冲击力弱；缺点是结构比较复杂，制造工艺和密封要求较高，多作为110～500kV高电压、大容量断路器的操动机构。

（二）操动机构功能

（1）合闸功能。在实际工作当中，操动机构的电源电压不会保持在额定值，而是在一定范围内变化。这就要求电源电压在下限值时，操动机构的合闸功应能够关合短路电流，而在上限值时，不能由于操作力过大而损坏相关部件。

（2）合闸保持功能。由于在合闸过程中，合闸命令的持续时间很短，而且操动机构的操作功也只能在短时间内提供，因此操动机构必须有合闸保持功能，以保证在合闸命令和操作功能消失后使断路器可靠地保持在合闸位置。

（3）分闸功能。断路器应能在正常和故障情况下可靠分闸，具备电动分闸功能，且在分闸时应具有一定的分闸速度，以能够快速熄灭电弧。在检修调试中，还需要具备手动分闸功能。

（4）自由脱扣功能。当断路器关合有预伏短路故障时，操动机构应能立即中止合闸命令而执行分闸命令。对脱扣机构的基本要求有：

1）要有稳定的脱扣力，因此要求摩擦系数稳定，接触表面的硬度要高，磨损要小。

2）要能耐机械振动和冲击，以防误动。

3）脱扣力要小。

4）动作时间要尽可能短。

5）防跳跃功能。跳跃是指断路器连续多次分合闸，这种跳跃会使断路器触头严重烧伤，甚至引起断路器爆炸，所以应具有防跳跃功能。

二、电磁操动机构检修

（一）CD10电磁操动机构

1. 外型及内部结构

CD10型直流电磁操动机构是一种户内悬挂式的电磁操动机构，可用来操动SN10-12、SN10-40.5及ZN28-12等高压断路器。该系列操动机构使用直流电源，可以进行电动分合闸、手动分闸及自动重合闸操作等，其内部结构见图2-1-13。

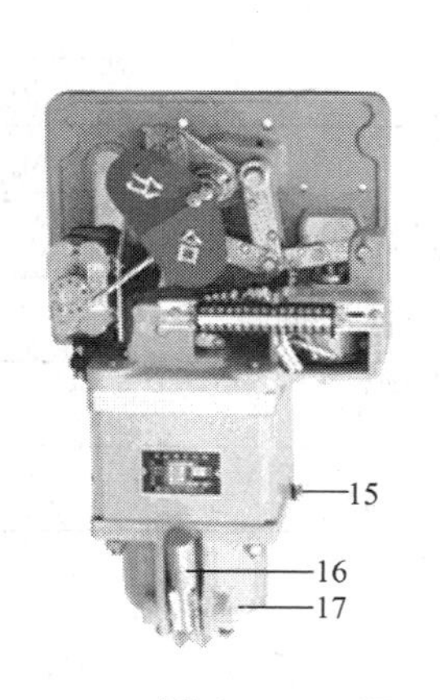

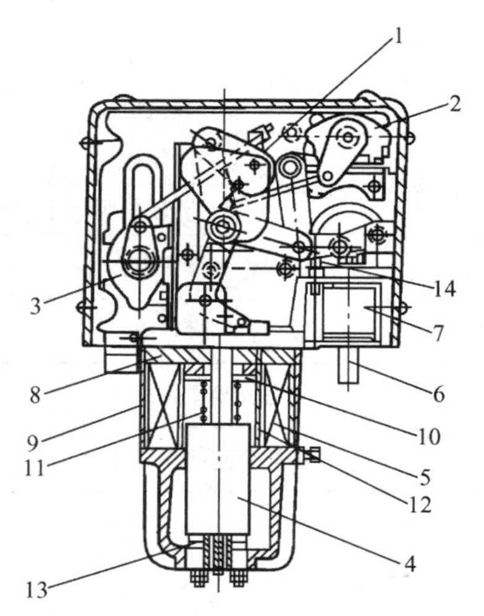

图2-1-13　CD10电磁操动机构外形及内部结构

1—主轴；2、3—辅助开关；4—合闸铁芯；5—合闸线圈；6—分闸铁芯；7—分闸线圈；8—方板；9—铸铁外壳；10—黄铜垫；11—压缩弹簧；12—金属衬圈；13—缓冲器；14—死点调整螺钉；15—接地螺钉；16—手动操作杆；17—缓冲法兰

如图2-2-13所示，CD10电磁操动机构主要由分合闸电磁铁、连杆机构、缓冲装置及辅助开关等组成。合闸电磁铁位于操动机构中下部，由合闸铁芯、合闸线圈、方形铸铁外壳和上部方

板组成。为了防止铁芯吸合时粘附在方板上，在方板上加了一个黄铜垫和压缩弹簧，以便合闸铁芯合闸结束后能迅速下落。在线圈和铁芯之间装有金属衬圈，防止铁芯上下运动时磨损线圈内壁。另外，为了防止金属衬圈在铁芯运动时产生反磁通，金属衬圈是开缝的。分闸电磁铁位于操动机构右下部，它由分闸铁芯和分闸线圈组成。缓冲器位于操动机构的下部，由缓冲法兰、橡皮衬垫组成。缓冲法兰为一帽形铸铁件，它借四个螺杆同方形磁轭一起装在机构的铸铁支架上，在缓冲法兰内部有橡皮衬垫，供铁芯下落时作缓冲用。缓冲法兰的右面有 M10 接地螺栓，缓冲法兰的下部装有手动操作杆，手动操作杆仅供停电检修时用，它可根据需要装在操动机构的正面、左侧或右侧。另外，在主轴上还固定有分合闸指示牌，用以指示断路器的状态。

2. 主要技术参数

CD10 电磁操动机构主要技术参数见表 2-1-12。

表 2-1-12　　CD10 电磁操动机构主要技术参数表

序号	项目		单位	数据		
				CD10Ⅰ	CD10Ⅱ	CD10Ⅲ
1	220V 合闸线圈	额定电流	A	98	120	147
		直流电阻	Ω	2.22±0.18	1.82±0.15	1.5±0.12
2	110V 合闸线圈	额定电流	A	196	240	294
		直流电阻	Ω	0.56±0.05	0.46±0.04	0.38±0.03
3	24V 分闸线圈	额定电流	A	37		
		直流电阻	Ω	0.65±0.03		
4	48V 分闸线圈	额定电流	A	18.5		
		直流电阻	Ω	2.6±0.13		
5	110V 分闸线圈	额定电流	A	5		
		直流电阻	Ω	22±1.1		
6	220V 分闸线圈	额定电流	A	2.5		
		直流电阻	Ω	88±4.4		
7	最低合闸操作电压			80%额定电压	85%额定电压	
8	最高合闸操作电压			110%额定电压		
9	最低分闸操作电压			65%额定电压		
10	最低分闸操作电压			120%额定电压		

注　表内电阻是指 20℃时的数值。

3. 工作原理

CD10 电磁操动机构原理如图 2-1-14 所示。

(1) 合闸操作。如图 2-1-14 (a) 所示，合闸前连杆 7、8 趋近于 180°（小于 180°），连板 6、7、8 构成了四连杆机构，其主要作用是改变力的作用位置、大小和方向。合闸线圈通电（快合）或在手动操作杆的末端套上长 500～800mm 的钢管并下压钢管（慢合）后，铁芯向上运动推动滚轴 2 上移，通过四连杆机构使主轴 5 顺时针转动约 90°，此时断路器分闸

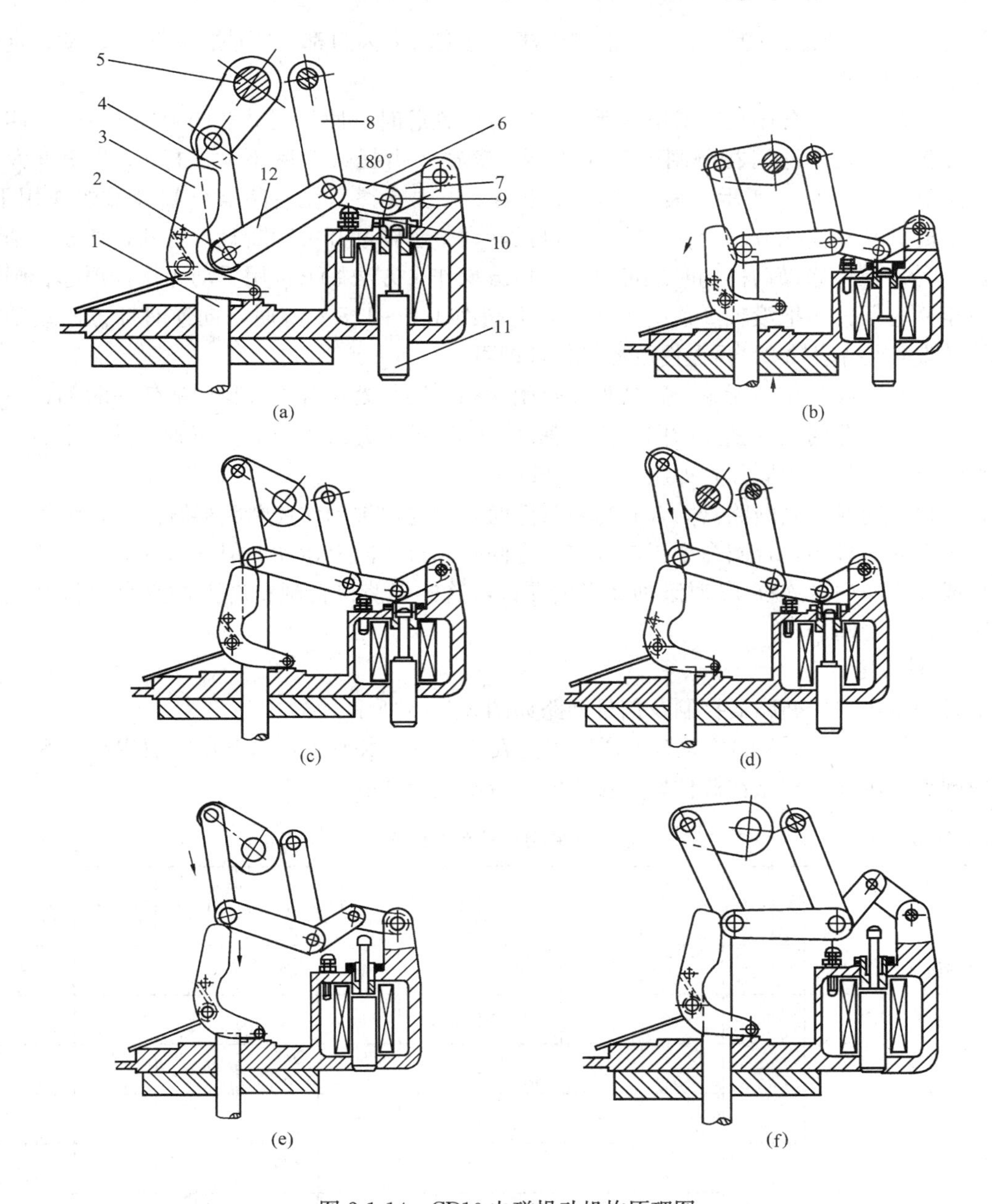

图 2-1-14 CD10 电磁操动机构原理图

(a) 准备合闸状态；(b) 合闸过程中；(c) 合闸到顶点位置；(d) 合闸动作结束；
(e) 分闸动作；(f) 自由脱扣动作

1—合闸铁芯顶杆；2—滚轴；3—托架；4、6、7、8、12—连杆；
5—主轴；9—轴；10—死点调节螺钉；11—分闸铁芯

弹簧拉伸储能，作为分闸时的动力。断路器动作过程如图 2-1-14（b）、（c）所示，合闸到托架顶点位置，这时因主轴的转动，带动辅助开关动作，切断合闸线圈电源，线圈断电后铁芯落下，操动机构托架 3 托住滚轮轴 2 从而维持在合闸状态，完成合闸过程，如图 2-1-14（d）所示，合闸动作结束。当操动机构处于合闸状态时，连杆 6、7 处于一条直线，此时力的作用线通过轴 9，不形成力矩，所以无论在连杆 8 上施加多大力都不能使机构发生运动，这一位置称为机构死点。

（2）分闸操作。分闸线圈通电或用手撞击分闸铁芯时，使分闸铁芯向上撞击轴 9，四连杆 6、7、8 死点被解除，在分闸弹簧作用下，滚轴 2 由托架 3 落下，连杆 6、7 角度大于 180°，如图 2-1-14（e）所示，滚轴 2 离开托架 3 失去支撑，在断路器分闸弹簧的作用下，主轴 5 逆时针转动完成分闸动作，同时主轴的转动带动辅助开关动断触点打开，切断分闸线圈电源。另外在检修操动机构时还可以进行慢分操作，方法如下：用手动操作杆顶起合闸铁芯，直至铁芯顶杆 1 把滚轴 2 顶高于托架 3 上端面 1.0～1.5 mm 时，向逆时针方向拨动托架 3，使其不支持滚轴 2，再慢慢放松操作杆即可。

（3）自由脱扣动作。无论断路器处在合闸状态，还是处在合闸过程中的任一时刻，一旦接到分闸命令，分闸电磁铁立即向上撞击轴 9，在分闸弹簧的作用下，滚轴 2 从铁芯顶杆 1 的端部滑下，实现自由脱扣，如图 2-1-14（f）所示。

（4）机械防跳。当断路器关合有短路故障时，继电保护动作使断路器跳闸时，滚轴 2 离开托架 3 下落过程中，合闸命令仍然存在，合闸铁芯再次向上运动，但此时 6、7、8 的死点尚未形成，无法通过连杆 12 对滚轴 2 提供支持，这样就使得合闸铁芯上冲空合，从而避免了断路器再次合闸。

4. 控制回路

电磁操动机构的断路器控制及信号回路如图 2-1-15 所示。

图中，控制开关 SA 的相关触点通断表见表 2-1-13。水平线表示触点的引出线，水平线下的黑圆点表示该对触点在此位置是接通的，否则是断开的。

表 2-1-13　　控制开关相关触点通断表

手柄位置＼触点号	1—3	2—4	5—8	6—7	9—10	10—11	13—14	14—15	13—16	17—19
跳闸后（TD）	—	×	—	—	—	×	—	×	—	—
预备合闸（PC）	×	—	—	—	×	—	×	—	—	—
合　闸（C）	—	—	×	—	—	—	—	—	×	×
合闸后（CD）	×	—	—	—	×	—	—	—	×	×
预备跳闸（PT）	—	×	—	—	—	×	×	—	—	—
跳　闸（T）	—	—	—	×	—	×	—	×	—	—

注　“×”表示接通，“—”表示断开。

（1）手动合闸回路。

1）结合图 2-1-15 和表 2-1-13 分析，设断路器处于跳闸状态，此时控制开关 SA 处于跳闸后（TD）位置，SA 11-10 接通，QF1 处于闭合状态，＋WC→1FU→SA 11-10→HG→1R→QF1→KM→2FU→－WC 构成通路，HG 绿灯发平光，表明控制开关指示位置与断路器实际位置对应，合闸操作回路完好。由于电阻 1R 的限流作用，流过合闸接触器 KM 线圈的电流很小，不足以使其动作。

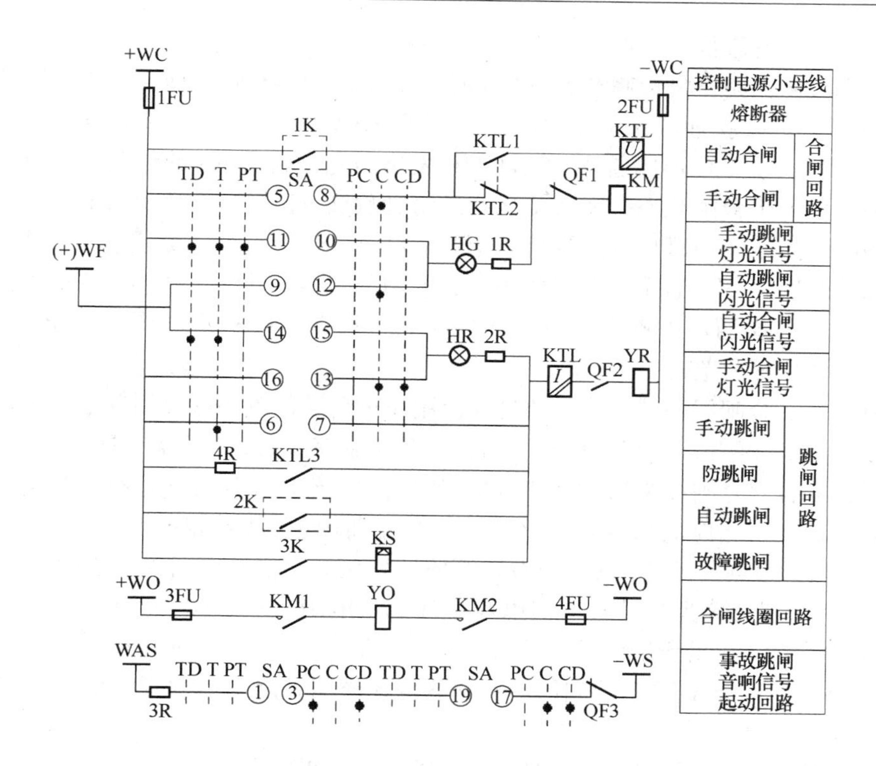

图 2-1-15　电磁操动机构的断路器控制及信号回路

WC—控制小母线；1FU～3FU—熔断器；1K—自动合闸装置执行继电器触点；KTL1～KTL3—防跳继电器辅助触点；SA—手动控制开关；QF1～QF3—断路器辅助开关；KM—合闸接触器；HG—绿色信号灯；1R～4R—限流电阻；（+）WF—正闪光信号小母线；HR—红色信号灯；YR—跳闸线圈；2K—继电保护触点；KS—信号继电器；WO—合闸小母线；YO—合闸线圈；WAS—事故音响小母线；WS—信号回路电源小母线

2）将控制开关 SA 顺时针旋转 90°，至预备合闸（PC）位置，SA 9-10 接通，将信号灯接于闪光小母线（+）WF 上，（+）WF→SA 9－10→HG→1R→QF1→KM→2FU→－WC 构成通路，绿灯 HG 发出闪光，表明控制开关指示位置与断路器实际位置不对应，提醒操作人员核对操作对象是否有误。

3）操作人员核对操作对象无误后，将控制开关 SA 继续顺时针旋转 45°，置于合闸（C）位置，SA 5-8 接通，＋WC→1FU→SA 5-8→KTL2→QF1→KM→2FU→－WC 构成通路，KM 动作，KM 辅助触点 KM1、KM2 闭合，合闸线圈回路＋WO→3FU→KM1→YO→KM2→4FU→－WO 接通，合闸线圈 YO 通电，断路器合闸。

4）由表 2-1-12 可知，电磁操动机构的合闸电流比较大，所以不能用控制开关直接接通，需要经过中间放大元件——接触器，以小电流来控制大电流。

5）由于合闸线圈是按短时通电设计的，所以断路器合闸后，QF1 断开，保证合闸操作完成后及时断电，防止线圈烧坏。绿灯 HG 灭，QF2 闭合，SA 13-16 接通，＋WC→1FU→SA 16-13→HR→2R→KTL 电流线圈→QF2→YR→2FU→－WC 构成通路，红灯发出平光，表明跳闸回路完好及控制回路的熔断器 1FU、2FU 完好，在此通路中，因电阻 2R 存在，流过跳闸线圈 YR 的电流很小，不足以使其动作。

（2）手动分闸回路。将控制开关 SA 逆时针旋转 90°置于预备跳闸（PT）位置，SA 16-13 断开，而 SA13-14 接通闪光小母线，（＋）WF→SA 14-13→HR→2R→KTL 电流线圈→QF2→YR→2FU→－WC 形成通路，红灯 HR 发出闪光，表明 SA 的位置与跳闸后的位置相同，但断路器仍处于合闸状态。将 SA 继续逆时针旋转 45°而置于跳闸（T）位置，SA 6-7 接通，＋WC→SA 6-7→KTL 电流线圈→QF2→YR→2FU→－WC 形成通路，跳闸线圈 YR 通电，断路器跳闸，QF1 合上，QF2 断开，红灯熄灭。当松开 SA 手柄，SA 自动回到跳闸后位置，SA 10-11 接通，＋WC→1FU→SA 11-10→HG→1R→QF1→KM→2FU→－WC 构成通路，HG 绿灯发平光。

（3）自动分、合闸回路。断路器的自动控制通过自动装置的继电器触点，如图中 1K 和 2K 接通即可分别实现合、跳闸的自动控制。自动控制完成后，信号灯 HR 和 HG 将出现闪光，表示断路器自动合闸或跳闸，又表示跳闸回路或合闸回路完好，运行人员需要将 SA 旋转到相应的位置上，相应的信号灯发平光。当断路器因故障跳闸时，保护出口继电器触点 3K 闭合，SA 6-7 触点被短接，YR 通电，断路器跳闸，HG 发出闪光，表明断路器因故障跳闸，与 3K 串联的 KS 为信号继电器电流型线圈，电阻很小，KS 通电后将发出信号，同时由于 QF3 闭合而 SA 处于合闸后（CD）位置，SA 1-3、SA 17-19 接通，事故音响小母线 WAS→3R→SA 1-3→SA 19-17→QF1→－WS 构成通路，启动事故音响信号，如电笛或蜂鸣器发出声响。

（4）断路器的电气防跳回路。断路器在合闸后，如果控制开关 SA 的触点 5-8 或自动装置触点 1K 被卡死，而此时又遇到一次系统永久性故障，继电保护使断路器跳闸，QF1 闭合，合闸回路又被接通，断路器将发生多次跳跃现象，所以在控制回路中增设了防跳继电器 KTL。防跳继电器 KTL 有两个线圈：一个是电流启动线圈，串联于跳闸回路；另一个是电压自保持线圈，串联于合闸回路。当用控制开关 SA 合闸（5-8 接通）或自动装置触点 1K 合闸时，如合在短路故障上，继电保护动作，其触点 2K 闭合，断路器自动跳闸回路接通，防跳继电器 KTL 电流线圈通电，动合触点 KTL1 闭合，KTL 电压线圈通电，动断触点 KTL2 断开。断路器跳开后，QF1 闭合，如果此时合闸脉冲未解除，即控制开关 SA 的触点 5-8 或自动装置触点 1K 被卡死，因动断触点 KTL2 已断开，所以断路器不会合闸，只有当触点 5-8 或 1K 断开后，防跳继电器 KTL 电压线圈失电后，动断触点才闭合，这样就起到了防跳作用。

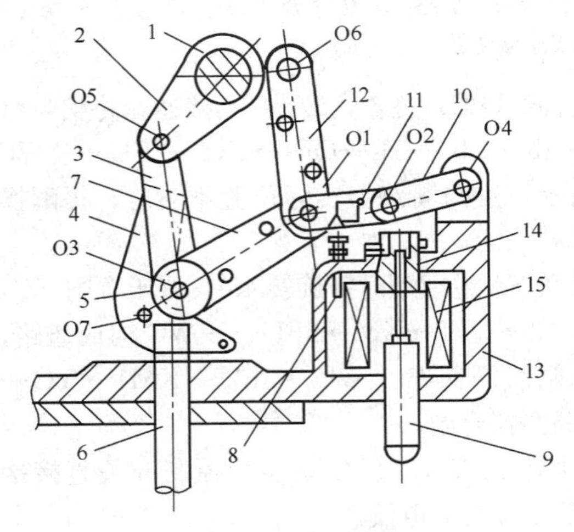

图 2-1-16　电磁操动机构剖视

1—输出轴；2—拐臂；3、10—连板；7、11、12—双连板；4—支架；5—滚轮；6—合闸铁芯顶杆；8—定位止钉；9—分闸动铁芯；13—轭铁；14—分闸静铁芯；15—分闸线圈；O1～O7—轴销

5. 检修工艺

结合图 2-1-16 所示电磁操动机构剖视图介绍该机构的检修工艺。

（1）CD10 操动机构连板系统检修工艺见表 2-1-14。

表 2-1-14　　CD10操动机构连板系统检修工艺

序号	内容	检修工艺	质量标准
1	分解	(1) 拆开端子排、分合闸指示牌及辅助开关连杆	
		(2) 卸下轴销04、05、06，取出连杆3、10及双连板7、11、12，再抽出轴销01、02、03，使各连板分解	
		(3) 松开输出轴1上的定位环，抽出输出轴	
		(4) 抽出轴销07，卸下支架4	
2	清洗、检查	(1) 用汽油清洗各零件	
		(2) 检查拆下的各轴销、连板、支架、滚轮、拐臂、扭簧等有无弯曲、变形、磨损等	各零件应无变形损坏、无焊缝、无裂纹。双连板铆钉不应松动，轴销与轴孔配合间隙不应大于0.3mm
3	装复	(1) 将各轴销、轴孔涂以润滑油后，按分解相反顺序装复。当连板系统装复到操动机构的基座上后，应从侧面观察，使各连杆中心在分、合闸铁顶杆中心线的垂直平面内，并经此位置来调整输出轴处的垫片的数量，使输出轴窜动量不致过大。调整好后将输出轴上定位环的止钉顶在窝内旋紧，然后才能进行检查试验	各轴销窜动量不应大于1mm
		(2) 拨动支架，检查复归弹簧是否良好	支架在扭簧作用下应能复归自如
		(3) 将机构置于合闸位置后，检查滚轮轴在支架上的位置是否符合要求，支架两脚是否在同一平面。如两脚不平时，可锉磨支架和机座的接触面或加点焊调平	滚轮轴扣入深度应在支架中心±4 mm范围内，支架两侧上端面应同时接触滚轮轴，其两脚应同时接触机座
		(4) 在未与断路器连接的情况下，将输出轴转动几次，检查有无卡涩	转动后各部件应能靠扭簧的力量自由复位
		(5) 拉动“死点”连板，模拟分闸状态，检查各部件是否灵活，双连板是否卡定位止钉和机座，如卡定位止钉，应检查双连板7是否装反；如卡机座，可将机座的棱角打掉一些	各双连板不可装反，接动“死点”连板时，双连板7与机座间的间隙不应小于1mm
		(6) 检查定位止钉是否松动，端部和侧面有无打击变形现象，止钉如弯曲应校直，并应查出原因予以消除	定位止钉应无弯曲、变形，调整后必须用螺帽锁紧
		(7) 用样板调整连板中间轴03过“死点”的距离	03应低于01—04中心连线0.5～1mm

(2) CD10操动机构合闸电磁铁检修工艺见表2-1-15。

表 2-1-15　　CD10操动机构合闸电磁铁检修工艺

序号	内容	检修工艺	质量标准
1	分解	(1) 拆下中部左侧接线板上合闸线圈的引线端子	
		(2) 拧下四只螺栓，卸下缓冲法兰、侧轭铁、上轭铁等，取出铁芯、弹簧、铜套、线圈等	
		(3) 抽出操作手柄的轴，取下手柄	

续表

序号	内容	检修工艺	质量标准
2	清扫、检查	(1) 检查上轭铁板上的隔磁铜片是否完好、紧固	固定隔磁铜片的平头螺栓应无松动，且不能高出铜片平面
		(2) 清扫检查合闸铁芯及顶杆	铁芯顶杆应不活动，止钉应无松动、退出
		(3) 用毛刷清扫上下轭铁、侧轭铁、铜套、线圈、弹簧等，检查线圈及引线绝缘情况，并测量其直流电阻	铜套应无变形，合闸线圈及引线绝缘应无破损，直流电阻符合标准
		(4) 清扫缓冲法兰，检查下部橡胶缓冲垫及手动操动手柄是否完好，将手动操作手柄转轴及滚轴清洗后涂润滑油	橡胶缓冲垫应无损坏及严重老化现象，固定螺帽间应加弹簧垫
3	装复	按分解相反顺序进行，装复后用手柄试操作几次，并检查铁芯运动情况，检查机构合闸滚轮轴与支架间的过冲间隙是否符合要求。若过冲间隙不符合要求，可调整铁芯顶杆的长度，接引线侧合闸线圈的绝缘电阻	铜套应正确安装在上下轭铁的槽内，合闸铁芯运动过程中应无卡涩及严重磨损现象。上轭铁装隔磁板的面应向下，不得装反。合闸铁芯行程约为78mm。铁芯合闸终止时滚轮轴与支架间的间隙为1～1.5mm

(3) CD10操动机构分闸电磁铁检修工艺见表2-1-16。

表2-1-16　CD10操动机构分闸电磁铁检修工艺

序号	内容	检修工艺	质量标准
1	分解	(1) 电磁铁芯如用止钉固定，则将分闸静铁芯14的止钉及下部托板卸下，如用圆螺母固定，则将止动垫圈及圆螺母卸下，然后取下分闸铁芯9及铜套	
		(2) 拆下分闸线圈引线端子，取出分闸线圈15	
2	清扫、检查	(1) 检查线圈及引线绝缘情况，并测量直流电阻	线圈及引线绝缘无破损，直流电阻符合标准
		(2) 检查铜套固定是否牢固，有无变形，动铁芯是否弯曲	动铁芯顶杆应与动铁芯上端面垂直
		(3) 动铁芯顶杆长度适宜，用手慢慢将动铁芯向上推，检查是否可靠跳闸	动铁芯顶杆碰到连板后应能继续上升8～10mm，分闸动铁芯行程为31～32mm
		(4) 当运行中监视灯回路作用在分闸线圈上的电压可能影响断路器正常动作时，应将分闸铁芯顶杆换成黄铜顶杆	
3	装复	(1) 将止钉准确顶入静铁芯的止钉窝内，装好下托板或紧固圆螺母，并将止动垫圈的突齿嵌入圆螺母槽内	
		(2) 将动铁芯旋转各种不同角度并向上推动时应灵活，若系用止钉固定而分闸电磁下部无托板时，则应加装托板	
		(3) 接引线前测量分闸线圈绝缘电阻	用1000V绝缘电阻表测量分闸线圈绝缘电阻，其绝缘电阻值应不小于1MΩ

(4) CD10操动机构辅助开关检修工艺见表2-1-17。

表 2-1-17　　**CD10 操动机构辅助开关检修工艺**

序号	检　修　工　艺	质　量　标　准
1	用毛刷清扫浮尘，打开辅助开关盖板检查动静触点的完好情况及切换可靠性，如有触点严重烧伤应修理或更换	
2	检查轴销、连杆是否完好	连杆不应弯曲，输出轴上拐臂旋入输出轴深度不小于 5mm

（5）CD10 操动机构合闸接触器检修工艺见表 2-1-18。

表 2-1-18　　**C10 操动机构合闸接触器检修工艺**

序号	检　修　工　艺	质　量　标　准
1	拆下灭弧罩，用细锉将烧伤的触头锉平，用 0 号砂布打光	动静触头表面应平整
2	用毛刷清扫各部件	各部件应清洁、完整，无污垢、锈蚀现象
3	调整触头开距和超行程	
4	装上灭弧罩后，检查动作情况	动触头应动作灵活，无卡涩现象

6. 主要危险点分析

（1）防止分解机构时弹簧伤人，应在分解前将弹簧能量释放，并做好防止弹簧突然弹出的防范措施。

（2）防止合闸铁芯拆、装伤人，两人抬铁芯时应互相呼应，不得将手放在合闸铁芯的底部。

（3）用油清洗零件时注意防火。检修现场应备有灭火装置。

7. 电磁操动机构部分常见故障及处理方法

CD10 电磁操动机构部分常见故障及处理方法见表 2-1-19。

表 2-1-19　　**电磁操动机构部分常见故障及处理方法**

序号	常见故障	可　能　原　因	处　理　办　法
1	分闸失灵	（1）定位螺杆松动、变位，造成分闸连板中间轴过低	重新调整定位螺杆，并紧固锁紧螺母
		（2）分闸电磁铁芯运动有卡涩现象	对有卡涩的铁芯找出原因，进行针对性处理
		（3）分闸电磁铁固定止钉松动，致使铁芯下落，甚至掉下	将止钉牢固的顶入窝内，并在分闸铁芯下部装一托板
		（4）分闸铁芯过于靠下	调整铁芯行程，使之适当减少
		（5）电气回路不通或线圈端电压过低	查出电气回路不通或端电压过低的原因，予以消除
2	合闸失灵	（1）分闸连板中间轴位置过高	重新调整分闸连板中间轴位置，但应保证最低分闸电压下可靠分闸
		（2）合闸铁芯上部绝缘垫装偏	使合闸铁芯外部铜套两端准确进入上下轭铁槽内，放正绝缘垫
		（3）合闸接触器动触头卡碰灭弧罩	处理动触头，使动触头不致卡碰灭弧罩
		（4）电气回路不通	查出电气回路不通的原因时，进行针对性的处理
		（5）合闸时，由于机构振动，分闸铁芯跳跃	如分闸电磁铁有托板时，可松开静铁芯上部止钉
3	合闸时产生“跳跃”，合不上闸	（1）辅助开关合闸触点打开过早	修理辅助开关
		（2）合闸铁芯顶杆太短	调整合闸铁芯顶杆，使过冲间隙达 1.0～1.5mm

（二）CD17 电磁操动机构

CD17 电磁操动机构是我国自行研制开发的新一代产品，是专门为真空断路器设计的操动机构，如图 2-1-17 所示。主要用于 ZN28A-12 和 ZN28-12 真空断路器。该操动机构为直推式输出，有 CD17-Ⅰ、CD17-Ⅱ、CD17-Ⅲ三种型号，分别配用分断能力为 20、31.5、40kA 的真空断路器，其体积、质量都比 CD10 型机构小得多，合、分闸操作电流也仅是 CD10 型机构的 2/3，安装占用空间小。

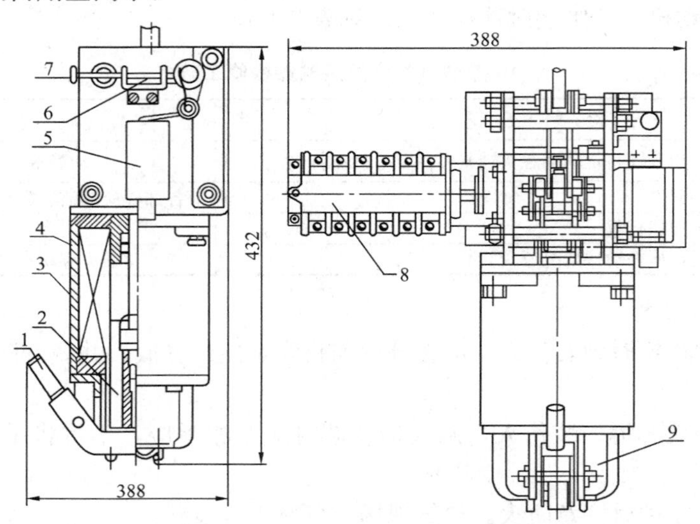

图 2-1-17 CD17 操动机构结构

1—合闸手柄；2—合闸铁芯；3—磁轭；4—合闸线圈；5—分闸电磁铁；6—调整螺钉；7—分闸按钮；8—辅助开关；9—缓冲法兰

1. 结构及特点

CD17 型直流电磁操动机构为平面五连杆机构，半轴脱扣，具备自由脱扣功能，脱扣功率小。机构左侧装有辅助开关，辅助开关下端装有接线端子，右侧装有分闸电磁铁，机构下部分为合闸电磁铁。为了防止铁芯吸合时粘附，合闸铁芯加有黄铜垫和压缩弹簧，以保证铁芯合闸终了时迅速落下。线圈和铁芯间装有铜套，起导向作用并防止铁芯运动时磨损线圈。合闸电磁铁下部由铸铁座和调整缓冲垫组成，座上装有合闸手柄供检修时手动合闸所用，橡胶调整缓冲垫不仅可起铁芯缓冲作用，并可用于调整铁芯顶杆与轮之间隙，以调整合闸速度。

注意：合闸手柄仅供停电检修时用，断路器带电时不许用此手柄人力合闸。

2. 主要技术参数

CD17 操动机构主要技术参数见表 2-1-20。

表 2-1-20　　CD17 操动机构主要技术参数

序号	名称		单位	技术参数		
				CD17-Ⅰ	CD17-Ⅱ	CD17-Ⅲ
1	220V 合闸线圈	计算电流	A	55	80	136
		电　阻	Ω	4±0.24	2.75±0.15	1.61±0.14

续表

序号	名　　称		单位	技　术　参　数		
				CD17-Ⅰ	CD17-Ⅱ	CD17-Ⅲ
2	110V 合闸线圈	计算电流	A	110	160	
		电　　阻	Ω	1±0.06	0.687±0.47	
3	220V 分闸线圈	计算电流	A	1.5		
		电　　阻	Ω	131±8		
4	110V 分闸线圈	计算电流	A	1.5		
		电　　阻	Ω	66±4		

注　操作电流为直流。

3. 动作原理

CD17 操动机构动作原理如图 2-1-18 所示。

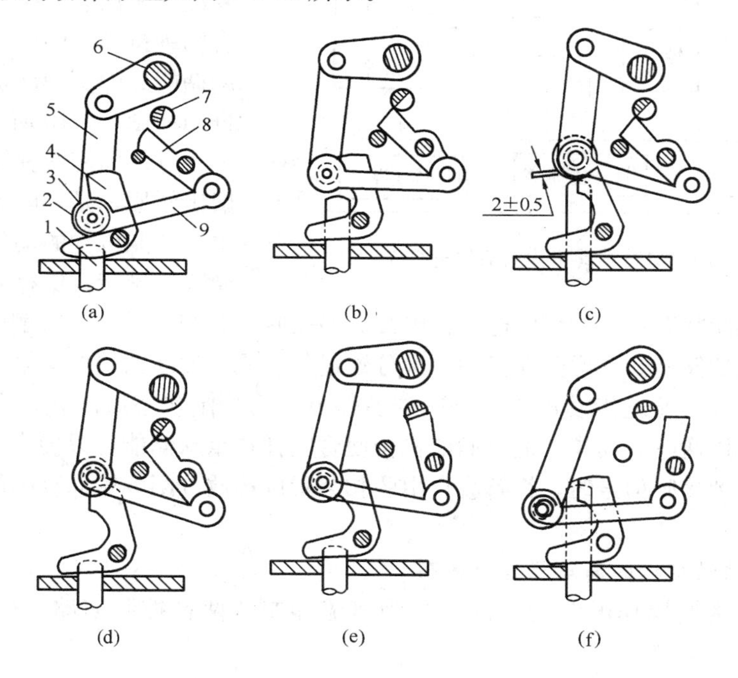

图 2-1-18　CD17 操动机构动作原理
(a) 分闸状态；(b) 合闸过程；(c) 合闸到顶点位置；(d) 合闸状态；
(e) 分闸过程；(f) 自由脱扣状态

(1) 合闸过程。合闸前扣板 8 处于复位状态［见图 2-1-18 (a)］，合闸线圈通电后，铁芯上扣板 8 与半轴 7 扣死，铁芯推动顶轮 2 上移，通过五连杆机构带动输出轴 6 转动约 38°，通过机构处的传动杆，使断路器合闸［见图 2-1-18 (b)］，此时断路器分闸弹簧储能，触头弹簧压缩。当铁芯升到终点时，环 3（图中虚线）与掣子 4 出现（2±0.5mm）间隙［见图 2-1-18 (c)］，这时因主轴转动，带动辅助开关，使合闸回路动断触点打开，切断合闸线圈电源，铁芯落下，环 3 被掣子撑住，完成合闸动作［见图 2-1-18 (d)］。

(2) 分闸过程。分闸线圈通电或用手力分闸时，半轴 7 沿顺时针方向转动，扣板与半轴解扣，使环3离开掣子4，在分闸弹簧与触头弹簧的共同作用下，轴出轴6逆时针方向转动，完成分闸动作，同时带动辅助开关，使分闸回路动断触点打开，切断分闸线圈的电源，如图2-1-18（e）所示。

（3）自由脱扣动作。合闸过程中，合闸铁芯顶着顶轮2向上运动，一旦接到分闸指令，使分闸铁芯启动，使半轴与扣板解扣，在分闸弹簧和触头弹簧的共同作用下，轮2从合闸铁芯顶杆1的端部滑下，实现自由脱扣，如图2-1-18（f）所示。

三、弹簧操动机构

（一）工作原理

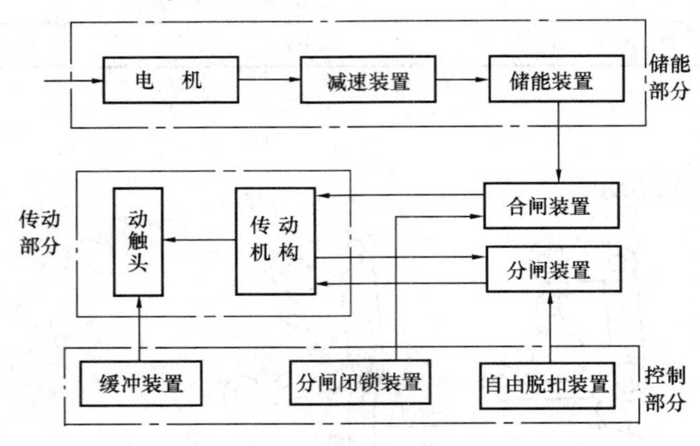

图2-1-19　弹簧操动机构组成原理框图

弹簧操动机构是一种以强力弹簧作为储能元件的机械式操动机构，弹簧储能通常是由电动机通过减速装置来完成。整个操动机构主要由弹簧储能、维持储能、合闸与合闸维持和分闸四个部分组成。电动储能式弹簧操动机构的组成原理框图如图2-1-19所示。

电动储能式弹簧操动机构的一般工作原理是：电动机通过减速装置和储能机构的动作，使合闸弹簧储存机械能，储存完毕后通过闭锁使弹簧保持在储能状态，然后切断电动机电源。当接收到合闸信号时，将解脱合闸闭锁装置以释放合闸弹簧的储能。这部分能量中一部分通过传动机构使断路器的动触头动作，进行合闸操作；另一部分则通过传动机构使分闸弹簧储能，为分闸状态做准备。当合闸动作完成后，电动机立即接通电源动作，通过储能机构使合闸弹簧重新储能，以便为下一次合闸动作做准备。当接收到分闸信号时，将解脱自由脱扣装置以释放分闸弹簧储存的能量，并使触头进行分闸动作。

（二）弹簧操动机构的断路器控制回路

弹簧操动机构按操作电源的不同可分为直流和交流两种控制回路，如图2-1-20和图2-1-21所示。

在图2-1-20中，由于弹簧操动机构储能耗用功率小，合闸电流小，所以用控制开关直接接通合闸线圈YO。当弹簧操动未拉紧时，弹簧操动机构辅助触点Q2和Q3闭合，电动机接通电源储能拉紧弹簧，弹簧拉紧后，Q1闭合，合闸回路接通，断路器合闸；Q2和Q3断开，电动机停止储能。合闸结束后，弹簧释放，Q2和Q3再次闭合，电动机再次储能为下次合闸做准备。

交流电源操动机构（见图2-1-21）的控制原理与直流电源的相似，可自行分析。

（三）CT19弹簧操动机构

1. 结构及特点

CT19型弹簧操动机构可供操动各类手车式和固定式开关柜中真空断路器之用。该操动机构结构示意如图2-1-22所示。该机构合闸弹簧的储能方式有电动机储能和手动储能两种，

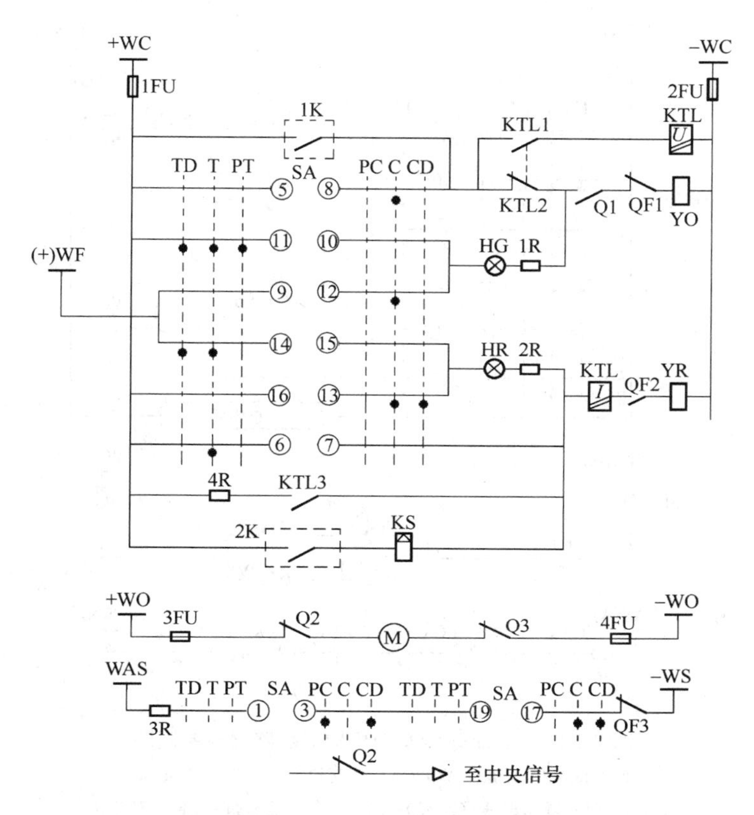

图 2-1-20 直流操作电源的弹簧操动机构的断路器控制及信号回路
WC—控制小母线；WF—闪光信号小母线；WO—合闸小母线；WAS—事故音响小母线；KTL—防跳继电器；HG—绿色信号灯；HR—红色信号灯；KS—信号继电器；KM—合闸接触器；YO—合闸线圈；YR—跳闸线圈；SA—控制开关；QF—断路器辅助开关；1K—自动合闸装置执行继电器触点；2K—继电保护触点；R—限流电阻；M—储能电动机；Q1～Q4—弹簧操动机构辅助触点

分闸操作有分闸电磁铁、过电流脱扣电磁铁及手动按钮操作三种，合闸操作有合闸电磁铁及手动按钮操作两种。

2. 主要技术参数

(1) 储能电动机参数见表 2-1-21。如用户需要采用交流电源时，则增加全波整流电源（桥堆）供给储能电动机工作。

表 2-1-21　　CT19 操动机构电动机参数表

型　　号	66ZYCJ-11	
额定工作电压（V）	≃110	≃220
电动机额定输入功率（W）	70～200	
正常工作电压范围	85%～110%额定工作电压	
额定工作电压储能时间（s）	⩽12	

(2) 分合闸电磁铁参数见表 2-1-22，机构输出轴工作转动角为 50°～55°。

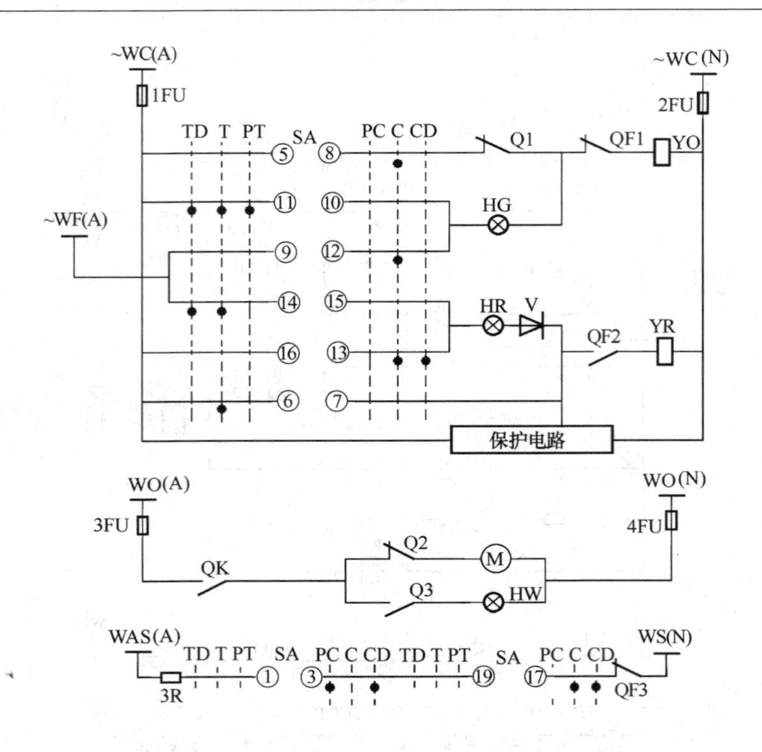

图 2-1-21 交流弹簧操动机构的断路器控制回路

M—储能电动机；WO（A）—交流操作母线（A 相）；
WO（N）—操作母线（N 线）；HW—白色信号灯；QK—刀开关

表 2-1-22　　CT19 操动机构分合闸电磁铁参数表

额定工作电压(V)	～110	～220	～380	—48	—110	—220
额定工作电流(A)	4.3	3.8		3.3	2.3	1.16
额定电功率(W)	<473	<836		<158	<253	<255
20℃时线圈电阻值(Ω)	8.5±0.5	19.2±1.2		15±0.75	47±2.8	190±11
正常合闸工作电压范围	85%～110%额定工作电压					
正常分闸工作电压范围	65%～120%额定工作电压应可靠分闸，小于 30%额定工作电压时不得分闸					

3. 分合闸动作过程

CT19 弹簧操动机构分合闸动作示意如图 2-1-23 所示。合闸时，合闸半轴 10 顺时针转动到脱扣位置使储能保持掣子 12 失去对凸轮 1 的制动，在合闸弹簧张力的作用下，凸轮顺时针转动，凸轮转动后失去对输出拐臂 6 的制动，输出轴 7 转动完成合闸。分闸时，分闸半轴 4 逆时针转动到脱扣位置，使扣板 5 解除对输出轴制动，输出轴顺时针旋转，完成分闸动作。

四、液压机构

液压操动机构是利用液压油作为能源实现断路器动作的机构，具有输出功率大、动作快、操作平稳等优点，广泛用作高压断路器尤其是超高压断路器的操动机构。

（一）液压操动机构组成部分及其作用

（1）储能部分。储能部分由贮压器、油泵与电动机组成。储压器是充有高压力气体（氮

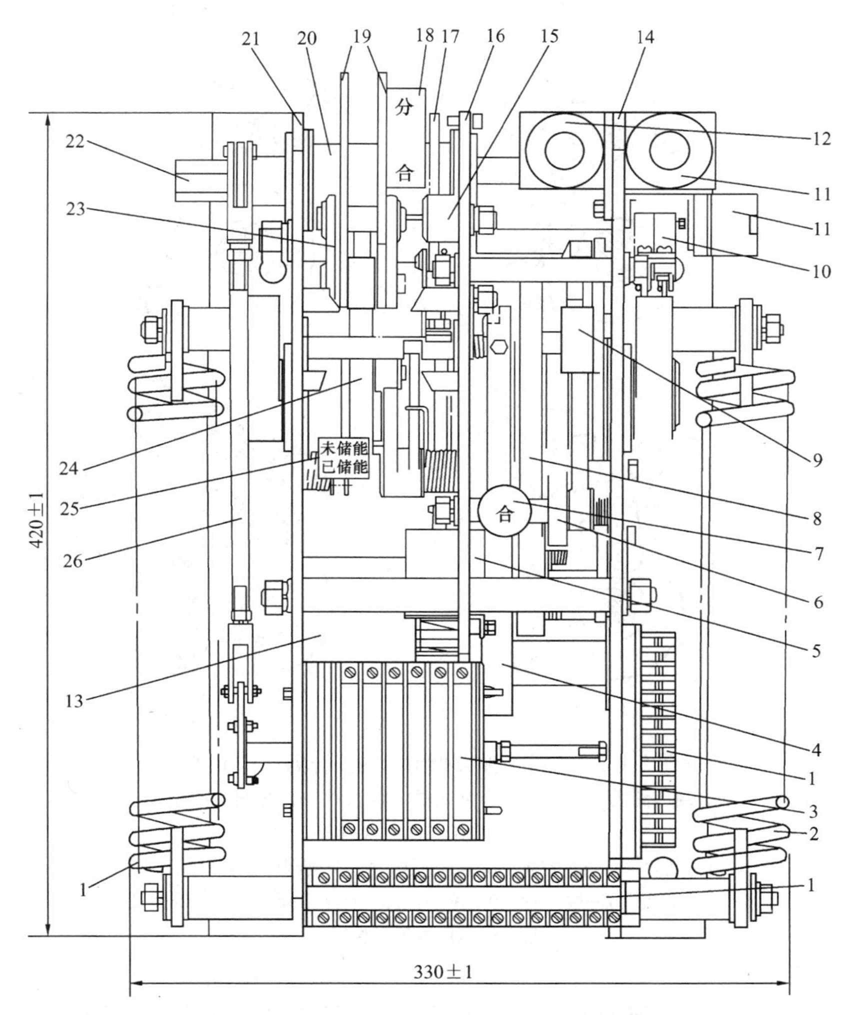

图 2-1-22　CT19 型弹簧操动机构结构示意

1—接线端子；2—合闸弹簧；3—组合开关；4—齿轮轴；5—合闸电磁铁；6—离合凸轮；7—合闸按钮；8—齿轮；9—人力储能摇臂；10—行程开关；11—过流电磁铁；12—分闸电磁铁；13—电动机；14—右侧板；15—分闸限位销轴；16—中间板；17—分闸限位拐臂；18—合分指示；19—输出拐臂；20—轴出轴；21—左侧板；22—人力合闸接头；23—连板；24—凸轮；25—储能指示；26—组合开关连杆

气）的容器，能量是以气体压缩能的形式储存，油泵和电动机供贮压器储能使用，电动机带动油泵向贮压器压油（打压），使气体压缩，所以机构的能源仍然来自电源。

（2）执行元件。执行元件是工作缸，它把能量转变为机械能，推动断路器完成分、合闸操作。

（3）控制元件。控制元件为各种阀门，用以实现分、合闸的控制、连锁与保护等要求。

（4）辅助元件。辅助元件包括低压力油箱、连接管道与油过滤器、压力表等。

（二）工作原理

现以 LW10B-252 型高压断路器液压机构为例说明其工作原理，如图 2-1-24 所示。

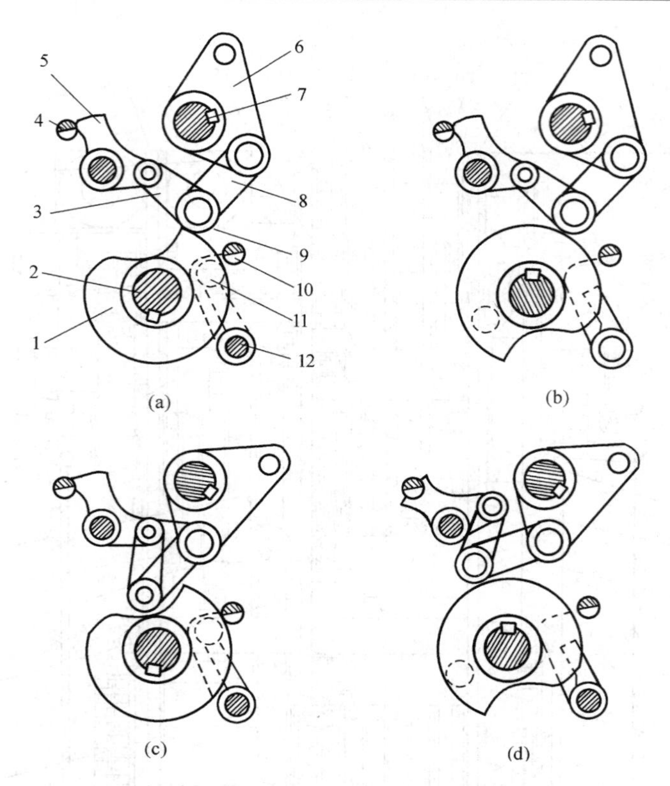

图 2-1-23 CT19 弹簧操动机构分合闸动作示意

(a) 合闸已储能状态；(b) 合闸未储能状态；(c) 分闸已储能状态；(d) 分闸未储能状态

1—凸轮；2—储能轴；3、8—连板；4—分闸半轴；5—扣板；6—输出拐臂；7—输出轴；9—滚子；10—合闸半轴；11—凸轮滚子；12—储能保持掣子扣板

1. 贮压操作

贮压器下部预先充有 15MPa（15℃）的高纯氮，工作时，电动机 15 接通电源带动油泵转动，油泵将油箱 1 中的低压油经过滤器 14、低压油管压入贮压器上部，进一步压缩下部的氮气，形成高压油。当油压达到工作压力值时，压力开关 18 的 7、8 触点（控制电动机的启动与停止）断开，切断电动机电源，完成贮压操作。

在贮压过程中或贮压完成后，如果由于温度变化或其他意外原因使得油压升高达到安全阀 5 开启压力时，压力开关的 9、10 节点（控制安全阀的开启与关闭）接通，安全阀 5 上边的电磁铁带电，强行打开安全阀 5 的阀口泄压，以保护液压系统。当压力泄到规定的压力值时，压力开关 18 的 9、10 触点断开，安全阀 5 电磁铁失电返回，安全阀阀口在弹簧与油压作用下关闭。

2. 合闸操作

合闸电磁铁 6 接受命令后，打开合闸一级阀 2 阀口，高压油经合闸一级阀 2 进入二级阀阀杆活塞 12 的下部，推动阀杆向上运动，从而带动管阀向上封住工作缸下部的合闸阀口，打开管阀下部的分闸阀口，高压油经管阀内腔进入工作缸下端，由于工作缸活塞下部受力面积大于上部，便产生一个向上的力，推动活塞向上运动实现合闸。当合闸电磁铁电源切断

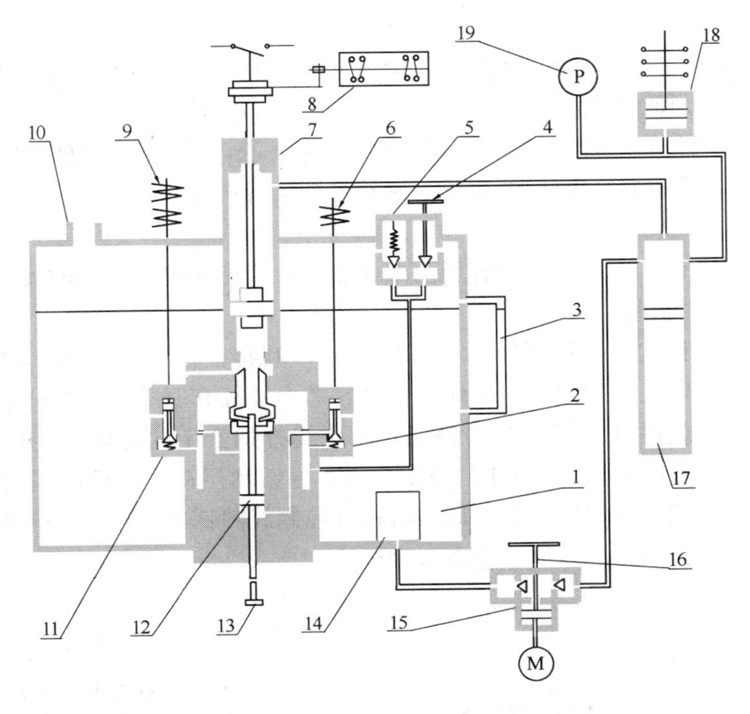

图 2-1-24 LW10B-252 液压操动机构原理图（分闸状态）

1—油箱；2—合闸一级阀；3—油标；4—高压放油阀；5—安全阀；6—合闸电磁铁；7—工作缸；8—辅助开关；9—分闸电磁铁；10—油气分离器；11—分闸一级阀；12—二级阀阀杆活塞；13—操纵杆；14—过滤器；15—油泵电动机；16—手力打压杆；17—贮压器；18—压力开关；19—油压表

后，合闸一级阀在弹簧力及油压作用下关闭，高压油流入油箱，二级阀阀杆活塞下部与油箱连通成为低压态。

在合闸状态下，因意外因素使得液压系统失压，在重新建压过程中，由于管阀不会受到向下的力（重力远小于摩擦力），反而一旦有油压就会受到一个向上的预封力，因此，管阀一直处于原封不动，封住合闸阀口，高压油便同时进入工作缸活塞的上、下部，使活塞始终受一个向上的力，而不会出现慢分现象。

3. 分闸操作

分闸电磁铁 9 接受命令后，打开分闸一级阀 11 阀口，高压油进入二级阀杆活塞 12 的上部，推动阀杆向下运动，从而带动管阀向下，使管阀与工作缸下部的合闸阀口分开，管阀下部进入分闸阀口如图 2-1-24 状态，阻止高压油通过管阀内腔向上流动；同时，工作缸活塞下部与油箱连通成为低压状态，活塞在上部油压作用下向下运动，实现分闸，同时带动辅助开关 8 转换，主控室内的分闸指示信号接通，合闸回路接通（即可以接受合闸命令），带动辅助开关 8 的滑环指向分、合闸指示牌的“分”，分闸电磁铁电源切断后，分闸一级阀 11 在弹簧力及油压作用下，下阀口关闭，上阀口打开，切断高压油路成为图示状态，命令高压油流入油箱，二级阀的阀杆活塞 12 上部与油箱连通成为低压态。

4. 慢合、慢分

断路器必须在退出运行不承受高电压时，才允许慢合、慢分操作，此种操作只在调试时进行。

断路器处于分闸位置，把液压系统的压力放至零表压，用手向上推动操纵杆 13 至合闸位置，然后用电动机 15 或手力打压杆 16 打压，断路器即实现慢合。

断路器处于合闸位置，把液压系统的压力放至零表压，用手向上拉操纵杆 13 至分闸位置，然后用电机 15 或手力打压杆 16 打压，断路器即实现慢分。

五、永磁机构

永磁机构发展至今，归纳起来可分为两个类型：双稳态和单稳态永磁操作机构。

（一）双稳态永磁机构

双稳态永磁操动机构结构示意如图 2-1-25 所示，其特征是在静铁芯上固定有分闸线圈和合闸线圈，在两线圈之间固定有永磁体，在动铁芯上穿插有驱动杆。当分闸（合闸）线圈通电后，产生了与永久磁铁相反方向的磁通，两磁场叠加产生的磁场力使得动铁芯向合闸（分闸）位置动作，完成关合（或断开）动作。永久磁铁利用动、静铁芯提供的低磁阻抗通道将动铁芯保持在分闸（合闸）位置，即该机构在控制线圈不通电流时它的动铁芯有两个稳定工作状态，合闸与分闸，所以称双稳态永磁机构。

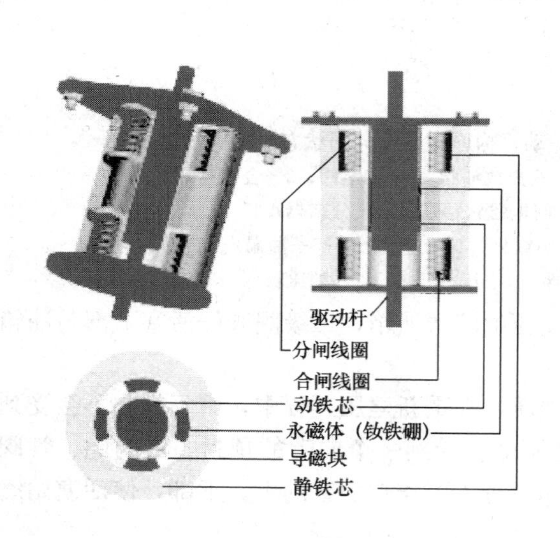

图 2-1-25 双稳态永磁操动机构结构示意

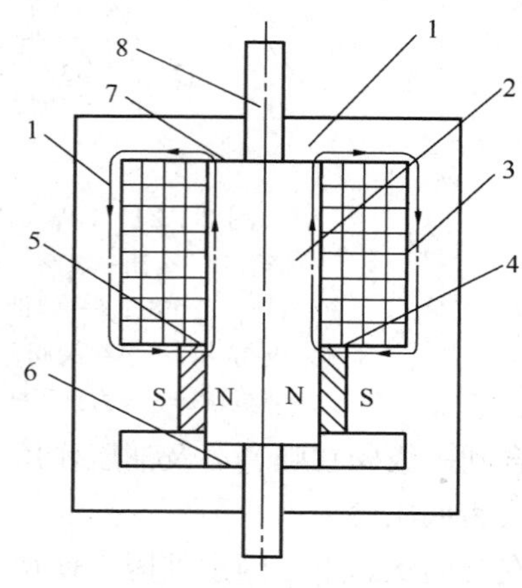

图 2-1-26 单稳态永磁机构（合闸状态）
1—静铁芯；2—动铁芯；3—操作线圈；
4、5—永磁体；6—下磁极；7—上磁极；
8—驱动杆

（二）单稳态永磁操动机构

单稳态永磁操动机构只有合闸保持依靠永磁力，快速分闸和分闸保持功能由储能弹簧来完成，其所操作的断路器每相配一个机构，结构简单，完全直线运动，传动效率最高，全面克服机械故障。单稳态机构所需的操作功率与双稳态机构相比大幅度减小，为断路器进一步延长使用寿命、提高可靠性奠定了基础。

当操动机构处于合闸位置，线圈中无电流通过，由于永久磁铁的作用，动铁芯保持在上端。分闸时，在操作线圈中通以正向电流，该电流在动铁芯上端产生与永磁体磁场相反方向的磁场，使动铁芯受到的磁吸力减少，当动铁芯受到的向上的合力小于弹簧的拉力时，动铁芯向下运动，实现永磁机构的分闸。当处于分闸位置时，在操作线圈中通以与合闸操作时方向相反的电流，这一电流在静铁芯上部产生与永磁体磁场方向相同的磁场，在动铁芯下部产生与永磁体磁场方向相反的磁场，使动铁芯所受的磁吸力减小，当操作电流增大到一定值时，向上的电磁合力大于下端的吸力与弹簧的反力，动铁芯便向上运动，实现合闸，并使分闸弹簧储能。

操作训练2　操动机构的检修与调试训练

一、训练目的

(1) 了解操动机构的类型和工作原理。

(2) 熟悉操动机构的检修规范和技术要求。

(3) 掌握操动机构的检修调试步骤。

(4) 学会操动机构的常见故障处理、调试方法。

二、操作任务

操作任务见表2-1-23。

表2-1-23　操动机构的检修与调试操作任务表

操作内容	进行电磁、液压、弹簧、气动机构常见故障处理和调试
说明及要求	(1) 根据设备情况可选择不同类型的机构设置故障查找； (2) 结合机构的二次回路处理重点指导合、分故障； (3) 机构的调整、试验可采用示范性操作； (4) 由于操动机构的类型较多，指导教师应按实际设备作相应调整
工具、材料、设备场地	常用检修工器具、检测仪器、试验设备、各类机构等

三、注意事项和安全措施

(1) 操动机构一般都有储能功能，操作训练前应充分释放，并取下操作熔断器，防止无动作伤人。

(2) 搭接试验电源时要防止短路或人身触电，应按指导老师的要求进行操作。

(3) 不能随意进行合、分操作。

(4) 对有害物质或气体要做好防范措施。

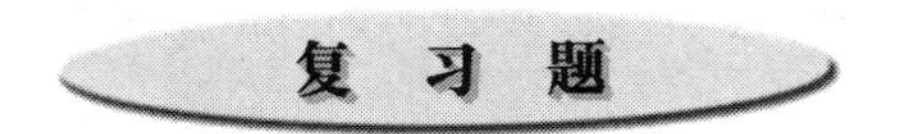

一、选择题

1. (　　)操动机构中弹簧储能通常由电动机通过减速装置和储能机构来完成。

(A) 液压；(B) 弹簧；(C) 气动。

2. 液压操动机构是利用(　　)作为动力传递的介质。

(A) 液压油；(B) 氮气；(C) 绝缘油。

3. 断路器操作机构应具有(　　)功能。

(A) 合闸、合闸保持、分闸；(B) 自由脱扣、防跳跃；(C) A和B都有。

二、判断题

1. 电磁操动机构分闸时的能量是靠电能提供。(　　)

2. CD10 电磁操动机构是一种交流电源操动机构。（ ）
3. 永磁机构现主要用于真空断路器操作。（ ）
4. 永磁机构的合闸保持功能由脱扣器来完成。（ ）
5. 弹簧操动机构主要有弹簧储能、维持储能、合闸维持和分闸四个部分。（ ）

三、问答题

1. 液压操动机构由哪几部分组成？作用是什么？
2. 请绘出弹簧操动机构组成原理框图。

模块二

隔离开关、负荷开关检修技能训练 

课题一 隔离开关及其检修

一、概述

隔离开关属于高压开关设备的一种。在分开位置时，触头间有符合规定要求的绝缘距离和明显的断开标志；在合上位置时，能承载正常回路条件下的电流及在规定时间内异常条件（例如短路）下电流的开关设备。由于隔离开关没有灭弧装置，故严禁带负荷和带设备故障进行拉闸和合闸操作。常规使用时应与断路器相配合，只有在断路器断开后才能进行工作。

（一）隔离开关的用途

在电力系统中，隔离开关主要有以下用途：

（1）分断隔离电源。将需要检修的电力设备与带电的电网隔离，使其有明显的断开点，以保证检修工作的安全进行。

（2）改变运行方式。在断口两端接近等电位的条件下，带负荷进行拉闸和合闸操作，变换双母线或其他不长的并联线路的接线方式。

（3）接通和断开小电流电路。在运行中可利用隔离开关进行接通和断开感性与容性小电流或者环流的操作。

（二）选用隔离开关的要求

（1）对于72.5kV及以上电压等级的新隔离开关应符合国家电网公司《关于高压隔离开关订货的有关规定（试行）》（生产输电［2004］4号）的要求，对不符合相关技术要求的隔离开关进行完善化改造。

（2）隔离开关在分闸状态应有明显的断开点，易于鉴别电器是否与电网隔离。

（3）隔离开关断开点间应有可靠的绝缘，保证在正常电压和发生过电压或相间闪络情况下不带电侧的人身和设备安全。

（4）隔离开关在合闸状态经回路电阻测试，具有足够的热稳定性和动稳定性，保证运行中能通过负荷电流及短路电流。

（5）结构简单，动作可靠灵活。户外隔离开关在恶劣的气候条件下必须能正确工作。

（6）隔离开关应具备手动、电动或气动等形式的分合闸操作，有相应的位置指示功能。

（7）隔离开关应配备接地开关，以保证线路或其他电气设备检修时的安全性。但隔离开关和接地开关间必须有可靠的机械连锁，保证先断开隔离开关，才能合接地开关，先拉开接地开关，才能合隔离开关的操作顺序。

（三）隔离开关的类型结构

1. 隔离开关的类型

（1）按安装场所分为屋内和屋外式两种。

（2）按极数分为单极和三极两种。

（3）按每极支柱绝缘子的数目分为单柱、双柱和三柱式三种。

（4）按隔离开关的动作方向分为闸刀式、旋转式、摆动式和插入式四种。

（5）按所配机构分为手动式、电动式、气动式和液压式四种。

（6）按使用环境分为普通型和防污型两种。

2. 隔离开关的型号

隔离开关型号表示方法如下：

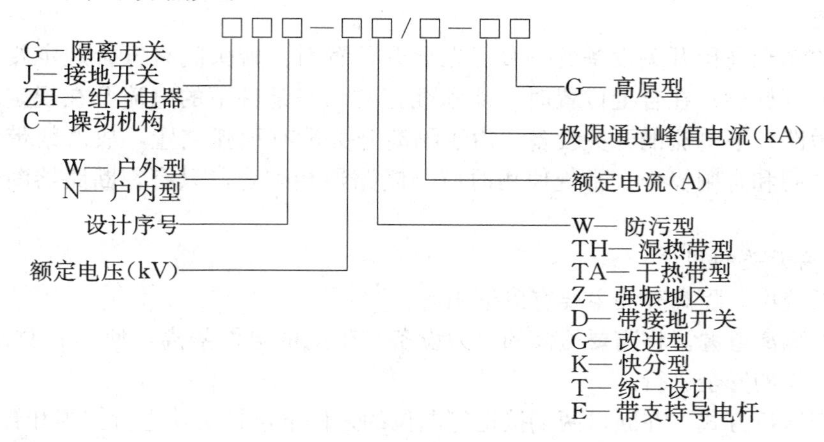

3. 隔离开关的基本结构

隔离开关主要由以下几个部分组成：

（1）支持底座。该部分的作用是起支持和固定作用，将导电部分，绝缘子，传动机构，操动机构等连接固定为整体。

（2）导电部分。包括触头、闸刀、接线座等，其作用是传导电流。

（3）绝缘子。包括支持绝缘子、操作绝缘子，其作用是使带电部分对地绝缘。

（4）传动机构。传动机构的作用是接受操动机构的力矩，并通过拐臂、连杆、轴齿或操作绝缘子，将运动传给动触头，以完成分、合闸操作。

（5）操动机构。用手动、电动、气动、液压向隔离开关的操作提供电源。对带有接地开关的隔离开关还有接地开关的操动机构、传动机构和接地开关，其作用是在检修设备时起安全接地作用。

（四）常用户外隔离开关简介

1. GW4 系列隔离开关

GW4 型隔离开关外形见图 2-2-1。该系列隔离开关由三个独立的单极组成，两支柱绝缘子相互平行地安装在基座上，且与基座垂直。导电系统由触头端和触指端构成，分别安装在

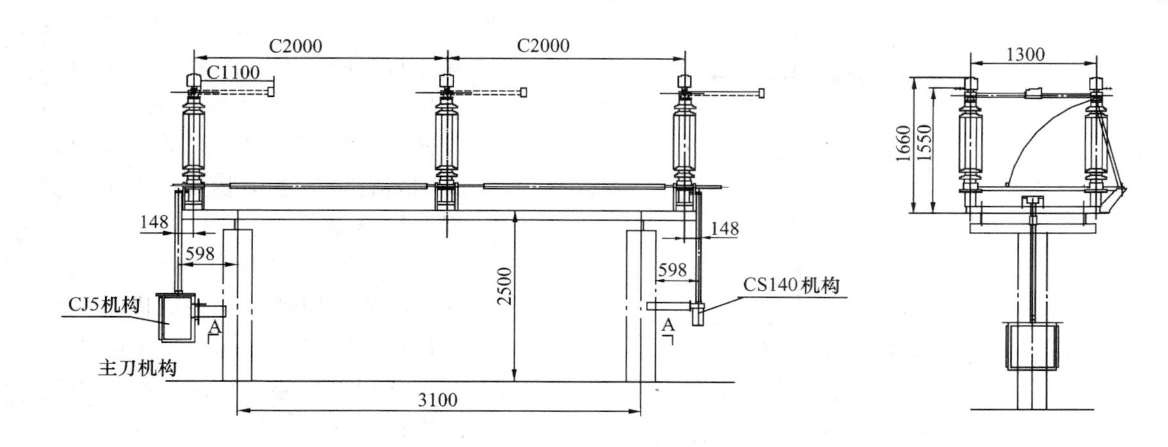

图 2-2-1　GW4-126WD隔离开关三极连动图

两支柱绝缘子上方，随支柱绝缘子作约90°转动。三个单极的隔离开关主刀和接地刀可借助于连接板（杆）、调节螺母等组成三极（机械）联动。

该系列隔离开关的主开关和接地开关可分别配各类电动型机构或手动操动机构进行三相联动操作，隔离开关的主开关和接地开关间装有机械连锁装置。

2. GW5 系列隔离开关

GW5 型隔离开关外形见图 2-2-2。该系列隔离开关为水平开启式结构，主要由基座、支柱绝缘子、导电系统、接地开关等部分组成，每相两支柱绝缘子固定在一个底座上，交角为50°，呈 V 形结构。

3. GW7 型隔离开关

GW7 型隔离开关外形如图 2-2-3 所示。该系列隔离开关由三个独立的单极组成，每极底座上有三个绝缘子，两端支持绝缘子上装有静触头，操作绝缘子上装有主导电杆，经底座内的拐臂、连杆与机构的主轴连接。当分闸或合闸时，机构的主轴旋转 180°。

4. GW10 型隔离开关

GW10 型隔离开关外形如图 2-2-4 所示。该系列隔离开关由底座、绝缘支柱、传动装

图 2-2-2　GW5 型隔离开关

图 2-2-3　GW7 型隔离开关

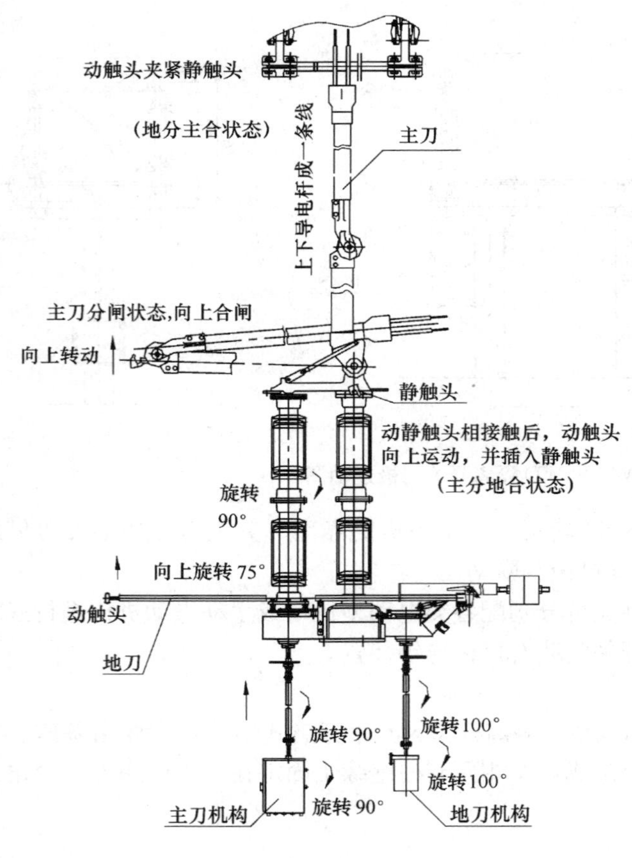

图 2-2-4　GW10-252 动作原理

置、导电闸刀、静触头操动机构等。每极隔离开关配装一个接地开关供断口下端接地用，接地开关为单杆分步动作式。主开关和接地开关间装有机械连锁装置，也可以实现电气连锁。

5. GW11 型隔离开关

GW11 型隔离开关单极结构和动作原理见图 2-2-5。三极通过水平连杆和垂直连杆构成整体，由电动操作分合闸。接地开关亦通过水平和垂直连杆实现联动，一般选用手动机构。隔离开关操作相常规在中相。

其他 GW16 型隔离开关可对照 GW10 型隔离开关，GW17 型隔离开关可对照 GW11 型隔离开关。

二、隔离开关的安装与调整

（一）隔离开关安装时的工艺要求

1. 安装前的检查

（1）接线板（面）及载流部分应完整清洁，触头配件齐全（镀银层完好）且接触良好。

（2）绝缘子（瓷瓶）表面应清洁，无裂纹、无破损，瓷铁结合处牢固，表面有封水胶保护。

（3）隔离开关基座内的各传动部件无变形，动作灵活，并涂有适当的润滑脂。

（4）操动机构箱内的零部件齐全且性能良好，机构箱密封良好，机构转动部分涂有合适的润滑脂。

（5）厂家提供的安装使用说明书、合格证和相关试验报告等资料齐全。

2. 传动部分安装与调整的工艺要求

（1）拉杆应校直，与带电部分安全距离应符合规定。

（2）拉杆内径与操动机构轴的直径配合良好。两者的间隙不应大于 1mm，连接部分的销子不应松动。

（3）延长轴、轴承、连轴器、中间轴承及拐臂等转动部分安装位置正确，固定牢固，转动齿轮咬合正确，操作轻便灵活。

（4）定位螺钉按产品技术要求进行调整，固定牢固。

（5）所用传动部分涂有合适的润滑脂。

（6）接地开关转轴上的扭力弹簧或其他拉伸式弹簧应调整到操作力矩最小，在锤子连杆

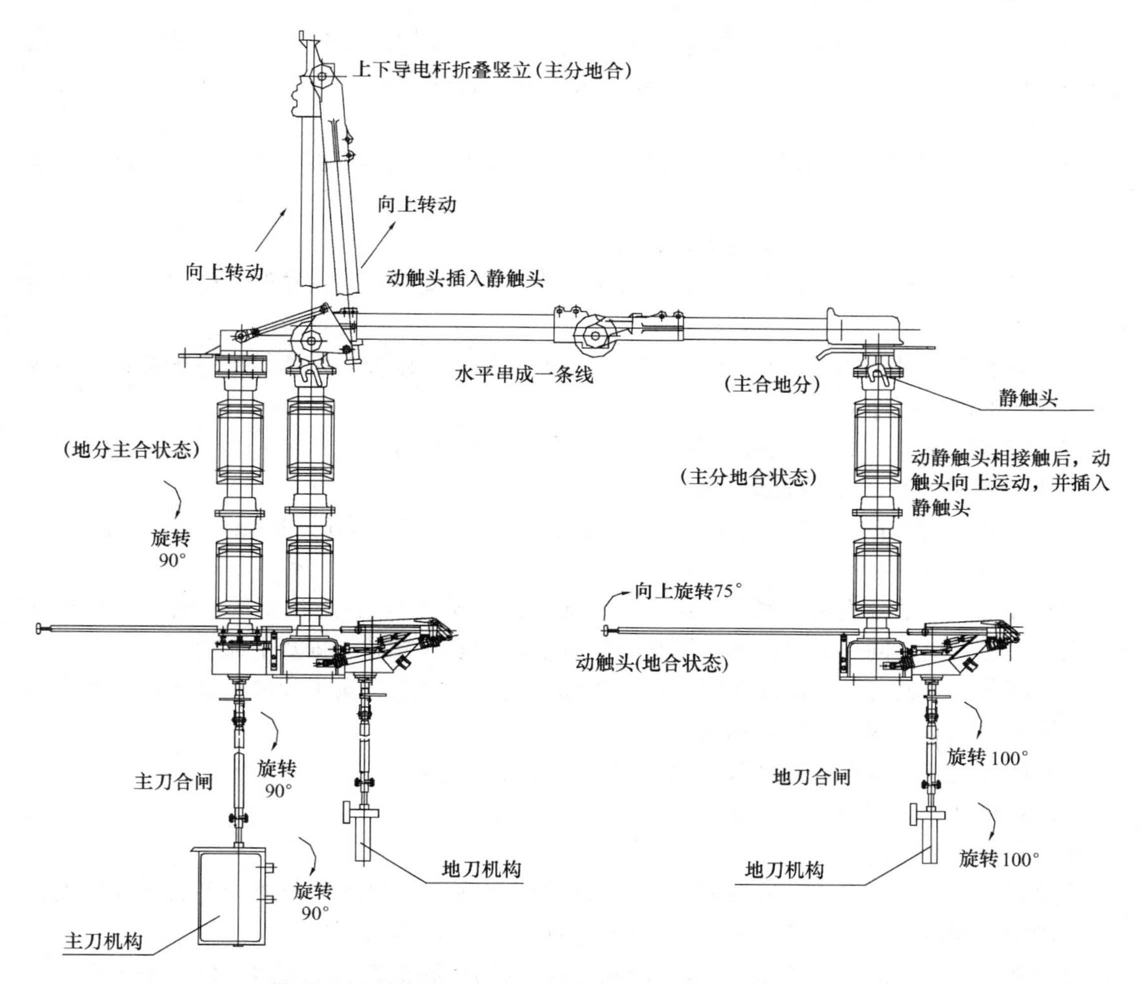

图 2-2-5　GW11 动作原理图

上涂以黑色油漆。

3. 操动机构的安装与调整应满足的要求

（1）操动机构安装牢固，电动或气动操作前，应进行多次操作且正常，无卡滞 、冲击现象。

（2）电动机的转向正确，机构的分、合闸指示与设备的实际分合位置一致。

（3）限位装置准确可靠，达到极限分、合位置应可靠地切除电源或气源。

（4）机构箱密封良好。

（5）拉杆式手动操动机构的手柄位于上部或左端的极限位置，或蜗轮蜗杆的手柄位于顺时针方向的极限位置，此时应是隔离开关的合闸位置，反之是分闸位置。

（6）隔离开关的辅助触点动作准确可靠，接地开关和隔离开关的机械闭锁和电气闭锁准确可靠。

4. 导电部分安装调整后应满足的要求

（1）用0.05mm×10mm的塞尺检查接触情况，对线接触的应塞不进去，对接触表面宽度为50mm以下，塞入深度不应超过4mm，在接触面宽度为60mm及以上时，塞入深度不应超过6mm。

（2）接触表面平整、清洁，并薄涂一层中性凡士林。两侧的接触压力均匀，接触良好。

（3）设备的接线面应涂一层电力复合脂。

（4）触头间的相对位置，备用行程以及分闸状态触头间的净距或拉开角度，应符合产品的技术要求。

（5）具有引弧触头的隔离开关由分到合时，在主触头接触前，引弧触头应先接触。由合到分，触头的断开顺序应相反。

（6）三相隔离开关的分、合闸同期性应符合产品的技术规定。

5. 隔离开关整体组装后的技术要求

（1）隔离开关相间距离误差为110kV及以下不应大于10mm，110kV以上不应大于20mm，相间连杆应在一水平线上。

（2）支柱绝缘子应垂直与底座平面（V形隔离开关除外），且连接牢固，同一绝缘子柱各绝缘子中心线应在同一垂直线上，同相各绝缘子的中心线在同一垂直平面内。

（3）隔离开关的各支柱绝缘子间应连接牢固，安装时可用金属垫片校正其水平或垂直偏差，其缝隙应用腻子抹平后涂以油漆。

（4）如有均压环（罩）和屏蔽环罩，应安装牢固、平整。

（5）隔离开关底座接地应良好。

（二）安装方法与步骤

开关只适用于水平安装，安装前应对产品进行全面检查。证实导电闸刀各紧固连接处无松动，操动机构转动灵活，各零部件无损伤，然后按以下步骤进行安装：

（1）将每一相隔离开关底座吊运，分别放置在现场安装支架上，用水平仪校平底座上平面（防止绝缘子安装后倾斜）固定。带有连锁板的底座为B相（操作相）。

（2）绝缘子安装须测量高度，选配组合，保证各相支柱高度基本一致。若有倾斜，可调节底座上的调节螺栓或在绝缘子柱间加垫片调整（垫片每片1mm，不超过3片）。

（3）导电闸刀吊装前必须加以固定，以免下落伤人，并且不要碰伤镀银层和触头。检查安装位置正确后，用螺栓进行固定。

（4）安装地闸刀导电杆前，用细砂布将结合面砂光，然后迅速涂上很薄一层工业凡士林，再插入夹紧块，用螺栓进行固定。

（5）操动机构安装，将主刀机构和地刀机构安装在便于用手操作的基础支架上，以隔离开关底座上操作轴为中心，用垂线保证主轴与机构转动轴中心吻合，紧固机构上的安装螺栓。

（6）机构置于分闸位置的终端，然后顺时针方向（合闸位置方向）再摇回半圈，用螺栓将垂直连杆与接头装配加以连接并固定，管子插入深度为20～25mm。安装完毕后，若不能正常分合闸，则需松开接头装配的螺栓进行调整。调整完毕后，使机构分合起始角度与刀闸分合位置一致。

（7）将静触头与母线进行连接并固定。

（三）调整

1. 单相隔离开关调整

（1）导电闸刀调整：分合闸操作不均衡时，在隔离开关合闸状态，打开下部导杆上的盖板，用8mm圆钢插入调节螺纹套中：分闸力＞合闸力，逆时针调整调节螺纹套，释放弹簧；合闸力＞分闸力，顺时针调整调节螺纹套，压紧弹簧。调整后，再用手操作几次，检查分合闸力是否基本均衡，若差别大，则继续调整，直到基本平衡为止。

（2）分合闸位置调整：

1）调整静触头基座上的连杆稍过死点位置。

2）在分合闸位置正确时，下导电杆应处于铅垂位置，如不符合标准，调整连杆上的调整螺栓。此时静触头基座上的连杆两端轴销中心距约在（512±5）mm范围内。

3）调整静触头基座上的定位件位置，使分闸时导电闸刀对隔离开关的冲击力最小。

（3）由于支柱绝缘子上端面的不平，有可能造成导电闸刀在产品横向上倾斜，此时必须在导电闸刀的基座下加垫片调整。

2. 接地开关调整

（1）调整接地动静触头插入深度和位置。

（2）接地开关处于合闸位置，若动静触头中心不吻合，可调整底座上接地开关的转轴。

（3）接地开关在分闸位置，限位螺栓能压住导电杆，则说明接地开关能正常分合闸。

3. 三相连动杆的安装和调整

（1）相间连动杆长短根据相间距离决定。

（2）若三相不同期，可调整水平连接杆的长度及连动杠杆的起始位置，以达到分合闸正确及同期性。

4. 机械互锁调整

（1）地刀在合位，主刀在分位；主刀在合位，地刀在分位。当不能满足以上要求，可调整底座上的连锁传动连杆。

（2）进行电动操作前，一定要注意隔离开关主刀和地刀的所在位置，以免造成误操作损坏零部件。

5. 安装调整后检查与验收

（1）分别手动操作隔离开关主闸刀和接地开关3～5次，应操作平稳，接触良好，分合闸位置正确。

（2）接通电源，在电动机额定操作电压下操作5次，在电动机85%、110%额定操作电压下分别操作3次，应分合闸正常、动静触头接触良好、无异常现象发生。

（3）主闸刀合闸时，动触头与静触杆应接触良好，同时测量主回路电阻（上下出线端之间）。

（4）接地开关动静触头在合闸后接触良好，动触头插入深度不小于40mm，每片均应该接触，当不能满足时，可稍微调整一下动触头。

（5）三相合闸同期性之差异不大于20mm。测量方法：当任一极的动触头两侧触片均与静触杆接触时，测量另外两极动静触头间的距离（以两侧动触片距静触杆距离的平均值为准）。

（6）检查所有传动、转动等具有相对运动的部位是否润滑，所有轴销、螺栓等是否紧固可靠。

(7) 检查隔离开关与接地开关是否连锁可靠，电磁锁是否动作可靠。

(四) 对GW10-252型隔离开关的安装与调整

在电力系统220kV电压等级中，GW10-252型隔离开关运用具有一定的普遍性，其结构和动作原理见图2-2-4。

(1) 将底座装配固定在基础上，检查平面是否水平。

(2) 在地面分别将上、下支持绝缘子和上、下旋转绝缘子连接在一起，吊装在底座装配上。

(3) 将主闸刀装配吊装在支持绝缘子上固定，再调整转动法兰处的升降螺杆，直至旋转绝缘子转动灵活，随后将升降螺杆的锁紧螺母拧紧。

(4) 对地接地型产品，还需按图示位置将接地静触头安装在主刀闸的底座上。

(5) 站在主闸刀运动的侧面，解开捆绑主闸刀的固定件，将主闸刀放置在合闸位置，调整主闸刀上双连杆的长度，使之等长，且主动臂在"死点位置"距限位螺钉2mm，此时主闸刀应基本处于铅锤位置。

(6) 静触头的安装、调整。组装时，应根据悬挂点距地基安装平面的高度确定，以保证在各种环境下，接触范围满足要求。通过机械连锁装置使主地刀达到主分—地合、地分—主合。三相联动通过极间拉杆实现。

三、隔离开关的检修

(一) 检修的分类

(1) 大修：对设备的关键零部件进行全面解体的检查、修理或更换，使之重新恢复到技术标准要求的正常功能。

(2) 小修：对设备不解体进行的检查与修理。

(3) 临时性检修：针对设备在运行中突发的故障或缺陷而进行的检查与修理。

(二) 检修的依据

应根据交流高压隔离开关设备的状况、运行时间等因素来决定是否应该对设备进行检修。

(1) 小修一般为一年一次，污秽严重的地区小修周期应适当缩短，结合设备的预防性试验的停电机会进行。

(2) 对于未实施状态检修、且未经过完善改造、不符合国家电网公司《关于高压隔离开关订货的有关规定》和《交流高压隔离开关技术标准》的隔离开关设备，应该进行完善化大修。

(三) 检修项目及技术要求

隔离开关的检修项目及技术要求见表2-2-1。

表2-2-1 检修项目及技术要求

检修部位	检修项目	技术要求
导电部分	(1) 主触头的检修； (2) 触头弹簧的检修； (3) 导电臂的检修； (4) 接线座的检修	(1) 主触头接触面无过热、烧伤痕迹，镀银层无脱落现象； (2) 触头弹簧无锈蚀、分流现象； (3) 导电臂无锈蚀、起层现象； (4) 接线座无腐蚀，转动灵活，接触可靠； (5) 接线板应无变形、无开裂，镀层应完好

续表

检修部位	检修项目	技术要求
绝缘子	绝缘子检查	(1) 绝缘子完好、清洁，无掉瓷现象，上下节绝缘子同心度良好； (2) 法兰无开裂、无锈蚀、油漆完好，法兰与绝缘子的结合部位应涂放水胶
机构和转动部分	(1) 轴承座的检修； (2) 轴套、轴销的检修； (3) 传动部件的检修； (4) 机构箱检查； (5) 辅助开关及二次元件检查； (6) 机构输出轴的检查； (7) 主开关和接地开关连锁的检修	(1) 轴承座应采用全封闭结构，加优质二硫化钼锂基润滑脂； (2) 轴套应具有自润滑措施，应转动灵活、无锈蚀，新换轴销应采用防腐材料； (3) 传动部件应无变形、无锈蚀、无严重磨损，水平连杆端部应密封，内部无积水，传动轴应采用装配式结构，不应在施工现场进行切焊配装； (4) 机构箱应达到防雨、防潮、防小动物等要求，机构箱门无变形； (5) 二次元件及辅助开关接线无松动，端子排无锈蚀，辅助开关与传动杆的连接可靠； (6) 机构输出轴与传动轴的连接紧密，定位销无松动； (7) 主刀与接地刀的机械联锁可靠，具有足够的机械强度，电气闭锁动作可靠

(四) 检修的注意事项

(1) 在拆卸过程中，要记录各零件的相互位置和标准件的规格，以免重新装复时出现错误。注意拆卸时不要碰伤导电接触面和镀银层。

(2) 拆卸时，选择隔离开关在合适的状态，防止机械伤人。如GW10-252型隔离开关应处于合闸位置，以免弹簧作用使闸刀弹开伤人。

(3) 修后装复时，所有运动部位均应润滑，导电面涂薄薄一层工业凡士林。对铝与铝接触的非镀银导电面，由于氧化极快，故应先涂上黄干油，以钢刷按网格方式往复摩擦，然后用干净的布擦净表面，迅速涂上薄薄一层工业凡士林油，并立即进行装配。

(4) 修后电动机构电动操作试验前，必须先手动操作无误后，方可进行。气动机构建压过程中，工作人员避开高压管道正面。

(五) GW4-126DW/1250型隔离开关检修

现系统运行的GW4-110系列户外交流高压隔离开关大多为完善化以前各个不同厂家的产品，已趋于淘汰，现以GW4-126DW/1250型基本完善化隔离开关检修过程举例说明其检修步骤、工艺和要求，该型隔离开关配以CS14G型手力操动机构或CJ5型电动操动机构。

1. 隔离开关解体前检查

(1) 检查隔离开关绝缘子是否完整，有无电晕和放电现象，检查水泥浇筑连接情况，胶装接口处的封水胶是否完整，有问题的应及时处理或更换。

(2) 检查传动杆件及机构活动各部分有无损伤、锈蚀、松动、弯曲等不正常现象。

2. 导电系统解体拆装

导电系统由触头端、触指端构成，分别安装在两支柱绝缘子上方，随支柱绝缘子作约90°转动。

(1) 触头座解体检修装配：

1) 对触头座进行解体，清洗检查各部件。

2）出线座罩无裂纹，内部无氧化毛刺，绝缘胶木片完整，无老化变色。铝托座和出线座无裂纹，与刀导电管接触面无氧化、污垢。

3）导电带（软铜带）无过热、烧伤、折断，如发热变色、丧失弹性、断裂面超过总截面10%应更换。

4）检查各导电部分镀银层是否完好，在各静导电部分表面涂导电脂（各动导电部分表面涂中性凡士林）后，按拆除相反顺序装复出线座。装复时注意软铜带的旋转方向。

（2）触头臂、触指臂解体检修装配：

1）对触头臂、触指臂进行解体，清洗检查各部件。

2）中间触头的防雨罩完好无开裂、锈蚀。清洁触指表面的污垢和烧伤痕迹，触指镀银层应完好无脱落，触指烧伤严重的应更换，轻微烧伤的用银砂子加以清理，镀银部件用软棉布擦拭干净。触指弹簧锈蚀或永久变形的应更换。触头上的配件如连接片、卡板等无变形、损坏、锈蚀。

3）清理触头臂触头处的污垢和烧伤痕迹，触头接触面应光滑、平整、清洁。烧损面大于10%、烧伤深度大于1mm、烧伤严重的触头应更换，轻微烧伤的用银砂子加以清理。导电铜管无弯曲变形，触头与导电管结合处焊接牢固，无开裂。

4）导电结合处平整，无污垢、杂质，清洁待干后涂抹导电脂（中性凡士林），按拆除相反顺序装复中间触头，先装上卡板，为了防止弹簧锈蚀，增加使用寿命，装复时必须填充黄油，触指安装平整，触头压力符合要求。

（3）触头座与触头臂、触指臂连接，装复时注意选择触头座的旋转方向。

3. 基座拆卸

（1）用专用工具将基座分解。

（2）锥形轴承内外圈滚珠完好无锈蚀、破损、残缺，有问题的应更换。用清洗剂清洁轴承内部，待干后涂上二硫化钼锂基脂。转动轴承应灵活，无卡涩现象。

（3）按拆除相反顺序装复基座，将锥形轴承安装在轴芯上，使用黄铜棒敲紧，组装过程中不能用坚硬金属工具加在外圈或滚动体上，装复后，用手转动基座应转动灵活，无卡涩。

4. 接地开关解体检修

（1）分解接地开关。

（2）清除静触头触指表面污垢，接触面清洁完好，接触面轻微烧伤应清洗修整，如烧伤严重应更换。装复时，注意三相的固定角度应保持一致，以保证三相的同期性。

（3）清除动刀杆表面污垢，检查动刀杆有无变形弯曲，表面是否光滑，有无放电烧伤痕迹，接触面轻微烧伤应清洗修整，接触面严重烧伤应更换。清除接地软铜带表面污垢，检查软铜带是否完整，断裂面积超过总面积10%的应更换。装复时，各静导电部分表面涂导电脂（各动导电部分表面涂中性凡士林），软铜带表面涂抹防护脂。

（4）按拆除相反顺序装复活动转轴，接地开关在合闸位置，紧固各定位圈上的螺杆。平衡弹簧装复时，注意三相的固定角度应保持一致，以保证三相的运动力度相同。丝牙、轴、弹簧涂抹防锈及润滑脂。

5. 主闸刀组装调试

（1）清洗水平及交叉连杆、接头、轴孔；检查连杆、接头有无变形锈蚀，螺纹完整无损伤，焊接处牢固无开裂。铜套内圆应平整光滑，有轻微伤痕用0号砂纸打磨。

（2）单相闸刀组装调试。

1）合闸时，保证两触头顶端间隙 3～8mm，上下对称差≤5mm，必要时可调整两支柱绝缘子上、下两端的垫片（垫片不超过 3mm，每片 1mm），或调整导电杆的长短。

2）各相隔离开关交叉连杆连接时，动静触头接触位置应基本一致，保证隔离开关的合闸同期性。

3）隔离开关的分闸角度允许误差±1°，可在分闸状态下测量导电管前后的平行距离差值不大于 10mm。

4）用直流电阻测试仪检查隔离开关接触电阻。仪器仪表的外壳必须可靠接地，注意电压试验端在接线板内侧，电流试验端在接线板外侧，试验端应接触可靠。

（3）隔离开关三相主闸刀组装调试。

1）主动操动拐臂（机构操作相）调整，将拐臂中心距调整为 150mm，固定好销子，单相操作隔离开关使之分合闸，如果分闸角度小于 90°，可将拐臂中心距加大 1～3mm。如果分闸角度大于 90°，可将拐臂中心距缩短 1～3mm，试作几次直至满足要求。

2）用连板、调节螺杆、镀锌管将隔离开关三相连接。将三相联动的拐臂中心距调整为 98mm，固定好销子，使三相开关联动分合闸。如果分合闸角度三相均小于 90°，则需重新微调主动拐臂中心距。除操作相外其余两相的调整，如果分合闸角度小于 90°，则需将联动拐臂中心距缩短 1～3mm，反之则加大 1～3mm。隔离开关的分闸角度允许误差±1°。

3）隔离开关操动机构置于 A 相（或其他相）操作轴下方，使隔离开关和操动机构都处于合闸位置，对准中心后，用接头、销和镀锌管将两轴连接。

4）手动操作。首次操作应慢速转动操作杆，注意观察机构各传动部分有无卡涩，如有卡涩现象则需查明原因方可继续操作。

（4）隔离开关三相接地闸刀组装调试。

1）三相接地闸刀在合闸位置。用镀锌管、夹件、螺栓将三相接地闸刀连接。检查接地刀和操动机构的实际位置一致后，安装接地刀主拐臂小连杆。

2）接地开关操动机构置于 A 相（或其他相）操作轴下方，使隔离开关和操动机构都处于合闸位置，对准中心后，用接头、销和镀锌管将两轴连接。检查接地刀分合闸定位销有无弯曲变形、焊接部位开裂现象，分合闸终了定位销应能锁住。

3）水平转动 CS14G2 手动机构操作手柄 180°，则带动接地开关在垂直平面内上下转动进行分闸或合闸。接地开关合闸时应接触可靠，三相不同时接触的误差不超过 20mm。分闸时三相处于水平。

4）隔离开关闭锁试验。调整隔离开关 A 相下部基座上扇形机械连锁板的位置。限位板与机械连锁板应有 5～10mm 间隙。必须保证隔离开关主闸刀在合闸时，不能合地刀；地刀在合闸时，不能合主刀。

（5）电动操动机构检修。

1）使用绝缘电阻表检查电动机、控制二次回路的绝缘电阻，二次回路绝缘电阻不大于 2MΩ 且使用 1000V 绝缘电阻表。

2）电动机齿轮键、槽完整无损伤，手动旋转电动机输出轴转动灵活、无卡涩，转动部分清洗待干后涂二硫化钼锂基脂。检查蜗轮、蜗杆主轴轴向窜动不大于 0.5mm，键销装配紧密，转动灵活，无卡涩，转动部分涂润滑脂。

3）电动操动机构各辅助零部件完好无破损，接触良好，动作可靠灵活无卡涩。

4）机构箱密封应严密可靠，机构箱门无锈蚀、无破损，密封完好。

（6）电动、手动机构操作试验：

1）电动机构电动操作试验。注意隔离开关电动、手动闭锁试验，必须断开电动机电源空气开关，只接通控制电源，防止试验时操作杆在操作孔中发生意外，通过观察分、合闸接触器动作情况进行检查。

2）手动机构电动操作试验。检查手动机构各部件无锈蚀破损，操作应灵活不别劲，对转动部分加注润滑油。

课题二　负荷开关及其检修

负荷开关是指能在正常的导电回路条件或规定的过载条件下关合、承载和开断电流，也能在异常的导电回路条件（例如短路）下按规定的时间承载电流的开关设备。按照需要，负荷开关也可具有关合短路电流的能力。

一、概述

（一）用途

负荷开关主要用于关合、承载和开断正常条件下（亦可包括规定的过载条件）的电流，并能通过规定的异常（如短路）电流，以完成电力系统中正常发生的各种合闸和开断操作。

（二）组成

负荷开关由承载电流的闸刀、灭弧装置、支柱绝缘子和操动机构各部分组成，如图2-2-6所示。

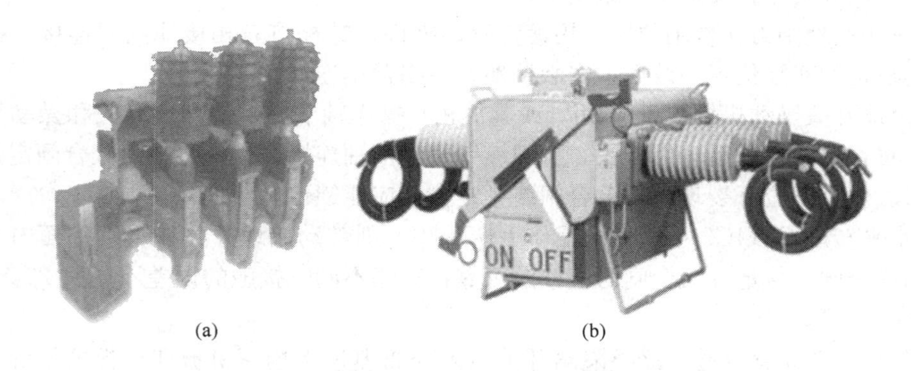

(a)　(b)

图 2-2-6　高压负荷开关

(a) SPG-15 型（CFLW 型）柱上 SF_6 气体绝缘负荷开关；

(b) FKN12-12DR/T125-31.5 户内高压负荷开关

（三）分类

（1）按用途分为通用负荷开关和专用负荷开关。

（2）按介质或灭弧方式分为产气、压气、油、真空、SF_6 负荷开关。

（3）按有无隔离间隙分为有隔离间隙和无隔离间隙负荷开关。

（4）按安装场所分为户内和户外负荷开关。

（5）按操动机构分为电动、手动和手力储能负荷开关。

（6）按操作频繁程度分为一般和频繁负荷开关。

（7）按操作方式分为三相同时操作和分相操作负荷开关。

（四）型号说明

负荷开关型号含义说明如下：

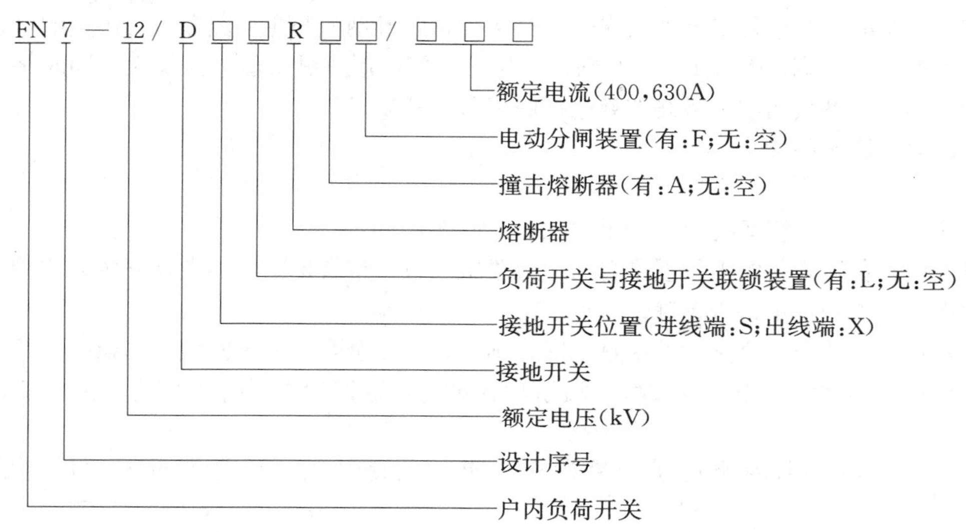

（五）结构和工作原理

1. 结构

现在系统中负荷开关主要应用于中压配电网，且由于油、真空和 SF_6 负荷开关的结构、工作原理与断路器相似，下面以 FN7-12/DR 交流高压负荷开关为例，对常用的 10～35kV 电压等级的产气式和压气式负荷开关进行介绍。FN-12/DR 交流高压负荷开关外形见图2-2-7。

负荷开关的外形与一般隔离开关相似，开关的底部为框架，传动机构装在框架中，框架上装有 6 只绝缘子，分为上下两排。户内式负荷开关框架上部的 3 只绝缘子为支撑件和灭弧室之用，户外式负荷开关 3 只绝缘子仅为固定灭弧室之用。框架下部的 3 只绝缘子固定闸刀。导电部分由闸刀和触座组成。户内式负荷开关在闸刀端部装有弧动触头，上触座为主静触头，主静触头内装有弧静触头和灭弧喷嘴；户外式负荷开关静、弧触头均在灭弧室内，闸刀和导电杆组成动触头，配有缓冲、分闸弹簧。

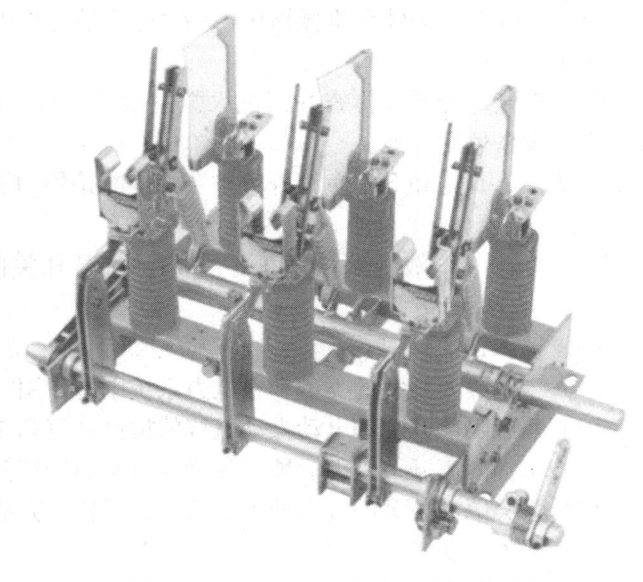

图 2-2-7　FN7-12/DR 交流高压负荷开关

2. 工作原理

户内式负荷开关在合闸时，闸刀通过主静触头形成主回路，分闸时主回路先断开，产生的电弧经弧触头在灭弧室中燃烧，从而使灭弧室中的产气材料因受热产生压缩空气，经灭弧喷嘴形成强烈地气吹，使电弧熄灭。

户外式负荷开关在合闸时，闸刀顶上导电杆，使其插入静触头形成主回路，同时分闸弹簧储能；分闸时，导电杆受闸刀的夹带和分闸弹簧的推动，与主回路断开，产生的电弧经弧触头在灭弧室中燃烧，从而使灭弧材料产生压缩空气，形成纵吹使电弧熄灭。同时闸刀在分闸弹簧的作用下继续运动，最终与导电杆脱离形成外断口。

二、运行维护和检修

1. 运行维护

负荷开关投入系统运行后，着重注意以下问题：

（1）检查负荷开关闸刀位置是否与运行要求一致，带有熔断器的负荷开关还应检查熔断器的动作指示器的指示是否正确。

（2）观察负荷开关合闸时的接触情况，闸刀是否完全合上，有时因合闸保持弹簧性能不好，出现合闸不到位现象。对贴有示温蜡片的设备，定期检查蜡片的熔化程度，防止回路过热。

（3）对有电寿命或不适于频繁操作要求的负荷开关，注意不得超过规定的操作次数。

（4）当负荷开关开断（或关合）短路电流后，应对设备进行检查，有问题则须更换零部件（如灭弧室、压气缸、闸刀触头等）方可继续运行。

2. 检修

根据设备的检修周期进行检修，当特殊情况时（开断或关合短路电流），应采取相应的检修。检修分为机械部分和电气部分。

（1）机械部分应对全部轴销进行更换（包括操动机构），活动和传动处加润滑油，检查绝缘支撑部件有无裂纹和机械损伤，调整弹簧的行程以保证闸刀的开距、三相动作的同期性和合闸后的接触。

（2）电气部分要求检查并清洗灭弧室或压气缸，最后通过电气试验验证设备的各项指标，保证设备使用性能。

对于油、真空和 SF_6 负荷开关按照相应断路器的检修标准加以检修。

操作训练3　高压隔离开关的检修与调整

一、训练目的

（1）了解隔离开关的类型和在电力系统中的作用。

（2）熟悉隔离开关和电动操动机构的检修规范和技术要求。

（3）掌握隔离开关主刀、地刀和操动机构的安装及检修步骤。

（4）学会隔离开关的故障处理、调整、试验的方法和技巧。

二、操作任务

操作任务见表2-2-2。

表 2-2-2 高压隔离开关的检修与调整操作任务表

操作内容	进行GW4高压隔离开关的安装、检修与调整
说明及要求	(1) 根据设备情况可选择单相隔离开关（含接地刀）解体检修； (2) 重点指导三相隔离开关主刀与接地刀连锁调整和试验方法； (3) 故障分析以示范二次辅助零部件的检查和电机回路的调整； (4) 操作中指导教师应结合标准化作业规范指导训练
工具、材料、设备场地	常用安全用具、检修工器具、登高工具、测量工具、试验设备、消耗性材料等

三、注意事项和安全措施

(1) 防止学员登高时发生跌落，应搭好检修平台，使用安全带。

(2) 搭接试验电源时要防止短路或人身触电，应按指导老师的要求进行操作。

(3) 不能随意进行隔离开关试验或开关传动操作，以防隔离开关上有人工作，易引起人身伤害。

(4) 隔离开关技能训练项目见表2-2-3。

表 2-2-3 隔离开关技能训练项目

序号	技能操作训练项目	操作步骤及内容
1	单相隔离开关（含接地刀）解体检修调整	(1) 单相隔离开关主刀导电部分解体检修装配； (2) 单相隔离开关主刀基座解体检修装配； (3) 单相隔离开关主刀调整； (4) 单相隔离开关接地刀解体检修装配； (5) 单相隔离开关接地刀调整
2	三相隔离开关（不含接地刀）检修调整	(1) 三相隔离开关传动杆拆卸清理； (2) 三相隔离开关主拐臂装配调整； (3) 三相隔离开关连杆装配调整； (4) 三相隔离开关主转轴镀锌管装配调整； (5) 三相隔离开关手动分合，数据检查
3	三相隔离开关接地刀检修调整	(1) 三相隔离开关接地刀连杆装配； (2) 三相隔离开关接地刀主拐臂装配调整； (3) 三相隔离开关接地刀主转轴镀锌管装配调整； (4) 三相隔离开关接地刀手动分合，数据检查
4	三相隔离开关主刀与接地刀连锁调整试验	(1) 三相隔离开关主刀合闸位置试验； (2) 三相隔离开关接地刀合闸位置试验； (3) 三相隔离开关主刀与接地刀连锁数据检查
5	电动机构检查	(1) 电动机检查； (2) 分合闸接触器检查； (3) 按钮检查； (4) 行程开关检查； (5) 辅助继电器检查； (6) 端子排检查； (7) 机构箱密封检查
6	电动机构试验	(1) 电动机回路绝缘试验； (2) 控制回路绝缘试验； (3) 隔离开关电动分合闸试验； (4) 隔离开关电动分合闸紧急停止试验； (5) 隔离开关电动、手动连锁试验； (6) 电动机过电流不启动试验； (7) 隔离开关远方、就地电动试验

注 表中操作步骤及内容可由学员根据实训讲课后和教材要求填写，操作前指导教师应审核修改后，再指导学员实际操作。

教学提示：GW4-126DW隔离开关的结构和大修作业演示见光盘补充。

一、选择题

1. GW5型系列隔离开关支柱绝缘子夹角为(　　)。

(A) 30°；(B) 50°；(C) 60°；(D) 90°。

2. 隔离开关二次回路绝缘电阻不大于(　　)MΩ且使用1000V绝缘电阻表。

(A) 2 ；(B) 5 ；(C) 10 ；(D) 20 。

3. 隔离开关轴承座应采用全封闭结构，加优质(　　)润滑脂。

(A) 黄油 ；(B) 机油 ；(C) 中性凡士林 ；(D) 二硫化钼锂基 。

二、判断题

1. 在运行中可利用隔离开关进行接通和断开感性与容性小电流或者环流的操作。(　　)

2. GW10-252型隔离开关检修拆卸时应处于合闸位置，以免弹簧作用使闸刀弹开伤人。(　　)

3. 负荷开关可以断开规定的故障电流。(　　)

三、问答题

1. 简述隔离开关的用途。

2. 说明GW4-126DW/1250型隔离开关设备型号的含义。

3. 简述隔离开关导电部分检修的技术要求。

模块三

10kV成套高压开关柜和GIS组合电器及其检修 

一、高压开关柜

高压开关柜是成套配电装置的一种，它是由制造厂以断路器为主生产的成套电气设备。制造厂根据电气主接线的要求，针对使用场合、控制对象及主要电气元件的特点，将有关控制电器、测量仪表、保护装置和辅助设备装配在封闭半封闭式的金属柜体内柜中，用于电力系统中接受和分配电能。其优点是结构紧凑，占地少，维护检修方便，大大地减少现场的安装工作量，并缩短施工工期。

一般是一个柜构成一个电路（必要时用两个柜），所以通常一个柜就是一个间隔。使用时可根据配电网络的连接形式和设置地点设计主电路的方案，选用适合多种电路间隔的开关柜，然后组合起来便构成整个高压配电装置。

（一）高压开关柜的分类和型号

1. 分类

依据断路器的安装方式及柜体的结构型式的不同，高压开关柜可分为金属封闭式、一般固定式及特殊环境使用型三类。

（1）金属封闭式高压开关柜：这类开关柜除进出线外，各侧面和顶部完全被接地的金属外壳封闭（通风孔和观察窗除外），操作人员只能从门或从可拆卸的罩板进入柜内。金属封闭式开关柜又可分为铠装式、间隔式和箱式三种类型。

（2）一般固定式高压开关柜：这类高压开关柜其柜体结构多为半封闭式或开启式，柜内的一次回路元器件为固定安装。这类开关柜按其母线安装的套数不同又分为单母线型和双母线型两种。

（3）特殊环境型高压开关柜：这类开关柜是指使用环境超过了开关柜一般使用条件，而专为特定环境设计的产品，如高寒型、湿热带型和矿用型等。

2. 型号意义

高压开关柜的型号含义如下：

□1□2□3□4—□5/□6□7□8

1——产品名称：K，铠装式；J，间隔式；X，箱式；G，高压开关柜（原用代号）。

2——结构特征：Y，移开式或手车式；C，手车式（原用代号）；F，封闭式（原用代号）；G，固定式；S，双母线式；P，旁路母线式；K，矿用。

3——使用条件：N，户内；W，户外。

4——设计系列序号。

5——额定电压，kV。

6——一次方案号。

7——操动方式：D，电磁操动；T，弹簧操动；S，手动。

8——环境特征代号：TH，湿热带型；G，高海拔型。

3. 高压开关柜的特点

(1) 金属铠装式高压开关柜：

1) 断路器或其他主电器可以是抽出式（即手车式）或固定式，手车上装有机械装置，使手车能接通和分断位置之间移动，手车上还带有自动调整和连接一次回路和二次回路的隔离装置。

2) 一次回路的主要电气元件，即断路器、母线、互感器、控制用电力变压器等，全部用金属隔板封闭，且金属隔板的防护等级与金属外壳相同或更高。

3) 所有带电部分均应封闭在接地的金属隔室之内。当可抽出元器件处于分断、试验或抽出位置时，用自动挡板或其他装置防止带电的固定触头外露。

4) 主母线导体和连接器件全部采用绝缘材料覆盖。仪器、仪表、继电器、二次回路控制元件及其配线，均采用接地的金属隔板与所有主电路元器件进行隔离。

5) 有机械连锁装置，以保证正确的安全操作顺序。间隔式开关柜与铠装式开关柜一样，它的主回路元器件也分设于单独的隔离室内，所不同的仅是具有一个或多个非金属隔板，其防护等级与金属外壳相同。箱式开关柜具有封闭的金属外壳，但柜内只有少量隔离或没有隔离。

(2) 一般固定式高压开关柜：这类高压开关柜在我国20世纪六七十年代用得较多，其柜体结构多为半封闭式或开启式，柜内的一次回路元器件为固定安装。这类开关柜按其母线安装的套数不同又分为单母线型和双母线型两种。

(3) 特殊环境型高压开关柜：这类开关柜是指使用环境超过了开关柜一般使用条件，而专为特定环境设计的产品，如高寒型、湿热带型和矿用型等。由于高海拔地区空气稀薄、电器的外绝缘容易击穿，故需采用加强绝缘的高原型电器，加大空气绝缘距离，以及在开关柜内增加绝缘防护措施，生产出专用于高原型开关柜。矿用型开关柜则需要满足防爆要求等，这类开关柜可以在金属封闭式开关柜中派生出来。

(二) 对高压开关柜的基本要求

1. 有一、二次接线方案

有一、二次接线方案是开关柜具体的功能标志，它是包括电能汇集、分配、计量和保护等多功能的标准电气线路。一个开关柜必定有一个确定的主回路（即一次接线）方案和一个辅助回路（即二次接线）方案。当一个开关柜的一次回路方案即单元方案不能满足电站一次接线要求时，可以用几个单元方案组合而成。

2. 具有一定的操作程序及连锁机构

开关柜具有一定的操作程序及连锁机构，以保证操作的正确性。因此，成套配电装置必须具备“五防”功能。“五防”中，除防止误分、误合断路器可以采用提示性措施外，其他“四防”原则上采用编制性连锁。一般优先采用机械连锁，如用电磁连锁，连锁回路电源要与继电护护控制和信号回路分开。无论何种连锁，都要有紧急解锁机构，不能用手解除连锁状态。对于重要场合的低压开关柜来说，通常开关柜门与主开关的操作有机械连锁，即主开关处于分闸位置后，门才能打开；反之，只有门关闭以后，主开关才能进行合闸操作。

成套配电装置必须具备的“五防”功能是：

（1）防止带负荷分、合隔离开关。

（2）防止误分、合断路器。

（3）防止误入有电间隔。

（4）防止带电挂接地线（或合接地开关）。

（5）防止带接地线合隔离开关。

常用防误操作装置分类，如图 2-3-1 所示。

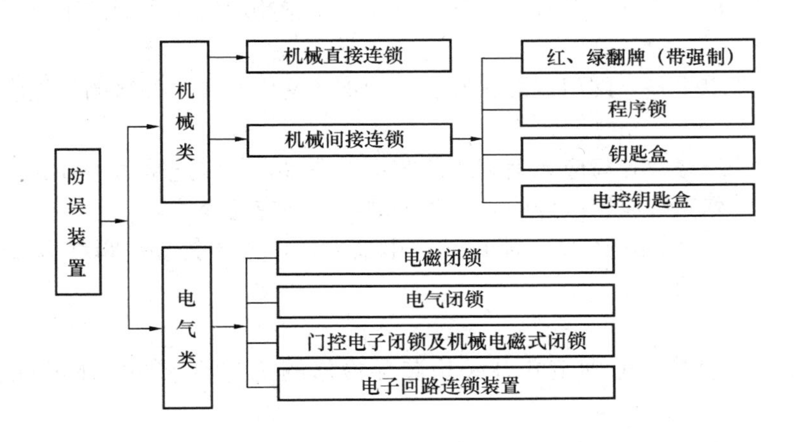

图 2-3-1 常用防误操作装置分类

3. 具有金属外壳

开关柜的金属外壳起支撑和防护作用，作为支撑件，它应具有足够的强度和刚度，保证装置的整体稳固性，特别是在柜内发生故障的条件下，不能出现变形或折断，避免扩大故障的外部效应。防护作用包括如下三个方面：

（1）防止人体接近带电部分和触及运动部件。

（2）防止外部因素（如小动物侵入、气候和环境因素等）影响内部设备。

（3）防止设备受到意外的冲击。

另外，外壳及其他不属于一次回路、二次回路的所有金属部件，都应牢固接地，以确保安全。

4. 具有抑制内部故障的功能

内部故障是指开关柜内部电弧短路引起的故障。由于设备本身的缺陷、维护不良、偶然的外物侵入、异常工作条件及误操作等原因，造成的内部故障至今不能完全排除。一旦发生内部故障，要求尽快抑制，快速安全地排除高温气体与燃烧微粒，并把电弧故障限制在隔离室内，所有对外确保安全的门和盖均不得开启，可能引起危险的部件不得飞出。

（三）高压开关柜装配检修的工艺要求

1. 固定式开关柜

（1）一、二次接线及选用的电器和材料的规格应符合设计图纸要求。

（2）柜内安装的电器均应为合格产品。要求在开关柜地角螺丝固定的情况下，操作断路器和隔离开关时，装于柜内的二次电器不应产生误动作。

（3）断路器装入柜内后，高、低电压下分、合闸和额定电压下的分、合闸速度特性、行程、超行程和三相刀片同时接触性能也均应符合原有的技术条件。

（4）操动机构及传动装置应操作灵活，辅助触点（动合、动断）分合正确可靠。

（5）高压开关柜内导体相互连接处，当通过开关柜的额定电流时，该处最高温度及允许温升不得超过导体材料规定数据。

（6）高压开关柜内一次设备（包括连接导线）带电体之间以及一次设备（包括连接导线）带电体与骨架之间的最小距离应符合规定。

（7）高压开关柜的一次回路及其电器的绝缘应能承受相应电压等级的工频耐压试验而无击穿现象。

（8）门与面板要求平整，网门或网状遮栏上的钢丝网应张紧，外露的侧板应无明显的凸凹不平现象。

（9）母线连接处边缘及孔口应无毛刺或凸凹不平现象，并应连接紧密可靠。母线弯曲处应无裂纹。母线的排列安装应层次分明，整齐美观，涂漆应色泽均匀。

（10）柜内所有二次回路的仪表、继电器、电器元件、端子排和小母线以及连接导线均应有完整、清楚、牢固的标号。

2. 小车式开关柜

小车式开关柜除应符合上固定式开关柜装配检修的工艺要求外，还需符合以下几点要求。

（1）同型号、同类型的小车应可以互换。

（2）小车的推进与取出应灵活轻便，无卡涩碰撞现象。

（3）可动触点与固定触点应保证在允许的偏差范围内，接触可靠。

（4）小车与柜体之间应有接地触点，其接地电阻应不大于1000$\mu\Omega$。

（5）小车抽出柜体后，柜内一次隔离用的静触点安全保护装置应可靠。

（6）小车式开关柜一次回路及其电器的工频绝缘能承受相应电压等级的工频耐压试验。其测试部位应包括一次回路中断路器动、静触点之间。

（四）GZS1-12（KYN 28A-12）金属铠装抽出式开关柜

KYN28A-12型金属铠装抽出式开关柜设备，是3～12kV三相交流50Hz，单母线及单母线分段系统的成套配电装置。主要用于发电厂、中小型发电机送电、工矿企事业配电以及电业系统的二次变电所的受电、送电及大型高压电动机启动等作控制保护、监测之用，其具有防止带负荷推拉断路器手车、防止误分合断路器、防止接地开关处在闭合位置时关合断路器、防止误入带电隔室、防止在带电时误合接地开关的连锁功能，可配用真空断路器。手车采用丝杆摇动推进、退出，操作轻便、灵活，活门机构采用上、下活门不联动形式，检修时可锁定带电侧活门，保证检修维护人员安全，是一种性能优越的配电装置，如图2-3-2所示。其技术数据见表2-3-1。

1. 基本结构

开关柜由固定的柜体和真空断路器手车组成，如图2-3-3所示。

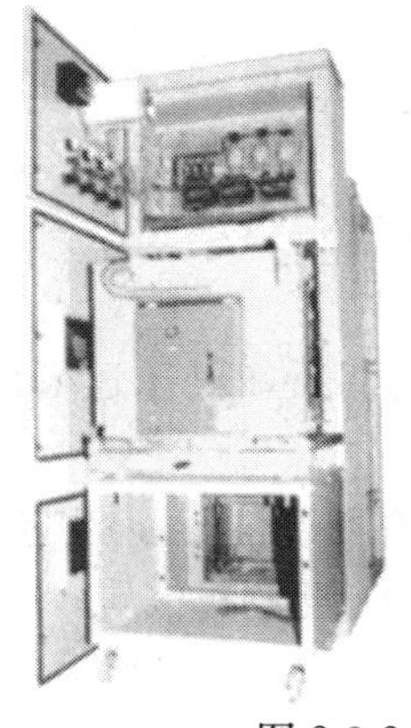

图 2-3-2　KYN 28A-12 型金属铠装抽出式开关柜

表 2-3-1　　开关柜电气参数

项目		单位	参数
额定电压		kV	12
额定绝缘水平	1min 工频耐压（有效值）	kV	42
	雷电冲击耐压（峰值）	kV	75
额定频率		Hz	50
主母线额定电流		A	630，1250，1600，2000，2500，3150，4000
分支母线额定电流		A	630，1250，1600，2000，2500，3150，4000
4s 热稳定电流（有效值）		kA	16，20，25，31.5，40
额定动稳定电流（峰值）		kA	40，50，63，80，100

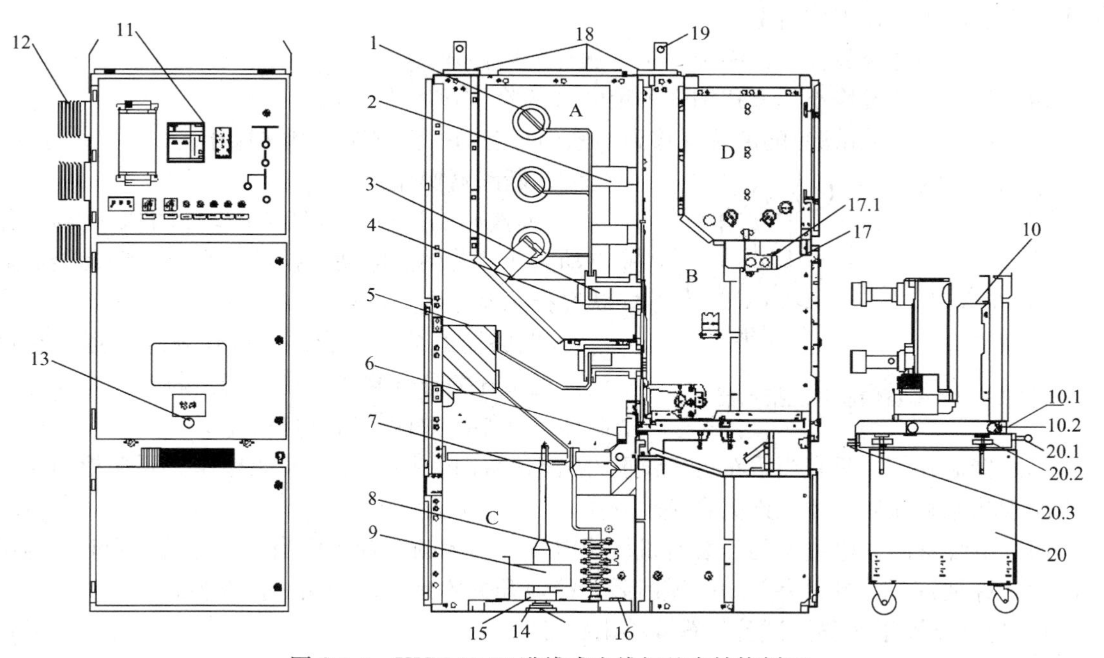

图 2-3-3　KYN 28-12 进线或出线柜基本结构剖面

1—母线；2—绝缘子；3—静触头；4—触头盒；5—电流互感器；6—接地开关；7—电缆终端；8—避雷器；9—零序电流互感器；10—断路器手车；10.1—滑动把手；10.2—锁键（联到滑动把手）；11—控制和保护单元；12—穿墙套管；13—丝杆机构操作孔；14—电缆密封圈；15—连接板；16—接地排；17—二次插头；17.1—连锁杆；18—压力释放板；19—起吊耳；20—运输小车；20.1—锁杆；20.2—调节轮；20.3—导向杆；

A—母线室；B—断路器室；C—电缆室；D—低压

2. 开关柜的操作

(1) 断路器手车。手动将手车从试验/隔离位置插入到运行位置。

1) 将控制线插头插入控制线插座。

2) 确认断路器处于分闸位置（若未分闸就分闸）。

3) 将手柄插入到丝杆机构的插口中。

4) 顺时针方向转动曲柄，直到转不动为止（约 20r），这时手车处于运行位置。

5) 观察位置指示器。

6) 拔出手柄，其间不应转动，以免手车位置外移，开关不到位，而影响指示位置。注意：① 手车不允许停留在运行位置和试验/隔离位置之间的任何中间位置；② 手动将手车从运行位置移到试验/隔离位置；③ 按上述进入运行位置的操作，倒序操作。

7) 观察位置指示器。

8) 将手车从试验/隔离位置移到维修小车上。

9) 打开断路器室的门。

10) 拔起控制线插头，将其锁定在存放位置（就在手车上）。

11) 将维修小车推到开关柜正面，通过小车高度调节器调整工作台的高度，让其定位销对准柜前的定位孔之后，再将小车往前一推，使定位销顺利插入定位孔，维修小车通过锁键与开关柜锁定。

12) 向内侧压滑动把手，解除手车与开关柜的连锁，将手车拉到维修小车上。松开滑动把手，将手车锁定在工作台上。

13) 操作锁键释放杠杆，将维修小车从开关柜移开。

14) 将手车从维修小车上移到开关柜内（试验/隔离位置）。

15) 按将手车从试验/隔离位置移到维修小车上的操作顺序，倒序操作。

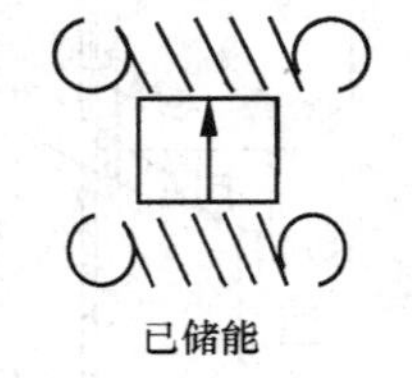

图 2-3-4 弹簧储能状况指示器

(2) 断路器操作：

1) 弹簧储能。对配有储能电动机的断路器，储能自动完成。若储能电动机损坏，则应手动储能。储能状况指示器见图 2-3-4。

2) 断路器的分闸和合闸。操作就地或远方控制按钮，观察开关分合闸状态指示器，断路器每操作一个循环，操作次数计数器就自动加 1。

(3) 接地开关。只有当手车处于试验/隔离位置时，接地开关才能操作。开关柜门关闭且当闭锁状态解除后，才允许关合接地开关。

(4) 电缆室门。电缆室门若装有机械或电气强制闭锁装置，仅当接地开关合闸时，电缆室门才允许被打开，且只有关闭电缆门后，接地开关才允许被分闸。操作步骤如下：

1) 将断路器手车移至试验位置或移出柜外。

2) 操作接地开关至合闸位置。

3) 用专用钥匙松开电缆室门锁，打开电缆室门。

4) 完成检修后，关闭电缆室门。

5) 操作接地开关至分闸位置。

6) 将断路手车推至试验或工作位置。

3. 检查和保养

根据运行条件和现场环境，每2～5年应对开关柜进行一次检查和保养。检查工作应包括（但不限于）下列内容：

（1）做好安全措施，并保证电源不会被重新接通。

（2）检查开关装置、控制、连锁、保护、信号和其他装置的功能。

（3）检查隔离触头的表面状况，移去手车、支起活门，目测检查触头。若其表面的镀银层磨损到露出铜，或表面严重腐蚀出现损伤或过热（表面变色）痕迹，则更换触头。

（4）检查开关的附件和辅助设备，以及绝缘保护板，应保持干燥和清洁。

（5）在运行电压下，设备表面不允许出现外部放电现象。这可以根据噪声、异味和辉光等现象来判断。

（6）发现装置肮脏（若在热带气候中，盐、霉菌、昆虫、凝露都可能引起污染）时，仔细擦拭设备，特别是绝缘材料表面。用干燥的软布擦去附着力不大的灰尘。用软布浸轻度碱性的家用清洁剂，擦去黏性/油脂性脏物，然后用清水擦干净，再干燥。对绝缘材料和严重污染的元件，用无卤清洁剂。为安全起见，应遵守制造厂的使用说明和相关指南。

（7）如果出现外部放电现象，在放电表面涂一层硅脂膜作为临时修补非常有效。

（8）检查母线和接地系统的螺栓连接是否拧紧，隔离触头系统的功能是否正确。

（9）手车插入系统的机构和接触点的润滑不足或润滑消失时，应加润滑剂。

（10）给开关柜内的滑动部分和轴承表面（如活门、连锁和导向系统、丝杆机构和手车滚轮等）上油，或清洁需上油的地方，涂润滑剂。

（11）断路器本体可按真空断路器维护指导进行。

二、GIS组合电器

所谓GIS（gas-insulated metal. enclosed switchgear），系指气体绝缘金属封闭开关设备，即由若干相互直接连接在一起的单独元件构成的，且只有在这种方式下才能运行。

（一）GIS组合电器的结构特点

GIS组合电器的结构：GIS一般包括断路器、隔离开关、接地开关、电流互感器、电压互感器、避雷器、母线、进出线套管或电缆连接头等元件。

与常规开关电器相比较，GIS在结构性能上有下列特点：

（1）由于采用SF_6气体作为绝缘介质，导电体与金属地电位壳体之间的绝缘距离大大缩小。

（2）全部电器元件都被封闭在接地的金属壳体内，带电体不暴露在空气中（除了采用架空引出线的部分），运行中不受自然条件的影响，其可靠性和安全性比常规电器好得多。

（3）SF_6气体是不燃不爆的惰性气体，所以GIS属防爆设备，适合在城市中心地区和其他防爆场合安装使用。

（4）GIS主要组装调试工作已在制造厂内完成，现场安装和调试工作量较小，因而可以缩短变电站安装周期。

（5）只要产品的制造和安装调试质量得到保证，在使用过程中除了断路器需定期维修外，其他元件几乎无需检修。

（6）GIS设备结构比较复杂，要求设计制造和安装调试水平高。GIS价格也比较贵，变电站建设一次性投资大。

(7) GIS组合电器的绝缘件、带电导体封闭在金属壳内，重心较低，因此，抗振能力较强，可安装在室内，也可以安装在室外。

(二) GIS组合电器的三种出线方式

(1) 架空线引出方式。在母线筒出线端装设充气（SF_6）套管。

(2) 电缆引出方式。母线筒出线端直接与电缆头组合。

(3) 母线筒出线端直接与主变压器对接。此时连接套管的一侧充有 SF_6 气体，另一侧则有变压器油。

(三) GIS组合电器母线筒的三种结构形式

(1) 全三相共箱式结构。不仅三相母线，而且三相断路器和其他电器元件都采用共箱筒体。

(2) 不完全三相共体式结构。母线采用三相共箱式，而断路器和其他电器元件采用分箱式。

(3) 全分箱式结构。包括母线在内的所有电器元件都采用分箱式筒体。

三相共箱式结构的体积和占地面积小，消耗钢材少，加工工作量小，但其技术要求高。额定电压越高，制造难度越大。

(四) GIS组合电器盆式绝缘子的作用

(1) 固定母线及母线的接插式触头，使母线穿越盆式绝缘子才能由一个气室引到另一个气室。因此要求它具有足够的机械强度。

(2) 起母线对地或相间（对于共箱式结构）的绝缘作用，因此要求有可靠的绝缘水平。

(3) 起密封作用，要求有足够的气密性和承受压力的能力。

(五) GIS组合电器的检修

在实际运行中，GIS组合电器除产生局部漏气和液压机构渗油外，其他的检修工作很少，应针对具体情况进行处理。现场检修注意事项如下：

(1) 空气湿度不应大于80%。

(2) 对检修工具应严格管理，严防遗留在GIS内部。

(3) 工作人员应穿合格的工作服，检修断路器气室时应戴防毒面具和防护眼镜。

(4) 在检修时如果零部件表面已用无水酒精清洗干净，不得用手直接触摸设备表面，须戴医用手套。

(5) 每天检修开工前首先进行通风排气。在进入母线筒体内工作之前，同样首先将盖打开并用风扇对内部吹风，使 SF_6 气体充分散发，同时应检查内部是否有低氟化合物，若有，应清除收集，妥善处理。

(6) 在检修时一个气隔并装工作结束后应立即抽真空至67Pa以下，及时充 SF_6 气体。

(六) GIS现场交接试验项目

(1) 外观检查：

1) 检查GIS整体外观，包括油漆是否完好、有无锈蚀损伤、高压套管有否损伤等。

2) 检查各种充气、充油管路，阀门及各连接部件的密封是否良好；阀门的开闭位置是否正确；管道的绝缘法兰与绝缘支架是否良好。

3) 检查断路器、隔离开关及接地开关分、合闸指示器的指示是否正确。

4) 检查各种压力表、油位计的指示值是否正确。

5）检查汇控柜上各种信号指示、控制开关的位置是否正确。

6）检查各类箱、门的关闭情况是否良好。

7）检查隔离开关、接地开关连杆的螺丝是否紧固，检查波纹管螺丝位置是否符合制造厂的技术要求。

8）检查所有接地是否可靠。

（2）主回路电阻测量。与制造厂提供的每个元件（或每个单元）的回路电阻值相比较，测试值应符合产品技术条件的规定，并不得超过出厂实测值的120%，还应注意三相平衡度的比较。回路电阻测量一般可采用以下方法：

1）应采用直流压降法，测试电流不小于100A。

2）有引线套管的可利用引线套管注入测量电流进行测量。

3）若接地开关导电杆与外壳绝缘时，可临时解开接地连接线，利用回路上的两组接地开关导电杆关合到测量回路上进行测量。

4）若接地开关导电杆与外壳不能绝缘分隔时，可先测量导体与外壳的并联电阻 R_0 和外壳的直流电阻 R_1，然后按 $R=\dfrac{R_0R_1}{R_1-R_0}$ 换算。

（3）元件试验。各元件试验按GB 50150—2006《电气装置安装工程　电气设备交接试验标准》进行试验。

（4）SF_6 气体的验收。应检查充入GIS内新气的质量证明书，其内容包括生产厂名称、产品名称、气瓶编号、净重、生产日期和检验报告单。

（5）气体密封性试验。GIS的密封性试验，应按GB 11023—1989《高压开关设备六氟化硫气体密封试验导则》有关规定进行，每个隔室的年漏气率不应大于1%。检漏必须在充气24h后进行。密封性试验分定性检漏和定量检漏两个部分。

（6）SF_6 气体湿度测量。SF_6 气体湿度测量必须在充气至额定气体压力下24h后进行。测量时，环境相对湿度一般不大于85%。通常测量 SF_6 气体湿度的方法有露点法、电解法、阻容法等。各种方法所用仪器必须每年定期送检。

（7）主回路绝缘试验。本试验应在其他试验项目完成后进行。

（8）局部放电测量。局部放电测量有助于检查GIS内部多种绝缘缺陷，因而它是安装后耐压试验很好的补充。

（9）辅助回路绝缘试验。辅助回路应耐受2000V工频耐压1min。耐压时，电流互感器二次绕组应短路并与地断开，电压互感器二次绕组应断开。

（10）连锁试验。GIS的不同元件之间设置的各种连锁均应进行不少于3次的试验，以检验其是否正确。各种连锁主要如下：

1）接地开关与有关隔离开关的互相连锁。

2）接地开关与有关电压互感器的互相连锁。

3）隔离开关与有关断路器的互相连锁。

4）隔离开关与有关隔离开关的互相连锁。

5）双母线接线中的隔离开关倒母线操作连锁。

（11）气体密度装置及压力表校验。

操作训练4　成套高压开关柜和GIS的操作训练

一、训练目的

(1) 了解成套高压开关柜和GIS的组成和作用。

(2) 熟悉“五防”的技术要求和闭锁方式。

(3) 掌握成套高压开关柜的操作方式。

(4) 学会成套高压开关柜的维护检查和基本调试方法。

二、操作任务

操作任务见表2-3-2。

表2-3-2　成套高压开关柜和GIS的操作训练任务表

操作内容	(1) 对成套高压开关柜或GIS运行和退出操作步骤训练； (2) 进行成套高压开关柜的维护检修与调试
说明及要求	(1) 选择一种开关柜或GIS组合电器按规范化停、送电操作； (2) 重点指导操作中的“五防”措施、操作的填写； (3) 根据设备情况对成套高压开关柜的部分零件维修、更换； (4) 指导教师可设计故障进行分析、查找处理示范； (5) 在条件和设备可能情况下进行部分交接验收试验
工具、材料、设备场地	常用安全用具、检修工器具、操作用具、试验设备、消耗性材料等

三、注意事项和安全措施

(1) 操作中必须按规范严格执行监护制度。

(2) 应按指导教师的要求进行操作。

(3) 室内操作场地要做好通风换气工作。

(4) 检修维护时要防止二次回路带电。

复习题

问答题

1. 什么是“五防”？是否都可以靠开关柜闭锁完成？
2. 小车式开关柜除应符合固定式开关柜装配检修的工艺要求外，还应符合哪些要求？
3. KYN28A-12型开关柜主要用于哪些地方？
4. GIS组合电器的结构有哪些？
5. GIS现场交接试验项目外观检查内容是什么？

模块四

变 压 器 检 修

课题一 电力变压器及其检修

一、电力变压器的结构

电力变压器（大容量变压器）主要由器身、油箱及冷却装置、绝缘套管、保护装置、调压装置五大部分组成，如图 2-4-1 所示。

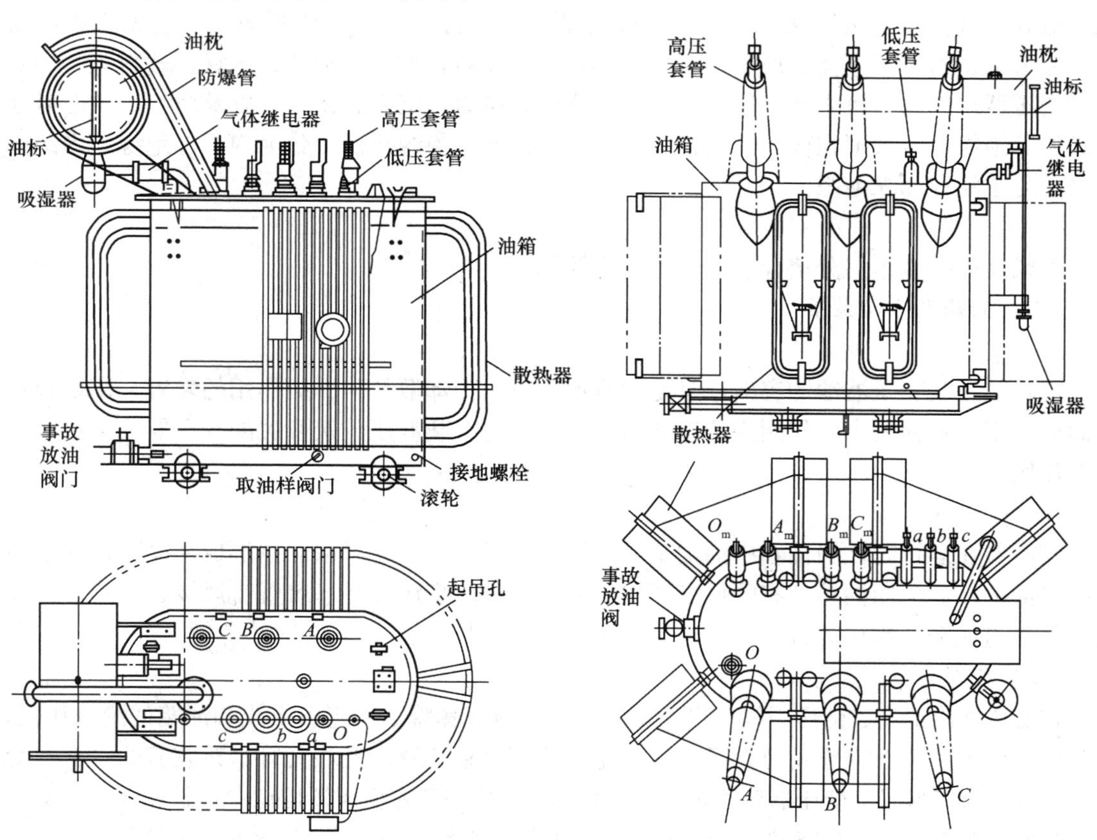

图 2-4-1 电力变压器结构

（一）内部结构

变压器主要由铁芯、绕组、绝缘部件及引线等部件组成。

1. 铁芯

铁芯由铁芯柱和铁轭构成，既是变压器的磁路，又是器身的骨架。铁芯有壳式（也叫内铁式）和芯式（也叫外铁式）两种基本形式，由 0.35mm 或 0.5mm 的硅钢片叠装而成。铁芯的叠积形式有对接和搭接两种，目前多采用斜接缝搭接的叠片形式。为了释放在运行和试验过程中堆积在铁芯上的静电荷，铁芯必须接地，且只能有一点接地。在大型的变压器中，为散热的需要，铁芯中还专门设有油道。

2. 绕组

绕组是变压器传递交流电能的电路部分，采用经过绝缘处理的铜线或铝线绕制而成。目前，电力变压器的高、低压绕组同心地套在铁芯上，采用高压绕组在外、低压绕组在里的同心式绕组。为了适应不同容量及电压等级的需要，同心式绕组的绕制又有圆筒式、螺旋式、纠结式和连续式等形式。

3. 绝缘部件

绝缘部件由绝缘材料构成，绝缘材料又称电介质。简单说，绝缘材料就是能够阻止电流在其中通过的材料，即不导电材料。常用的绝缘材料有气体、液体及固体。气体如空气、六氟化硫等。液体如变压器油、电缆油、电容器油等。固体材料包括两类：一是无机绝缘材料，如云母、石棉、电瓷、玻璃等；另一类是有机物质，如纸、棉纱、木材、塑料等。

变压器绕组匝与匝之间、层与层之间、绕组和绕组、绕组和铁芯，以及绕组、铁芯对地之间的等绝缘，可根据在变压器油箱里面还是在外面，绝缘部件可分为内、外绝缘，内绝缘又可分为主绝缘和纵绝缘。

4. 引线

引线是连接绕组和分接开关、套管的连接线。

（二）油箱及冷却装置

1. 油箱

油箱既是装变压器油的容器，又是起机械支撑、冷却散热和保护作用的装置，用钢板焊接而成。变压器油的主要作用为绝缘和散热，在装有有载调压分接开关的变压器中，还应起灭弧作用。

2. 冷却装置

变压器在运行时，当油箱中的上下层油温产生温差时，通过散热器形成油循环，使油经过散热器冷却后流回油箱，有降低变压器油温的作用。变压器冷却装置有风冷、强迫油循环风冷及强迫油循环水冷等方式。

（三）绝缘套管

在变压器内部高、低压引线引出油箱外部时，绝缘套管不但起引出线和油箱的绝缘作用，同时也起到支撑和固定母线的作用，有纯瓷套管、树脂套管、充油套管、充胶套管、充气套管、电容套管等形式。变压器套管是变压器载流元件之一，在变压器运行中，长期通过负荷电流，当变压器外部发生短路时，还要通过短路电流。因此，对变压器套管的要求如下：

（1）必须具有规定的电气强度和足够的机械强度。

（2）必须具有良好的热稳定性，并能承受短路时的瞬间过热。

(3) 外形小、质量轻、密封性能好、通用性强和便于维修。

(四) 保护装置

保护装置由储油柜、安全气道(压力释放阀)、吸湿器、气体继电器、净油器、测温装置等组成。

1. 储油柜

主要作用是减少油和空气的接触面积,防止油受潮和延缓油的氧化速度,同时方便安装气体继电器。

2. 安全气道及压力释放阀

安全气道及压力释放阀能防止变压器内部故障时,使箱体损坏或爆炸。800kVA及以上的带储油柜的油浸变压器均装设安全气道。目前密封变压器中采用压力释放阀代替安全气道,作为油箱防爆保护装置。

3. 吸湿器

吸湿器内装硅胶或氧化钙,起吸气、排气和过滤空气的作用。

4. 气体继电器

气体继电器上联储油柜、下联油箱,当变压器内部发生故障,油中产生气体或油气流动时,气体继电器动作,发出信号(轻瓦斯动作)或切断电源(重瓦斯动作跳开关),以保护变压器。另外,发生故障后,可以通过气体继电器的视窗观察气体颜色,以及取气体进行分析,从而对故障的性质做出判断。

5. 净油器

净油器是用钢板焊接而成的小油桶,其上下有滤网式滤板,并有蝶阀与油管连接,内装硅胶或活性氧化铝,按质量分为35、50、100、150kg四种。在3150kVA及以上的变压器均应装设。它是根据热虹吸原理工作的,其作用是吸附油中的水分、游离碳、氧化生成物等,使变压器油保持良好的电气、化学性能。

6. 测温装置

变压器常用的温度计有水银温度计、信号温度计、电阻温度计、温度控制器等,特大型变压器,一般采用绕组最热点温度指示仪。测温装置的作用是监控和保护。

(五) 调压装置

通过改变调压装置分接头的位置,以达到改变变压器高压侧绕组的匝数,最终达到调节电压,使电压稳定的目的。调压装置分有载调压装置和无励磁装置。

(1) 无励磁装置。改变分接头位置时,变压器必须停电的调压装置。

(2) 有载调压装置。改变电压分接头时,变压器不需停电,即变压器在励磁或带负荷状态下进行操作,用于调换绕组分接位置的一种装置。

二、电力变压器检修

(一) 电力变压器检修内容

电力变压器的检修分为计划性检修和非计划性检修。

(1) 计划性检修分大修和小修,二者的区别是以是否调芯(吊罩)。

1) 大修:吊芯(或吊罩),对变压器进行较全面的检查、清扫和试验的检修。

2) 小修:消除变压器在运行中发现的缺陷,只对变压器油箱外部及其附件进行的检修。

(2) 非计划性检修又分为事故检修和临时检修。

1）事故检修：是指电器设备发生故障后被迫进行的对其损坏部分的检查、修理或更换的检修。

2）临时检修：是指电气设备在运行中发现有危及安全的缺陷或异常或进行的临时性的局部检查、修理或更换。

（二）变压器的检修周期

1. 变压器的大修周期

（1）变压器一般在投入运行后5年内和以后每间隔10年大修再一次。

（2）箱沿焊接的全密封变压器或制造厂另有规定者，若经过试验与检查并结合运行情况，判定有内部故障或本体严重渗漏时，才进行大修。

（3）在电力系统中运行的主变压器当承受出口短路后，经综合诊断分析，可考虑提前大修。

（4）运行中的变压器，当发现异常状况或经试验判明有内部故障时，应提前进行大修。运行正常的变压器经综合诊断分析良好，经总工程师批准，可适当延长大修周期。

2. 变压器的小修周期

（1）小修一般每年一次，10kV配电变压器可以每两年小修一次。

（2）安装在特别污秽的地区的变压器，可以根据具体情况而定。

（三）变压器大修前的准备工作

（1）查阅历年大小修报告及绝缘预防性试验报告（包括油的化验和色谱分析报告），了解绝缘状况。

（2）查阅运行档案，了解缺陷、异常情况，了解事故和出口短路次数和变压器的负荷。

（3）根据变压器状态编制大修技术、组织措施，并确定检修项目和检修方案。

（4）变压器大修应安排在检修间内进行。当施工现场无检修间时，需做好防雨、防潮、防尘和消防措施，并做好清理现场及其他准备工作。

（5）大修前进行电气试验，测量直流电阻、介质损耗、绝缘电阻及油试验。

（6）准备好备品备件及更换用密封胶垫。

（7）准备好滤油设备及储油灌。

（四）大修现场条件及工艺要求

（1）吊钟罩（或器身）一般宜在室内进行，以保持器身的清洁。如在露天进行时，应选在晴天进行。器身暴露在空气中的时间规定如下：①空气相对湿度不大于65%时不超过16h；②空气相对湿度不大于75%时不超过12h；③器身暴露时间从变压器放油时起计算直至开始抽真空为止。

（2）为防止器身凝露，器身温度应不低于周围环境温度，否则应用真空滤油机循环加热油，将变压器加热，使器身温度高于环境温度5℃以上。

（3）检查器身时应由专人进行，着装符合规定。照明应采用安全电压。不许将梯子靠在线圈或引线上，作业人员不得踩踏线圈和引线。

（4）器身检查使用工具应由专人保管并编号登记，防止遗留在油箱内或器身上。在箱内作业需考虑通风。

（5）拆卸的零部件应清洗干净，分类妥善保管，如有损坏应检修或更换。

（6）拆卸时，首先拆小型仪表和套管，后拆大型组件。组装时顺序相反。

(7) 冷却器、压力释放阀（或安全气道）、净油器及储油柜等部件拆下后，应用盖板密封，对带有电流互感器的升高座应注入合格的变压器油（或采取其他防潮密封措施）。

(8) 套管、油位计、温度计等易损部件拆后应妥善保管，防止损坏和受潮。电容式套管应垂直放置。

(9) 组装后要检查冷却器、净油器和气体继电器阀门，按照规定开启或关闭。

(10) 对套管升高座，上部管道孔盖、冷却器和净油器等上部的放气孔应进行多次排气，直至排尽，并重新密封好并擦净油迹。

(11) 拆卸无励磁分接开关操作杆时，应记录分接开关的位置，并做好标记；拆卸有载分接开关时，分接头应在中间位置（或按制造厂的规定执行）。

(12) 组装后的变压器各零部件应完整无损。

（五）现场吊芯注意事项

(1) 吊芯工作应分工明确，专人指挥，并有统一信号，起吊设备要根据变压器钟罩（或器身）的重量选择，并设专人监护。

(2) 起吊前先拆除影响吊芯工作的各种连接件。

(3) 起吊铁芯或钟罩（器身）时，钢丝绳应挂在专用吊点上，钢丝绳的夹角不应大于60°，否则应采用吊具或调整钢丝绳套。吊起离地100mm左右时应暂停，检查起吊情况，确认可靠后，再继续进行。

(4) 起吊或降落速度应均匀，掌握好重心，并在四角系缆绳，由专人扶持，使其平稳起降。高、低压侧引线，分接开关支架与箱壁间应保持一定的间隙，以免碰伤器身。当钟罩（器身）因受条件限制，起吊后不能移动而需在空中停留时，应采取支撑等防止坠落措施。

(5) 吊装套管时，其倾斜角度应与套管升高座的倾斜角度基本一致，并用缆绳绑扎好，防止倾倒损坏瓷件。

（六）变压器的大修工艺流程

修前准备→办理工作票，拆除引线→电气绝缘和油绝缘试验、绝缘判断→部分排油拆卸附件并检修→排尽油并处理，拆除分接开关连接件→吊钟罩（器身）器身检查，检修并测试绝缘→如受潮，则干燥处理→按规定注油方式注油→安装套管、冷却器等附件→密封试验→油位调整→清洗、喷漆、试验→结束

三、电力变压器检修项目

电力变压器的检修项目如表2-4-1所示。

表2-4-1　　检修项目

大修项目	小修项目	事故检修和临时检修的项目
(1) 吊开钟罩检修器身，或吊出器身检修； (2) 绕组、引线及磁（电）屏蔽装置的检修； (3) 铁芯、铁芯紧固件（穿心螺杆、夹件、拉带、绑带等）、压钉、连接片及接地片的检修；	(1) 处理已发现的缺陷； (2) 放出储油柜上积污器中的污油； (3) 检修油位计，调整油位； (4) 检修冷却装置：包括油泵、风扇、油流继电器、差压继电器等，必要时吹扫冷却器管束；	检修项目可根据具体情况而定

续表

大修项目	小修项目	事故检修和临时检修的项目
(4) 油箱及附件的检修，包括套管、吸湿器等； (5) 冷却器、油泵、水泵、风扇、阀门及管道等附属设备的检修； (6) 安全保护装置的检修； (7) 油保护装置的检修； (8) 测温装置的校验； (9) 操作控制箱的检修和试验； (10) 无励磁分接开关和有载分接开关的检修； (11) 全部密封胶垫的更换和组件试漏； (12) 必要时对器身绝缘进行干燥处理； (13) 变压器油的处理或换油； (14) 清扫油箱并进行喷涂油漆； (15) 大修的试验和试运行	(5) 检修安全保护装置：包括储油柜、压力释放阀（安全气道）、气体继电器、速动油压继电器等； (6) 检修油保护装置； (7) 检修测温装置：包括压力式温度计、电阻温度计（绕组温度计）、棒形温度计等； (8) 检修调压装置、测量装置及控制箱，并进行调试； (9) 检查接地系统； (10) 检修全部阀门和塞子，检查全部密封状态，处理渗漏油； (11) 清扫油箱和附件，必要时进行补漆； (12) 清扫并绝缘和检查导电接头（包括套管将军帽）； (13) 按有关规程规定进行测量和试验	检修项目可根据具体情况而定

四、电力变压器检修后的技术要求

电力变压器检修后的技术要求见表 2-4-2。

表 2-4-2　技术要求

序号	项目名称	技术要求	备注
1	吊芯（吊罩）	(1) 器身在空气中暴露的时间为：空气相对湿度≤65%时为 16h，空气相对湿度≤75%时为 12h； (2) 现场清洁、天气晴朗	(1) 暴露时间是从变压器放油时起到开始注油时止； (2) 阴雨天，不可在室外吊芯查
2	绕组	(1) 绕组外形无变形、倾斜、位移，导线幅向无弹出，匝间绝缘无破损； (2) 相间隔板和围屏无破损、变色、变形、放电痕迹； (3) 导线接头无发热、开焊现象； (4) 表面清洁无油垢，油道畅通无阻塞； (5) 压紧装置无位移和松动； (6) 绕组绝缘等级确定	绕组绝缘等级用指压法检查： (1) 一级：色泽新鲜均衡。指压富有弹性，无残留变形，属良好； (2) 二级：颜色较深，指压稍硬，但无开裂脱落，属合格； (3) 三级：颜色深暗，指压有轻微裂纹和变形，属绝缘老化勉强可用； (4) 四级：颜色变黑，指压变形、开裂、脱落，甚至可见裸导线，属不合格
3	引线及绝缘支架	(1) 引线排列整齐，表面清洁，绝缘包扎良好，无破损、变形、变脆、脱落； (2) 引线接头焊接良好，表面清洁、光滑、无毛刺，多股引线无断股； (3) 引线间的距离及对地距离应符合要求，绝缘支架有足够的机械强度，且表面清洁，无破损、裂纹、弯曲变形及烧伤痕迹； (4) 绝缘支架无松动、损坏和位移，引线与套管的连接紧固，引线的固定处无卡伤； (5) 穿缆引线进入套管部分别白布带包扎良好	

续表

序号	项目名称		技术要求	备注
4	铁芯		(1) 表面清洁，无油垢、杂质，外表平整，叠片紧密，边侧硅钢片无翘起或波浪状； (2) 片间无短路、发热、搭接或烧伤的痕迹，绝缘漆膜无脱落； (3) 铁芯与夹件油道畅通，油道垫块无脱落和阻塞，且排列整齐； (4) 连接片无严重的偏心，夹件上的正、反压钉和锁紧帽无松动，反压钉以上夹件有足够的距离； (5) 接地片接地良好，无发热痕迹； (6) 铁芯与上下夹件、方铁、连接片、穿心螺栓的绝缘电阻和历次试验数字无明显变化	测量绝缘电阻时，拆开接地片，用1000～2500V绝缘电阻表测量
5	分接开关	无励磁分接开关	(1) 绝缘件无受潮、破损或变形，表面清洁； (2) 动静触头无过热、烧伤痕迹，触头表面清洁，无氧化变色、镀层脱落及碰伤痕迹； (3) 接触压力、接触电阻合格； (4) 开关固定牢固，分接线与静触头连接可靠； (5) 绝缘操作杆U形拨叉接触良好； (6) 机械转动灵活； (7) 开关指示正确	接触电阻小于500μΩ，接触压力用弹簧秤测量为0.2505MPa，用0.02mm塞尺检查应无间隙
		有载分接开关	参见本单元模块四课题二部分	
6	油箱		(1) 油箱强度足够，油箱整体无渗漏点； (2) 内部洁净，无锈蚀，残屑及油垢，漆膜完整； (3) 强油循环管路内部清洁，无残留的焊渣和杂质导向管连接牢固，绝缘管表面光滑，漆膜完整、无破损、无放电痕迹； (4) 法兰结合面清洁平整； (5) 防止定位钉造成铁芯多点接地，定位钉无影响可不退出； (6) 磁（电）屏蔽装置固定牢固、完整，无松动或过热现象，无放电痕迹，可靠接地； (7) 胶垫接头粘合牢固，并放置在油箱法兰直线部位的两螺栓的中间，搭接面平放，搭接面长度不少于胶垫宽度的2～3倍，胶垫压缩量为其厚度的1/3左右（胶棒压缩量为1/2左右）； (8) 内部漆膜完整，附着牢固； (9) 油箱外部喷漆均匀、无漆瘤	
7	套管		(1) 套管表面光滑，无裂纹、破损、闪络放电痕迹； (2) 瓷套和法兰结合处的胶合剂牢固可靠，无脱落或松动； (3) 各部衬垫密封良好，无漏油现象； (4) 电容式套管和充油式套管油位正常油面在油盅全高的1/2处； (5) 套管和油化验合格	一般性检修

续表

序号	项目名称	技 术 要 求	备 注
8	储油柜	（1）内外表面无锈蚀及油垢，内壁刷绝缘漆，外壁喷油漆，要求平整有光泽； （2）胶囊或隔膜无老化龟裂，在0.02～0.03MPa压力下30min无漏油； （3）油位指示器指示正确； （4）储油柜内残留空气已排除，消除假油位； （5）吸湿器、排气管、注油管等应畅通； （6）更换密封垫无渗漏	
9	压力释放阀（安全气道）	（1）清洁，无锈蚀、油垢； （2）密封良好，无渗油； （3）安全气道上部应与储油柜连通； （4）压力释放阀效应合格	
10	吸湿器	（1）内外清洁，更换无效硅胶； （2）呼吸管道畅通； （3）密封油位正常	
11	净油器	（1）内外清洁，刷漆； （2）更换失效的吸附剂； （3）金属滤网必须更换； （4）相关的阀门已检修，无漏油； （5）更换胶垫密封良好，无渗漏	
12	气体继电器	（1）内外清洁无油垢； （2）密封良好，无漏油； （3）流速校验合格，绝缘良好； （4）防雨罩安装牢固； （5）气体继电器保持水平位置，连管朝储油柜方向有1%～1.5%的升高坡度	流速校验应由专业人员进行
13	测温装置	（1）温度计效验合格，报警触电动作正确； （2）测温插管内清洁、注满油，测温元件插入后塞座拧紧，密封无漏油	
14	阀子、塞子	（1）本体及附件各部阀门、塞子开闭灵活，指示正确； （2）更换胶垫，密封良好，无渗漏	
15	冷却装置	（1）内部用油冲洗干净； （2）表面清扫清洁； （3）更换胶垫，无渗、漏油； （4）压力试漏合格； （5）油漆	
16	风扇	同电动机检修	
17	器身干燥	（1）器身绝缘下降受潮需干燥处理； （2）干燥、施工记录完整	
18	油处理	（1）滤油或换油； （2）检修后注入的变压器油，其油种、油质简化、耐压、微水及色谱分析等应符合GB 2536—1990《变压器油》的要求	

五、变压器油处理

（一）质量标准

变压器油的质量标准见表 2-4-3 及表 2-4-4。

表 2-4-3　　新变压器的质量标准（GB 2536—1990）

项　　目		质　量　指　标		
		BD-10	BD-25	BD-45
外　　观		透明、无沉淀及悬浮物		
运动黏度（mm^2/s）	20℃	30		
	50℃	9.6		
凝固点（℃）		≤−10	≤−25	≤−45
闭口闪点（℃）		140	140	135
酸值（mgKOH/g）		≤0.03		
水溶性酸或碱		无		
氧化安定性： 氧化后	沉淀物（%） 酸值（mgKOH/g）	≤0.05 ≤0.2		
介质损失角正切（90℃，%）		≤0.5		
击穿电压（kV）		≥35		

表 2-4-4　　运行中的变压器油的质量标准（GB 7595—1995）

项　　目	设备电压等级（kV）		运行中油的质量指标
水溶性酸 pH 值			4.2
酸值（mgKOH/g）			0.1
闭口闪点（℃）			不比新油标准低 5 不比上次测量值低 5
机械杂质			无
游离碳			无
水分	变压器	66～110	<40
		220～330	<30
		500	<20
	互感器套管	66～110	<15
		220～330	<25
		500	<35
界面张力（25℃，mN/m）			>19
介质损耗因素（90℃）	500 ≤330		<0.020 <0.040
击穿电压（kV）	15 20～35 66～220 330 500		>20 >30 >35 >45 >50
油中含气量			用户和厂家协商

注　取样油温为 40～60℃。

（二）变压器油的处理

变压器油污染、劣化后，需要对油进行处理，过滤的目的是除去油中的水分和杂质，提高油的耐电强度，保护油中的纸绝缘，也可以在一定程度上提高油的物理、化学性能。通常采用压力过滤法、真空滤油法和油中加吸附剂法几种方法。油中加吸附剂法又有吸附过滤法、白土过滤法和 LMC-33 分子筛微粒过滤法等。为了提高处理能力和效率，往往将几种方法配合使用。

1. 压力过滤法

压力过滤法是利用油泵压力使油通过有过滤作用的过滤纸，将固体杂质过滤下来，潮气和水分被吸附，使油得到净化。

（1）采用压力式滤油机过滤油中的水分和杂质。为提高滤油速度和质量，可将油加温至 50～60℃。

（2）滤油机使用前应先检查电源情况，滤油机及滤网是否清洁，极板内是否装有经干燥的滤油纸，启动滤油机应先开出油阀门，后开进油阀门，停止时操作顺序相反。当装有加热器时，应先启动滤油机，当油流通过后，再投入加热器，停止时操作顺序相反。

（3）滤油机压力一般为 0.25～0.4MPa，最大不超过 0.5MPa。注意：要求滤油纸洁净干燥，且正常压力在 196～392kPa，每隔 1～2h 更换一次滤纸。

目前常用的国产滤油机为 LY 序列。

2. 真空滤油法

真空滤油法是利用真空滤油机滤油的方法。简易真空滤油管路连接参照图 2-4-2，储油罐中的油被抽出，经加热器加温，由滤油机除去杂质，喷成油雾进入真空罐。

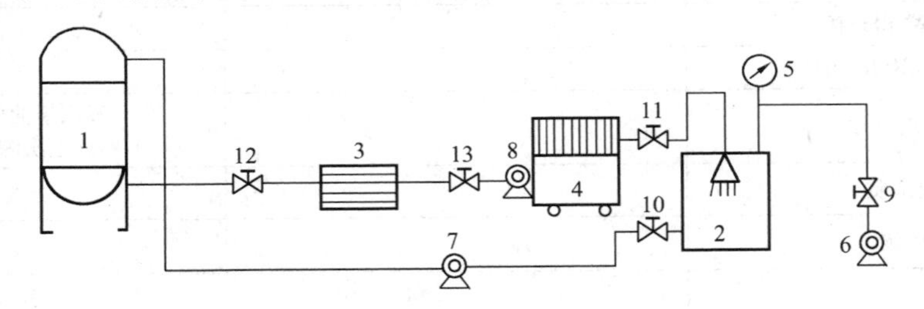

图 2-4-2　简易真空滤油管路连接示意

1—储油罐；2—真空罐；3—加热器；4—压力滤油机；5—真空计；6—真空泵；7、8—油泵；9～13—阀门

油中水分蒸发后被真空泵抽出排除，真空罐下部的油可抽入储油罐再进行处理，直至合格为止。

选择加热器的容量 P 的计算式为

$$P = 1.16Q c_P (t_2 - t_1) \times 10^{-3}$$

式中　P——加热器的容量，kW；

Q——变压器的油流，kg/h；

c_P——变压器油的比热容，平均值为 1.68～2.01J/(kg·℃)[0.4～0.48cal/(kg·℃)]；

t_2——加热器出口温度，℃；

t_1——加热器进口温度，℃。

也可利用储油罐的箱壁缠绕涡流线圈进行加热，但处理过程中，箱壁温度一般不超过95℃、油温不超过80℃。

目前真空滤油机很多，如ZCZ、JYJ、ZJF、ZL系列等。具体的操作可参照相应真空滤油机的使用说明书。

3. 油中加吸附剂法

受污染和劣化较严重的油必须加入吸附剂进行处理，常用方法如下：

（1）吸附过滤法。吸附过滤法是在压力式滤油法中加入一吸附器。用$\phi3\sim\phi7$硅胶作吸附剂，在油温为40～50℃时进行处理，可以吸附有中的酸性过氧化物、树脂和纤维杂质。

（2）白土过滤法。白土过滤法是将白土加入油中吸附后再进行油处理。白土是氧化铝和三氧化铝结合物，颗粒表面多孔，能吸附低分子悬浮酸和树脂、胶状悬浮碳微粒。

（3）LMC-33分子筛微粒过滤法。LMC-33分子筛微粒催化剂（俗称801）有强烈的吸附作用。操作时，将油加温到60℃，按油重约1%的量取801，并逐渐加入油中，搅拌1h、静止4h。沉淀后将油由压力滤油机过滤，再经脱水、脱气处理。

六、变压器的干燥方法

（一）进行干燥的条件

变压器在下列情况时应考虑进行干燥：

（1）变压器在更换绕组或绝缘后。

（2）器身在空气中暴露的时间过长，器身经测试受潮。

（3）经测试变压器的绝缘电阻，确定绕组受潮。

（二）干燥的方法

干燥的方法根据变压器容量的大小、结构形式、受潮状况及现场条件而不同。变压器干燥的方法一般有真空罐内干燥、油箱内抽真空干燥、油箱内不抽真空干燥、干燥室内不抽真空干燥、油箱内带油干燥和气相干燥等。

加热升温方法有外壳涡流加热、烘房内加热、电炉加热、蒸气加热、零序电流加热、热油循环加热及煤油气相加热等。干燥时抽真空和不抽真空，须根据变压器的容量、受潮的程度和干燥的条件而定。抽真空干燥可加速干燥的速度，在干燥器身时抽真空可加速干燥过程。这是因为绝缘材料中的水分在常压下蒸发速度很慢，且需要热量较多，而在负压时水分的汽化温度降低，真空度越高，汽化温度越低，绝缘物中的水分很容易蒸发而被真空泵抽走，从而缩短干燥时间，节省能源，干燥也比较彻底。

（三）干燥终结的判断

（1）在保持温度不变的条件下，绕组绝缘电阻：110kV及以下的变压器持续6h不变，220kV变压器持续12h以上不变。

（2）在上述时间内无凝结水析出。达到上述条件即认为干燥终结。干燥完成后，变压器即可以10～15℃/h的速度降温（真空仍保持不变）。此时应将预先准备好的合格变压器油加温，且与器身温度基本接近（油温可略低，但温差不超过5～10℃）时，在真空状态下将油注入油箱内，直至器身完全浸没于油中为止，并继续抽真空4h以上。

七、变压器试验

（一）试验项目

变压器大修时的试验，可分大修前、大修中、大修后三个阶段进行，其试验项目如下：

1. 大修前的试验

(1) 测量绕组的绝缘电阻和吸收比或极化指数。

(2) 测量绕组连同套管一起的泄漏电流。

(3) 测量绕组连同套管一起的 $\tan\delta$。

(4) 本体及套管中绝缘油的试验。

(5) 测量绕组连同套管一起的直流电阻（所有分接头位置）。

(6) 套管试验。

(7) 测量铁芯对地绝缘电阻。

(8) 必要时可增加其他试验项目（如特性试验、局部放电试验等）以供大修后进行比较。

2. 大修中的试验

大修过程中应配合吊罩（或芯）检查，进行有关的试验项目：

(1) 测量变压器铁芯对夹件、穿芯螺栓（或拉带），钢压板及铁芯电场屏蔽对铁芯，铁芯下夹件对下油箱的绝缘电阻。

(2) 必要时测量无励磁分接开关的接触电阻及其传动杆的绝缘电阻。

(3) 必要时套管电流互感器的特性试验。

(4) 有载分接开关的测量与试验。

(5) 必要时单独对套管进行额定电压下的 $\tan\delta$、局部放电和耐压试验（包括套管油）。

3. 大修后的试验

(1) 测量绕组的绝缘电阻和吸收比或极化指数。

(2) 测量绕组连同套管的泄漏电流。

(3) 测量绕组连同套管的 $\tan\delta$。

(4) 冷却装置的检查和试验。

(5) 本体、有载分接开关和套管中的变压器油试验。

(6) 测量绕组连同套管一起的直流电阻（所有分接位置上），对多支路引出的低压绕组应测量各支路的直流电阻。

(7) 检查有载调压装置的动作情况及顺序。

(8) 测量铁芯（夹件）引线对地绝缘电阻。

(9) 总装后对变压器油箱和冷却器作整体密封油压试验。

(10) 绕组连同套管一起的交流耐压试验（有条件时）。

(11) 测量绕组所有分接头的变压比及联结组别。

(12) 检查相位。

(13) 必要时进行变压器的空载特性试验。

(14) 必要时进行变压器的短路特性试验。

(15) 必要时测量变压器的局部放电量。

(16) 额定电压下的冲击合闸。

(17) 空载运行前后变压器油的色谱分析。

(二) 变压器常规试验

1. 绝缘电阻和吸收比或极化指数

(1) 试验目的：

1）检查变压器的绝缘是否有集中的贯通性缺陷，如套管破裂、引线碰壳等。

2）检查变压器整体或有贯通性的局部是否受潮。

3）检验变压器干燥后是否合格。

4）确认变压器是否进行耐压试验。

（2）实验器材：变压器 1 台，绝缘电阻表 2 块，测量导线若干，棉纱适量。

（3）试验前准备：

1）检查相关的手续是否办理。

2）检查必要的安全措施是否做完。

3）检查仪表是否完好（开路和短路试验），检查导线是否完好（外观、绝缘）。

4）清扫变压器。

（4）试验步骤：

1）对被测变压器进行放电。

2）接线：仪表 E 接地，L 暂不接。

3）转动仪表手柄，当转速达到 120r/min 时（或接通绝缘电阻表的电源开关），将 L 搭上被测端，同时计时，15s 时，读取 $R_{15''}$；手柄继续转动，60s 时，读取 $R_{60''}$；10min 时，读取 $R_{10'}$。读数后，从被测端子上取下测量线，停下仪表（或断开仪表的输出开关）。

4）记下测量时的温度。

5）对变压器被测绕组充分的放电，再按测量顺序重复进行，直至做完。

（5）结果分析。把测量结果与标准进行比较分析，作出正确判断。

（6）对试验的几点说明：

1）测量仪表：最常用的手摇式绝缘电阻表是 ZC-7 型系列，最大的优点是便于携带；缺点是在测量过程中，劳动强度大，特别是在测量极化指数时，更是突出。现在随着电子技术的发展，越来越多的数字式绝缘电阻表投入使用，如：TG3710 型、GZ-5A 型、ISO-5kV 等，使用时可根据实际情况进行选择。

a）实际使用时仪表的选择：额定电压在 10kV 以上的变压器用 2500V 绝缘电阻表，量程不低于 10000MΩ；额定电压在 10kV 及以下，用 1000V 或 2500V 绝缘电阻表。

b）仪表的开路试验及测量导线的检查：E、L 两引出导线悬空，在额定转速（电源接通）时，读数应接近∞，否则可能仪表或导线不合格，应进一步检查确定，并更换之。

c）仪表的短路试验：将 E、L 短接，轻摇手柄，仪表读数应为 0，否则仪表不合格。

2）测量部位及顺序见表 2-4-5。

表 2-4-5　测量部位及顺序

序号	双绕组变压器		三绕组变压器	
	被测绕组	接地部位	被测绕组	接地部位
1	低压绕组	外壳及高压绕组	低压绕组	高压绕组、中压绕组及外壳
2	高压绕组	外壳及低压绕组	中压绕组	高压绕组、低压绕组及外壳
3	高压绕组及低压绕组	外壳	高压绕组	中压绕组、低压绕组及外壳
4			高压绕组及中压绕组	外壳及低压绕组
5			高压绕组、中压绕组及低压绕组	外壳

3）标准：

a）绝缘电阻，不得低于变压器出厂时试验数字的70%。

b）与上次测量数字或与同类型变压器同绕组的绝缘电阻相比，不应有明显的差异。

c）吸收比$K=R_{60''}/R_{15''}$，在测量温度为10～30℃、电压为35～65kV时，一般不低于1.3；在测量温度为10～30℃、电压为65kV以上时，一般不低于1.5。

d）极化指数$P_{I}=R_{10''}/R_{15''}$一般不小于1.5。

e）当无资料可查时，可参考表2-4-6所给的值。

表2-4-6　油浸式变压器绕组绝缘电阻表　MΩ

（高、中、低）绕组的电压等级（kV）	温度（℃）						
	10	20	30	40	50	60	70
3～10	450	300	200	130	90	60	40
20～35	600	400	270	180	120	80	50
63～220	1200	800	540	360	240	160	100

4）几点注意：

a）接线时，被测绕组各相短接后接入仪表，非测量绕组短接后再接地。

b）接线时，E、L不可接反，测量导线不能绞连和接地。测量完时，必须先拉开测量线头，再停转仪表。

c）缘电阻作比较时，要在同一接线方式、换算到同一温度下进行。换算系数如表2-4-7所示。

表2-4-7　油浸式变压器绝缘电阻温度换算系数表

温度差（K）	5	10	15	20	25	30	35	40	45	50	55	60
换算系数	1.2	1.5	1.8	2.3	2.8	3.4	4.1	5.1	6.2	7.5	9.2	11.2

d）试前后应对被试变压器进行充分的放电。

e）对新注满的变压器油，应净放一段时间后测量：大型变压器净放24h后，小型变压器净放6h后。

2. 测量泄漏电流

（1）试验目的：与绝缘电阻的目的较相似，其灵敏度更高，能检测出测量变压器直流电阻不易检测出的、存在的局部缺陷。

（2）试验设备及接线（采用半波整流电路获得直流高压）：

1）交流高压电源，包括试验变压器1台、控制台1台等。

2）整流装置：高压硅堆1只，滤波电容1只。

3）稳压电容的选择：当试验电压为3～10kV时，$C>0.06\mu F$；电压在15～20kV时，$C>0.015\mu F$；电压在30kV时，$C>0.01\mu F$。

4）保护电阻，作用是限制设备击穿时的短路电流，保护变压器、硅堆及微安表，多采用水阻，一般选择10Ω/V取值。

5）微安表（为防止在试验过程中非正常情况损坏微安表，一般设有专门的保护电路）1只。

6）其他：水阻，高压静电电压表，导线若干，放电棒（带电阻）一根。

7）接线：将同一电压等级被试绕组引出线短接，非测量绕组的引出线及外壳短接。接线示意图如图 2-4-3 所示。

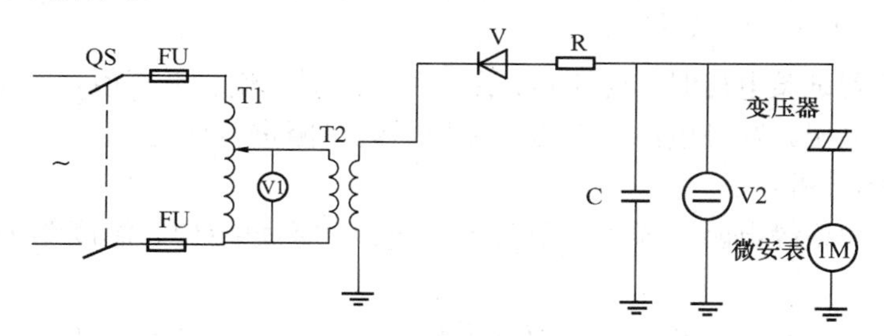

图 2-4-3　变压器泄漏电流试验接线示意图（微安表在低压侧）
T1—调压器；T2—试验变压器；V2—静电电压表；R—水阻

8）说明事项：

a）直流高压的获得，除了采用半波整流外，还有采用倍压整流电路或直流串级电路，也可采用如 KGF 系列、ZGF 系列、GC-2006 数字式系列等的高压成套试验仪器得到。

b）高压电压的测量，图 2-4-3 中采用静电电压表，该种方法在室内试验时用。除此而外，可在低压侧测量，在高压侧用电阻串联微安表进行测量，在高压侧用分压器（如 FYQ 系列）进行测量，用球隙测量等方法。

c）无论是直流高压的获得、还是高压的测量，当采用不同的方法和设备时，可参考相应的资料说明进行。

d）图 2-4-3 中微安表的接线方式是采用微安表接在试品的低压端，此种方法测量结果较准确，适用于试品能与地断开且有绝缘时。当试品能与地不能断开时，采用微安表接在试品高压端或接在试验变压器高压绕组的尾部。

（3）测量部位和试验电压：测量顺序及部位见表 2-4-8，试验电压见表 2-4-9。

表 2-4-8　　**测量顺序及部位**

顺　　序	双绕组变压器		三绕组变压器	
	加压绕组	接地绕组	加压绕组	接地绕组
1	高压	低压及外壳	高压	中压、低压及外壳
2	低压	高压及外壳	中压	高压、低压及外壳
3			低压	高压、中压及外壳

表 2-4-9　　**试验电压及泄漏电流允许值**　　μA

额定电压（kV）	试验电压最大值（kV）	温度（℃）							
		10	20	30	40	50	60	70	80
2～3	5	11	17	25	39	55	83	125	178
6～15	10	22	33	50	77	112	166	250	356
20～35	20	33	50	74	111	167	250	400	570
66～330	40	33	50	74	111	167	250	400	570
500	60	20	30	45	67	100	150	215	330

(4) 试验操作要点：

1) 接好线后，经专门负责人员检查，确认无误后，方可通电升压。

2) 采用逐级升压的方法进行，级与级的间隔时间为 30s 以上，每一级所加电压的数值为全部试验电压的 1/4 ～1/10 左右。

3) 将电压升到试验电压时，经 1min 后，读取泄漏电流、电压值，并记录。

4) 逐渐降低电压，断开电源。对被试变压器经电阻进行放电。

(5) 测试后的分析：

1) 泄漏电流和绝缘电阻一样，其数值与变压器的绝缘结构、温度等因素有关，在判断时主要注重比较。

2) 与历年的数值进行比较，不应有显著的变化，一般不大于 150%。比较时，要换算到同一温度下进行，换算公式为

$$I_{t1} = kI_{t2}$$

$$k = e^{0.05\sim0.06}(t_1 - t_2)$$

式中 I_{t1}——温度为 t_1 时测得的泄漏电流；

I_{t2}——为温度为 t_2 时测得的泄漏电流；

k——换算系数。

3) 与同类型的变压器数值相比较。如无相应的数字比较，可参考表 2-2-9。

(6) 注意事项：

1) 试验过程中，如有不正常的情况出现，应立即降低电压，断开电源，进行检查，直到原因查明，且妥善处理后，方可继续通电测量。

2) 被测变压器的温度在 30～80℃为宜。

3) 放电时，不可直接放电。

3. 测量介质损失角正切值

(1) 测量目的。主要检查变压器整体受潮、绝缘老化、油质劣化、绕组上附着油泥及严重的局部缺陷等。它是变压器绝缘预防性试验的项目之一。

(2) 试验仪器及接线方式。目前常用的测量仪器是专用的 QS1 型交流电桥。今年来国内外的仪器制造厂也推出了不少新型仪器，如 M 型、GC-2004A 型、GWS 型等测量仪器。QS1 型交流电桥的接线有四种方式：正接线、反接线、侧接线及低压接线法。一般常用的接线是正、反接线两种，在变压器的试验中，由于变压器的外壳是直接接地的，故只能采用正接线法。接线图如图 2-4-4 所示（也可参照仪器使用说明书和仪表盖上），接线时各相绕组的引出端均应连接在一起。

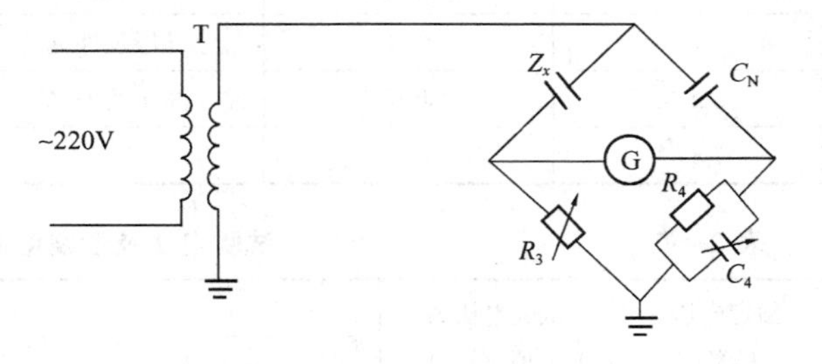

图 2-4-4 QS1 型电桥正接法接线

T—试验变压器；Z_x—被试变压器；C_N—标准电容

(3) 测量的顺序及部位见表 2-4-10。

表 2-4-10　　测量的顺序及部位

双绕组变压器			三绕组变压器	
序号	加压绕组	接地绕组	加压绕组	接在绕组
1	高压绕组	低压绕组及外壳	高压绕组	外壳、中压绕组及低压绕组
2	低压绕组	高压绕组	中压绕组	高压绕组、低压绕组及外壳
3	高压绕组及低压绕组	外壳	低压绕组	高压绕组、中压绕组及外壳
4			高压绕组及低压绕组	中压绕组及外壳
5			高压绕组及中压绕组	低压绕组及外壳
6			中压绕组及低压绕组	高压绕组及外壳
7			高压绕组、中压绕组及低压绕组	外壳

注　对于新投入或大修后的变压器，一般要求全部项目进行测量，以积累数字。当投入运行后，双绕组变压器只做1、2项，三绕组变压器只做1、2、3项。只有在测量时发现异常时，才全部进行测量，并经过计算，找出异常的确切部位。

(4) 试验电压。采用QS1型电桥进行测量时：对于额定电压为10kV及以上的变压器，无论是注满变压器油还是未注满，均施加10kV的电压；对于额定电压为10kV以下的变压器，施加不超过绕组的额定电压。1000V以下的绕组可不进行侧量。

(5) 分接位置的选择。用QS1型电桥测量时，选择合适的分流器的位置，对顺利进行测量有很大的帮助，选择时表2-4-11可供参考。

表 2-4-11　　QS1型电桥分流器位置与被试变压器容量的关系

变压器容量（kVA）	三绕组变压器				双绕组变压器	
	50000	31500	20000	10000	5000	31500
高压→中压、低压及外壳的电容量（pF）	14200	11400	8700	6150	4200	7200
分流器位置	0.06	0.06	0.06	0.025	0.025	0.025
中压→高压、低压及外壳的电容量（pF）	24800	11800	13200	9600		
分流器位置	0.15	0.06	0.06	0.06		
低压→高压、中压及外壳的电容量（pF）	19300	19300	12000	6400	6800	1480
分流器位置	0.06	0.06	0.06	0.06	0.025	0.06

注　1. 分流器位置是按试验电压10kV时选择。
2. 所列变压器均为铝绕组变压器，同容量的铜绕组变压器的电容量比铝绕组变压器的电容量小。
3. 其他容量的变压器，可根据表中的数字上、下进行估算分接位置。

(6) 试验操作步骤。根据现场布置设备，一般测量电桥离标准电容及试验变压器的距离在0.5m以上。对照图2-4-4接线，经专门负责人员检查确认正确后，准备操作。

1) R_3、C_4 及灵敏度等各旋钮均置于零位，极性开关置于断开位置，根据试品电容量的大小确定分流位置。

2) 接通试验电源，合上光源开关，调节调零旋钮，使光带位于中间位置，角试验电压，

并将 $\tan\delta$ 转至“接通Ⅰ”位置。

3）增加检流计灵敏度，转动调谐旋钮，找到谐振点，使光带展宽到最大宽度，再调节 R_3 使光带变为最窄。

4）增加灵敏度，按 R_4、C_4 及 R_3（滑线电阻）的顺序反复调节，使光带最窄（不超过4mm），这时电桥达到平衡。

5）将灵敏度调到零，记下试验电压、R_3、C_4、R_3 及分流位置。

6）记录数字后，再将 $\tan\delta$ 调至“接通Ⅱ”的位置，再重复4）、5）操作，使电桥平衡，记录试验电压、R_3、C_4、R_4 及分流位置后，把灵敏度旋钮回到零，极性开关调至断开位置，把试验电压降到零后，断开电源，并将试验变压器的高压端接地。

7）两次记数字相差不大，试验可结束，否则，找到原因再作。

（7）$\tan\delta$ 及 C_x 的计算

$$\tan\delta = (\tan\delta_1 + \tan\delta_2)/2$$

式中 $\tan\delta_1$、$\tan\delta_2$——两次测出的值。

$$C_x = C_N R_4 / R_3$$

式中 C_N——标准电容器的电容量；

R_4、R_3——桥臂电阻。

（8）测试结果分析。$\tan\delta$ 的值与历次试验的数值比较不应有明显的变化，一般变化不大于30%，同时不应大于表2-4-12的值。比较时必须在同一温度（20℃）下进行，温度换算系数如表2-4-13所示。

表2-4-12　　规程规定的 $\tan\delta$ 值（20℃）

额定电压	35kV及以下	66～220kV	330～500kV
$\tan\delta$（%）	1.5	0.8	0.6

表2-4-13　　温度换算系数表

温度差（K）	5	10	15	20	25	30	35	40	45	50	55	60
换算系数	1.15	1.3	1.5	1.7	1.9	2.2	2.5	3.0	3.5	4.0	4.6	5.3

换算时：当测量的温度大于20℃时

$$\tan\delta_{20} = \tan\delta_t / B$$

当测量的温度小于20℃时

$$\tan\delta_{20} = \tan\delta_t \cdot B$$

式中 $\tan\delta_{20}$——换算到20℃时的介损值；

$\tan\delta_t$——温度为 t 时的介损值。

4. 工频耐压试验

（1）试验目的。该项试验属于破坏性试验，只有在非破坏性试验合格后才进行，它是检验变压器绝缘强度最有效、最直接的方法。通过试验不仅可以检查变压器主绝缘强度是否合格、是否存在局部的绝缘缺陷，并且还可检查变压器在检修和运行过程中主绝缘是否受潮和开裂、绝缘局部是否受到损伤、绝缘距离是否够、绝缘的表面是否附着污物等。如果经耐压试验合格，变压器就可以投入使用。

（2）试验设备。

1）高压试验变压器。在选择高压试验变压器时，要求试验变压器高压侧的额定电压大于被试变压器的最大试验电压，试验变压器的额定电流大于被试变压器的最大电容电流，一般要满足关系式

$$I_N \geqslant 2\pi f C_X U \times 10^{-6}$$

式中　I_N——试验变压器高压侧的额定电流，mA；

C_X——被试变压器的电容量，pF；

U——试验电压，kV。

对于试验变压器的额定容量 S_N 应满足下式

$$S_N \geqslant I_N U_N \times 10^{-9} (\text{kVA})$$

式中　U_N——试验变压器高压侧的额定电压，kV。

2）其他电阻、调压器。电阻 R_1、R_2 常采用水阻，选择时 R_1 一般为 0.1～0.5Ω/V，R_2 可按 1Ω/V 选取，常用的 R_2 在 100～500kΩ。

（3）高电压的测量。测量的方法有低压侧测量和高压侧测量两大类。

1）低压侧测量：在试验变压器的低压绕组侧测量比较方便，但误差大。

2）高压侧测量：有用静电电压表测量、电压互感器测量、电容分压器测量、球隙测量等几种方法。试验时要求在高压侧进行测量。

（4）试验接线。被试绕组引出线的端头均应短接，非被试绕组引出线端头应短接接地，如图 2-4-5 所示。

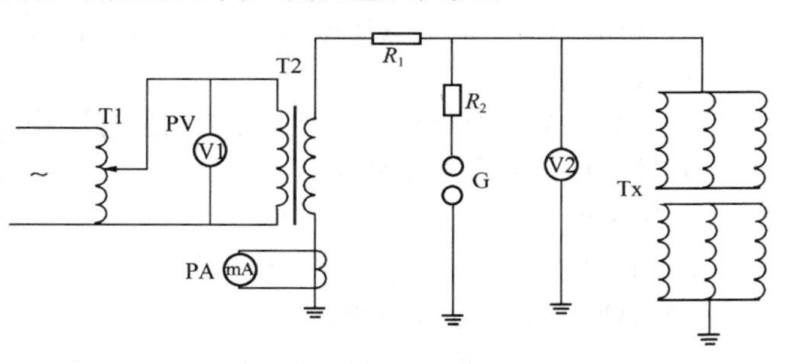

图 2-4-5　交流耐压试验接线

T1—调压器；T2—高压试验变压器；R_1、R_2—保护电阻；G—保护间隙；Tx—被试变压器；V2—高压静电电压表

（5）试验电压。试验电压的标准值见表 2-4-14。

表 2-4-14　变压器交流耐压试验电压　kV

额定电压	出厂试验电压	交接、大修试验电压	出厂试验电压不明时的试验电压
0.4	5	4	2
3	18	15	13
6	25	21	19
10	35	30	26
15	45	38	34
20	55	47	41
35	85	72	64
60	140	120	105
110	200	170	—
220	360 395	340	

(6) 操作要点。

1) 试验前，再次确认被试变压器的被破坏性试验是否合格。

2) 试验现场应做好安全防护工作，并有专人监视。

3) 检查被试变压器的绝缘表面是否擦拭干净。

4) 调整保护球隙，使其放电电压为试验电压的105%～110%，连续试验三次，应无明显差异，并检查过流装置动作的可靠性。

5) 根据试验接线图接好线后，经专人检查，确认无误后，方可准备进行试验。

6) 加压前，必须检查调压器是否在零位，在零位方可加压，加压时，应相互呼唱。

7) 升压时要均匀，不要太快，最好整个升压过程在10～15s。升压过程中，要监视电压表记其他表计的情况。

8) 升压到试验电压时，记时，时间到后，缓慢地降低电压，不允许不降压就断开电源。

9) 试验过程中，若发现表计的指针摆动或被试变压器有异常响声、冒烟、冒火等应立即降压、断电，在高压侧挂上接地线，查明原因。

10) 新注油的变压器，应静置一段时间再进行试验。

11) 试验前后，应测量变压器的绝缘电阻和吸收比。

(7) 注意事项。

1) 分级绝缘的变压器，不能用此方法进行试验，而应作感应耐压试验。

2) 试验后，一定要充分放电。

3) 工频耐压试验前，必须先进行油的击穿电压试验，以防可能因油不合格导致变压器在耐压试验时放电，造成变压器不应有的损伤。

(8) 试验结果的分析判断。

1) 经过1min的耐压试验，如无任何异常情况发生，可以判断被试变压器合格，否则不合格。

2) 试验电压突然下降，电流突然上升，表明被试变压器被击穿。

3) 保护球隙放电，试品内部无放电声，可能是球隙受环境影响发生闪络，重复加压时应无异常。

4) 内部有轻微放电声，但未引起仪表的反应，也未引起过电压，再次重复加压时仍然有声，是裸电极附近有气泡或场强过分集中，尖角毛刺引起的放电，也可能是悬浮放电。

5) 有清脆的放电声，球隙也伴随放电，而重复加压时一切正常，是主绝缘油隙被击穿或引线等有覆盖的部位放电，覆盖绝缘被击穿，但击穿之后周围的油充进了放电通道，恢复了绝缘性能。

5. 直流电阻测量

直流电阻测量是变压器试验中一个重要的试验，无论变压器交接验收、小修、大修、故障检修及其改变分接头位置等都必须进行该项试验。

(1) 试验目的。

1) 检查绕组内部导线和引线的焊接质量。

2) 检查绕组并连支路连接是否正确，有无层间短路或内部断线。

3) 检查分接开关、引线和套管的接触是否良好。

4) 检查三相绕组的电阻是否平衡。

5）核对绕组所用导线的规格是否符合设计要求。

（2）测量方法。

1）电压降法。此法属于传统的测量方法，也是最简便的方法，但由于测量误差较大等原因，一般不常用。

2）电桥法。电桥法也属于传统的测量方法，有单臂电桥（惠斯登电桥）和双臂电桥（凯尔文电桥）两种。当被测绕组的直流电阻在10Ω以上时，有单臂电桥测量；当被测电阻在10Ω以下时，采用双臂电桥测量。存在的问题是在测量大容量的变压器绕组直流电阻时，测量时间太长，会给测量带来不便（可采取如非测量绕组短路去磁法等方法，缩短充电时间）。

3）新型的变压器绕组直流电阻测试仪随着电子技术和微处理技术的发展，国内外出现了大量的变压器绕组直流电阻测试仪。常见的有2288、FK-Ⅲ、BRK-Ⅱ型，GZY系列等，准确度为0.2～0.1级，测试范围在0～20kΩ。该类设备最大的特点是测试速度快，精度高。

（3）试验接线。根据所选用测量方法，采用相应的接线。

（4）测量结果判断。

1）判断标准：①1600kVA以上变压器的各相绕组电阻相互间的差别（又称相间差）不应大于三相平均值的2%，无中性点引出绕组的线电阻间的差别（又称线间差）不应大于三相平均值的1%；②1600kVA及以下变压器的相间差别一般不大于三相平均值的4%，线间差别一般不大于三相平均值的2%；③所测的值与以前（出厂或交接）相同部位测得的值比较，其变化不应大于2%。

2）计算：

a）不同温度下电阻值的换算。不同温度下测量的直流电阻值，比较时都要求换算到同一温度，一般换算到75℃时的电阻值。

$$R_{75℃}=R_t[(T+75)/(T+t)]$$

式中　$R_{75℃}$——75℃时的电阻值，Ω；

R_t——绕组温度为t时的测量电阻值，Ω；

T——常数，铜绕组为235，铝绕组为225；

t——测试时，绕组的温度，℃。

b）线间差或相间差百分数的计算

$$\Delta R_x=(R_{max}-R_{min})/R_{av}\times 100\%$$

式中　ΔR_x——线间差或相间差的百分数，%；

R_{max}——实测值中，三个线电阻或三个相电阻中的最大电阻值，Ω；

R_{min}——实测值中，三个线电阻或三个相电阻中的最小电阻值，Ω；

R_{av}——实测值中三个线电阻或三个相电阻的平均值，对于相电阻$R_{av}=(R_{AO}+R_{BO}+R_{CO})/3$，对于线电阻$R_{av}=(R_{AB}+R_{BC}+R_{CA})/3$。

c）相电阻的计算。在实际测量中，当线电阻超过标准值时，应把线电阻变为相电阻，以便找到具体的缺陷相。

当绕组为星形连接，且无中性线引出时，相电阻的计算式为

$$R_A=(R_{AB}+R_{CA}-R_{BC})/2$$
$$R_B=(R_{AB}+R_{BC}-R_{CA})/2$$
$$R_C=(R_{BC}+R_{CA}-R_{AB})/2$$

当绕组为右向三角形连接时，相电阻的计算公式为

$$R_A=(R_{AC}-R_P)-R_{AB}R_{BC}/(R_{AC}-R_P)$$
$$R_B=(R_{AB}-R_P)-R_{AC}R_{BC}/(R_{AB}-R_P)$$
$$R_C=(R_{BC}-R_P)-R_{AB}R_{AC}/(R_{BC}-R_P)$$
$$R_P=(R_{AB}+R_{BC}+R_{CA})/3$$

当绕组为左向三角形连接时，相电阻的计算公式为

$$R_A=(R_{AB}-R_P)-R_{AC}R_{BC}/(R_{AB}-R_P)$$
$$R_B=(R_{BC}-R_P)-R_{AB}R_{AC}/(R_{BC}-R_P)$$
$$R_C=(R_{AC}-R_P)-R_{AB}R_{BC}/(R_{AC}-R_P)$$
$$R_P=(R_{AB}+R_{BC}+R_{CA})/3$$

（5）注意事项。

1）在使用单臂电桥时，注意连接线的长度和粗细，最好导线长度不大于2.5m，截面不小于2.5mm^2。

2）使用双臂电桥时，注意四个测量端子接线正确。

3）带分接开关的变压器，测量时各分接头的位置分别测量，运行位置放在最后测量。

4）有中性线引出的变压器，应尽量测相电阻。

5）在测量过程中，不要因操作错误而损耗检流计。

6）在使用变压器直流电阻测试仪时，测试过程中必须避免电源断电。

7）测量时应记录绕组的温度。

6. 变压器变比试验

变压器的变比是一、二次侧电动势之比，其值等于一、二次侧绕组的匝数之比，约等于变压器空载是一、二次侧电压之比，三相变压器的变比可用相电压计算，也可用线电压计算。本试验采用相电压计算。

（1）试验目的。

1）检查变压器实际变比与设计是否相符。

2）检查分接开关的位置和接线是否正确。

3）检查绕组有无层间或匝间、段间金属性短路。

4）为变压器能否并联运行提供实际的数字。

（2）试验方法。常用的方法有双电压表法和变压比电桥法。

1）双电压表法。它是一种简单、常用的试验方法。通常是在变压器高压侧加入一适当的电压，用一块电压表测量输入电压，用另外一块电压表测量低压侧电压，同时读出两表数值。对于单相变压器实测变比$K=U_{AX}/U_{ax}$，对于三相变压器可采用单相电源，也可采用三相电源进行测量。当采用单相电源时，根据三相变压器的联结组别，将电源通过调压器接到变压器的低压侧，高压侧可根据电压的大小，直接测量或经过电压互感器等方法测量，其测量和计算如表2-4-15所示。

表 2-4-15　单相电源测量变压器变比的测量和计算

变压器联结组别	加压端子	短接端子	测量端子	变压器变比的计算公式
Yy0	ab		ab 及 AB	$K=U_{AB}/U_{ab}$
	bc		bc 及 BC	
	ca		ca 及 CA	
YNd11	ab		ab 及 B0	$K=U_{A0}/U_{ab}$
	bc		bc 及 C0	
	ca		ca 及 A0	
Dy11	ab	CA	ab 及 AB	$K=2U_{AB}/U_{ab}$
	bc	AB	bc 及 BC	
	ca	BC	ca 及 CA	
Yd11	ab	bc	ab 及 AB	$K=U_{AB}/2U_{ab}$
	bc	ca	bc 及 BC	
	ca	ab	ca 及 CA	

注　要求电压表或电压互感器为 0.1～0.2 级。

变比误差为

$$\Delta K=(K_N-K)/K_N\times 100\%$$

式中　ΔK——变比误差；

K_N——变压器的额定变比，即变压器一、二侧的额定相电压之比。

对于单相变压器以及 Yy 接线的三相变压器

$$K_N=U_{1N}/U_{2N}$$

对于 Yd 变压器

$$K_N=U_{1N}/\sqrt{3}U_{2N}$$

对于 Dy 变压器

$$K_N=\sqrt{3}U_{1N}/U_{2N}$$

双电压表法试验简单、容易测量，但存在测量时不安全、测量误差大等的不足，现在，越来越多的使用者，广泛采用变压比电桥法进行测量。

2）变压比电桥法。采用该方法进行测量时，不仅能测出变压比，同时也能够测出变压器的联结组别等，而且测量时精度、安全性等都较高。而今，这类仪表也较多，如 QT-35、QT-80、DK201 等。在具体使用时，可参照相应的仪器使用说明书。

（3）注意事项、标准要求及分析判断。

1）测量时应注意高压绕组与低压绕组接线不能接反，否则可能危及人身及仪器安全。

2）变压器各分接头位置都应进行。对于有载变压器应用电动装置调节分接头位置。

3）相应分接头的变比与铭牌值相比，不应有显著差别，且符合规律。

4）电压在 35kV 以下、变比小于 3 的变压器，其变比允许偏差为±1%；其他变压器额定分接头变比允许偏差为±0.5%，其他分接头的变比在变压器阻抗电压百分值的 1/10 以内，但不得超过±1%。

5）变比不合格时，主要是由分接开关引线焊接错误、分接开关的指示位置和内部引线的位置不对应、绕组匝间或层间短路等原因造成的。

7. 变压器的联结组别测定

变压器的联结组别（又叫联结组别标号），表示变压器高、低压绕组的连接方式，以及在这种连接方式下，高、低压侧电动势的相位差，它同样是变压器并联运行的条件之一。

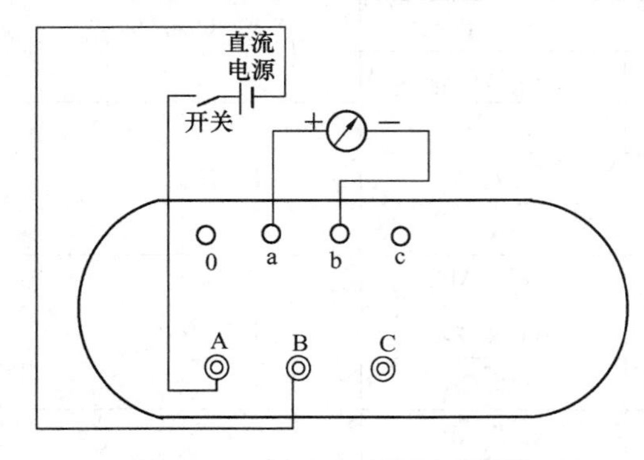

图 2-4-6 用直流法测试变压器联结组别的接线示意

（1）试验目的。判断变压器的接线组别与铭牌上的是否相符，为变压器能否并联运行提供试验数字。

（2）试验方法。试验的方法有直流法、双电压表法、变压比电桥法等，在此仅介绍直流法。测量时，在高压侧相与相间接一个 1.5～6V 开关，在低压侧相与相之间接一个直流毫安表或直流毫伏表。测量时，接通开关，观察相应表计指针的偏转情况，正偏记为“＋”、反偏记为“－”、不动记为“0”。接线如图 2-2-6 所示，联结组别判断表见表 2-4-16。

表 2-4-16　　直流法测量三相变压器联结组别判断表

组别号	高压侧通电相别 ＋－	低压侧测得值			组别号	高压侧通电相别 ＋－	低压侧测得值		
		a b ＋－	b c ＋－	a c ＋－			a b ＋－	b c ＋－	a c ＋－
1	A B	＋	－	0	7	A B	－	＋	0
	B C	0	＋	＋		B C	0	－	－
	A C	＋	0	＋		A C	－	0	－
2	A B	＋	－	－	8	A B	－	＋	＋
	B C	＋	＋	＋		B C	－	－	－
	A C	＋	－	＋		A C	－	＋	－
3	A B	0	－	－	9	A B	0	＋	＋
	B C	＋	0	＋		B C	－	0	－
	A C	＋	－	0		A C	－	＋	0
4	A B	－	－	－	10	A B	＋	0	＋
	B C	＋	－	＋		B C	－	＋	0
	A C	＋	－	－		A C	－	＋	＋
5	A B	－	0	－	11	A B	＋	0	＋
	B C	＋	－	0		B C	－	＋	0
	A C	0	－	－		A C	0	＋	＋
6	A B	－	＋	－	12	A B	＋	－	＋
	B C	＋	－	－		B C	－	＋	＋
	A C	－	－	－		A C	＋	＋	＋

注　“＋、－”对于“A、B”等表示相应的高压绕组接电池正负极；对于“a、b”等表示相应的低压绕组接仪表的正负端。

8. 空载试验

（1）试验目的。测量空载电流和空载损耗，测量变压器的励磁阻抗，检查变压器是否存在铁芯硅钢片的局部绝缘不良或整体缺陷，如铁芯多点接地、铁芯片间短路等磁路故障，检查是否存在绕组匝间短路等电路故障。

（2）试验方法。试验时一般从低压绕组施加正弦、额定频率的额定电压，在其他绕组开路的情况下测量变压器的空载电流和空载损耗。试验的方法一般有单相电源空载试验和三相电源空载试验。

1）单相变压器试验。当试验电压和电流在仪表的测量范围内，可直接将测量仪表接入回路；当电压、电流超过测量范围时，可经电压互感器和电流互感器接入回路，测量出来数值再乘上相应的变压比和变流比。

2）三相变压器可用单相电源和三相电源进行试验。三相电源测量的空载试验多采用两功率表法和三功率表法，试验接线如图 2-4-7 所示。

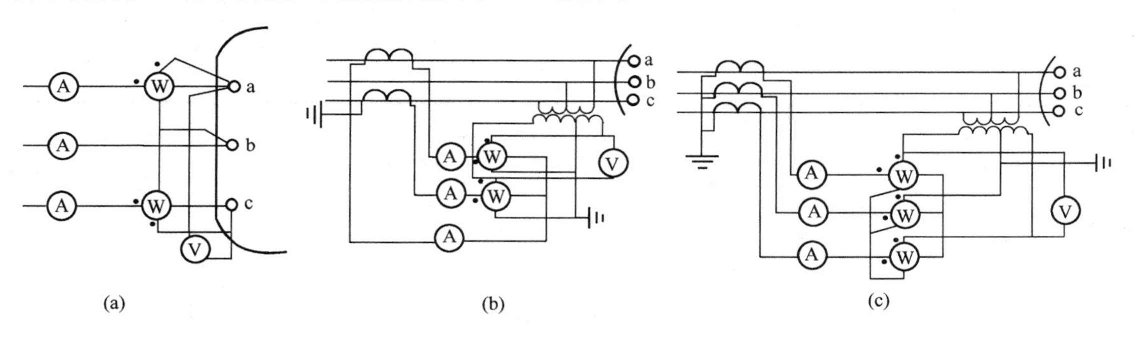

图 2-4-7 变压器空载试验接线

（a）仪表直接接入、两功率表法；（b）仪表经互感器接入、两功率表法；（c）仪表经互感器接入、三相功率表法

（a）图 2-4-7（a）为仪表直接接入、两功率表法，空载损耗与空载电流百分数的计算公式为

$$P_0 = P_1 + P_2$$

$$I_0 = \frac{I_{0a} + I_{0b} + I_{0c}}{3I_N} \times 100\%$$

（b）图 2-4-7（b）为仪表经互感器接入、两功率表法，空载损耗与空载电流百分数的计算公式为

$$P_0 = (P_1 + P_2)K_{TA}K_{TV}$$

$$I_0 = \frac{I_{0a} + I_{0b} + I_{0c}}{3I_N}K_{TA} \times 100\%$$

（c）图 2-4-7（c）为仪表经互感器接入、三功率表法，空载损耗与空载电流百分数的计算公式为

$$P_0 = (P_1 + P_2 + P_3)K_{TA}K_{TV}$$

$$I_0 = \frac{I_{0a} + I_{0b} + I_{0c}}{3I_N}K_{TA} \times 100\%$$

上面各式中 P_1、P_2、P_3——功率表的测量值；

I_{0a}、I_{0b}、I_{0c}——电流表的测量值；

K_{TA}——电流互感器的变比；

K_{TV}——电压互感器的变比；

I_N——变压器测量侧的额定电流。

(d) 当现场试验条件受限制或三相试验数字有异，为了查找故障相时进行单相电源试验，试验的方法如下：

a) 当加压绕组为星形接线时，试验时施加电压 $U=2U_N/\sqrt{3}$，测量方法如表 2-4-17 所示。空载损耗和空载电流的计算公式为

表 2-4-17　　加压绕组为星形时的试验

施加电压端	短　接　端	测　　量
ab	c0（或 ca 、cb）	P_{0ab}、I_{0ab}
bc	a0（或 ba 、bc）	P_{0bc}、I_{0bc}
ac	b0（或 ba 、bc）	P_{0ac}、I_{0ac}

$$P_0=\left[\frac{(P_{0ab}+P_{0bc}+P_{0ac})}{2}\right]K_{TA}K_{TV}$$

$$I_0=\left[\frac{(I_{0ab}+I_{0bc}+I_{0ac})}{3I_N}\right]K_{TA}\times 100\%$$

式中　P_{0ab}、P_{0bc}、P_{0ac}、I_{0ab}、I_{0bc}、I_{0ac}——表计的测量值；

K_{TA}、K_{TV}——测量时的电流互感器和电压互感器的变比，直接测量时都为 1。

b) 当加压绕组为右绕三角形接线时，试验时施加电压 $U=U_N$ 的测量方法如表 2-4-18 所示。空载损耗和空载电流的计算公式为

表 2-4-18　　加压绕组为右绕三角形时的试验

施加电压端	短　接　端	测　　量
ab	bc	P_{0ab}、I_{0ab}
bc	ac	P_{0bc}、I_{0bc}
ac	ab	P_{0ac}、I_{0ac}

$$P_0=\frac{P_{0ab}+P_{0bc}+P_{0ac}}{2}K_{TA}K_{TV}$$

$$I_0=\frac{0.289(I_{0ab}+I_{0bc}+I_{0ac})}{I_N}K_{TA}\times 100\%$$

式中　P_{0ab}、P_{0bc}、P_{0ac}、I_{0ab}、I_{0bc}、I_{0ac}——表计的测量值；

K_{TA}、K_{TV}——测量时的电流互感器和电压互感器的变比，直接测量时都为 1。

c) 加压绕组为左绕三角形接线时，试验时施加电压 $U=U_N$，测量方法如表 2-4-19 所示，计算公式同右绕三角形。

表 2-4-19 加压绕组为左绕三角形时的试验

施加电压端	短 接 端	测 量
ab	bc	P_{0ac}、I_{0ac}
bc	ac	P_{0ab}、I_{0ab}
ac	ab	P_{0bc}、I_{0bc}

3）低电压下的空载试验。受试验条件的限制，有时在低电压（额定电压的5～10%）下进行空载试验，试验后，需要经过换算，换算公式为

$$P_0 = P'_0(U_N/U')^n$$

式中 U'——试验室所加的电压；

P'_0——电压为U'时测得的空载损耗；

P_0——换算到额定电压下的空载损耗；

U_N——额定电压；

n——换算系数。

（3）注意事项。

1）试验时所使用的互感器、仪表的准确度等级不低于0.5级。

2）功率表应使用低功率因数表。

3）接线时应注意互感器、功率表的极性。

一般配电变压器预防性试验的项目及标准见表2-4-20。

表 2-4-20 配电变压器预防性试验的项目及标准

项 目	标 准
绝缘电阻测量	一般不做规定。与以前测量的绝缘电阻值折算至同一温度下进行比较，一般不得低于以前测量结果的70%
交流耐压试验	6kV等级加21kV；10kV等级加30kV；低压绕组加4kV
泄漏电流测定	一般不做规定，但与历年数值进行比较不应有显著变化
测绕组直流电阻	630kVA及以上的变压器各相绕组的直流电阻相互间的差别不应大于三相平均值的2%，与以前测量的结果比较（换算到同一温度）相对变化不应大于2%； 630kVA以下的变压器相间差别应不大于三相平均值的4%，线间差别不大于三相平均值的2%
绝缘油电气强度试验	运行中的油试验标准为20kV

操作训练5 变压器常规试验

一、训练目的

（1）熟悉各种试验仪表、仪器的使用。

（2）掌握各种试验的目的及方法。

（3）学会根据试验数字判断设备的好坏。

二、操作任务

操作任务见表2-4-21。

表 2-4-21 变压器常规试验操作任务表

操作内容	对变压器的常规试验
说明及要求	(1) 选择中、小型电力变压器为考核对象； (2) 严格按有关的规程、规定执行操作； (3) 重点指导仪器、仪表的使用方法； (4) 现场由一名安全监护人员协助完成
工具、材料、设备场地	常用工具、检测仪器、试验设备、导线若干、被测变压器、棉纱适量

三、注意事项和安全措施

(1) 做好被测变压器和仪器仪表的安全检查。

(2) 通电测量时必须在指导老师的监督下进行操作，防止设备和人身伤害。

(3) 使用完仪器设备后应按规定设置于安全范围。

(4) 试验场地要设置隔离带，做好安全防范措施。

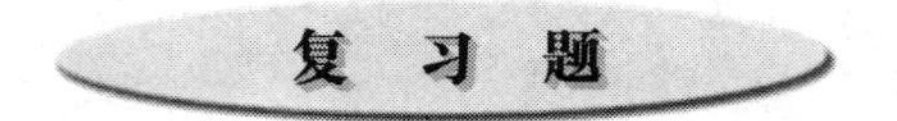

复习题

问答题

1. 电力变压器的结构由哪几大部分组成？有何作用？
2. 现场吊芯注意事项有哪些？
3. 无励磁分接开关的技术要求有哪些？
4. 如何计算变压器线间差或相间差直流电阻的百分数？
5. 什么叫变压器的接线组别？如何表示？
6. 画出变压器（经互感器接入，两功率表法）空载试验接线图。

课题二　有载调压装置及其检修

有载分接开关是在不切断负荷电流的条件下，切换分接头的调压装置。因此，在切换瞬间，需同时连接两分接头。分接头间一个级电压被短路后，将有一个很大的循环电流。为了限制循环电流，在切换时必须接入一个过渡电路，通常是接入电阻，其阻值应能把循环电流限制在允许的范围内。因此，有载分接开关的基本原理概括起来就是：采用过渡电路限制循环电流，达到切换分接头而不切断负荷电流的目的。

一、有载调压装置种类、型号

（一）种类

有载调压装置种类分法很多，一般把分接开关分为电抗式和电阻式两种。现在除少数国家使用电抗式外，世界各国均采用电阻式。电阻式分接开关从结构上可分为组合式和复合式两种。

M 系列（其中有德国生产的 M 型，国产的 ZY、CM、C 型等）是典型的组合式，另有 R、UC、SHZV 型等，也属于组合式分接开关。

V 系列（包括德国生产的 V 型，国产的 CV、SV、F 型等）是典型的复合式分接开关，另有 UZ、UB、SY□ZZ 型等，也属于复合式分接开关。

（二）型号含义

目前型号的标注方法尚没有统一的、标准的统一格式，各个制造厂型号标注方法及表示的内容也不一样，现选择几种简介如下。

1. 组合式有载分接开关

组合式有载分接开关型号含义如下：

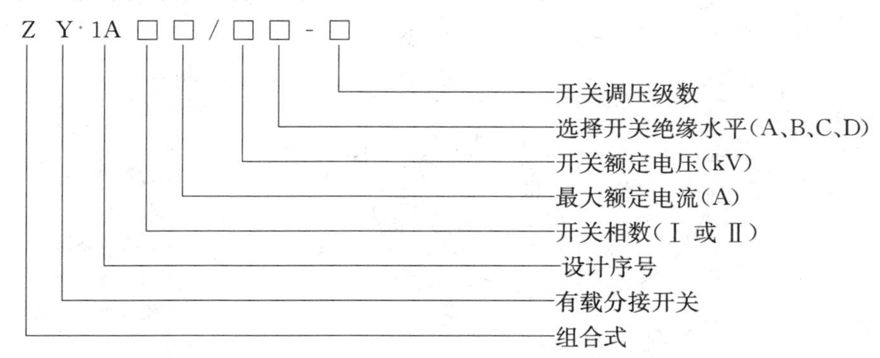

如 ZY1A-Ⅲ500/220B -±9 有载分接开关表示调压级数为 19 级，额定电压为 220kV，最大额定电流为 500A，三相 B 级绝缘。

2. 复合式有载分接开关

复合式有载分接开关型号含义如下：

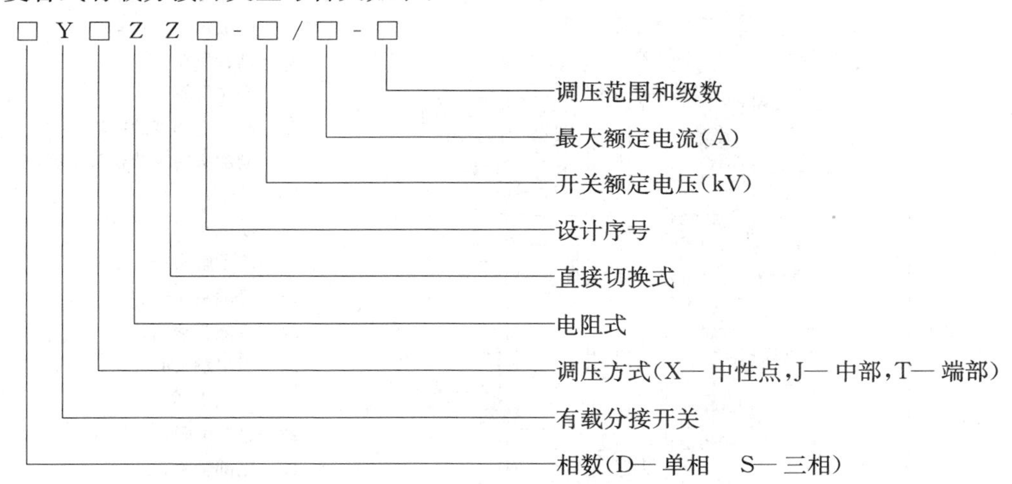

如 SYJZZ3G-35/250-6 型有载分接开关表示是三相、线圈中部调压、电阻直接切换的有载分接开关，设计序号为 3，改进型的，额定电压为 35kV，额定电流为 250A，调压级数为 6 级。

二、有载调压装置的结构

（一）复合式有载分接开关的结构

复合式分接开关没有单独的过渡电路，其过渡电路和选择电路合二为一，在结构上没有单独的切换开关，只有一个把分接选择器和切换开关作用功能结合在一起的选择开关，开关为双电阻过渡。其结构示意如图 2-4-8 所示。典型的复合式有载分接开关的结构如图 2-4-9 所示。

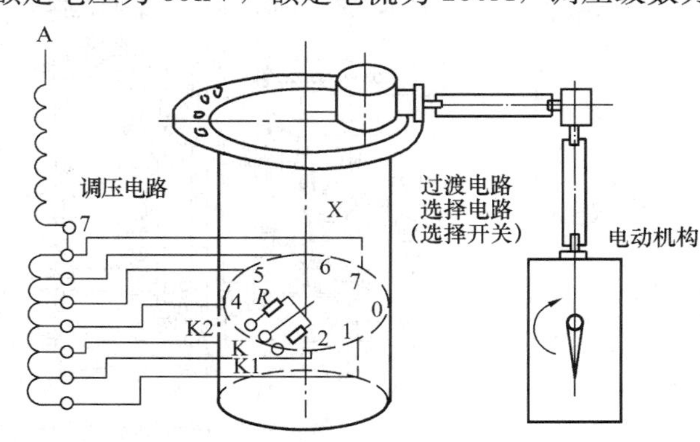

图 2-4-8　复合式分接开关结构示意（只指示一相）

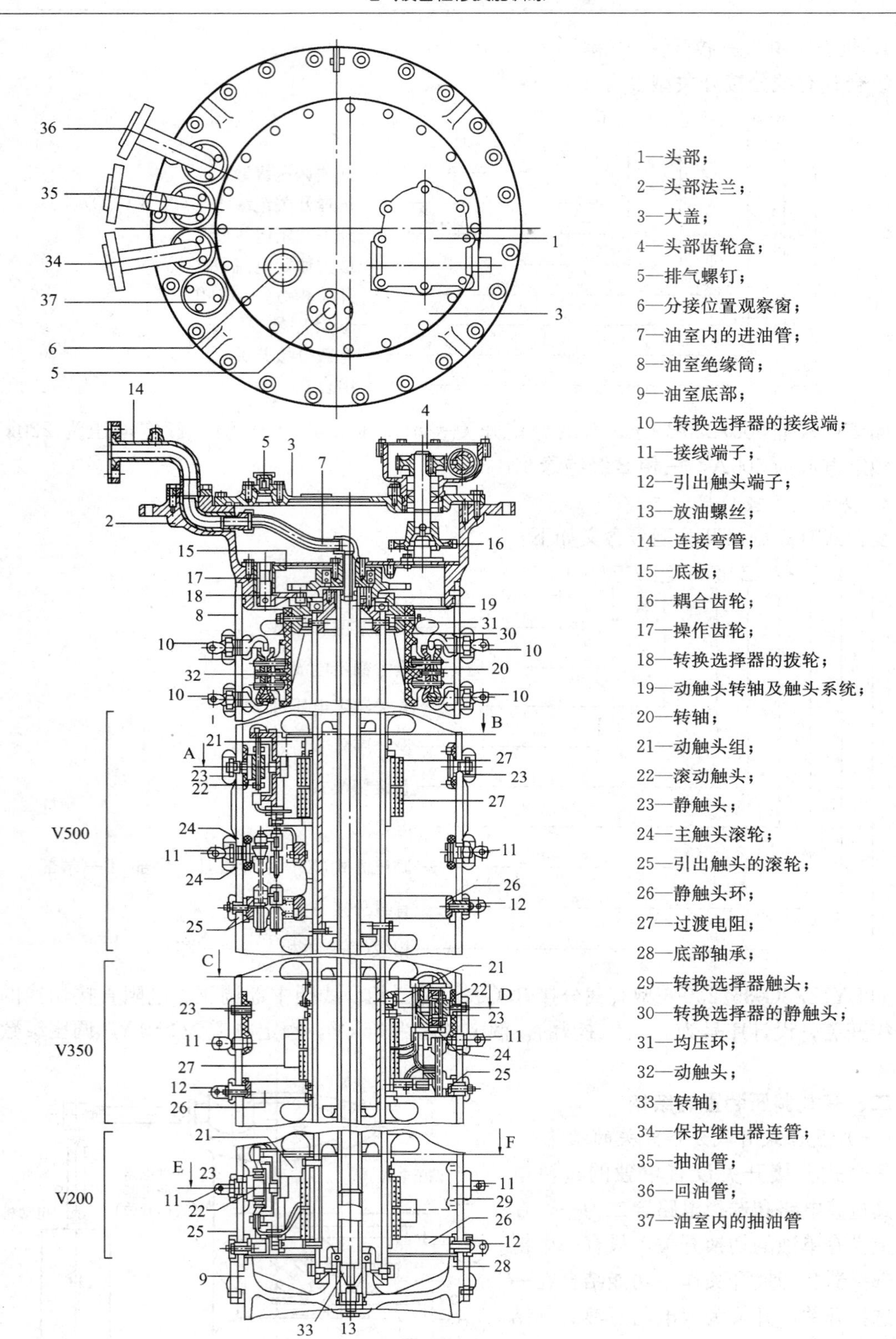

图 2-4-9　典型的复合式有载分接开关的结构

复合型有载分接开关的工作程序为：接通某一分接→切换开始→桥接两分接→切换结束→接通下一分接。

（二）组合式有载分接开关的基本结构

组合式分接开关由分接选择器、切换开关、范围开关、快速机构及操动机构等部分组合而成，其过渡电阻是独立的，结构示意如图2-4-10所示，典型的组合式有载分接开关的基本结构如图2-4-11所示。

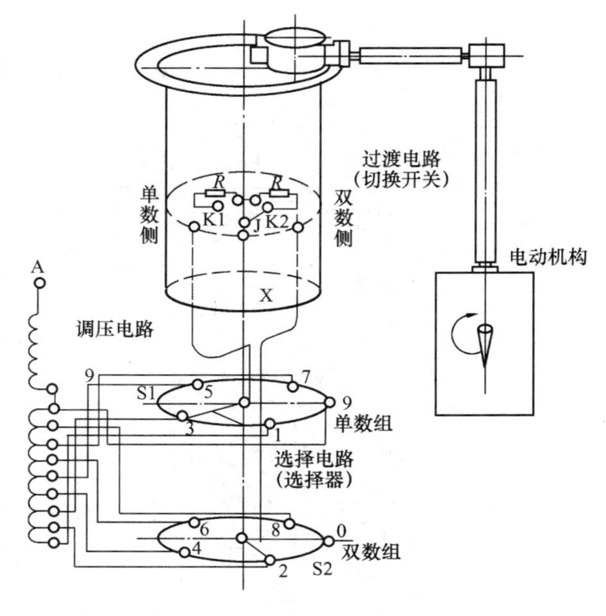

图2-4-10　有载分接开关的结构示意（只指示一相）

分接开关的切换工作程序为：接通某一分接→选择下一分接→选择结束→切换开始→桥接两个分接→切换结束→接通下一个分接。

三、有载调压装置的检修项目

检修前需要准备专用、常用的工、器具和相应的备品备件以及储油的空桶、滴油的盘子等。

（一）分接开关的大修项目

（1）分接开关芯体吊芯检查、维修、调试。

（2）油室的清洗、检漏与维修。

（3）分接选择器的检查与维修。

（4）过渡电阻的清洗及测量。

（5）储油柜及其附件的检查及维修。

（6）油流继电器（或气体继电器）过压力继电器、压力释放装置的检查及校验。

（7）自动控制装置的检查。

（8）储油柜及油室中绝缘油的处理。

（9）电动结构及其他器件的检查、维修与调试。

（10）各部位密封检查及渗漏油处理。

（11）电气控制回路的检查、维修及调试。

（12）分接开关与电动结构的连接校验、调试及整组传动试验。

（13）头盖齿轮盒与传动齿轮盒的清洗、检查，并换润滑油。

（二）分接开关的小修项目

（1）传动齿轮的检查与维护。

（2）电动结构箱的检查及清扫。

（3）各部件的密封检查。

（4）油流继电器（或气体继电器）过压力继电器、压力释放装置的检查。

（5）电气控制回路的检查。

（6）分接开关的种类较多，具体操作时，根据现有的分接开关，按照分接开关相应的检

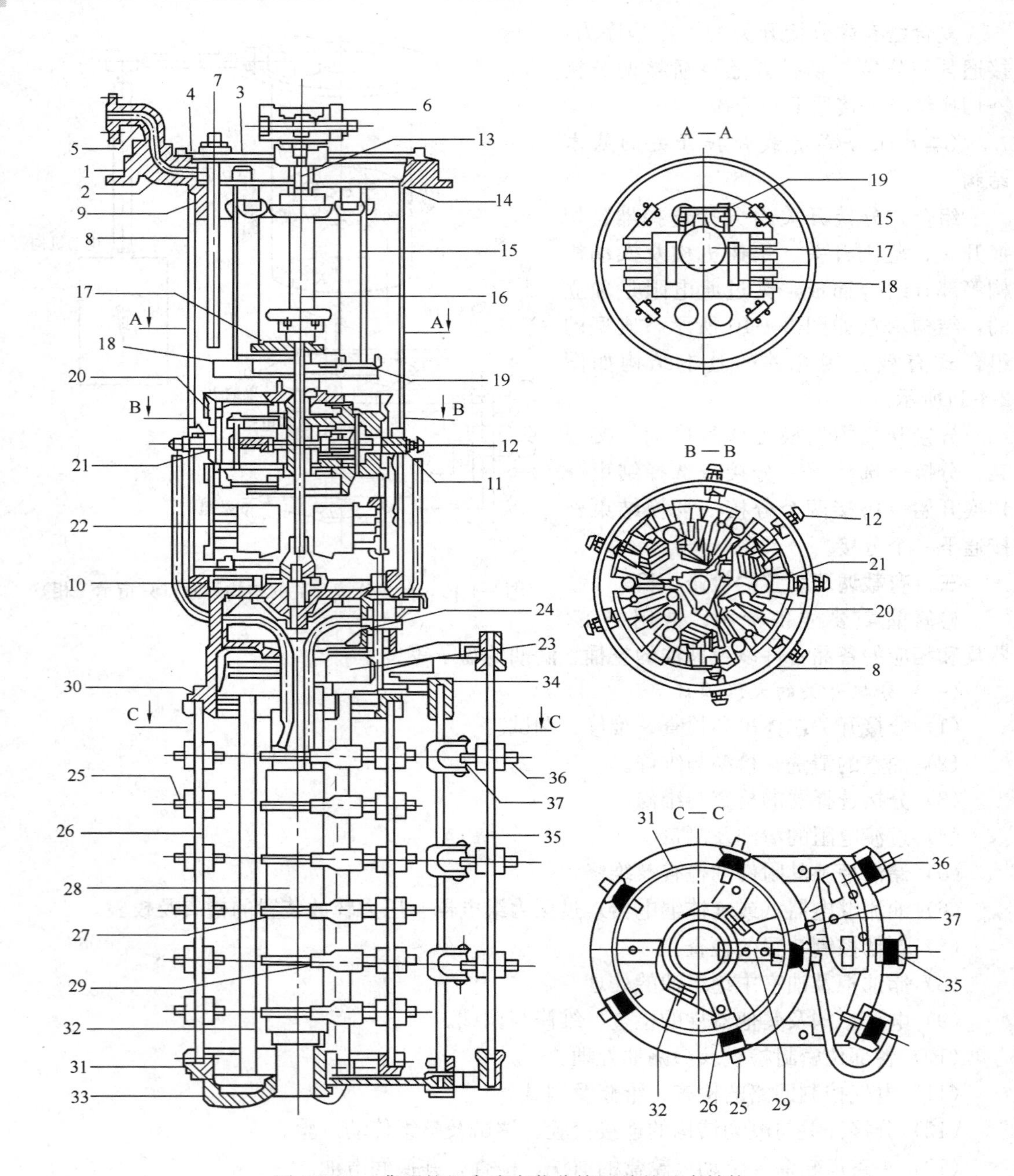

图 2-4-11 典型的组合式有载分接开关的基本结构

1—安装法兰；2—头部法兰；3—大盖；4—位置指示器；5—连接管；6—头部齿轮盒；7—放气阀；8—油室；9—头部法兰密封处；10—底部法兰密封处；11—连结触头；12—接线端子；13—连接件；14—支撑板；15—支撑绝缘杆；16—传动轴；17—偏心轮；18—储能机构；19—爪卡；20—静触头；21—动触头；22—过渡电阻；23—槽轮机构；24—耦合器；25—连接端子；26—绝缘杆；27—动触头滑动环；28—分接选择器传动；29—动触头桥；30—轴选择器笼上的上法兰；31—选择器笼上的下法兰；32—驱动管；33—底盘；34—转换选择器传动装置；35—绝缘杆；36—接线端子；37—动触头组

修说明书和要求进行。

四、有载分接开关的技术要求

（一）ZY1 型分接开关的技术要求

（1）触头各触点的接触电阻不大于 500μΩ。

（2）切换开关的油中切换时间（直流示波检查）为 0.035～0.05s。切换过程中应无触头弹跳现象，三相触头应基本上同步切换。

（3）分接开关经 5×10^4Pa 油压 24h 密封试验无渗漏。

（4）切换开关油压大于 2×10^5Pa，爆破盖应能起超压保护。

（5）切换开关油箱应承受 5×10^4Pa 的压力试验。

（6）分接开关的绝缘水平应符合要求。

（7）分解开关在最大额定通过电流下，各长期载流触头及导电部件对油的温升不超过 20K。

（8）分接开关应能承受 2 倍额定级容量下 100 次开断能力试验。

（9）分接开关应能承受短路电流的试验。但当系统发生短路事故时，分接开关不应进行操作，故应装设保护连锁装置。

（10）有载分接开关应能承受额定级容量下负荷切换，其触头电气寿命不低于 5 万次。

（11）分解开关在 1.5 倍最大额定通过电流下从一个极限分接到另一个极限分接连续变换半个周时，其过渡电阻对周围介质的温升不得超过 350K。

（12）分接开关的机械寿命不得低于 50 万次。

（二）F 型分接开关的技术要求

（1）分接开关油室能承受 6×10^4Pa 压力 24h 不渗漏，并能长期承受 3×10^4Pa 压力差。

（2）分接开关每对触头的接触电阻不大于 500μΩ。

（3）分接开关任一分接变换，不应出现回零现象，切换时间为 45～65ms。

（4）分接开关在 1.5 倍最大额定通过电流下从一个极限分接到另一个极限分接连续变换半个周时，其过渡电阻对周围介质的温升不得超过 350K。

（5）分接开关在额定级电压下负载切换不小于 5 万次。

（6）分接开关的机械寿命不小于 50 万次。

（三）SYXZ 型分接开关的技术要求

（1）每对触头的接触电阻不大于 500μΩ。

（2）切换开关油中的切换时间（直流示波法）为 30～60ms。

（3）分接开关经 6×10^4Pa 油压密封试验 24h 不渗漏。

（4）分接开关在额定电流通过的情况下，各长期载流触头及导电部分对油的温升不超过 20K。

（5）分接开关在短路试验中（热稳定试验 3s）触头不熔接，无严重的烧伤。传送电流部件无永久机械变形（200 与 400A 分接开关短路电流分别为 3000、4000A 有效值）。

（6）分接开关能承受的额定级容量下的负荷切换，其触头的电气寿命不低于 2 万次。

（7）分接开关的机械寿命不低于 20 万次。

（四）SYJZZ 型分接开关的技术要求

（1）每对触头的接触电阻不大于 500μΩ。

（2）选择开关油中切换时间为30～50ms。

（3）分接开关经6×10^4Pa油压密封试验24h不渗漏。

（4）分接开关在额定电流通过的情况下，各长期载流触头及导电部分对油的温升不超过20K。

（5）分接开关能承受的额定级容量下的负荷切换，其触头的电气寿命不低于5万次。

（6）分接开关长期载流触头能承受4000A（有效值）3s短路电流。

（7）分接开关在1.5倍最大额定电流从第一位置连续变换半周，其过渡电阻温升的最大值不超过350K（油中）。

（8）分接开关的机械寿命不低于50次。

五、有载调压装置的调整试验

（一）ZY型有载分接开关调整与测试

（1）使用电桥法测量切换开关过渡电阻的电阻值，与铭牌值比较偏差应不大于±10%。

（2）必要时使用测压计测量触头的接触压力与超程。接触压力见表2-4-22。主触头超程可通过调整垫圈数量达到2～3mm。

表2-4-22 ZY1型分接开关触头接触压力表

触头名称 / 技术要求	切换开关				分接选择器触头	转换选择器触头
	主触头	弧触头	中性点引出触头	连接触头		
接触压力（N）	80～100	140～170	80～100	80～100	60～80	80～100

（3）必要时用电桥法或电压降法测量切换开关、分接选择器及转换选择器的触头接触电阻，每对触头接触电阻应不大于500μΩ。

（4）手摇操作时，用听觉及指示灯法测试分接开关的动作程序应符合要求，选择器触头合上到切换开关动作之间至少应有2圈的间隙。

（5）必要时采用油中电流示波图法（推荐直流示波图法）进行切换开关切换程序和时间的测量。切换波形应符合要求，无明显回零断开现象，总切换时间为30～50ms，过渡触头桥接时间为2～7ms。

（6）采用静压试漏法对切换开关油室进行密封检查，应无渗漏油。

（7）必要时对分接开关带电部分对地、相间、分接间以及相邻触头间的绝缘进行在油中的工频耐压试验，试验结果应符合分接开关的技术要求。

（8）分接选择器、转换选择器和切换开关的整定工作位置检查，应符合规定。

（9）分接开关与电动机构应在整定工作位置进行连接，然后校验正反两个方向变换分接时的手柄转动圈数应平衡。

（10）分接开关不带电进行10个循环分接变换操作，动作正常。

（11）油流控制器或气体继电器的动作校验，应符合技术指标。

（12）切换开关油室内绝缘油的击穿电压和含水量的测定应符合要求。

（13）分接开关逐级控制分接变换操作，按下启动按钮，直至电动机停止时能可靠地完成一个分接位置的变换。

（二）F型有载分接开关调整与测试

（1）必要时测量分接开关触头的接触电阻，每对触头的接触电阻应不大于500μΩ。

（2）使用电桥测量过渡电阻，与铭牌值比较偏差应不大于±10%。

（3）必须使用直流电流示波图法进行开关切换程序，试验切换波形应无明显断开现象，切换时间为45～65ms。

（4）选择开关与电动机构的连接效验：手动操作向一个方向旋转，从分接开关切换（以切换响声为依据）算起到完成一个分接变换（指示盘中红线在视察孔中出现）时转动圈数n_1，再向另一个方向操作其转动圈数为n_2，$|n_1-n_2|\leqslant 3.75$为合格。若$|n_1-n_2|\geqslant 4$时应松开垂直转动轴，使电动机构输出轴脱离，然后手摇操作手柄朝圈数多的方向转动，使输出轴转动90°（约3.75圈），再恢复连接垂直传动轴，进行连接效验，直至合格为止。

（5）检查相序应正确。

（6）检查分接开关逐级分接变换应不连动。

（7）采用静压检漏法检查油室密封，应无渗漏油。

（8）必要时对分接开关带电部位对地、相间、分接间以及相间触头间进行工频耐压试验。

（9）检查电动机构的限位闭锁性能、重启动性能、紧急制动性能、过载保护性能及分接位置指示性能均符合要求。检查手动和电动的连锁性能：当手柄放在电动机构手动轴上时，安全开关动作，切断电源，取下手柄，恢复电动操作。

（10）油室绝缘油的击穿电压测定，应符合要求。

（三）SYJZZ型有载分接开关的调整与测试

（1）使用电桥测量过渡电阻，测量结果与铭牌子值比较偏差应不大于±10%。

（2）必要时测量触头的接触电阻，每对触头的接触电阻就不大于500μΩ。

（3）采用直流示波图法测量每相切换时间。主弧触头分开至另一副触头闭合的时间间隔应不小于10ms，切换时间为30～50ms，切换过程中应无回零开断。

（4）利用变压器及其储油柜的油压对油室进行密封试验，应无渗漏；或者对油室施加6×10^4Pa油压持续24h，应无渗漏。

（5）必要时对分接开关带电部分对地、相间、分接间、相邻触头间进行油中耐压试验，应符合要求。

（6）分接开关逐级控制分级变换操作，应不连动、误动与拒动。

（7）分接开关不带电进行10个循环分接变换时操作，动作应正确，电气限位应可靠。

（8）在操作电源为额定电压的85%～110%下，应可靠动作。

（四）SYXZ型分接开关的调整和测试

（1）使用电桥测量过渡电阻，测量结果与铭牌示值比较偏差应不大于±10%。

（2）必要时测量切换开关、分接选择器和转换选择器的触头接触电阻（不含副弧触头），每对触头的接触电阻就不大于500μΩ。

（3）必要时采用油中直流示波图法进行切换程序和时间测量：①电流示波图基本对称，无回零断开现象；②切换程序正确；③切换时间，SYXZ-200型开关为0.03～0.04s，SYXZ-400型开关为0.05～0.06s。

（4）利用变压器本体及其储油柜油压对切换开关油室进行密封试验，应无漏油。

（5）必要时对分接开关带电部分对地、相间、分接间、相邻触头间进行工频耐压试验。

（6）检查分接选择器、转换选择器及切换开关动作程序正确。

（7）检查分接开关逐级变换，应不连动。

（8）分接开关不带电进行 10 个循环分接变换时操作，应无任何误动作。

（9）油室绝缘油的击穿电压测定，应符合要求。

（10）油流控制器或气体继电器的动作效验，应符合要求。

操作训练 6　有载调压装置的拆装检修及调整训练

一、训练目的

（1）熟悉有载分接开关的结构。

（2）掌握有载分接开关的检修方法。

（3）学会各种有载分接开关检修的步骤及调试。

二、操作任务

操作任务见表 2-4-23。

表 2-4-23　有载调压装置的拆装检修及调整操作任务表

操作内容	进行有载调压装置的拆装检修及调整
说明及要求	（1）根据设备情况可选择有载调压装置拆装解体检修和调试； （2）重点指导接触电阻、三相同步性的处理方法； （3）选择相应的仪器测试电气参数训练仪器的使用方法； （4）操作中指导教师应结合标准化作业规范指导训练
工具、材料、设备场地	常用电工工具、检修专用工具器具、试验仪器和设备、有载调压开关消耗性材料等

三、注意事项和安全措施

（1）检修操作时要防止二次回路带电。

（2）搭接试验电源时要防止短路或人身触电，应按指导老师的要求进行操作。

（3）注意对各零部件的分类，防止遗漏和丢失。

（4）室外检修应选择天气条件，做好防雨、防潮措施。

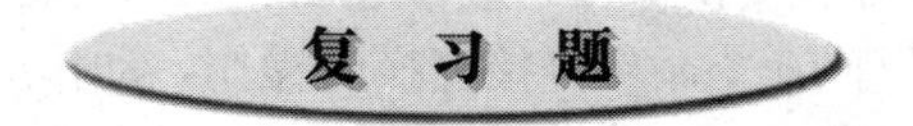

问答题

1. 有载分接开关一般采用什么的原理来实现？
2. 有载分接开关有哪些种类？
3. 有载分接开关的大修项目有哪些？

模块五

电 动 机 检 修 》

课题一　异步电动机及其检修

电动机的作用是将电能转换为机械能，现代生活和生产的动力广泛应用电动机。电动机可分为交流电动机和直流电动机两大类，交流电动机又分为异步电动机（或称感应电动机）和同步电动机。在工农业生产上主要用的是交流电动机，特别是三相异步电动机，使用十分广泛。

一、三相异步电动机的工作原理

（1）三相异步电动机的旋转原理如图 2-5-1（a）所示，当磁铁按图中箭头方向旋转的瞬间，便产生以下的两种现象：

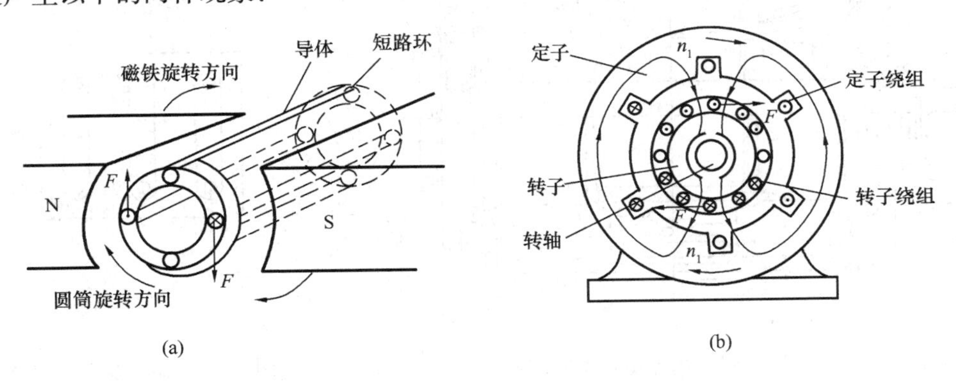

图 2-5-1　三相异步电动机的工作原理

（a）旋转原理；（b）三相交流电的旋转磁场

1）根据右手定则，在圆筒导体上将产生电动势。

2）根据左手定则，导体有电流流过时，便产生电磁力。于是，圆筒随磁铁沿同一方向旋转。

（2）要使电动机旋转，须有旋转磁场。建立旋转磁场的方法如图 2-5-1（b）所示，使三个线圈的安放位置相隔 2/3π（弧度），并通以三相交流电。

（3）转差率。同步转速 n_1 与转子转速 n 之差 $\Delta n = n_1 - n$ 称为转差。转差率 S 可用下式表示

$$S=\frac{n_1-n}{n_1}\times 100\%$$

二、三相异步电动机的基本结构

三相异步电动机使用三相电源，它具有结构简单、价格便宜、运行可靠以及维护方便等优点。三相异步电动机的基本结构主要由两部分组成：静止的定子和旋转的转子。定子与转子之间，留有相对运动所必需的空隙。Y 系列三相鼠笼式异步电动机的结构如图 2-5-2 所示。

1. 定子

定子由定子铁芯、定子绕组、机座及端盖等组成。在铸铁制成的机座内，装有用较薄的硅钢片叠压而成的圆筒形铁芯，铁芯的内圆周上冲有均匀分布的槽，用来安放三相对称绕组 U1U2、V1V2、W1W2。绕组与绕组和绕组与铁芯之间均具有良好的绝缘。根据电动机额定电压及三相电源电压的具体情况，三相绕组可以接成星形或三角形。定子绕组在接线盒内的连接方式如图 2-5-3 所示。

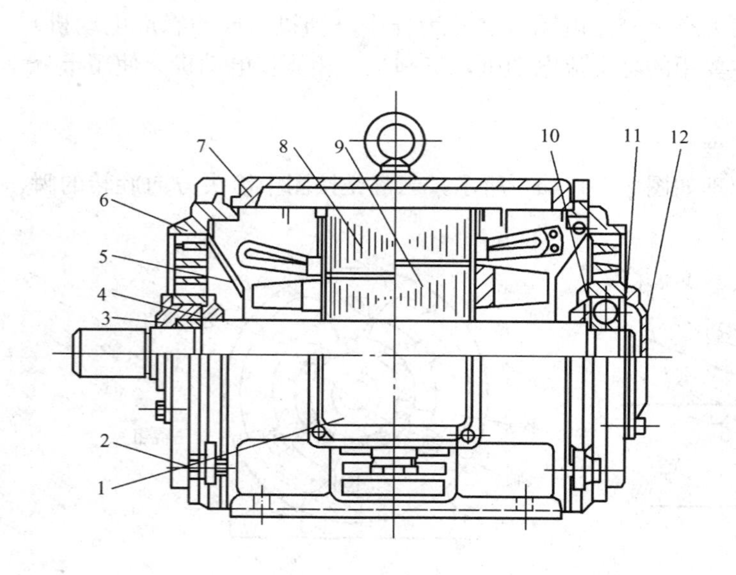

图 2-5-2　Y 系列三相异步电动机结构

1—接线盒；2—紧固件；3—轴承外盖；4—轴承；5—挡风板；6—端盖；7—基座；8—定子铁芯；9—转子；10—轴承内盖；11—轴承挡圈；12—轴承外盖

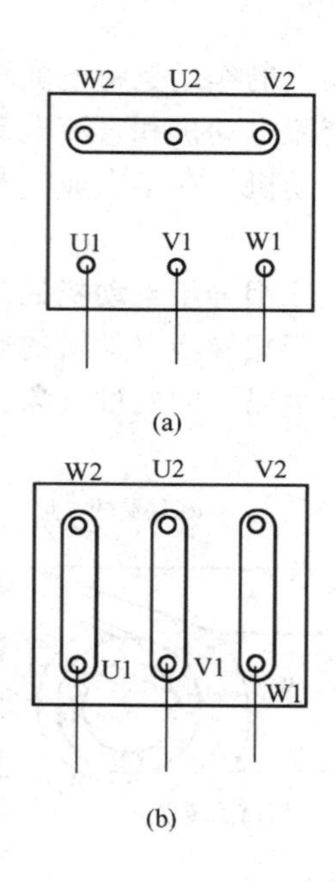

图 2-5-3　定子绕组在接线盒内的连接方式

(a) 星形连接；(b) 三角形连接

2. 转子

转子由转子铁芯、转子绕组和转轴组成。铁芯是圆形硅钢片叠成的。圆形硅钢片的外圆冲有凹槽，用以放置转子绕组，其中心冲有圆孔，可以使圆形硅钢片叠压在转轴上。转子绕组用铜条放在槽内，两端再用两个铜环焊接而成，若不看铁芯，这些铜条及铜环样子很像一个鼠笼，所以这种电动机通常又称为鼠笼式电动机。对于中、小功率的电动机，一般都采用铸铝来代替铜条及铜环。

三、三相异步电动机的铭牌及型号

1. 铭牌内容

异步电动机的上标明了异步电动机的型号、额定值及其主要技术数据。例如某三相异步电动机铭牌如下：型号 Y-112M-4，编号×××，功率 4.0kW，电流 8.8A，电压 380V 1440r/min，接法 d，防护等级 IP44，50Hz，45kg，标准编号×××，工作制 S1，B 级绝缘。

2. 铭牌的各项数据含义

例如：型号 Y-112M-4：Y——产品代号，112——机座中心标高（mm），M——中等机座（S 表示短机座，L 表示长机座），4——磁极数。

（1）额定功率 P_N。额定功率为电动机在额定状态下运行时，转子轴上输出的机械功率（kW）。

（2）额定电压和接法。额定电压指定子绕组按铭牌上规定的接法连接时应施加的线电压值。Y 系列电动机功率在 4kW 以上均采用三角形连接，以便采用 Y—△接法。3kW 以下有 380V 和 220V 两种，写成 380V/220V，对应接法为 yd，即电源线电压 380V 时，定子绕组接成星形；电源线电压 220V 时，定子绕组接成三角形。

（3）额定电流。额定电流指电动机在额定运行情况下，定子绕组取用的线电流值。

（4）额定转速。额定转速为电动机在额定运行状态时的转速（r/min）。

（5）防护方式（IP44）。表示电动机外壳防护的方式为封闭式。

（6）绝缘等级。绝缘等级是电动机定子绕组所用的绝缘材料的等级。

（7）工作制即工作方式。工作方式即电动机的运行方式。按负荷持续时间的不同，国家标准把电动机分成三种工作方式：连续工作制、短时工作制和断续周期工作制。

三相异步电动机型号字母含义：J——异步电动机；O——封闭；L——铝线绕组；W——户外；Z——冶金起重；Q——高启动转轮；D——多速；B——防爆；R——绕线式；S——双鼠笼；K——高速；H——高转差率。例如：JQO2-52-4 表示为封闭式高启动转矩异步电动机、5 号机座、2 号铁芯长度、4 极。

四、三相异步电动机的拆装

在使用过程中，如需要对异步电动机进行例行检修或发现电动机的轴承损坏、绕组匝间短路、绕组开路、绕组烧毁等问题，应对异步电动机拆开作相应的处理。

1. 电动机电源线的拆装

（1）先将电动机的空气开关断开，并断开相应的闸刀开关，挂上“有人检修，禁止合闸”或“有人工作，禁止合闸”的警告牌。

（2）用验电笔测量空气开关上方的电源，检查验电笔的好坏。

（3）用验电笔测试电动机接线盒的三个接线柱，若无电则可拆下电源线并标出电源线在盒中的相序。

（4）每拆下一个线头，必须立即用绝缘胶布包好，以免有人误操作而造成触电事故或相间短路事故。

（5）将拆下的垫圈、螺帽套到电动机接线盒的接线端上。

电动机电源线的安装步骤与拆卸步骤相反。安装时应注意检查和处理好接线头、接线柱、垫圈、螺帽等部件。

2. 电动机地脚螺栓的拆装

若是电动机的后轴承缺油，地脚螺栓可以不拆，可拆开后端盖直接将轴承清洗加油。除此以外，电动机内部的任何故障均须拆下地脚螺栓。

（1）用大扳手分别拆掉四个地脚螺栓的螺母，把电动机抬走或用吊车吊走。

（2）将垫片、螺母分别套入原地脚螺栓上。

（3）特别要注意的是须分清垫片分别垫在哪些地方，安装时要依原样垫回。同时要根据电动机原来的位置痕迹安装电动机。

3. 皮带轮或联轴器的拆装

（1）皮带轮或联轴器的拆卸：

1）用彩色笔或粉笔在皮带上做好记号，以免装时搞错正反面，联轴器一头大一头小，不需做记号。

2）用直尺测量皮带轮或联轴器与电动机端盖之间的距离，做好记录。

3）把压紧螺栓旋下，并在孔内注油。如皮带轮或联轴器无压紧螺栓，只有轴销，此步可省去。

4）用拉钩或拉盘把皮带轮拉出来。若实在拉不下来可用喷灯在皮带轮或联轴器周围加热，使之膨胀，即可趁热迅速拉出。加热的温度不可太高，否则转轴会变形。

5）注意在皮带轮差不多全部拉出来的时候，要用手提住拉钩，以免拉出来时重重地掉在地上而有可能损伤设备。特别要注意的是，在拆卸过程中不能用锤子直接敲打皮带轮或联轴器，否则会使转轴、皮带轮或联轴器受损，甚至造成皮带轮或联轴器破裂。

（2）皮带轮或联轴器的安装：

1）先把细砂纸包在一根大小合适的圆木上，把皮带轮或联轴器的轴孔磨光滑。

2）用细砂纸把电动机的轴打磨光滑。若拆卸时用力很大才拉出来，说明配合太紧，应多磨一点；若不太紧，打光即可。

3）在皮带轮或联轴器的内孔和电动机的轴上抹些润滑油或机油，以便于安装。

4）调整皮带轮或联轴器与轴的相应对位置，使键与槽口相对应，然后将皮带轮或联轴器套上转轴少许，一手提住皮带轮，一手用锤子轻轻敲打皮带轮或联轴器，打时要注意整体平衡，使之平进，然后把键子放入槽中并轻轻敲打，使之与轮同进。

5）皮带轮或联轴器正面垫一片厚木板，若用套筒更佳，用锤子用力击打，使皮带轮或联轴器进入，然后轻击键子使之跟随进入。如此反复进行，直到原来的位置。

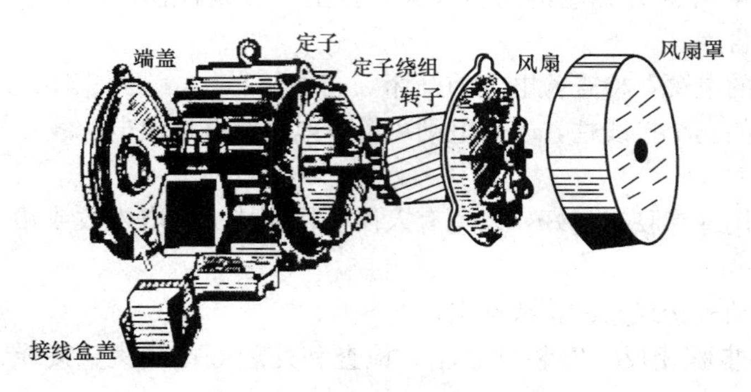

图 2-5-4　三相异步电动机装配

4. 三相异步电动机本体的拆装

如图 2-5-4 所示，三相异步电动机本体的拆卸步骤如下：

（1）拆下电动机尾部风扇罩。

（2）拆下电动机尾部风扇扇叶。

（3）拆下前轴承外盖和前后端盖坚固螺钉。

（4）用木板（或铝板、铜板）垫在转轴前端，将转子连后端一起从止口中敲出。若使用的是木头锄头，可直接敲打转轴前端。

（5）从定子中取出转子。

（6）用方木伸进定子铁芯顶住前端盖，使用榔头把前端盖敲出，再拆前后轴承及轴承内盖。

安装的步骤与拆装的步骤相反。

5. 轴承的拆装

（1）用拉钩或拉盘把有问题的轴承拉出来。如图 2-5-5 所示为两爪拉钩拆卸，若用三爪拉钩效果更好。操作时一手扶拉钩，一手用扳手或用铁杆穿过丝杆孔扳动丝杆，使轴承渐渐拉出。需要注意的是，一般情况下，用手是扶不住的，通常用一跟长短合适的铁棍穿进拉钩，一头着地卡住拉钩，使之不能旋转。注意铁棍不要接触拉钩的丝杆，以免损坏丝杆上的螺纹。

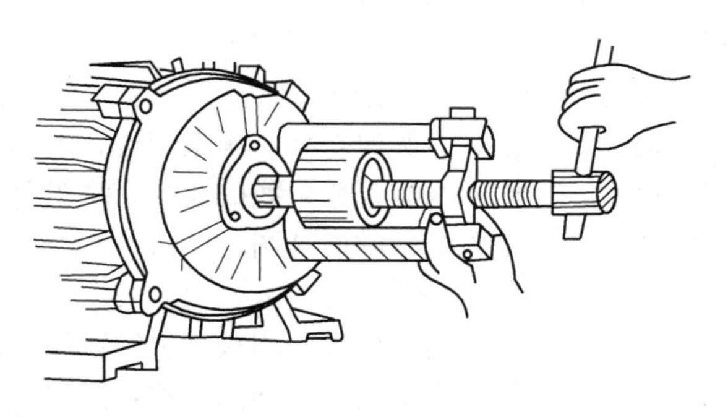
图 2-5-5　用拉具拆卸带轮

（2）用汽油或煤油清洗轴承，若发现轴圈或滚珠出现紫蓝色纹路时，说明轴承受热退火，应给予更换；若轴承滚珠或滚道有磨损，应用手转动轴承外圈，观察摆动大小，若摆动过大，则应更换轴承。

（3）装配轴承时，应将轴颈部分擦拭干净，先把经过清洗并加好润滑油的内轴承盖套在轴颈上，再套装轴承。套装轴承的方法有两种：一种是冷套法；另一种是热套法。

1）冷套法。把轴承套到轴上，用一段内径比转轴外径略大而比轴承内圆略小的特制钢管抵住轴承内圈，用手锤敲打钢管的另一端，将轴承打入至轴肩为止。若一时找不到合适的钢管，也可用一根方铁抵住轴承内圈，在圆周上均匀敲打，使其到位。

2）热套法。将洗净的轴承放入油槽内的支架上，使轴承悬于油中，给油槽逐步加温，当油温升至 70℃左右时停止加热，保持 30～40min 后，继续加温到 90～100℃左右，便可取出轴承热套到轴颈上。热套时，要趁热迅速把轴承一直推到预定位置，冷却后便紧紧地箍在轴颈上。轴承套好后，应用压缩空气吹尽轴承内的油，并用白布擦拭干净。

在装好的轴承内加足润滑脂。一般两极电动机应装满 1/3～1/2 的轴承空腔容积，四极及以上电动机应装满轴承空腔容积的 2/3。

6. 电动机转子的拆装

（1）拆卸小电动机的转子时，可用右手把转子抽出少许，然后用左手尽量托住转子的中部，慢慢往外抽。

（2）拆卸中型电动机的转子时，一人抬着转子的一端，另一人抬着转子的另一端，小心翼翼地抽出转子。若是大电动机，在以上的基础上，必须借助起吊设备和钢管。

安装转子的过程与上述过程相反，方法和使用工具相同。

特别应注意的是，整个拆装过程不可碰着定子绕组，否则会碰伤绕组的绝缘，甚至碰断导线。

五、三相异步电动机定子绕组的拆换

三相异步电动机定子绕组若断线，仔细检查若能找到断点，可重新焊接好并刷绝缘漆，烘干后检查合格即可使用。若电动机绕组烧毁无法局部修复时，必须将三相异步电动机的定子绕组拆除，并重新换上新的绕组，其过程大致有以下几个步骤。

（一）原始数据记录

在拆除旧绕组之前或之中，必须记录某些数据，否则会给定子绕组的重绕造成麻烦。有些数据，如电动机铭牌数据，绕组拆除之后不会丢失，可不记录。但为方便新绕组导线的选择、绕组的计算等，也应一同记录。

1. 主要记录下列数据和资料

电动机的型号、额定功率、额定转速、绝缘等级、额定电压、额定电流、接法、电动机定子槽数、每槽导线数、漆包线的线径、绕组节距、漆包线的并绕根数、并联支路数、旧绕组的总质量及定子绕组的展开图。

2. 线径大小的测量方法

取一根未弯曲的漆包线，用火烧去绝缘漆，用棉纱沾酒精擦干净，再用千分尺在不同角度测量三次，取其平均值。同样的方法，另取两根，分别测量线径的平均值，最后再将三根线径的平均值作为绕组线径的数值。

3. 绕组数据的测量方法

（1）若拆除的旧绕组尚是一个整体，可选取最短的一周漆包线的长度作为绕线模的周长。

（2）若已将两端部切断，则选取漆包线两个端部（弯曲部分），分别取最短者加上此绕组的两个直线部分，四者之和即为一匝导线长度的最小值。同理，另取两绕组测量，三者的平均值作为线模的周长。

（二）旧绕组的拆除

定子绕组经过绝缘处理后异常坚硬，拆除时较困难，方法得当方可安全拆除而又不损坏定子槽口及硅钢片，通常采用以下几种方法：

1. 直接拆除法

（1）用钢凿沿槽口将线圈切断，要注意将其中三个线圈做标记，以便测量最短一匝的长度。

（2）把固定用的槽楔敲出，并把绝缘纸撬开。若为开口槽，则很容易将绕组抽出来，若是半闭口槽或半开口槽，则可用钢丝钳将槽内漆包线逐根抽出，操作时力量不可太猛，否则会将导线拉断，甚至会损坏线槽，造成更大的麻烦。

2. 溶解法

（1）混合液体的配置方法：

1）氢氧化钠混合液。将氢氧化钠和水按质量比 1∶10 配制。

2）苯混合液。将苯、丙酮和石蜡按质量比 50∶45∶5 配制。石蜡常态为固体，应先加热，再加入苯和丙酮搅匀即可。

（2）绕组的拆除方法：

1）先将电动机机身上的铝质铭牌取下。

2）将铜线绕组损坏的异步电动机整个定子全部浸入混合液体中（或者用毛刷刷槽口和端口）。

3）约 1～2h 后，将定子取出，用清水冲洗干净，此时绝缘层已变软，可轻易拆除。

当绕组为铜线时此拆除法方可用，若为铝线时则不能用。使用的化学药品若不慎接触到皮肤，应立即用清水冲洗干净，同时必须注意保持通风，谨防中毒。

3. 局部加热法

(1) 将槽楔敲出。

(2) 用钢凿逐个将线圈的一端沿槽口切断。

(3) 用喷灯对准某一个槽口加热，待绝缘层稍软化，趁热用钳子将线圈抽出。

(4) 用同样方法对其他槽口加热，依次取出其他线圈。

采用局部加热法须注意的是，加热温度不可太高，否则铁芯的质量会变差，从而影响电动机的性能。

4. 通电加热法

若定子绕组还能形成一个通路，可用此法。

(1) 先将转子取出。

(2) 然后将槽楔打出。

(3) 最后将定子绕组接通电源，通电电流要控制在额定电流的两倍以内。可根据实际情况选择三相通电或单相通电。

(4) 当绝缘软化，冒烟后切断电源，趁热抽出铜线。

需要指出的是，电动机的绕组烧毁时，大多数情况下绕组已成为开路，已不可能采用通电加热法。

上述几种方法中：溶解法成本高，较麻烦且安全性差，此法使用较少；局部加热法，简单快速，但往往会使铁芯变软，也少使用；通电加热法只在少数情况下可行。所以通常采用直接法（冷拆法）拆除绕组，只要方法正确，拆除绕组也并非难事，熟练后，拆除也并不慢，最大的优点是成本低，对工作人员并无安全影响，对电动机也不会造成质量影响，现广泛使用此法拆除电动机的定子绕组。

（三）线模的制作

线圈是在线模中绕制的，首先要制作绕线用的线模，线模的尺寸应尽量准确。若偏小，绕制的线圈太短，造成端部（弯曲部分）长度不足，嵌线时难以下线，甚至无法下线，线圈不能使用；若线模偏大，嵌线容易，但端部太长，不好整线，甚至会出现端部碰电动机端盖，严重时会使绕组接地。此外，线模偏大，绕组所用的铜线多，造成浪费，且绕组的电阻和端部的漏电抗都增大，影响电动机的性能。

以前常采用固定线模，但若电动机功率和连接方式不同，需要的线模尺寸也不同，故需大量的固定线模。为了达到多种电动机共用同一线模，可以使用活动线模。

（四）线圈的绕制

1. 漆包铜线的线径

根据原绕组漆包线的测量数据选取同样直径的漆包线，若无直径完全相同的漆包线，可选稍稍小一些的漆包线，不要选稍稍大一些的漆包线，否则会出现嵌线困难。

2. 线圈的绕制

(1) 调整好线模，安装在绕线机上，校对计数器并使其回到零位，若无计数器，可用计算器稍作改进即成。

(2) 在绕线模的槽底固定好绑线。

（3）转动绕线机，让导线在绕线模的模中自左至右依次紧密排列，不要交错绕线，直到规定的匝数为止。

（4）按规定留出足够的长度，接着绕同相绕组的其他线圈。

（5）用绑线将各线圈依次绑紧。

（6）按规定留出线圈末端足够的长度。

（7）拆下活动线模，依次取出各线圈，并摆放整齐。

在绕线的过程中，若发现导线有绝缘损坏的地方，应刷绝缘漆。若漆包线不够，可以焊接，但有接头的线圈应做记号，以便嵌线时将接头置于端部（即弯曲部分）。

（五）嵌线

把绕制好的漆包铜线嵌入定子铁芯槽中的过程称为嵌线，俗称下线。

1. 清理定子槽

嵌线前应将定子槽中铁芯的毛刺和杂物清理干净，然后用压缩空气或皮老虎将各槽吹一遍。

2. 垫放绝缘纸

（1）裁剪绝缘纸：

1）电动机中的绝缘纸俗称玻璃纸。应把绝缘纸的纤维方向作为槽绝缘纸的长边，这样嵌完线后将绝缘纸封口时才容易折叠。

2）绝缘纸的长度。绝缘纸的长度应比定了槽的长度长10～20mm，即每端超出槽口5～10mm（小电动机取小值，大电动机取大值）。

3）绝缘纸的宽度。将绝缘纸放置至槽中估计一下，以下好线后折叠绝缘纸时，应折到槽口转弯处为佳。若过窄，则包不住漆包线；若过宽，则不好折叠压紧。比好之后依尺寸剪好绝缘纸，数量与槽数相同。

（2）放置绝缘纸。将上述剪好的绝缘纸放置到各槽中。

3. 槽楔的制作

（1）常用干燥的竹子做原料，可削成小半圆形，截面像一个大写的“D”字的形状或梯形。

（2）最好用变压器油浸泡数小时，然后烘干或晾干即可使用。

4. 其他工具、材料的准备或制作

常用嵌线工具有理线板、压脚、通条、剪刀、尖嘴钳及锤子等。

理线板常用竹片做成，尖且薄的部分用细砂纸磨光。理线板是嵌线的主要工具，用理线板可把漆包线往下压，并把槽中的线分开往两边挤，以便挤开空间，便于后边的线进入。漆包线嵌完之后还须借助理线板把槽口外的绝缘纸折叠后压进槽内。

整线时用的锤子，不能用一般的铁锤，宜用橡胶锤，也可以用光滑的软质木锤，也可用软质的木条作垫层，用铁锤以适当的力击打，切勿用力过猛。

其他材料主要有绑线或绑带，是在嵌完线后整理端部时作固定用。

5. 嵌线

嵌线前应看懂电动机定子绕组展开图。

（1）以电动机接线盒出线口为基准确定嵌线的第一槽，要求引出线要靠近电动机接线盒的出线口。引出线必须套上长度合适的玻璃漆管。

（2）根据电动机定子绕组展图下线，若是小电动机可一人嵌线；若电动机较大，应两人共同嵌线，两边各坐一人。嵌线时将线圈的长边捏扁，将少许线放入槽中的绝缘纸内，放入槽中的漆包线，不可交错，必须整齐平行，不断用理线板理顺，重复上述下线动作，直到整个线圈的漆包线嵌完为止。应当注意，在嵌线圈的一条边时，另一条边也不能与铁芯相碰，可在线圈的下面垫绝缘纸，防止绝缘漆损伤。

（3）用手将线圈往里压，用理线板压住槽口绝缘纸的一边，使之折叠并往槽内压，然后再把另一边绝缘纸折叠并压入槽中，要求尽量把线圈包好压紧。将已经做好的楔的一头，稍稍倒个角，然后打入槽中（在绝缘纸折叠部分的上面）。若轻击槽楔即全部进入，说明槽楔太小太薄，起不到紧固线圈的作用；若槽楔太厚太大，则打不进去，硬打会打断槽楔，损坏绝缘纸，甚至损坏漆包铜线的绝缘层即漆层。槽楔的宽度和厚度要合适，以打入时力度适中为佳。

（六）绕组接线

绕组接线是电动机定子绕组重绕的一道重要工序，稍不注意就会出现质量问题，如焊接不牢，甚至有时出现接线错误，造成电动机不能良好的运行或不能运行。

1. 线圈组的接线

对三相双层绕组，每极下每相线圈的数量即为每极每相槽数，在槽中的电流方向是相同的，故这些线圈必须首尾相接。实际上，同一线圈组的若干个线圈通常是连续绕制的，因此无须焊接。

2. 一相绕组的连接

相邻极下线圈的电流方向必须相反，所以某一极下的线圈组与相邻极下的线圈组之间，应首首相接或尾尾相接。

接线头的焊接是影响电动机正常运行的重要因素之一，若焊接不过关，轻者接头发热，重则在电磁力作用下脱焊，甚至断线。正确的焊接方法如下：

（1）刮漆。将漆包线的线头表面的绝缘漆用电工刀或双面刀刮干净，也可用钢锯条的断口刮，也可用砂纸打磨，刮的时候应转动漆包线，以使线头表面均能刮干净。刮的长度视线径的大小而定，通常为4～8cm。

（2）预套绝缘管。将大小合适、长短适中的玻璃漆管套入待焊的一根线头之后。

（3）绞线。若为单股导线，则为单线绕合；若为多股，可采取多股绞合或多股对接。

（4）焊接。锡焊用的助焊剂常用的有焊锡膏和松香，焊锡膏有腐蚀性，焊完之后必须用棉纱沾酒精擦洗干净。若用松香则无腐蚀性，但焊接时不如焊锡膏好用。焊接方法：

1）先将焊锡膏用“一”字起子挑起少许，放到焊接的绞线部分，用烧热的烙铁将焊锡膏熔化并浸入绞线中即可。应根据线径的大小选择电烙铁的功率，若烙铁的功率太小，则焊接时间长且焊接质量差，一般使用100～400W的电烙铁。

2）一手拿焊锡条，一手拿电烙铁，两者都放在需焊接的绞线部位，待焊锡熔化并浸入绞线后，沿着绞线缓缓移动，使焊锡均匀浸入需焊接的绞线部位。移动时锡条和电烙铁均不能离开绞线，否则焊接的质量不佳。

3）焊完之后，锡条和电烙铁离开绞线，此时绞线中的焊锡尚为液态，故焊接的导线不能动。为加快冷却可对准焊接部分吹气，几秒后即相对冷却，也可从绞线中锡的颜色和状态来判断温度，此时焊锡已不能流动，手可离开漆包线。

（5）套绝缘管。将玻璃漆管（绝缘管）套到焊接头上，使焊接头处于绝缘管的正中心，绝缘套管不能太短。套管直径大小也应合适，可稍稍小一点，只要能旋转着套到位即可，太大则会轻易移动，反而不好。

3. 并联支路的连接

若为双层绕组，并联支路的连接原则为各支路首首相接、尾尾相接。

4. 引线的接线

将三相绕组的三个首端分别做好标记为U1、V1、W1，然后引到电动机接线盒的下排接线柱，将三个尾端也做好标记为U2、V2、W2，然后接到上排接线柱。注意同一相绕组的两端在接线柱上是上下要错开的，见图2-5-3。

在接线时，应尽量将绕组的引出线即首尾端，靠近通向接线盒的出线口，主要是为了便于整形，同时也节省引线。

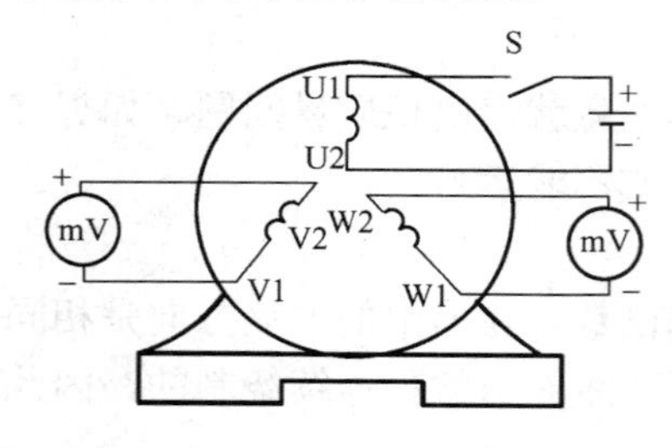

图2-5-6　直流法检验绕组首尾

若首尾端的标记不清时，可用直流法或其他方法先将首尾端判断出来。

直流法：按图2-5-6接线，当合上K瞬间，如表针正偏，则接表正端与接电源（电池）负端为同极性，反之两接线正端的为同极性。

三相绕组的六根引出线一般采用多股软铜线，而不是直接接到接线柱上的，否则接线不够牢固，容易松动、发热，甚至烧坏接线柱的底座（塑料座），使之碳化并引起相间短路。制作接线头的方法如下：

（1）将引出线的外层即塑料绝缘层和橡胶绝缘层，用电工刀剥去一小段，长短视导线大小及接线端子长度而定。

（2）选择大小合适的铜接线端子，将剥开的导线置于铜接线端子中，并用坑压或环压工具压紧。若是中小电动机，常用钢丝钳夹到位，并用铁锤稍稍打紧，最后用焊锡焊牢。从接线端子的一端焊，直到焊锡从另一端浸出方为焊好，不可两头焊，这样容易造成中间无焊锡，线头很可能发热。

（七）整形与绑扎

整形和绑扎是绕组嵌线后不可缺少的一道工序，做得不好会影响电动机的正常运转。

1. 整形

（1）在定子绕组端部，三相绕组之间常用绝缘纸相隔，绝缘纸超出绕组少许即可，应把超出过多的部分剪掉。

（2）用橡皮锤轻轻敲打绕组端部，使端部往外张开，呈喇叭状，这样既利于散热，也便于以后拆装转子。

2. 绑扎

（1）引针的制作。取大小适中的漆包线约10cm长，两头均用砂纸磨圆，一头打小圈，穿线的引针即制作完毕。将玻璃纤维带穿过引针的小圈即可使用。

（2）绑扎。用引针穿线后在绕组的两线圈空隙中穿过，小电动机每两槽（大电动机每一槽）绑扎一道。凡是有焊接头之处应加绑一道，有引出线之处，应视情况适当多绑几道，绑牢为准。

（八）检查

三相绕组完成嵌线、接线、整形与绑扎之后，必须对新绕组进行检查。此时有问题，还可拆开绑线找出问题并进行处理。若浸漆烘干之后再查出问题就很难解决了，因为此时绕组的绝缘漆已干，绕组与绑扎材料、绝缘材料都被绝缘漆固定在一起，已不可能再拆开，否则会破坏绕组。故浸漆前必须对新嵌的绕组作一番检查，否则可能会前功尽弃，做出的是废品，既浪费材料，更浪费时间。

1. 绕组电阻检查

绕组的直流电阻应三相几乎相等，若匝数相同，焊接头不太一样，可能造成一点点的偏差，只要不超过5%就可使用，若相差太大，则说明绕组有问题。

(1) 检查方法：

1) 用万用表检查。用万用表的电阻挡（×1 挡）分别测量三相绕组的阻值，此法不适用于中小型电机。

2) 伏安法。在绕组的两端接直流电源，电压不能太高，太高会使绕组过热，甚至烧毁。直流电压的大小以通入绕组的电流不超过额定电流为准，通常为20V左右，最好串一个可调电阻，以便调节。每相绕组应测三次，取其平均值。用同样的方法可测其他两相绕组的阻值。

3) 电桥测量法。中小电动机可用上述的两种方法，若为大电动机，其阻值小，宜用电桥测量（电桥测量的精度较高），也应测量三次，取平均值。

若三相绕组的测量结果几乎相等，说明绕组的绕制、接线均正确，可进行下一步工艺；若相差较大，则要作相应的处理。

(2) 检查结果及分析。常见的检查情况为下列几种：

1) 一相绕组阻值小。当出现一相绕组阻值小，而其他两相绕组值较大且相等，说明此相绕组有匝间短路，应仔细查找此相绕组的各个线圈。

2) 一相绕组阻值很大。当一相绕组阻值很大（几乎开路），其他两相绕组阻值正常且相等，此时说明此相绕组接头可能是虚焊，也可能是绕组的线圈某处断线，应逐个线圈仔细检查，找到断点或虚焊点，然后作相应的处理。

3) 一相绕组阻值较大。两相绕组的阻值较小且相等，另一相绕组的阻值较大（但未开路），说明此相绕组的并联支路接法有误，可能接成串联了，仔细查找此相绕组的接线，即可发现问题所在。

4) 三相绕组的阻值各不相等。三相绕组的阻值各不相等且相差较大，说明三相绕组的接线不对，应重新弄清如何进行连接线，并拆除绑线，把绕组连接有问题的地方，按正确的接法接好。

2. 绝缘检查

绕组相间绝缘和对地绝缘一般应在50～100MΩ。若数值太小或为零，则说明绝缘有问题，应作处理。

(1) 绕组对地的绝缘检查。用绝缘电阻表以120r/min的速度，分别测量三相对地（即机座）的绝缘。若阻值很大（50～100MΩ）则正常；若某相很小，几乎为零，则说明此相绕组对机座有短路现象，仔细查找此相绕组何处与机座或定子铁芯相碰，找到后将其分开，并在碰到铁芯的线圈处刷上绝缘漆。三相绕组的对地绝缘也可三相一起测量，若阻值很大

(50～100MΩ)，则三相绕组的对地绝缘都是好的，一次测完；若测量数值很小几乎为零，则说明有绕组对地绝缘损坏，但仍不清楚是哪一相，必须将接线盒中的连接片拆开，对三相绕组分别测量。

(2) 相间绝缘检查。将接线盒中的连接片拆开，用绝缘电阻表分别摇测三相绕组任意两相间的阻值（只需两次测量即可），若阻值很大（50～100MΩ）则正常；若阻值很小或几乎为零，则说明相间有短路或两相接地（机座），并通过机座形成短路。应仔细检查，必须找到故障点，处理好才能进行下一道工序。

3. 磁场检查

上述各种检查之后，最后对电动机新绕组形成的磁场进行检查。

当三相对称绕组接到三相对称的交流电源上，三相绕组内将流过三相对称交流电流，从而产生旋转磁场。对此旋转磁场的检查常用滚珠检查法和转针检查法。要注意的是，不管电动机铭牌上为何种接法，为安全起见，检查时均应接成星形（Y），然后在定子绕组上加一个较低的电压，并以定子电流不超过额定电流为限，进行磁场的检查。

（九）浸（浇）绝缘漆

经过前面八道工序之后，电动机绕组已经完成，但还还存在以下问题：

(1) 机械强度不够。电动机在运行中，要产生电磁力，会使线圈中漆包线振动，线圈端部虽经绑扎，但时间久了，可能会断线。

(2) 容易受潮。所有的焊接头、所有的绝缘材料，包括绝缘纸、绑带、绝缘套管等都暴露在空气中，容易受潮，会造成绝缘水平下降，甚至达不到要求而不能用。

(3) 容易受腐蚀。受腐蚀和受潮的情况相似。

(4) 导热能力差。因为绕组的漆包线之间有空隙，不是一个整体，导热能力差，会使电动机过热。

(5) 耐热能力差。因为导热能力差，故而造成耐热能力差，电动机带上负载，很容易过热。

为了解决上述问题，必须对新做的绕组进行处理，使定子绕组通过绝缘漆粘成一个整体，以解决上述的各方面问题。

1. 浸漆前的准备

(1) 电动机预烘。预烘的作用主要是去除电动机绕组中的潮气。而且，电动机绕组升温后，便于绝缘漆的渗透，以提高浸（浇）漆的绝缘质量。预烘前将电动机的端盖螺丝旋进2～3圈，然后把电动机放到烘箱的小车上，口朝上下（上螺钉的一端朝下，端盖螺钉受力，绕组端部不着地)，然后推进烘箱中，将温度控制在100℃左右，通常需预烘1～2h即可。

(2) 绝缘漆准备。绝缘漆的黏度与温度关系很大，若是寒冷的冬天可将绝缘漆稍稍加温(不要太高，40℃左右即可)。

2. 浸漆（滚漆、浇漆）

给定子绕组上绝缘漆常用以下三种方法：

(1) 浸漆。预烘后，电动机定子绕组温度降到70℃左右时，将整个绕组全部浸入漆中，直到没有气泡往上逸的时候，即可取出置于滴漆盘上，此时应检查封口用的竹楔是否松动，若有偏移应及时处理。

(2) 滚漆。浸漆需大量的绝缘漆和相关设备，若无，则可采用滚漆工艺。滚漆时，将电动机平放在绝缘漆中，绝缘漆应浸过一面的绕组，滚动定子，分别使各绕组先后浸没于绝缘漆中，滚动几次后即可取出滴干。

（3）浇漆。浸漆和滚漆都需要大量的绝缘漆，而且余漆清理较麻烦，浪费较多，在实际工作中多用于大批量生产。而在维修中常用浇漆工艺，即先将电动机垂直放置（口朝上下），先浇上面一端，每个绕组都要浇到，并渗透到线圈里边。然后把电动机上下对调放置，再按上述方法浇另一端。待余漆滴干之后，即可送去烘干。

（十）烘干

1. 烘箱烘干法

（1）烘箱常选用电热干燥箱，温度可准确控制。若无，也可自制，即用砖砌大小合适的箱体（内空），一面装门，内放三个电炉，人工控制电炉的通电时间或通过调压器调压即可粗略地控制烘箱的温度。

（2）浸漆（滚漆、浇漆）之后，待电动机绕组上的绝缘漆滴干后即可送进烘箱，烘干温度控制在120～130℃之间，一般需烘烤6～15h。

（3）烘干完成后，应立即趁热将多余无用的漆刮干净，特别是定子内壁必须刮干净，否则会与转子摩擦，影响电动机的运行。必须注意的是，电动机冷却后，则绝缘漆变得很坚硬不易刮掉，故必须趁热处理。

2. 通电干燥法

中小型电动机也经常用通电干燥法。将220V交流电接到调压器（即自耦变压器），然后将三相绕组串接起来接调压器二次侧，通过控制调压器，使通入绕组的电流是电动机额定电流的100%为佳，并注意电动机的温度不能超过电动机的最高允许温度，在铭牌上标明电动机的绝缘等级，可查到电动机的最高允许温度，或者标明温升的数值，加上环境温度40℃，即是电动机的最高允许温度。

实际操作时须注意控制通过电流的具体值与当时的气温有关系。若室温较高，电流可小些；若室温较低，电流可大些。总之，以电动机的温度不超过其最高允许温度为准。

通电干燥法简单易行，优点非常明显。

（十一）检查和测试

电动机绕组烘干之后还需进行各项检查和测试。

1. 绝缘检查

电动机定子从烘箱出来后（或断电后），应及时用绝缘电阻表测量电动机的绝缘阻值。阻值虽大于0.5MΩ即可用，但这是最低标准，烘干后电动机的绝缘阻值大于5MΩ为佳，若达不到，则需继续烘干。通常烘干8h以上，电动机绝缘阻值很容易达到5MΩ以上。

2. 空载实验

（1）把电动机按前面讲述的方法装好，并按电动机铭牌上的接法进行接线，3kW以下的电动机通常用星形接法（Y），3kW以上的电动机通常用三角形接法（△）。

（2）将电动机绕组接入额定电压，此时电动机在通电时会跳一下，小电动机会特别明显，甚至会可能打翻，故通电时应用脚踩住电动机，通电后即可松开。

（3）用钳形电流表测量三相电流，三相电流大小应基本相等，偏差不应超过5%，10kW的电动机（两极）的空载电流约为额定电流的30%～40%。电动机功率越小，空载电流的比例越大；同功率电动机，极数越多空载电流的比例越大。电动机空载电流与额定电流百分比见表 2-5-1。

表 2-5-1 电动机空载电流与额定电流百分比

极数 \ 功率	0.125kW 以下	0.55kW 以下	2.2kW 以下	10kW 以下	55kW 以下	125kW 以下
2	70～95	50～70	40～55	30～45	23～35	18～30
4	80～96	65～85	45～60	35～55	25～40	20～30
6	85～97	70～90	50～65	35～65	30～45	22～33
8	90～98	75～90	50～70	37～70	35～50	25～35

经过上述检查合格后，电动机即可投入使用，在带上负载运行 6h 后，要检查电动机的温度，若未超过最高允许温度，则表明重新嵌线的电动机一切正常，可以投入使用。

六、三相异步电动机常见故障原因及处理

电动机在运行中由于摩擦、振动、绝缘老化等原因会出现各种故障，当发生故障时，就可能引起电动机过热或损坏，所以，电动机运行时，应密切注意各种故障现象，及时发现、及时处理，保证电动机正常运行。这些故障若及时检查、发现和排除，可有效地防止事故的发生。下面介绍几种常见故障及其处理方法。

1. 电动机不能启动

电动机不能启动的原因主要是由于电源未接通，负载过大，转动受阻，保险丝熔断等，这时首先要检查电源电路或附加的电器元件，主要是保证回路开关完好，接线正确，没有反接、短路现象。其次再检查负载及机械部分，确定轴承是否损坏，被带动机械是否卡住，定子与转子之间的间隙是否不正常，使定子与转子相碰。

2. 电动机外壳带电

电动机外壳带电是由于电动机接地线断开或松动，引出线碰接线盒或接线板油垢太多引起的，处理方法是检查并接好地线，检查接线盒，清理接线板。

3. 电动机过热

当电动机过载、缺相运行、电机通风道受阻时，都会引起电动机过热。电动机过负荷运行时，电流会升高，使电动机严重过热，可能会烧坏电动机。这时要及时调整负载，避免电动机长期过载运行。

三相电源中只要有一相断路，就会引起电动机缺相运行，如果缺相运行时间过长，将会烧坏电动机。因此要经常检查电源电路。

电动机内油泥、灰尘太多，电动机通风道堵塞都会影响散热效果，引起电动机过热，所以要及时清除阻塞物，改善散热条件。

4. 电动机运转声音异常

电动机正常运行时，声音是均匀的、无杂音，当出现轴承损坏、缺相运行现象时，就会发出异常的甚至是刺耳的响声。

轴承损坏主要是轴承间隙过大或严重磨损，缺少润滑油或油脂选择不当引起的，这时就需要及时清洗或更换轴承，保证电动机在运行过程中有良好的润滑，一般的电动机运行 5000h 左右后，应补充或更换润滑脂。

电动机缺相运行时，转速会下降，并发出异常响声，如果运行时间过长，将会烧坏电动机。缺相运行主要是电源电路出现问题引起的，如电源线一相断线，或电动机有一相绕组断线。要防止电动机缺相运行，首先要注意发现缺相运行的异常现象，并及时排除，其次对于重要的电动机应装设缺相保护。

电动机运转声音异常还可能是风扇叶碰风罩引起的，这时要及时修理风罩。

总之，电动机在实际运行中，环境应保持干燥，电动机表面应保持清洁，电动机必须严格在铭牌标识的电压、频率、电流下运行，并且运行过程中还必须有足够的保护系统，如过负荷、缺相等，这样才能保证电动机正常运行。

七、异步电动机检修后的试验

为了保证电动机的质量和可靠运行，异步电动机修理后必须进行必要的检查和测试，试验项目如下：

1. 正常检查

检查电动机的装配质量。如电动机紧固螺栓是否旋紧，引出线的连接是否正确，转子转动是否灵活。

2. 绝缘电阻的测定

定子绕组经过绝缘处理和装配后，可能使绕组对机壳、绕组之间的绝缘受损，因此必须采用绝缘电阻表重新测量绝缘电阻。对于500V以下的异步电动机，可选用500V绝缘电阻表，其绝缘电阻应不低于0.5MΩ。如果重新嵌线的异步电动机绕组耐压试验前，其绝缘电阻应不小于5MΩ。

3. 直流电阻的测定

定子绕组经过绝缘处理和装配后，为了避免机械损伤造成线头断裂、松动或导线绝缘层损坏，必须对绕组的直流电阻重新进行测量。测量时应注意电动机的转子保持静止不动，测量误差不应该超过平均值的5%。

4. 耐压试验

装配后的电动机，为了保证安全和绕组绝缘的可靠性。必须在运行前进行绕组对外壳和各绕组之间的耐压试验，以检验其绝缘强度。

5. 空载试验

试验电压电动机经过检修后，在定子三相绕组加上三相额定电压后，使电动机空转30min，在试验中，应该注意空载电流的变化情况，观察三相空载电流是否平衡以及空载电流的大小，检查电动机运行的噪声、振动是否异常等。通过空载试验可以检验电动机的力学性能和电磁性能是否达到标准。

课题二　直流电动机、单相电动机检修

直流电动机由定子、转子、电刷装置、端盖、轴承及出线盒等部件组成，在定子、转子之间留有气隙。直流电动机定子的作用是产生磁场和作为电动机的机械支架，它由主极、换向极、机座及引线电缆等部分组成。转子是旋转的部件，用以实现机械能与电能量的转换，它由转轴、电枢铁芯、电枢绕组、换向器和风扇等部件组成。电刷装置是直流电动机的导电部分，电刷与换向器保持滑动接触，使电枢绕组与外电路相连。端盖是保护电动机内部和构成电动机风路的部件，同时又起着支撑电枢的作用。轴承装置的作用是支撑整个电枢，承受着整个电枢的重量和其他各种作用力。

一、直流电动机的拆装与检修

在拆装直流电动机前，要用仪器仪表进行整机检查，查明绕组对地绝缘以及绕组间有无断路、短路或其他故障，以便针对问题进行修理。

1. 直流电动机的拆装

(1) 拆除电动机的外部连接线，并作好标记。

(2) 拆卸带轮或联轴器。

(3) 拆卸换向器端盖螺钉和轴承螺钉，并取下轴承外盖。

(4) 打开端盖的通风窗，从刷握中取出电刷，再拆卸接到刷杆上的连接线。

(5) 拆卸换向器端的端盖，取出刷架。

(6) 用厚纸或布将换向器包好，以保持清洁且避免碰伤。

(7) 拆卸轴伸端的端盖螺钉，将电枢连同端盖一起抽出，并放在木架上。

(8) 拆卸轴伸端的轴承盖螺钉，取下轴承外盖、端盖及轴承，若轴承无损坏则不必拆卸。

直流电动机的装配步骤可按上述拆装步骤反向进行，装配后应把刷杆座调整到标志的位置。直流电动机的拆装工艺要点与异步电动机基本相似，仅增加电刷与刷架系统等的拆装。

2. 直流电动机电枢绕组的检修

直流电动机的电枢绕组经常有断路、短路、接地及绕组接反等故障，根据故障大小，可以采取拆换整个绕组或对电枢绕组进行局部修理。

(1) 电枢绕组断路及其修理。电枢绕组断路的原因主要有电枢绕组断线、换向片和绕组的连接线脱焊等。电枢绕组断路的检查方法有测量换向片间压降法，毫伏表跨接检查法，观察法和灯泡检查法等。电枢绕组如果断线应拆除重绕。应急修理时，把该绕组从换向片上拆下，线端包扎绝缘，然后用绝缘跨接导线取代被拆下的绕组。如果是连接线脱焊或焊接不良，应重新焊接。

(2) 电枢绕组短路及其修理。电枢绕组短路的原因主要有绝缘损坏造成的匝间或层间短路、电枢绕组受潮造成的局部短路。电枢绕组短路的检查方法有测量换向片间压降法、短路侦察器法、观察法等。通常采用测量换向片间压降法与短路侦察器法，其优点是检查正确、可靠。电枢绕组绝缘损坏时应拆出进行修补绝缘。应急修理时，按电枢绕组断路时用跨接方法处理。如果电枢绕组受潮应进行干燥处理，使其绝缘电阻符合要求。

(3) 电枢绕组接地。电枢绕组的槽绝缘或绕组绝缘损坏，换向器对地击穿等均可造成电枢绕组接地。对于槽绝缘或绕组绝缘损坏处可见的，可在接地处插垫新的绝缘。如损坏处看不见，应拆出绕组进行绝缘修补。如果要应急处理，可将接地绕组的引线从换向片上卸下，包扎绝缘，再将该两换向片短接。对于换向器对地击穿，则应按换向器修理的技术要求进行。

3. 换向器的检修

直流电动机的换向器运行一定时间后，由于各种因素引起变形，从而造成片间短路、接地、凹凸不平及云母凸出等故障，必须及时进行修理。

(1) 换向器片间短路。造成换向器片间短路的原因有：①换向器拧紧螺栓松弛使其变形，到使片间绝缘移位造成短路；②换向器片间绝缘被强烈火花烧坏造在短路。对于换向器片间短路的修理可以先采用拉槽工具刮掉片间短路的金属屑、电刷粉末、腐蚀性物质及尘垢等，直至用校灯或万用表检查无短路后，再用云母粉末或小块云母加上胶粘剂填补孔洞使其干燥硬化。如上述方法不能消除片间短路，可拆开换向器，检查内表面，清除片间异物或更换片间绝缘，然后重新进行换向器装配。

（2）换向器接地。换向器接地主要由V形绝缘环受损造成对地击穿（接地），一般发生在前面的V形绝缘环上。这个环有一部分露在外面，由于尘垢和其他碎屑的堆积，很容易产生漏电而击穿。与电枢绕组接地的检查方法相同，采用测量换向片对转轴压降法和灯泡检查法。此外，还可采用观察法，根据V形绝缘环的烧毁情况找出接地点位置，再用校灯或万用表进行检查。对于换向器接地的检修，应先将换向器的紧固螺母或螺栓松开，取下V形压圈，把有烧毁接地的绝缘刮去，更换规格相同的新V形绝缘环，然后把换向器装配好。

（3）换向器表面凹凸不平。换向器拧紧螺栓松弛、换向器装配不良、过分受热或受到机械损伤，均可导致换向器表面凹凸不平。对于换向器表面凹凸不平的修理，可以松开换向器V形压圈，将凹凸不平的换向片校平，然后把换向器装配好。如换向器片间短路严重或发生接地故障，则必须拆修换向器。

（4）云母片凸出。直流电动机在运行时换向片的磨损比云母快，往往造成云母片凸出。对于凸出的云母可用拉槽工具把凸出的云母片刮削到比换向片低约1mm，刮削要平整，不可使两边比中间高。

二、单相异步电动机的常见故障与检修

单相异步电动机常见的几种故障是：电动机绕组短路、断路或绕组接地，电动机轴承损坏、电容器损坏等，见表2-5-2。

表2-5-2　单相电动机故障原因及其处理方法

故障现象	故障原因分析	处理方法
电源电压正常，通电后电动机不能正常启动	（1）引线开路； （2）工作绕组或启动绕组开路； （3）电容器损坏； （4）过载； （5）轴承卡死	（1）检查引线； （2）检查工作绕组或启动绕组； （3）更换同型号、同容量的电容器； （4）减载或更换大容量电动机； （5）检查轴承的质量或装配质量
空载可以启动，但启动时间过长或转向不定	（1）二次绕组开路； （2）离心开关触头合不上； （3）电容器开路	（1）检查二次绕组； （2）检查离心开关； （3）更换电容器
电动机转速低于正常转速	（1）一次绕组短路； （2）启动后离心开关触头未断开，启动绕组未脱离电源； （3）工作绕组接线错误； （4）轴承损坏	（1）检查一次绕组； （2）检查离心开关的触点； （3）检查工作绕组； （4）更换轴承
启动后，电动机发热过快，甚至烧毁绕组	（1）工作绕组短路或接地； （2）启动后离心开关触点未断开，使启动绕组长期运行而发热，甚至导致烧毁； （3）工作、启动绕组接反	（1）检查工作绕组，消除短路或接地现象； （2）检查离心开关的触点； （3）重新检查工作绕组和启动绕组的接线

续表

故障现象	故 障 原 因 分 析	处 理 方 法
通电后，熔丝熔断或空气开关跳闸	（1）绕组短路接地； （2）引出线接地； （3）电容器短路； （4）熔丝较小或空气开关较小	（1）检查绕组和引出线； （2）更换电容器； （3）更换大电流熔丝或空气开关
电动机转动噪声过大	（1）绕组短路或接地； （2）离心开关损坏； （3）轴承间隙过大或损坏； （4）有杂物侵入电动机内部	（1）检查绕组； （2）更换离心开关； （3）检查或更换轴承； （4）拆开电动机，清理杂物

1. 电动机绕组短路

当单相异步电动机绕组出现短路时，电动机转速下降，电流增大，电动机发热严重。短路现象严重时，可能烧毁绕组。造成绕组短路的原因有以下几个方面：①电动机绕组受潮严重，绕组导线间的绝缘性能破坏，通电时发生导线间绝缘击穿，造成绕组短路；②电动机嵌线时绕组导线间的绝缘层破坏。检查绕组短路故障，先要拆下电动机盖，抽出转子，更换个别短路的单元绕组，若短路点过多，就需要重新嵌线。

2. 电动机绕组接地

电动机绕组接地，就是定子绕组与定子铁芯短路，绕组接地点多发生在导线引出定子铁芯槽口处或者绕组端部与定子铁芯发生短路，造成绕组接地主要是由于绝缘层受到破坏或绕组严重受潮。当绕组发生接地短路时，若接地点在绕组端部，可以采取加强绝缘的方法解决，若绕组接地点在定子铁芯槽内，只有重新绕制和更换绕组。

3. 单相电动机的电容器检修

电动机电容器检修的主要内容是进行故障检测和对损坏电容器的更换。单相电动机的电容器故障最可能的原因是：电源电压过高或由于电容器长期使用受潮造成电容器断路；电解电容器由于电解质干涸，导致电容器电容量显著减小，导致电容分相启动的电动机启动转矩减小，甚至启动不起来。

对于电容器的检测，可以利用其充放电特性使用万用表进行检查。检查时首先将电容器短接放电，把万用表挡位调到欧姆挡的 1kΩ 或 10kΩ，然后用万用表的两个测试棒接电容器的两个接线端（若是电解电容器注意极性），观察万用表的指针偏转情况：

若万用表指针摆动幅度较大，表明电阻很小，说明电容器已经被击穿，需要更换电容器；若万用表的指针静止不动，指针指向无穷大，表明电容器发生断路，也需要更换电容器；若万用表指针开始大幅度指向 0，之后又慢慢返回到数百千欧后停下，表明电容器完好；若万用表指针指到一个较小的电阻值，说明电容器泄漏电流较大，也需要更换电容器。

操作训练 7　电动机检修训练

一、训练目的

（1）了解三相异步电动机、直流电动机、单相电动机的结构原理。

（2）熟悉电动机的常见故障现象及处理方法。

（3）掌握三相异步电动机检修工艺流程。

（4）学会更换三相异步电动机绕组的方法和技巧。

二、操作任务

操作任务见表 2-5-3。

表 2-5-3　电动机检修训练操作任务

操作内容	（1）进行三相异步电动机绕组更换绕组和测试； （2）进行异步电动机、直流电动机、单相电动机的故障检查及处理
说明及要求	（1）更换绕组可将学员按 2～3 人一个小组分配； （2）指导教师重点指导下线工艺、端部连接方法； （3）结合电动机设备、仪器仪表情况对故障检查及处理可进行示范操作和训练； （4）以三相异步电动机训练为主，直流电动机和单相电动机训练为辅
工具、材料、设备场地	三相异步电动机、直流电动机、单相电动机、绕线模、绕线机、剪刀、卷尺、千分尺、电磁线、绑扎线、绝缘材料、裁纸刀、划线板、压线板、整形敲棒、撬板、小手锤、橡皮锤、绝缘纸、引槽纸、槽楔、线圈、纱布、操作台、焊锡膏、焊锡丝、万用表、绝缘电阻表

三、注意事项和安全措施

（1）正确使用拆装工具，防止人身和设备损伤。

（2）搭接试验电源时要防止短路或人身触电，应按指导老师的要求进行操作。

（3）不能随意进行电动机的通电试验，以防转动设备伤害人身。

（4）试验电源应装设保护设备，设置安全隔离区。

教学提示：三相异步电动机检修步骤及工艺要求见光盘。

问答题

1. 三相异步电动机根据什么定则产生旋转？
2. 三相异步电动机检修时主要记录哪些数据和资料？
3. 说出 Y-90S-2 的含义。
4. 直流电动机由哪几部分组成？
5. 单相电动机常见哪些故障？

模块六

微机控制高频开关直流电源装置及其检修 

目前电力系统中直流电源装置广泛采用微机控制型高频开关直流电源系统，为此，在本课题中重点介绍微机控制型高频开关直流电源装置的运行及维护。

微机控制型高频开关直流电源系统（以下简称直流屏）是智能化直流电源产品（具有遥测、遥信、遥控），可实现无人值守。

直流屏能满足正常运行和保障在事故状态下，对继电保护、自动装置、高压断路器的分合闸、事故照明及计算机不间断电源等供给直流电源。在交流失电时，通过逆变装置提供交流电源。

直流屏适用于发电厂、变电站、电气化铁路、石化、冶金、开闭所及大型建筑等需要直流供电的场所，从而保证设备安全可靠运行。因此，直流屏称为变电站的“心脏”。

一、直流屏的发展概况

直流屏从旋转电机（直流发电机）→磁放大器→硅整流→晶闸管整流（相控）→现在广泛应用的微机控制高频开关整流直流电源。

二、微机控制高频开关电源直流屏的特点及型号

1. 特点

微机控制高频开关直流屏具有稳压和稳流精度高、体积小、质量小、效率高、输出纹波和谐波失真小、自动化程度高及可靠性高，并可配置镉镍蓄电池、防酸蓄隔爆铅酸电池及阀控式密封铅酸式电池，可实现无人值守。

2. 型号和含义

微机控制高频开关电源直流屏的型号和含义如下：

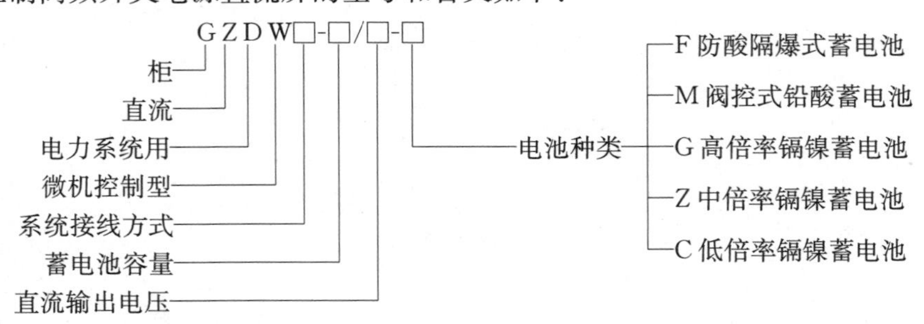

示例：GZDW34-200/220-M 含义是：电力用微机控制高频开关直流屏，接线方式为母线分段、蓄电池容量 200Ah、直流输出电压 220V 的阀控式铅酸蓄电池。

3. 配置系统

微机控制型高频开关直流电源系统可根据用户要求配置系统：

（1）大系统：蓄电池容量大于200Ah以上，适用于35、110、220、500kV变电站及发电厂。

（2）小系统：蓄电池容量小于100Ah及以下，适用于10、35kV变电站及小水电站等场所。

（3）壁挂式直流电源：适用于开闭所、配网自动化、箱式变压器等场所。

三、微机控制高频开关直流的外观

微机控制高频开关直流屏的外观如图2-6-1所示，外形照片见随书光盘。

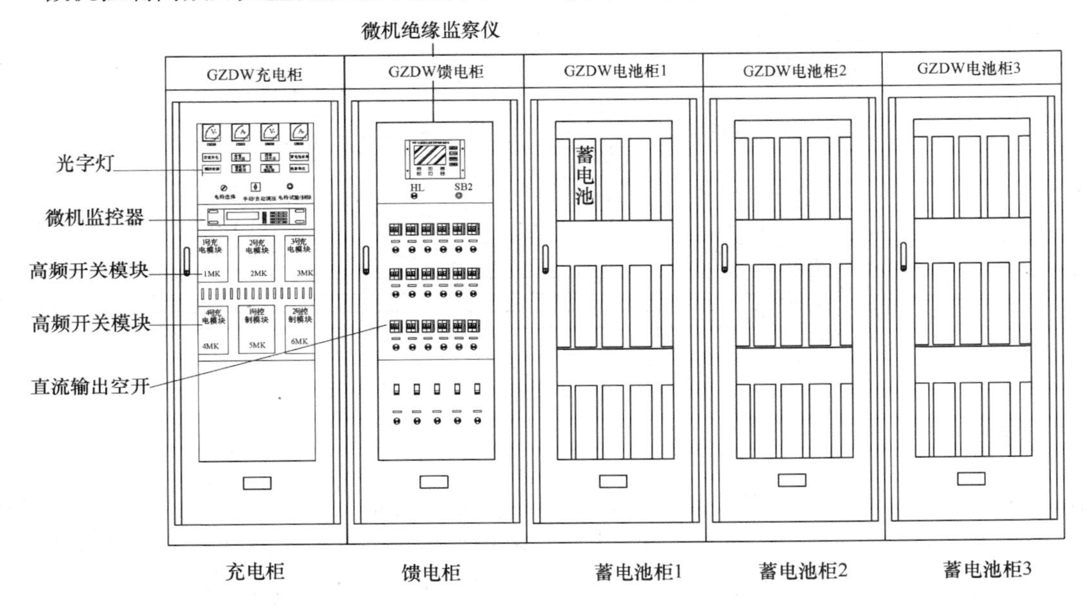

图2-6-1　微机控制高频开关直流电源屏

四、直流屏系统的组成和工作原理

（一）系统的组成

（1）按功能分：直流屏系统由交流输入单元、充电单元、微机监控单元、电压调整单元、绝缘监察单元、直流馈电单元、蓄电池组、电池巡检单元等组成。

（2）按屏分：直流屏系统由充电柜、馈电柜及电池柜等组成。

直流屏的原理框图如图2-6-2所示。

（二）直流屏工作原理

（1）正常情况下，由充电单元对蓄电池进行充电的同时并向经常性负荷（继电保护装置、控制设备等）提供直流电源。

（2）当控制负荷或动力负荷需较大的冲击电流（如断路器的分、合闸）时，由充电单元和蓄电池共同提供直流电源。

（3）当变电站交流中断时，由蓄电池组单独提供直流电源。

（三）充电单元的工作原理

充电单元采用$N+1$冗余设计［所谓$N+1$冗余设计是指：若直流屏满足正常工作需直

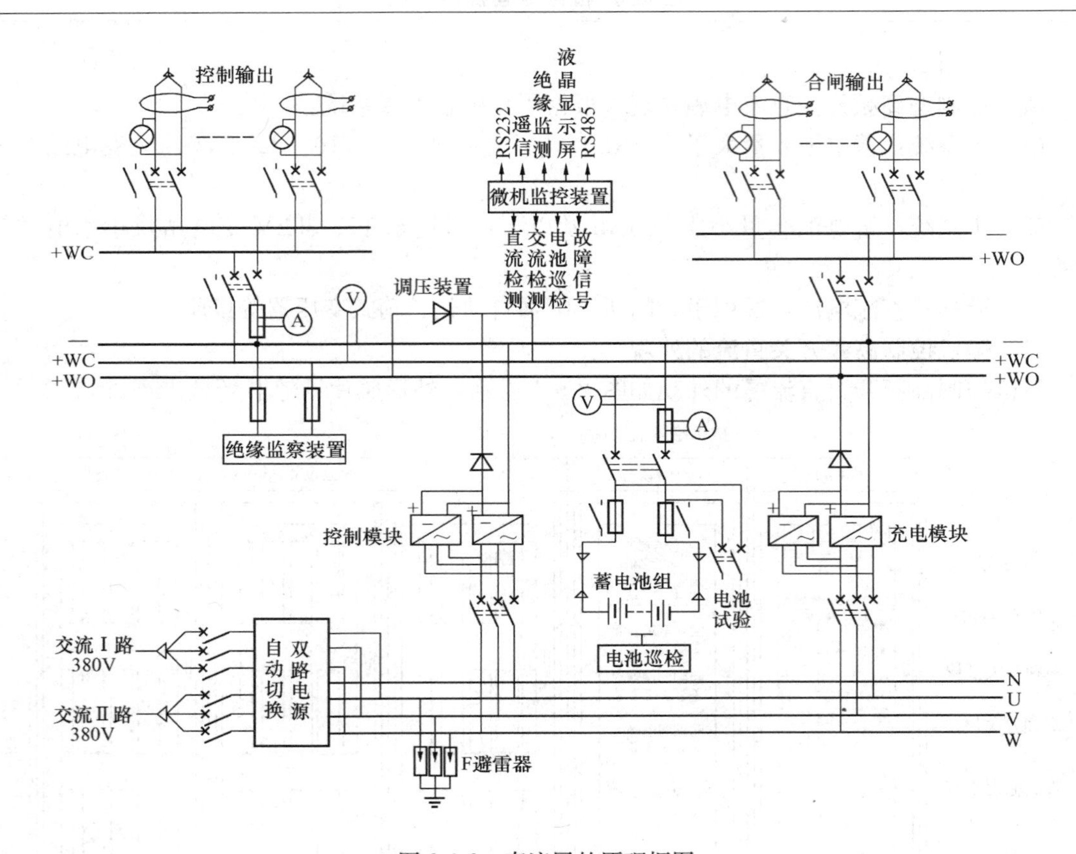

图 2-6-2 直流屏的原理框图

流输出电流为 10A 的高频开关模块 3 台，实际该直流屏配置 4 台，(3+1)，用备份的方式充电模块向蓄电池组进行均充或浮充电]，控制模块也采用 $N+1$ 冗余设计、用备份的方式向经常性负荷（继电保护装置、控制设备）提供直流电源。这样当其中任一台模块出现故障后，不会影响装置的正常工作，使装置运行的可靠性大大提高。

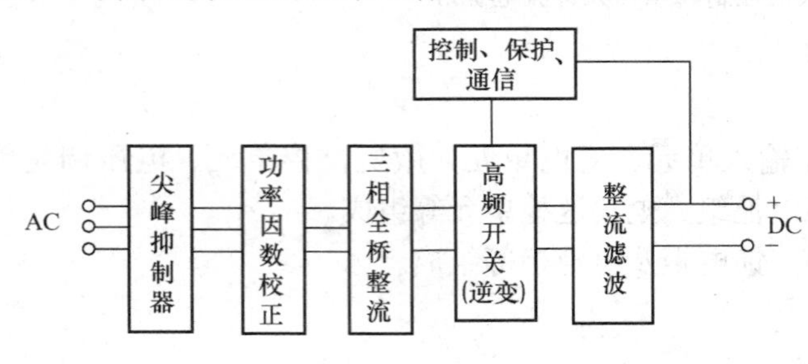

图 2-6-3 高频开关电源模块基本原理示意

高频开关电源模块将 50Hz 交流电源经整流滤波成为直流电源，逆变部分将直流逆变为高频交流（20～300kHz），通过变压器隔离，高频经整流和滤波后输出（直流），其基本原理示意如图 2-6-3 所示。

高频开关电源模块的外观如图 2-6-4 所示，其优点如下：

(1) 输入、输出的电压范围宽、均流度好、功率密度高、实现 $N+1$ 备份冗余配置。

(2) 可靠性高、体积小、质量小、保护功能强（具有过、欠压报警，温度过高、限流和输出短路保护等）、直流输出指标好（稳压精度≤±0.5%、稳流精度≤±1.0%、纹波系数≤0.5%）、效率高（采用软开关技术）、功率因数高（可达 0.99 以上）。

(3) 可通过智能监控接口（RS232）实现对模块的“三遥”控制（遥测、遥控、遥信）。

(4) 当监控单元出现故障退出运行时，高频开关模块仍可自主运行。

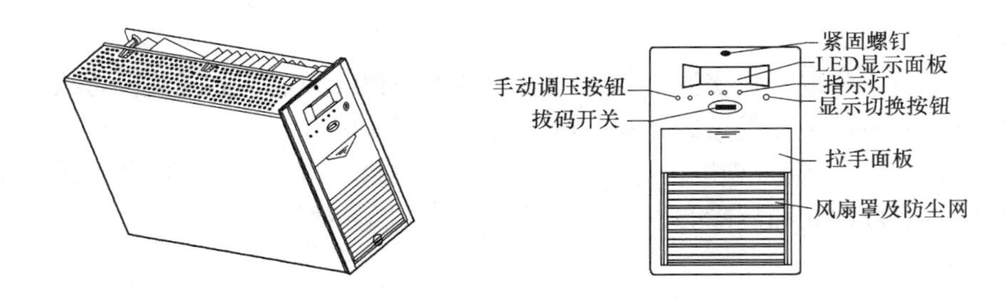

图 2-6-4 高频开关电源模块的外观

（四）微机监控单元的监控原理和功能

1. 微机监控器的原理

（1）微机监控器的种类：可分别由单片机、PLC、工控机、触摸屏等组成，其显示屏采用全汉化的液晶显示大屏幕。

（2）直流屏的一切运行参数和运行状态均可在微机监控器的显示屏上显示。监控器通过RS485或RS232接口与交流检测单元、直流检测单元、绝缘检测单元、电池巡检检测等单元的通信，从而根据蓄电池组的端电压值，充电装置的交流电压值，直流输出的电压、电流值等数据来进行自动监控。运行人员可通过微机的键盘、按钮或触摸屏进行运行参数整定和修改。远方调度中心可通过“三遥”接口，在调度中心的显示屏上同样能监视，通过键盘操作同样能控制直流屏的运行方式。

2. 监控单元的功能

（1）自诊断和显示功能：

1）诊断直流电源系统内部电路的故障及不正常运行状态，并能发出声光报警；

2）实时显示各单元设备的各种信息，包括采集数据、设置数据、历史数据等，可方便及随时查看整个系统的运行情况和曾发生过的故障信息。

（2）设置功能：通过监控器对系统参数进行设定和修改各种运行参数，并用密码方式允许或停止操作，以防工作人员误动，增加系统的可靠性。

（3）控制功能：监控器通过对所采集数据的综合分析处理，作出判断，发出相应的控制命令，控制方式分“远程”和“本地”（即手动和自动）两种方式。用户可通过触摸屏或监控器上的操作键设定控制方式。

（4）报警功能：监控器具有系统故障、蓄电池熔丝熔断、模块故障、绝缘故障、母线电压异常（欠压或过压）、交流电源故障、电池故障、馈电开关跳闸等报警功能，每项报警有两对继电器无源干触点，作遥信无源触点输出或通过RS232、RS485接遥信输出。

（5）电源模块的管理：能控制每一个模块开、关机，能及时读取模块的输出电压、电流数据及工作、故障状态和控制或显示浮充、均充工作状态及显示控制模块的输出电压和电流输出，可实现模块的统一控制或分组控制。

（6）通信功能：监控器将采集的实时数据和报警信息通过MODEM（调制解调器）、电话网或综合自动化系统送往调度中心，调度中心根据接收到的信息对直流屏进行遥测、遥信、遥控，运行人员可在调度中心监视各现场的直流系统运行情况，实现无人值守。

（7）电池管理：监控器具有对蓄电池组智能化和自动管理功能，实时完成蓄电池组的状态检测和单体电池检测，并根据检测结果进行均充、浮充转换、充电限流、充电电压的温度补偿和定时补充充电等。

（8）监视功能：监视三相交流输入电压值和是否缺相、失电，监视直流母线的电压值是否正常，监视蓄电池熔断器是否熔断和充电电流是否正常等。

（9）“三遥”功能：远方调度中心可通过“三遥”接口，能遥控、遥测及遥信控制和显示直流电源屏的运行方式和故障类别。

（五）交流输入单元

交流输入单元通常由两路380V、50Hz的交流电源互投电路手动或自动选择一路向充电单元供电（另一路作备用电源），交流输入单元配有压敏电阻型的防雷装置和三相输入状态监视电路，当缺相或失电时，监视电路启动，自动投切备用电源的同时发出声光报警，并将故障信号通过监控器送往后台和远方遥信装置。

教学提示：交流输入单元及压敏电阻防雷装置的外形及原理见光盘。

（六）电压调整单元

配置2V/只、108只蓄电池直流屏，因蓄电池组的均充、浮充电压分别为254V和243V，通常高于控制电压。为保证控制母电压为220V±22V，因此需采用电压调整装置进行调压(采用103只、2V/只蓄电池的直流屏，其均充、浮充电压分别为242V和232V，能满足控母电压220V±22V的范围，故可不用电压调整单元)。

在直流屏中常用的调压方法有硅链或硅降压模块及利用斩波无级降压的方法，本课题重点介绍目前直流系统中应用最广泛的硅链或硅降压模块的降压方法。

1．工作原理图

电压调整装置的工作原理图如图2-6-5所示。

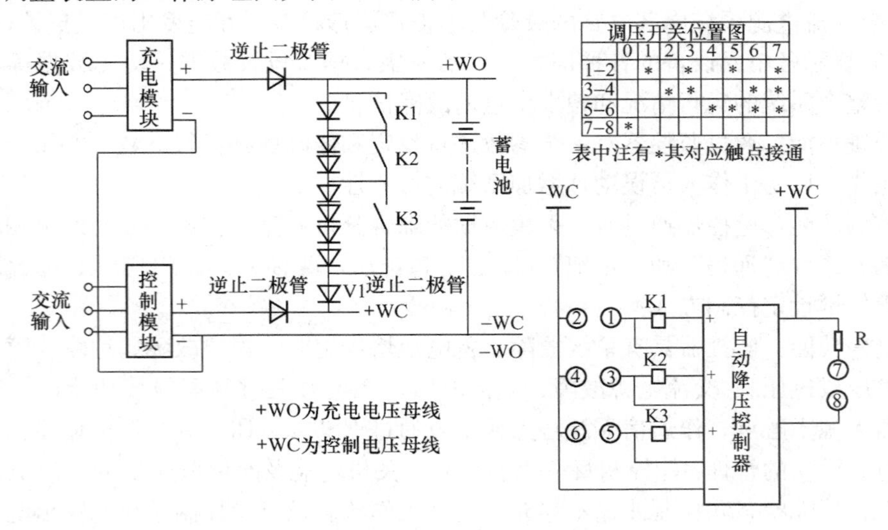

调压开关位置图								
	0	1	2	3	4	5	6	7
1–2		*		*		*		*
3–4			*	*			*	*
5–6					*	*	*	*
7–8	*							

图2-6-5　7级硅降压模块电压调整装置原理

2．调压原理

硅链和硅降压模块调压原理相同，硅降压模块调压性能优于硅链，但价格较高。

在直流电源系统正常运行（当交流正常供电）时，调整硅降压模块加在逆止二极管V1阳极上的电位低于控制高频开关电源模块输出的＋极电位，逆止二极管V1处于截止状态，硅降压装置不工作，控制电压由控制高频开关电源模块直接提供稳压精度为±0.5%的220V的控制电压。

当控制模块故障或交流失电时，从图2-6-4可见，控制模块停止工作，控制母线+WC的电压可通过蓄电池经降压单元来提供。因蓄电池组的均、浮充电压通常高于控制电压，因此需采用电压调整装置进行调压，保证控制母电压为220V±22V。

图2-6-4中，K1、K2、K3是三个直流调压接触器，它们的动合触点分别与一个、二个和四个硅降压模块相连（每一个降压模块可降压5.6V，7个降压模块最大降压值为39.2V），其线圈可由自动降压控制器自动或通过调压万转开关手动控制。自动降压控制器由取样单元实时监测控制母线电压，当控制电压过高或过低时，自动降压控制器可根据电压的高低自动地分别使K1、K2、K3三个调压继电器接通或断开改变串入降压回路的降压模块数量，从而使控制电压达到220V±22V。

当交流失电时，若蓄电池处于浮充状态，此时蓄电池组电压为243V。为保证控制母线电压为220V则应降压23V。此时，自动降压控制器自动接通K1和K2线圈，K1和K2的触点闭合短接3个降压模块，蓄电池经4个降压模块降压，降压值为4×5.6=22.4V，实际控制电压为243−22.4=220.6（V），从而保证控制电压为220V±22V的范围内。

在正常运行时，调压万能转换开关应置于自动挡（0挡），触点7-8接通，自动降压控制器电源接通，调压单元自动工作。当自动降压控制器故障时（直流电源系统发出声光报警，光字灯发出控母电压异常），可用手动调压并观察控制电压表使控制电压达到要求值。

目前电力系统中，由于高压断路器的220V直流操作机构采用弹簧操动机构分、合闸电流小，工作电压可在220V±22V范围内正常工作。大系统直流电源装置中蓄电池采用103只，蓄电池的均充电压和浮充电压分别为242V和232V，因此，在大系统直流屏中可取消调压装置。

（七）绝缘监察单元

（1）绝缘监察的作用：对控制母线电压和各支路对地绝缘电阻进行测量判断，超出正常范围时发出报警信号。

（2）绝缘监察装置的类型：

1）绝缘监察继电器如ZJJ-2绝缘监察继电器，只能对正、负母线对地电阻和电压显示，不正常时可及时报警并显示接地类型。

2）微机型绝缘监察装置，具有各馈线支路绝缘状况进行自动巡检及电压超限报警功能，并能对所有支路的正对地、负对地的绝缘电阻，对地电压等一一对应显示，不正常时可对故障支路显示出支路号及故障类别和报警。

教学提示：微机型绝缘监察装置传感器的外形见光盘。

（八）直流馈电回路

1. 直流馈线回路的作用

直流系统通过接在合闸母线和控制母线的专用直流断路器向负荷供电的回路，负荷种类一般包括经常性负荷，事故负荷和冲击负荷等。

2. 直流馈电断路器

由于直流灭弧比交流灭弧困难得多，在直流屏中必须用直流专用断路器，如5SX系列、

GM系列的断路器。使用时除额定电压、额定电流的选择外，还应注意开关的极性和上下进线方式不能接错，否则会烧开关。

（九）蓄电池组

1. 作用

根据不同电压等级要求，蓄电池组由若干个单体电池串联组成，是直流系统重要的组成部分。正常运行时，充电单元对蓄电池进行浮充电，并定期均充。当交流失电情况下，直流电源由蓄电池组提供。

2. 种类

电力系统常用蓄电池的种类：①镉镍电池；②防酸隔爆铅酸蓄电池；③阀控式密封铅酸蓄电池。

3. 阀控式密封蓄电池的特点

目前电力系统、通信等部门广泛采用阀控式密封铅酸蓄电池。

(1) 阀控式密封蓄电池的特点：①一般情况下，不需维护（无需补水、加酸）；②自放电小；③内阻小、输出功率高；④具有自动开启、关闭的安全阀（当蓄电池严重过充，产生过量的气体使蓄电池内部压力超过正常值时，气体将通过自动开启的安全阀排出，并在安全阀上装有滤酸装置，以防止酸雾排出。当压力恢复到正常值后，安全阀自动关闭)。

(2) 阀控式密封蓄电池的分类：①贫电液式纤维型阀控式密封蓄电池；②富电液式胶体型阀控式密封蓄电池。

4. 阀控式密封铅酸蓄电池的充、放电制度

(1) 有关充放电的专用名词术语。

1）初充电：新的蓄电池在交付使用前，为完全达到荷电状态所进行的第一次充电。初充电的工作程序应参照制造厂家说明书进行。

2）恒流充电：在充电电压范围内，充电电流维持在恒定值的充电。

3）均衡充电（均充）：为补偿蓄电池在使用过程中产生的电压不均匀现象，使其恢复到规定范围内而进行的充电。

4）恒流限压充电：先以恒流充电方式进行充电，当蓄电池组端电压上升到限压值时，充电装置自动转为恒压充电（均充）。

5）浮充电（简称为浮充）：在充电装置的直流输出端始终并接着蓄电池和负荷，以恒压充电方式工作。正常运行时承担经常性负荷的同时向蓄电池充电，以补偿蓄电池的自放电，使蓄电池以满容量的状态处于备用。

6）对备用蓄电池的补充充电：对备用蓄电池在存放中，由于自放电使蓄电池容量逐渐减少，甚至于损坏，应按厂家说明书定期进行充电。

7）恒流放电：蓄电池在放电过程中，放电电流值始终保持不变，至放到规定的终止电压为止。

8）蓄电池组容量试验：新安装的蓄电池组，按规定的恒流充电将蓄电池组充满容量后，再按规定的恒流放电至其中任一个蓄电池放至终止电压为止。其蓄电池组的容量按下式计算

$$C = I_f t$$

式中 C——蓄电池容量，Ah；

I_f——恒定放电电流，A；

t——放电时间，h。

9）蓄电池容量符号：C_{10}为10h（10h充电或放电率）额定容量（Ah）；

10）放电电流符号：I_{10}为10h（10h充电或放电率）放电电流（A）。

（2）蓄电池的放电制度。

1）恒流限压充电：采用I_{10}电流进行恒流充电，当蓄电池组端电压上升到（2.30～2.35)V×N（蓄电池的个数）限压值时，手动或自动转为恒压充电。例如：200Ah额定电压2V的蓄电池108个，10h充、放电率的恒流充电电流I_{10}为20A，限压值为2.35×108=253.8V（一般取254V）。

2）恒压充电：在(2.30～2.35)V×N的恒压充电下，随着蓄电池组的端电压上升，充电电流逐渐减小，当充电电流减小至0.1I_{10}电流时，充电装置的监控器倒计时开始启动，当整定的倒计时结束后，充电装置将自动地转为浮充电运行。浮充电压宜控制为(2.23～2.28)V×N。例如：200Ah额定电压2V的蓄电池108个，I_{10}为20A、0.1I_{10}为2A，浮充电压值为2.25×108=243(V)。倒计时一般设为3h(即当充电电流减小至0.1I_{10}后经3h后自动转浮充)。

3）对运行中蓄电池的补充充电：为了弥补运行中因浮充电流调整不当造成欠充，补偿不了蓄电池组自放电和爬电、漏电所造成的容量亏损，根据需要设定时间（一般为1～3个月）充电装置将自动或手动进行一次恒流限压充电→恒压充电（均充）→浮充电的过程。

（十）直流屏的主要参数及技术指标

直流屏的主要参数及技术指标见表2-6-1。

表2-6-1 直流屏的主要参数及技术指标

序号	技术参数名称	参数指标	备注
1	交流输入电压（V）	380±15%	三相四线
2	交流输入频率（Hz）	50±1	
3	额定输出电压（V）	24、48、110、220	
4	额定输出电流（A）	5～400	
5	稳压精度	≤±0.5%	
6	稳流精度	≤±1.0%	
7	纹波系数	≤0.5%	
8	均流不平衡度	≤±5%	
9	效率	≥90%	
10	功率因数	≥0.99	
11	可靠性指标	MTBF≥1000000h	
12	噪声（dB）	≤55	
13	绝缘电阻（MΩ）	≥10	
14	绝缘强度	≥2000V 50Hz/1min	
15	蓄电池容量（Ah）	10～3000	

五、直流屏的运行和维护

（一）直流屏的运行和维护标准

直流屏的运行和维护执行DL/T 724—2000《电力系统用蓄电池直流电源装置运行与维

护技术规程》。

（二）新安装、大修和停电后的开、关机步骤

1. 开机步骤

连接好蓄电池和单体电池巡检线。按要求接入交流Ⅰ、Ⅱ路输入电源，并检查交流输入电压是否符合 380V±57V 范围内。检查蓄电池开关应处于分闸位置。分别合上Ⅰ、Ⅱ路输入电源开关无异常后，合上高频开关模块电源开关（此时模块正常工作指示灯亮、模块的显示屏上有电压、电流等数字显示）。再合上监控电源开关，监控器开始工作，根据蓄电池种类、容量复核监控器的设置：均充、浮充电压，充电限流值、均充转浮充电流等（直流屏出厂时已按要求设置）。检查充电电压、控制电压等是否正常，检查声光报警系统是否正常。关闭控制模块交流电源开关，检查自动和手动调压是否正常。检查完毕后（监控充电设置为自动），合上电池开关，检查监控界面：检查充电方式并注意观察充电电压表、充电电流表和控制电压表的指示应与充电方式相对应的正常值、单体电池检测每组均有指示值。开启绝缘监察仪、合上控制、合闸馈电开关后，无任何报警，直流屏开始正常工作。

注意，在恒压充电过程中，随蓄电池端电压增高，充电电流减小至 $0.1I_{10}$，经 3h 后自动转为浮充工作状态。

2. 关机步骤

因大修等需退出运行时，应按标准作业化程序开好工作票，转移负荷后，关断馈电屏的直流输出空气断路器、关断微机绝缘监察仪电源开关、关断蓄电池开关、关断监控器电源开关、关断所有高频开关电源模块的电源开关后，关闭交流进线开关（有双路电源进线时，应将两路进线开关全部关断）。

（三）主要故障及维护

1. 高频开关电源模块故障

（1）故障现象：

1）系统报警：模块故障光字灯亮，音响（电铃或蜂鸣器）报警。

2）模块面板上的故障指示灯闪烁，显示屏上无电压、电流显示。

（2）由于系统模块采用 $N+1$ 备份，因此，当充电或控制模块有一个模块发生故障时，不会影响系统的正常工作。若有备用模块，可带电热拔插更换模块（注意：更换的模块面板上的拨码开关的位置应与原模块一致），或通知生产厂家更换。

2. 微机监控器故障

（1）故障现象：当监控器故障时，系统报警，音响报警、监控故障光字灯亮。

（2）发现监控故障时，可关闭监控电源的开关重新启动（消除微机监控器死机现象）。若故障仍未消除，应通知厂家维修。

（3）当监控器故障或关闭时，模块将自主工作，仍可维持直流屏的工作。此时，可通知厂家维修。

3. 调压单元故障

（1）故障现象：音响报警、控制母线电压异常的光字灯亮。

（2）故障原因：自动降压控制器故障，无法自动调压。

（3）故障处理方法：立即观察监控器显示的控制母线电压值或屏上的控制母线电压表的指示值，用手动调节调压万能转换开关的挡位并观察控母电压表，使控制电压达到规定值，

及时通知厂家更换自动降压控制器。

4. 熔断器的维护

直流屏中除二次回路配备熔断器外，最为关键的是蓄电池熔断器。当熔断器输出的下级蓄电池直流断路器因短路跳闸而熔丝未断，在检修消除故障后，也应将“＋”、“－”极的熔断器换新（因短路电流已通过熔断器的熔丝，可能造成熔丝的局部熔化，造成熔断器的熔断电流减小，在冲击负荷电流下造成误动作）。

在大修后，应检查熔断信号器（熔断信号器见光盘图）微动开关动作是否正常，并作报警试验。

5. 蓄电池的运行和维护

（1）维护标准。DL/T 724—2000《电力系统用蓄电池直流电源装置运行与维护技术规程》。

（2）阀控式密封铅酸蓄电池在运行中及放电终止电压值应符合表 2-6-2 的规定。

表 2-6-2　　阀控式密封蓄电池在运行中及放电终止电压值的规定

阀控式密封铅酸蓄电池	单个蓄电池的标称电压（V）		
	2	6	12
运行中的电压偏差值	±0.05	±0.15	±0.30
开路电压最大最小电压差值	0.03	0.04	0.06
放电终止电压值*	1.80	5.40（1.8×3）	10.08（1.8×6）

* 蓄电池组在放电时，当任一只蓄电池端电压达到上表放电终止电压值时，应立即停止放电。

（3）在巡视中检查内容：①蓄电池单体电压值；②电池之间的连接片有无松动和腐蚀现象；③壳体有无渗漏和变形；④极柱和安全阀周围是否有酸雾溢出；⑤绝缘电阻是否下降；⑥蓄电池温度是否过高。

（4）备用搁置的蓄电池，应三个月进行一次补充充电。

（5）阀控式密封蓄电池的温度补偿受环境温度的影响，基准温度 25℃时，每下降 1℃，单体 2V 阀控式密封蓄电池浮充电压值应提高 3～5mV。

（6）根据现场实际情况，应定期对电池组做外壳清洁工作。

（7）阀控式密封蓄电池的故障处理：

1）蓄电池外壳变形。造成原因：充电电压过高，充电电流过大，内部有短路或局部放电、温升超标、安全阀阀控失灵等。处理方法：减小充电电流、降低充电电压，减小充电电流，检查安全阀是否堵死。

2）运行中的浮充电压正常，但一放电，蓄电池的电压很快下降到终止电压值，原因是蓄电池内部失水干涸、电解物质变质。处理方法是更换蓄电池。

六、蓄电池容量试验放电

蓄电池作容量试验放电目前采用蓄电池智能放电仪，见光盘。

操作训练 8　微机控制高频开关直流电源屏运行及检修训练

一、训练目的

（1）掌握直流屏的组成部分和在变电站中的作用。

（2）掌握直流屏的开、关机步骤。

（3）根据蓄电池容量和只数，设定微机监控器的限流值，均充、浮充电压值等。

（4）检查、维护报警装置。

（5）检查、维护手/自动电压调整装置。

（6）检查、维护蓄电池组。

（7）蓄电池外观检查。

（8）蓄电池外壳清洁处理。

（9）蓄电池单体电池电压测量。

二、操作任务

操作任务见表 2-6-3。

表 2-6-3　　微机控制高频开关直流电源运行及检修操作任务表

操作内容	微机控制高频开关直流电源屏运行及检修
说明及要求	（1）直流屏的开、关机步骤以及监控设置等可采取示范操作训练； （2）在监控设置限流、均充、浮充电压等方法； （3）指导教师可根据实际情况直流屏的检查方案； （4）掌握直流屏的开、关机步骤
工具、材料、设备场地	直流屏、蓄电池组、万用电表、常用电工工具、毛刷等

三、注意事项和安全措施

（1）正确使用万用表：测量时应注意交流、直流挡位和量程的正确选择。

（2）蓄电池组均充时电压为 254V、浮充时为 243V 测量时应注意安全操作。

（3）维护蓄电池时，注意切忌用工具的金属部分同时碰接正、负极，否则造成蓄电池短路。

复 习 题

一、选择题

1. 直流屏充电模块是按 $N+1$ 备份的原则配置，若蓄电池的容量为 300Ah，应配置充 10A 电模块（　　）台。

(A) 4；(B) 3；(C) 3；(D) 3。

2. 蓄电池容量为 200Ah，其充电限流值为（　　）A。

(A) 10；(B) 20；(C) 30；(D) 40。

3. 300Ah 的微机控制高频开关直流屏，其充电恒流值应为 30 A，均充转浮充倒计时电流为（　　）A。

(A) 3；(B) 30；(C) 6；(D) 60。

4. 微机控制高频开关直流屏的稳压精度应为（　　）。

(A) ≤±0.5%,；(B) ≤±0.1%；(C) ≤±0.6%；(D) ≤±0.8%。

二、判断题

1. 直流屏的蓄电池的容量为 200Ah，在充电时的恒流值应为 20A。（　　）

2. 108 节、2V 蓄电池组的浮充电压为 254V。（　　）

3. 额定电压 2V/只的阀控式密封铅酸蓄电池放电终止电压 1.8V。（　　）

4. 300Ah 阀控式密封铅酸蓄电池充电过程中，均充转浮充倒计时电流为 3A。（　　）

三、问答题

1. 简述直流屏的基本工作原理。
2. 直流屏按功能分由哪些单元组成?
3. 简述“压敏电阻”作雷击保护的原理。
4. 简述阀控式密封铅酸蓄电池的优点。

模块七

母线及电缆的检修

课题一　母　　线

母线是发电厂和变电站不可缺少的电气设备，主要用来连接高低压配电装置的进出线，起汇集和分配电能的作用。母线的种类一般可根据材料和结构特点进行分类。防止母线故障是保证电力系统安全运行的重要手段之一，通常母线或母线保护范围内的设备发生故障，都是电力系统中最严重的事故。如果因母线发生故障引起母线电压消失，则接于该母线上的输电线路和用电设备将失去电源，造成大面积的停电。

一、母线种类

（一）按母线的材料分类

母线材料有铜、铝、钢三种。

（1）铜母线。机械强度大，电阻率低，但价格高。多用在有腐蚀性气体的屋外配电装置中。

（2）铝母线。质量小，仅为铜的30%，但电阻率较大，为铜的电阻率的1.7～2倍。广泛用于屋内配电装置中。

（3）钢母线。机械强度高，价格低，但其电阻率大，为铜电阻率的6～8倍。用于交流电时，有很大的磁滞和涡流损耗，故仅适用于工作电流不大于300～400A的小容量电路中。

（二）按外形和结构特点分类

母线又可分为硬母线、软母线两类。其中，硬母线又分为矩形、槽形、菱形、管形、水内冷（管形）和封闭母线等；软母线又分为铜绞线、铝绞线和钢芯铝绞线。

二、母线的故障与检修

1. 母线连接处过热

母线不仅经常有负荷电流通过，在线路和电气设备短路的情况下，还要承受短路电流的冲击。当连接处接触不良时，则接头处的接触电阻增加，加速接触部位的氧化和腐蚀，使接触电阻进一步增加，这种恶性循环，将使母线局部过热，严重时会熔断导线，造成事故。

2. 绝缘子对地闪络

绝缘子用来支持裸母线，并使其与地绝缘。绝缘子常发生裂纹、掉块、对地闪络、绝缘电阻降低等故障，原因如下：

（1）绝缘子因环境污染，表面积尘或污垢较多，绝缘老化。

(2) 因雷击、过电压、受机械损伤产生裂纹或断裂。

(3) 导体对地距离或是相间距离小。

(4) 设计和安装不合要求，或者运行超过设计的允许条件。

(5) 气候异常恶劣，如暴晒后突然降雨、降温，严寒时表层严重积雪、积冰。

3. 母线电压消失

母线电压消失可能有以下几个原因：母线保护范围内的电气设备发生故障，如母线、隔离开关、断路器、避雷器等发生短路故障；电源中断或送电线路故障引起的越级跳闸；母线保护误动作等。

母线故障原因分类见表 2-7-1，从表中可看出，造成母线故障的主要原因是设备质量差，诸如断路器、变压器、避雷器等发生爆炸所致，占 35.7%。其次是气候的原因，尤其以雾闪引起的次数较多，加上工业污染，占 35.7%。误操作造成的母线故障占 16.7%，误操作的结果都是严重的三相故障。

严重的母线故障，将导致大面积的停电，甚至使系统濒临失稳的边缘。

表 2-7-1　　母线故障原因分类

项　目	合　计	设备爆炸	自然因素	误操作	人为过失及其他
故障次数	42	15	15	7	5
百分数	100%	35.7%	35.7%	16.7%	11.9%

三、硬母线加工安装方法

(一) 安装前的准备工作

安装母线前，必须把固定母线的支架装好，支架可埋设在墙上或固定在建筑物的构件上。装设支架时，要求平直，可用水平尺找平找正，再用螺栓固定或用水泥灰浆灌牢。如支架固定在钢结构上，则可用电焊直接焊牢。支架装好后，用螺栓将绝缘子固定在支架上。如果一直线段装有多个支架时，为使绝缘子安装整齐，可先在两端支架的螺栓孔上拉一根铁线，以铁线为准将绝缘子固定在每个支架上，最后将母线固定在绝缘子上。

(1) 母线构架固定的建筑物应符合安装母线装置的要求。

(2) 施工图纸齐备，并经过图纸会审、设计交底，且安装施工方案也已编制，并经审批。

(3) 配电屏、柜安装完毕。

(4) 母线桥架、支架、吊架安装完毕，并符合设计和规范要求。

(5) 母线、绝缘子及穿墙套管瓷件等的材质查核符合设计要求和质量标准。

(6) 主材基本到齐，辅材能满足连续施工需要，常用机具基本齐备。

(二) 安装及加工

1. 放线检查

(1) 进入现场首先依照图纸进行检查，根据母线沿墙、跨柱、沿梁至屋架敷设的不同情况，核对是否与图纸相符。

(2) 放线检查对母线敷设全方向有无障碍物。

(3) 检查预留孔洞、预埋铁件的尺寸、标高、方位是否符合要求。

（4）检查脚手架是否安全及符合操作要求。

2. 支架的制作及安装

（1）按图纸尺寸加工各类支架，型钢断口必须锯断（或冲压断），不得采用气割。

（2）支架安装距离：当裸母线为水平敷设时，不超过3m；垂直敷设时，不超过2m（管形母线按设计规定）。

（3）支架距离要均匀一致，两支架间距离偏差不得大于50mm。

（4）支架埋入墙内深度要大于150mm，采用膨胀螺栓固定时要符合设计规定。支架跨柱、沿梁或屋架安装时所用抱箍、螺栓、撑架等要坚固。

3. 母线绝缘子与穿墙套管安装

（1）母线绝缘子及穿墙套管安装前应进行检查，要求瓷件、法兰完整无裂纹、胶合处填料完整，绝缘子灌注螺丝、螺母等结合牢固，检查合格后方能使用。

（2）绝缘子及穿墙套管在安装前应按下列项目试验合格：①测量绝缘电阻；②交流耐压试验。

（3）安装在同一平面或垂直面上的支柱绝缘子或穿墙套管的顶面，应位于同一平面上，其中心线位置应符合设计要求。母线直线段的支柱绝缘子的安装中心线应处在同一直线上。

（4）支柱绝缘子和穿墙套管安装时，其底座或法兰盘不得埋入混凝土或抹灰层内。支柱绝缘子叠装时，中心线应一致，固定应牢固，紧固件应齐全。

（5）绝缘子安装应注意以下几点：

1）绝缘子夹板、卡板的安装要坚固。

2）夹板、卡板的规格要与母线的规格相适配。

3）悬式绝缘子串的安装还应符合的要求：①除设计原因外，悬式绝缘子串应与地面垂直，当受条件限制不能满足要求时，可有不超过5°的倾斜角；②多串绝缘子并联时，每串所受的张力应基本相同；③绝缘子串组合时，连接金具的螺栓、销钉及紧销等必须符合现行国家标准，且应完整，其穿向应一致，耐张绝缘子串的碗口应向上，绝缘子串的球头挂环、碗头挂板及锁紧销等应互相匹配。

（6）穿墙套管安装要求：

1）安装穿墙套管的孔径应比嵌入部分至少大5mm，混凝土安装板的最大厚度不得超过50mm。

2）额定电流在1500A及以上的穿墙套管直接固定在钢板上时，套管的周围不应形成闭合磁路。

3）穿墙套管垂直安装时，法兰应在上；水平安装时，法兰应在外。

4）600A及以上母线穿墙套管端部在金属夹板（紧固件除外）应采用非磁性材料，其与母线之间应有金属相连，接触应稳固，金属夹板厚度不应小于3mm。当母线为两片及以上时，母线本身间应予以固定。

5）充油套管水平安装时，其储油柜及取油样管路应无渗漏，油位指示清晰，注油和取样位置应装设于巡回监视侧，注入套管内的油必须合格。

6）套管接地端子及不同的电压抽取端子应可靠接地。

4. 硬母线加工

母线加工包括母线校正、尺寸测量、下料、弯曲、钻孔及接触面加工等工作。

（1）母线的校正。母线本身要求很平直，故对于弯曲不正的母线应进行校正。其校正最好采用母线校正机进行。如无此设备，也可手工进行。手工校正方法为：先选一段表面平直、光滑、洁净的大型槽钢或平台，即将弯曲的母线放在大型槽钢或平台，用硬木锤敲打校正，如弯曲较严重时，也可以在弯曲的母线上垫上铜或铝制垫块、木板等，然后用大锤敲打，但垫块本身要平直。

（2）母线安装尺寸的测量和下料。在施工图纸上，一般不标母线加工尺寸，因此，在母线下料前，应到现场实测，量出母线实际需要的安装尺寸。测量工具可用线锤、角尺、卷尺等。测量方法：例如测量在两个不同垂直面上所装设的一段母线的安装尺寸，可按图 2-7-1 所示，先在两个绝缘子与母线接触面的中心，各放一个线锤，用尺量出两线锤间的距离 A_1 及绝缘子中心线间的距离 A_2。而 B_1 和 B_2 的尺寸可根据实际需要选定，以施工方便为原则。然后将测得尺寸在木板或平台上计划出大样，也可用 $4mm^2$ 的铜或铝导线弯成样板，作为弯曲母线的依据。下料时，应本着节约的原则，合理使用材料，以免造成浪费。为了检修时拆卸母线方便，可在适当的地点将母线分段，用螺栓连接。但这种母线接头不宜过多，因接头多了，不仅增加了工作量和浪费了人力和材料，更主要的增加了事故点，影响安全运行。因此母线的接头，除检修需要的分段要用螺丝连接外，其余尽量采用焊接。连接电气设备的分支线及电气设备间的连接线，除必要的弯曲外，应尽量减少弯曲。母线下料，一般有手工或机械下料两种方法。手工下料可用钢锯，机械下料可用锯床、电动冲剪机等。下料时应注意以下几点：

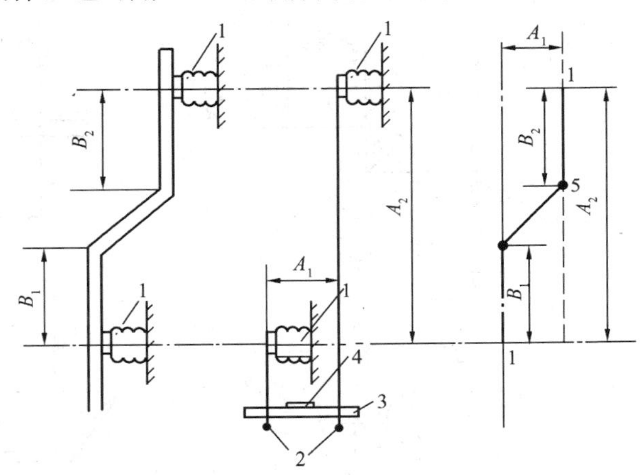

图 2-7-1　测量母线装设尺寸

1—支持绝缘子；2—线锤；3—平板尺；4—水平尺；5—线锤

1）根据母线来料长度合理切割，以免浪费。

2）为便于日久检修拆卸，长母线应在适当的部位分段，并用螺栓连接，但接头不宜过多。

3）下料时，母线要留适当裕量，避免弯曲时产生误差，造成整根母线报废。

4）下料时，母线的切断面应平整。

（3）母线弯曲的注意事项和有关规定如下：

1）矩形母线应进行冷弯，不得进行热弯。

2）母线开始弯曲处距最近绝缘子的母线支持夹板不应大于 $0.25L$，但不得小于 50mm，如图 2-7-2 所示。

3）母线开始弯曲处距母线连接位置不应小于 50mm。

4）矩形母线应减少直角弯曲，弯曲处不得有裂纹及显著的褶皱，母线的最小弯曲半径应符合表 2-7-2 中的规定。

表 2-7-2　　母线最小弯曲半径 R 值

母线种类	弯曲方式	母线断面尺寸（mm）	最小弯曲半径（mm）		
			铜	铝	钢
矩形母线	平　弯	50×5 及以下	$2a$	$2a$	$2a$
		125×10 及以下	$2a$	$2.5a$	$2a$
	立　弯	50×5 及以下	$1b$	$1.5b$	$0.5b$
		125×10 及以下	$1.5b$	$2.2b$	$0.1b$

5）多片母线的弯曲度应一致。

（4）母线的弯曲。母线弯曲有四种形式：平弯（宽面方向弯曲）、立弯（窄面方向弯曲）、扭弯（麻花弯）、折弯（灯叉弯），如图 2-7-2 所示。各种形式的具体制作要求如下：

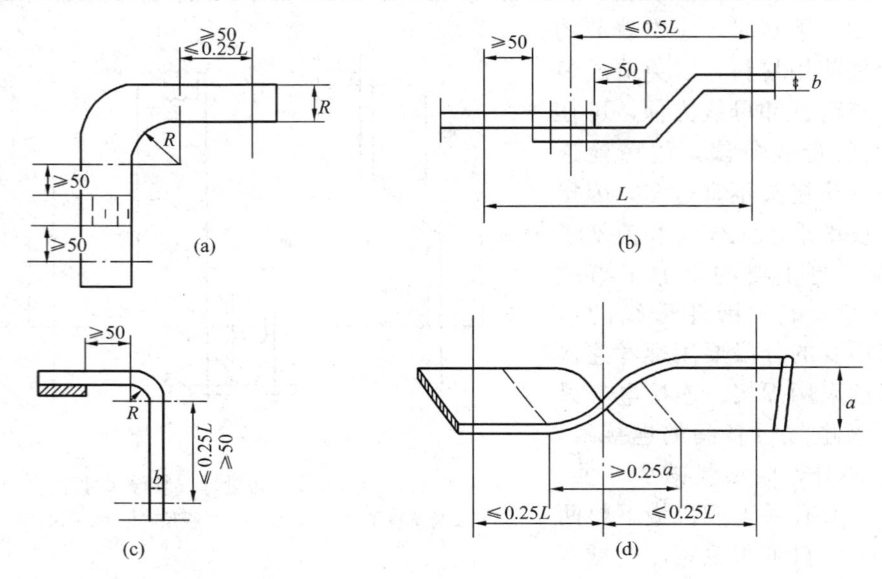

图 2-7-2　母线弯曲

（a）立弯；（b）折弯；（c）平弯；（d）扭弯

a—母线宽度；b—母线厚度；L—母线两支持点间的距离

1）平弯：先在母线要弯曲的部位划上标记，再将母线插入平弯机内，校正无误后，拧紧压力丝杠，慢慢压下平弯机的手柄，使母线逐渐弯曲。弯曲小型母线可用虎钳。弯曲时，先将母线置于虎钳口中，钳口上应垫以铝板或硬木，以免损伤母线，然后用手板动母线，使母线弯曲到适合的角度。

2）立弯：母线立弯可用立弯机，如图 2-7-3 所示。弯曲时，先将母线需要弯曲的部分套在立弯机的夹板 4 上，再装上弯头 3，拧紧夹板螺丝，校正无误后，操作千斤顶 1，使母线顶弯。立弯的弯曲半径不能过小，否则母线会产生裂痕和褶皱，其最小允许弯曲半径 R 见表 2-7-2。

3）扭弯：将母线扭弯部位的一端夹在虎钳上，钳口部分垫上薄铝皮或硬木片。在距钳口大于母线宽度 2.5 倍处，用母线扭弯器夹住母线，用力扭转扭弯器手柄，使母线弯曲到所需要的形状为止。这种方法用于弯曲 100mm×8mm 以下的铝母线，超过这个范围就需将母线弯曲部分加热再进行弯曲。

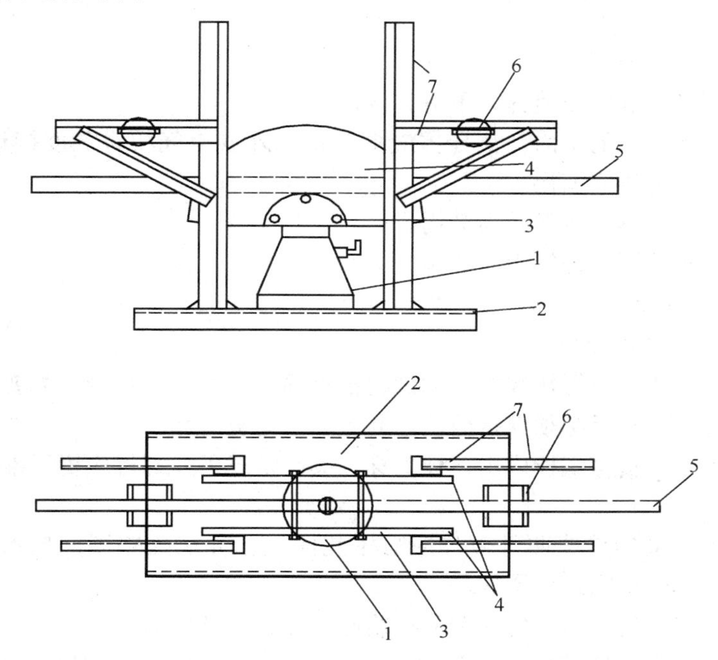

图 2-7-3　母线立弯机

1—千斤顶；2—槽钢；3—弯头；4—夹板；5—母线；6—挡头；7—角钢

4）折弯：可用手工在虎钳上敲打成形，也可用折弯模压成。方法是先将母线放在模子中间槽的钢框内，再用千斤顶加压。

5）母线钻孔：在母线与电气设备连接处或母线本身需要拆卸的接头处，需要钻孔用螺栓连接。如果母线还需要焊接，焊接工作应该放在冲孔之前、弯曲之后。因为焊接的尺寸不易做到十分准确，如果在钻孔之后进行焊接，焊件上的孔眼位置常常需要修改。母线钻孔时，应首先按要求尺寸在母线上划出钻孔位置，并在孔中心用冲头冲眼，然后用电钻或母线打孔机钻孔。孔眼直径一般不应大于螺栓直 1mm，孔眼要垂直，不能歪斜，位置要正确。钻好孔后，将孔口的毛刺除去，使其保持光洁。

5. 母线搭接

矩形母线采用螺栓固定搭接时，连接处距支柱绝缘子的支持夹板边缘不应小于 50mm，上片母线端头与下片母线平弯起始处的距离不应小于 50mm。

螺栓规格与母线规格有关。母线接头螺孔的直径宜大于螺栓直径 1mm。钻孔应垂直，不歪斜，螺孔间中心距离的误差应在±0.5mm 之内。

母线的接触面加工必须平整、无氧化膜。加工方法有手工锉削和使用机械铣、刨及冲压三种。经加工后其截面减少值规定如下：铜母线不应超过原截面的 3%；铝母线不应超过原截面的 5%。接触面应保持洁净，并涂以电力复合脂。具有镀银层的母线搭接面，不得任意锉磨。

母线与母线、母线与分支线、母线与电器接线端子搭接时，其搭接面的处理应符合下列规定：

（1）铜与铜：室外、高温且潮湿或对母线有腐蚀性气体的室内，必须搪锡，在干燥的室内可直接连接。

（2）铝与铝：直接连接。

（3）钢与钢：必须搪锡或镀锌，不得直接连接。

（4）铜与铝：在干燥的室内，铜导体应搪锡；室外或空气相对湿度接近100%的室内，应采用铜铝过渡板，铜端应搪锡。

（5）钢与铜或铝：钢搭接面必须搪锡。

（6）封闭母线螺栓固定搭接面应镀银。

（三）安装工艺要求

1. 螺栓搭接面安装的要求

母线与母线或母线与电器接线端子的螺栓搭接面的安装，应符合下列要求：

（1）母线接触面加工后必须保持清洁，并涂以电力复合脂。

（2）母线平置时，贯穿螺栓应由下往上穿，其余情况下，螺母应置于维护侧，螺栓长度宜露出螺母2～3扣。

（3）贯穿螺栓连接的母线两外侧均应有平垫圈，相邻螺栓垫圈间应有3mm以上的净距，螺母侧应装有弹簧垫圈或锁紧螺母。

（4）螺栓受力应均匀，不应使电器的接线端子受到额外应力。

（5）母线的接触面应连接紧密，连接螺栓应用力矩扳手紧固，其紧固力矩值应符合表2-7-3的规定。

表2-7-3　钢制螺栓的紧固力矩值

螺栓规格（mm）	力矩值（N·m）	螺栓规格（mm）	力矩值（N·m）
M8	8.8～10.8	M16	78.5～98.1
M10	17.7～22.6	M18	98.0～127.4
M12	31.4～39.2	M20	156.9～196.2
M14	51.0～60.8	M24	274.6～343.2

（6）母线与螺杆形接线端子连接时，母线的孔径不应大于螺杆接线端子直径1mm，丝扣的氧化膜必须刷净，螺母接触面必须平整，螺母与母线间应加铜质搪锡平垫圈，并应有锁紧螺母，但不得加弹簧垫。

2. 安装专用技术规定

（1）母线与设备连接处宜采用软连接，连接线的截面不应小于母线截面。

（2）铝母线宜用铝合金螺栓，铜母线宜用铜螺栓，紧固螺栓时应用力矩扳手。

（3）在运行温度高的场所，母线不能有铜铝过渡接头。

（4）母线在固定点的活动滚杆应无卡阻，部件的机械强度及绝缘电阻值应符合设计要求。

3. 母线的相序排列

母线的相序排列，当设计无规定时应符合下列规定：

（1）上、下布置的交流母线，由上到下排列为L1、L2、L3三相。直流母线正极在上，负极在下。

（2）水平布置的交流母线，由盘后向盘面排列为L1、L2、L3三相。直流母线正极在后，负极在前。

（3）引下线的交流母线由左到右排列为L1、L2、L3三相。直流母线正极在左，负极在右。

4. 母线安装完后的涂色规定

（1）三相交流母线：L1相为黄色，L2相为绿色，L3相为红色。单相交流母线与引出相的颜色相同。

（2）直流母线：正极为棕色，负极为蓝色。

（3）直流均衡汇流母线及交流中性汇流母线：不接地者为紫色，接地者为紫色带黑色条纹。

（4）封闭母线：母线外表面及外壳内表面涂无光泽黑漆，外壳外表面涂浅色漆。

（5）母线刷相色漆应符合下列要求：

1）室外软母线、封闭母线应在两端和中间适当部位涂相色漆。

2）单片母线的所有面及多片、槽形、管形母线的所有表面均应涂相色漆。

3）钢母线的所有表面应涂防腐相色漆。

4）刷漆应均匀，无起皱、起层等缺陷，并应整齐一致。

（6）母线在下列各处不应刷相色漆：

1）母线的螺栓连接及支持连接处，母线与电器的连接处以及距所有连接处10mm以内的部位。

2）供携带式接地线连接用的接触面上，不刷漆部分的长度应为母线宽度或直径，且不应小于50mm，并在其两端以宽度为10mm的黑色标志带。

5. 母线安装完后应进行检查的项目

（1）金属构件加工、配制、螺栓连接、焊接等应符合国家现行标准的有关规定。

（2）所有螺栓、垫圈、闭口销、锁紧销、弹簧垫圈、锁紧螺母等应齐全、可靠。

（3）母线配置及安装架设应符合设计规定，且连接正确、螺栓紧固、接触可靠，相间及对地电气距离应符合要求。

（4）瓷件应完整、清洁，铁件和瓷件胶合处均完整无损，充油套管应无渗油，油位应正常。

（5）油漆应完好，相色正确，接地良好。

6. 母线安装的试验项目

（1）穿墙套管、支柱绝缘子和母线的工频耐压试验。35kV及以下的支柱绝缘，可在母线安装完毕后一起进行，试验电压应符合表2-7-4中的规定（加压时间均为1min）。

表2-7-4　穿墙套管、支柱绝缘子及母线的工频耐压试验电压标准

试验部件名称		线路额定电压（kV）		
		3	6	10
		试验施加电压工频有效值（kV）		
支柱绝缘子		25	32	42
穿墙套管	纯瓷和纯瓷充油绝缘	18	23	30
	固体有机绝缘	16	21	27

(2) 母线对地绝缘电阻不作规定，但可参照表 2-7-5 中的规定。

表 2-7-5 常温下母线的绝缘电阻最低限值

电压等级（kV）	≤1	3～10
绝缘电阻（MΩ）	0.001	>10

(3) 抽测母线焊（压）接头的直流电阻。对焊（压）接接头有怀疑或采用新施工工艺时，可抽测母线焊（压）接接头的 2%，但不少于 2 个，所测接头的直流电阻值应不大于同等长度母线的 1.2 倍（对软母线的压接头应不大于 1 倍）；对大型铸铝焊接母线，则可抽查其中的 20%～30%，同样应符合上述要求。

（四）定期维护

(1) 为判断母线接头处是否发热，应观察母线的涂漆有无变色现象，对流过大负荷电流的接头，可用红外线测温仪或半导体点温度计测量接头处温度。当测试结果超过下列数值时，则应减少负荷或停止运行：裸母线及其接头处为 70℃；接触面有锡覆盖时为 85℃；有银覆盖层时为 95℃；闪光焊接时为 100℃。

(2) 每间隔半年至一年要进行一次绝缘子清扫，特别污秽的地区，应增加清扫次数。

(3) 配合配电装置的试验和检修，检查母线接头、金具的固紧情况与完整性，对状态不良的部件应及时的修复。

(4) 配合电气设备的检修，对母线、母线的金具进行清扫，除去支持架的锈斑，更换锈蚀的螺栓及部件，涂刷防护漆等。

教学提示：母线的其他加工制作见光盘。

操作训练 9 母线安装与检修训练

一、训练目的

(1) 了解母线的种类和作用。

(2) 熟悉母线安装和加工的工艺要求。

(3) 掌握母线的维护检修。

(4) 学会硬母连接基本方法。

二、操作任务

操作任务见表 2-7-6。

表 2-7-6 母线安装与检修训练操作任务表

操作内容	进行母线的安装制作和维护检查
说明及要求	(1) 由于硬母线材料成本较贵可采取示范操作训练； (2) 结合母线的加工机具训练设备的使用方法； (3) 指导教师可根据实际情况制定母线维护检查方案； (4) 对于软母线可结合线路操作进行
工具、材料、设备场地	母线加工机具、矩形母线、常用工具、连接螺丝、卷尺、绝缘电阻表等

三、注意事项和安全措施

（1）加工母线时要戴手套，防止机械伤害。

（2）如采用电动机具，搭接试验电源时要防止短路或人身触电。

（3）如高空作业要做好安全防范。

复 习 题

一、选择题

1. 铝合金制的设备接头过热后，其颜色会变成（　　）色。

(A) 灰；(B) 黑；(C) 灰白；(D) 银白。

2. 母线接头的接触电阻一般规定不能大于同长度母线电阻值的（　　）。

(A) 10%；(B) 15%；(C) 20%；(D) 30%。

3. 母线接触面应紧密，用 0.05mm×10mm 的塞尺检查，母线宽度在 63mm 及以上者不得塞入（　　）mm。

(A) 6；(B) 5；(C) 4；(D) 3。

4. 硬母线搭接面加工应平整无氧化膜，加工后的截面减小，铜母线应不超过原截面的 3%，铝母线应不超过原截面的（　　）。

(A) 3%；(B) 4%；(C) 5%；(D) 6%。

5. 矩形母线宜减少直角弯曲，弯曲处不得有裂纹及显著的褶皱，当 125mm×10mm 及其以下铝母线焊成平弯时，最小允许弯曲半径 R 为（　　）倍的母线宽度。

(A) 1.5；(B) 2.5；(C) 2.0；(D) 3。

6. 硬母线同时有平弯及麻花弯时，应先扭麻花弯后平弯，麻花弯的扭转全长不应小于母线宽度的（　　）倍。

(A) 2.5；(B) 2；(C) 3；(D) 4。

二、判断题

1. 硬母线施工过程中，铜、铝母线搭接时必须涂凡士林油。（　　）

2. 铜母线接头表面搪锡是为了防止铜在高温下迅速氧化或电化腐蚀以及避免接触电阻的增加。（　　）

3. 铜与铝硬母线接头在室外可以直接连接。（　　）

4. 母线的相序排列一般规定为：上下布置的母线应该由下向上，水平布置的母线应由外向里。（　　）

5. 硬母线开始弯曲处距母线连接位置应不小于 30mm。（　　）

三、问答题

1. 常用的减少接触电阻的方法有哪些？

2. 母线哪些地方不准涂漆？

3. 如何用手工对母线校正？

4. 母线常见故障有哪些？

课题二　电力电缆及其检修

一、概述

电力电缆在电力系统中主要起着输送和分配电能的作用。电力电缆敷设在地下不需杆塔，具有以下特点：

（1）优点：施工维护方便，供电安全性、可靠性高，美观、占地少、寿命长、受环境影响小，可提高系统功率因数等。

（2）缺点：对施工环境及人员要求高（主要是电缆头制作），费用高，分支难，查故障难。

由于电力电缆的以上特点，电力电缆在农网箱式变压器、城网配电线路中已得到越来越广泛的应用。在城市配网中，电缆线路已逐渐取代了过去的配电架空线路，分支箱、环网柜及箱式变压器的大量应用也使得电缆头的制作成为了施工中的主要和重要工作。

电缆头安装质量的好坏将直接关系到电网的安全稳定运行。据统计，配网中电缆事故85%的故障点是由电缆头引起的（主要是电缆头安装、制作工艺不当、维护管理不到位）。所以大力提高电缆头制作安装质量，是确保电网安全稳定运行的重要技术措施。

二、电力电缆基本知识

1. 电力电缆的分类

（1）按绝缘材料及保护层分：油浸纸干绝缘电缆；聚氯乙烯绝缘、聚氯乙烯护套电缆（全塑电缆）；交联聚乙烯绝缘、聚氯乙烯护套电缆（交联电缆）等。

（2）按电压等级分：1、3、6、10、20、35、60、110、220kV 等。

（3）按电缆芯数及线芯截面分：单、双、三、四和五芯电缆；2.5、4、6、10、16、25、35、50、70、95、120、150、185、240、300、400、500、800mm^2 等。

（4）按电能传输方式分：直流、交流。

（5）按敷设环境分：地下直埋、地下管、水中、腐蚀性等。

2. 电力电缆的结构

电力电缆的结构如图 2-7-4 所示，主要由缆芯（铜、铝）、绝缘层（油浸纸、塑料、橡皮、纤维、交联聚乙烯）、防护层（分内、外护层，材料有金属、塑料或橡胶和组合护层）。

3. 电力电缆的型号及含义

电力电缆的型号由拼音字母（表示用途、绝缘材料、线芯材料）及数字（表示铠装和护层材料）组成，含义如下：

□1 □2 □3 □4 □5 □6 □7—□8

1——类别、用途：P（信号），K（控制），不标注为电力电缆。

2——绝缘材料：Z（纸绝缘），V（聚氯乙烯绝缘），X（橡胶绝缘），Y（聚乙烯绝缘），YJ（交联聚乙烯绝缘）。

3——缆芯材料：L（铝芯），不标注为铜芯。

4——内护层：Q（铅包），L（铝包），V（聚氯乙烯），Y（聚乙烯）。

5——表示特征：D（不滴流），F（分相），CY（充油），P（屏蔽），不标注为无特征。

6——铠装层：0（无），2（双钢带），3（细圆钢丝），4（粗圆钢丝）。

7——外护层：0（无），1（纤维层），2（聚氯乙烯套），3（聚乙烯套）。

8——电压等级：kV。

三、10kV 及以下常用电力电缆头特点及要求

随着经济的发展，城镇配电网在工程中，越来越多地用到 10kV 及以下的电力电缆，并且在施工过程中会有不少的终端接线和中间接头。而接线和接头的好坏直接关系到电缆能否安全运行，稍有不慎就会引起故障，有时甚至会造成大面积停电，给国家和人民的生命财产造成损失。

（一）交联聚乙烯电缆的优点

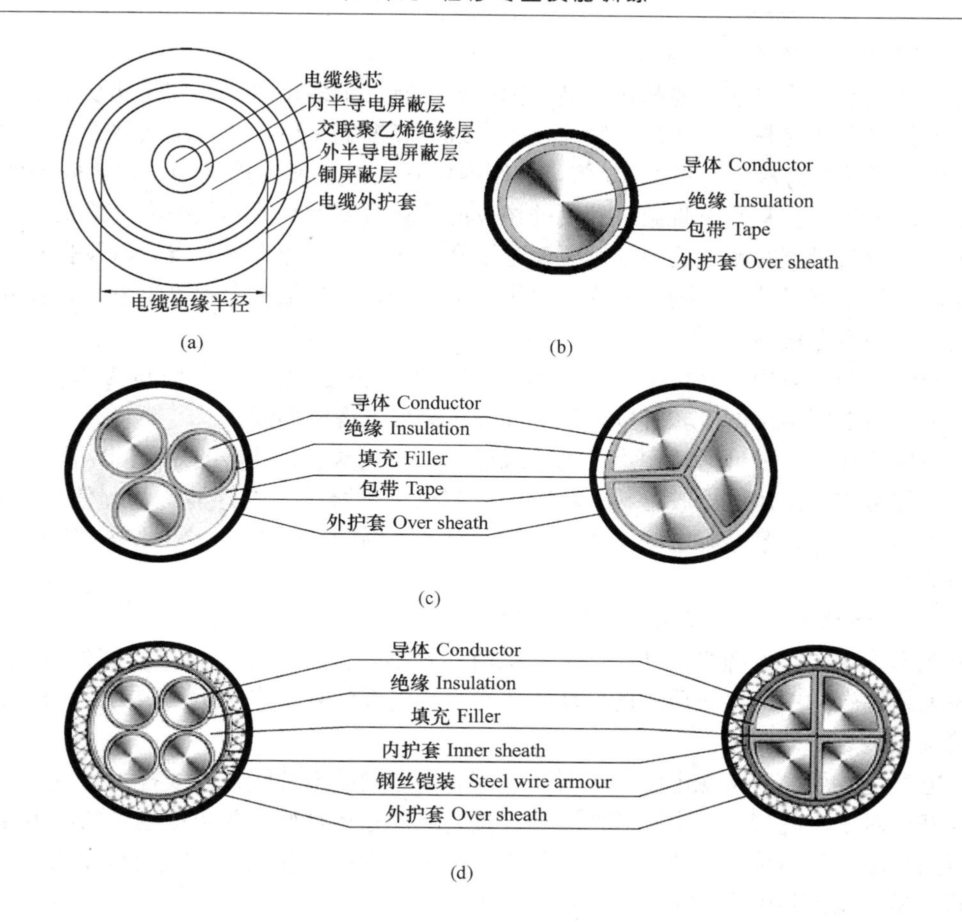

图 2-7-4　电缆结构

(a) 交联聚乙烯电缆；(b) 0.6/1kV 单芯 VV 或 VLV 电缆；
(c) 三芯 VV 或 VLV 电缆；(d) 四芯钢带铠装 VV32 或 VLV32 电缆

(1) 易安装，因为它允许最小弯曲半径小、且质量小。

(2) 不受线路落差限制。

(3) 热性能好，允许工作温度高、传输容量大。

(4) 电缆附件简单，均为干式结构。

(5) 运行维护简单，无漏油问题。

(6) 价格较低。

(7) 可靠性高、故障率低。

(8) 制造工序少、工艺简单，经济效益显著。

由于交联聚乙烯电力电缆所具有的以上特性，在城网及农网建设与改造中广泛采用。

(二) 冷缩、热缩电缆头附件的特点

1. 热缩电缆头的附件的特点

热缩附件的最大特点是用应力管代替传统的应力锥，它不仅简化了施工工艺，还缩小了接头的终端的尺寸，安装方便，省时省工，性能优越，节约金属。热缩电缆附件集灌注式和干包式为一体，集合了这两种附件的优点。

2. 冷缩电缆头的附件的特点

冷缩电缆终端作为热缩电缆替代产品在国内外已有二十多年的运行使用历史。冷缩电缆附件产品所用的主要材料是固体硅橡胶，在生产线上高温成型后，在常温条件下将其内径扩张到预安装电缆绝缘外径尺寸的2～3倍，并用内塑料支撑骨架支撑定型。使用安装时将其套在预装电缆上抽去塑料支撑骨架，利用硅橡胶的自然收缩弹性使其收缩在电缆上。

由于硅橡胶自身就有耐老化，使用温度范围宽，透气、不透水的特点，以及自然收缩功能，在使用过程中其尺寸可以随着电缆的热胀冷缩而变化，从根本上解决了电力系统的冷热呼吸问题。使用寿命可达30年以上。冷缩电缆头具有以下特点：

（1）安装便利。采用冷缩技术，不必动火和使用特殊工具，安装时也无需特殊培训，只要按安装说明书所给出的步骤轻轻抽取芯绳即可完成电缆头的制作。

（2）适用广泛。一种型号适用多种电缆线径。单体式紧凑设计，缩短空间距离。

（3）性能可靠。使用硅橡胶材料，抗电痕及耐腐蚀性极强，电性能优异，使用寿命长。采用橡胶弹性体材料，紧贴附电缆本体，防潮并且与电缆同“呼吸”。高介电常数应力控制，降低表面应力。

（三）电缆终端头和中间接头的一般要求

与电缆本体相比，电缆终端和中间接头是薄弱环节，大部分电缆线路故障发生在这里，也就是说电缆终端和中间接头质量的好坏直接影响到电缆线路的安全运行。为此，电缆终端和中间接头应满足下列要求：

（1）电气连接可靠、接触电阻小。对于终端，电缆导线电芯线与出线杆、出线鼻子之间要连接良好；对于中间接头，电缆芯线要与连接管之间连接良好。要求接触点的电阻要小且稳定，与同长度同截面导线相比，对新装的电缆终端头和中间接头，其比值要不大于1；对已运行的电缆终端头和中端接头，其比值应不大于1.2。

（2）绝缘良好。连接处与非连接处的绝缘强度相同。要有能满足电缆线路在各种状态下长期安全运行的绝缘结构，所用绝缘材料不应在运行条件下加速老化而导致降低绝缘的电气强度。

（3）密封良好。密封电缆时注意清洁，防止污秽与潮气侵入绝缘层。结构上要有效地防止外界水分和有害物质侵入到绝缘中去，保持气密性。

（4）有足够的机械强度。剥切电缆时不得伤及线芯及绝缘。能适应各种运行条件，能承受电缆线路上产生的机械应力（电缆接头的抗拉强度，不得低于电缆强度的60%）。

（5）电缆头做完后要按电气设备交接试验标准规定的要求作绝缘电阻和直流耐压试验。试验后对电缆头做好密封，防止受潮。

（6）焊好电缆终端头的接地线。防止电缆线路流过较大故障电流时，在金属护套中产生的感应电压可能击穿电缆内衬层，引起电弧，甚至将电缆金属护套烧穿。

（四）工作环境要求及其他注意事项

（1）电缆头在安装时要防潮、防尘。应该在天气晴朗、空气干燥的情况下进行（不能在雨天、雾天、大风天做电缆头），施工场地应清洁，无飞扬的灰尘或纸屑。电缆头从开始剥切到制作完成必须连续进行、一次完成，防止受潮。

（2）所制作的10kV电缆外观应整洁无破损，并作绝缘电阻、直流耐压试验，经试验合格后方可进行。对暂缓制作的电缆头应用密封胶密封。施工中要保证手和工具、材料的清洁（要避免汗水、唾沫等异物落在绝缘材料上)。操作时不应做其他无关的事(特别不能抽烟!)。

(3) 所用电缆附件应预先试装,检查规格是否同电缆一致,各部件是否齐全,检查出厂日期,检查包装(密封性),防止剥切尺寸发生错误。

(4) 同一电缆线芯的两端,相色应一致,且与连接母线的相序相对应。

(5) 中间头电缆要留余量及放电缆的位置。在终端和中间头接头附近,应留有1.0~1.5m的备用长度。

(6) 施工前一定要做好安全组织与技术措施并进行危险点分析,采用热缩工艺时现场一定要备好灭火器。

四、10kV交联聚乙烯绝缘冷缩终端头制作

关于制作步骤及工艺要求:由于生产厂家不同,其制作步骤、方法及工艺要求上均有差异,以下有关电缆头制作的内容仅供参考。实际制作时应以厂家提供的"安装操作说明书"或"安装工艺文件"为准。

在讲解和示范时,只选用了几种不同厂家、不同工艺、不同电压(等级)、不同时期的电缆头制作方法,希望在教学中结合本地区实际情况进行选用。

关于地线焊接:随着制作材料及工艺的改进,用冷缩工艺制作电缆头时,地线都不用再焊接。

五、10kV交联聚乙烯绝缘冷缩中间头制作

(一) 主要工具及材料

(1) 工具:压钳、钢丝钳、鱼口钳、喷灯、万用表、钢锯、烙铁、卷尺、榔头、镙丝刀、电工刀、清洁剂(可用99%酒精)、清洁布(可用白沙带)、记号笔等。

(2) 材料:冷缩户内(户外)终端材料一套。

(二) 制作步骤及工艺要求

1. 准备

(1) 先将两端电缆放在架上把电缆头对接并校直、对正。

(2) 找出电缆对接中心点,用笔作标记。

(3) 锯掉多余电缆,锯时垂直平整。

(4) 用布清洁电缆外护套。

(5) 在电缆两侧分别套上两根外护套管(因生产厂家不同有差异)。

2. 剥切外护套及铠装

(1) 按制作工艺说明书所给出的尺寸,从两电缆头分别量取长端(约500~800mm)与短端(约300~600mm)两尺寸,并作好标记。

(2) 在标注处用电工刀和平口螺丝刀剥除外护套。

(3) 用纱布打毛100mm外护套。

(4) 从外护剥切处量30mm做标记,用铜扎线固定电缆铠装带(扎3匝)。

(5) 用钢锯锯铠装带一周(深约为铠装带厚的2/3)不伤内护套。

(6) 用钢丝钳,螺丝刀剥除多余铠装带。

(7) 然后在要剥除的外护套上顺切一刀。

(8) 将电缆外护套与铠装带一并取下。

(9) 用纱布(或锉,锯)打毛剩下的铠装带。

3. 剥除电缆内护套

(1) 从余下铠装向端部量 30mm，作标记。

(2) 在标记处用裁纸刀（电工刀）切下内护套。

(3) 取掉填充物并分开电缆三芯线。注意剥内护及清填充物时不伤及铜屏蔽带。

(4) 用胶带顺铜屏蔽带方向临时包绕缆头（防止钢屏蔽带松散）。

4. 剥除铜屏蔽带

(1) 从端头向内量 200mm 作标注。

(2) 在标注处用绝缘带缠绕作临时保护。

(3) 用刀剥去这 200mm 的铜屏蔽带，剥时不伤绝缘屏蔽。

5. 剥除绝缘屏蔽（半导电层）

(1) 从端部向内量取 157mm 作标注。

(2) 用刀剥去绝缘屏蔽。

1) 在标注处用刀切一周，并沿电缆向头方向顺切 3 刀。

2) 用钢丝钳剥去绝缘屏蔽，剥时刀口整齐，不伤内绝缘。

(3) 用 320 号砂纸打磨绝缘层，除掉上面吸附的半导电粉末。

(4) 用清洁纸从缆头向内方向清洁绝缘层。

(5) 分别在三根电缆上套入铜屏蔽网。

6. 剥除绝缘层

(1) 量取电缆连接管的长度。

(2) 按连接管长度的 1/2+5mm 作标记。

(3) 用电工刀或专用剥切刀剥切绝缘。

(4) 用砂纸除去绝缘尖角（不要削成锥体）。

(5) 用砂纸把绝缘屏蔽打磨成平滑坡度（不能把半导电粉末打磨到绝缘层上）。

(6) 清洁，从外向内清洁到铜屏蔽处（单向）。

7. 套中间接头

(1) 套入外护套，并套上保护袋。

(2) 用胶带缠绕包扎绝缘。

8. 压接连管，装中间头

(1) 用砂纸打磨线芯，除去表面氧化层，并清洁导体及连管。

(2) 待清洁剂挥发后，将连管套在导体上。

(3) 将电缆另一端的导线塞入连管中。

(4) 压接时先压连管两端再在中间压两次。

(5) 用锉刀打磨压管毛刺。

(6) 确认连接头两绝缘间的距离及中间位置并作标注。

(7) 由中心位向剥去较短的一端量(177±1)mm 标注。

9. 装配中间接头

(1) 去掉绝缘上临时保护用绝缘带。

(2) 用清洁纸清洁绝缘层，绝缘屏蔽，铜屏蔽及连接管清洗干净，不能残留金属粉末。

(3) 清洁剂挥发后，在绝缘层上均匀涂抹硅脂。

(4) 将管移至中位，沿逆时针向抽掉支撑。接头一端与(177±1)mm 标注处平齐。

(5) 收缩完后，清理挤出的硅脂。

(6) 拆除铜屏带上的临时保护胶带。

(7) 缠绕包扎两层半导电胶带，搭接铜屏 30mm，搭接中接头 50mm。

10. 套铜网屏蔽

(1) 用铜丝扎牢。

(2) 焊接。

(3) 用胶带缠绕。

11. 收缩热缩管，焊编织带

(1) 将一条短热缩管与内护搭接 20mm，加热收缩。

(2) 将一条长热缩管与另一端内搭接 20mm，加热收缩。

(3) 再在两热缩管搭接盖处用自粘绝缘胶带缠绕包扎 5～6 层。

六、10kV 交联聚乙烯绝缘热缩终端头制作

(一) 主要工具及材料

(1) 工具：压钳、钢丝钳、鱼口钳、喷灯、万用表、钢锯、烙铁、卷尺、榔头、螺丝刀、电工刀、清洁剂（可用 99%酒精）、清洁布（可用白纱带）、记号笔等。

(2) 材料：热缩户内（户外）终端材料一套。

(二) 制作步骤及工艺要求

1. 剥外护套铠装及内护套

(1) 从端头量 650mm 处作标记。

(2) 剥除标记至端头外护套。

(3) 从外护套剥去处留 30mm 钢铠扎铜丝（锯钢铠时勿伤内护套）。

(4) 从钢铠留 10mm 内护套（胶带标记剥去）。

(5) 清理填充物。

(6) 用胶带扎紧三端头。

(7) 向外略微弯曲三芯电缆。注意弯曲部位不在根部，不伤分支处线芯。

2. 焊接地线

(1)（锉刀）打磨钢铠，用铜丝扎紧编织带→焊接。

(2) 用另一编织带分三股分扎至三芯上（扎线至内护套断口 30mm 内）并焊牢。

(3) 将两条编织带 20mm 以下烫锡形成防潮带，翻起编织带，绕填充胶 50mm→放下编织带继续向上缠绕→放下三叉处编织带→缠绕填充胶至三叉处将两编织带分开绝缘。

(4) 至外护套 60mm 处临时固定编带（用胶带）。

3. 收缩分支手套

(1) 套上分支手套至根部。

(2) 加热分支手套从根部往上、下两边进行。

4. 剥铜屏蔽及半导体

(1) 至分支手套留 20mm，其余剥去（铜屏蔽）。至铜屏留 20mm，其余剥去。

(2) 用专用切刀（或电工刀）剥去半导体层。剥切时，勿损伤外半导体及电缆绝缘。

5. 剥线芯绝缘

由端头剥切端子孔深加 5mm 的线芯绝缘，绝缘处理成小斜坡→用砂纸打磨线芯绝缘，清除半导体粉。

6. 安装应力控制管

用清洁巾清洁线芯绝缘表面并用电吹风吹干→至根部向上 110mm 绝缘上均摸一层硅脂→套入应力控制管，至分支根部→自下而上加热收缩应力控制管。注意火力不得过猛，不烧伤应力管。

7. 压接线端子

(1) 线芯涂凡士林（在端子上用铁刷）→清理接线端子后套在线芯上→压接→用胶带作线端子临时护线芯绝缘→打磨尖角（端子）→去掉保护→清洁表面→吹平。

(2) 在端子上绕填充胶，绕包端子间隙。

8. 固定外绝缘管

套入热缩绝缘管（内壁在三叉根部）→由下向上加热收缩，轴向缓慢推进。

9. 固定户内相色管（外户的密封管）

(1) 剥掉端子头绝缘。

(2) 套入相色管（上端将端子顶部缝隙套住）。

10. 固定户外雨裙及相色管

(1) 套入三孔雨裙至底部→加热收缩。

(2) 套入单孔雨裙间距 150mm 加热→套相色管。

11. 喷灯使用

(1) 喷灯点火前必须检查：

1) 打气筒是否漏油或渗油，油桶及喷嘴处是否漏油、漏气。

2) 油桶内的油量是否超过油桶容量的 3/4，加油的螺丝塞是否拧紧。

(2) 喷灯使用的注意事项：

1) 喷灯最大注油量为油筒容积的 3/4。

2) 开始打气压力不要太大，点燃后火焰由黄变蓝即可使用。

3) 周围不得有易燃物，空气要流通。

4) 停用时先关闭调节开关，火熄后，慢慢旋松油孔盖放气，空气放完后，要旋松调节开关，完全冷却后再旋松孔盖。

5) 煤油喷灯与汽油喷灯要分开使用。

6) 与带电体体安全距离：10kV 以下为 1.5m 以上，10kV 以上为 3m 以上。

教学提示：10kV 交联聚乙烯绝缘电缆制作工艺见光盘。

七、低压电缆头制作

(一) 低压电缆终端头制作

低压电缆终端头制作步骤如下：

(1) 剥除电缆外护套。

(2) 剥除钢铠、安装地线。

(3) 剥除内护套及填料。

(4) 安装（热缩）分支手套。

(5) 安装（热缩）绝缘管至分支手套。

(6) 压接接线端子、套入相色管。

具体制作参见教学光盘。

（二）低压电缆中间头制作

低压电缆中间头制作步骤如下：

（1）将电缆擦净、校直、对正，套入外护套。

（2）剥切外护套及钢铠。

（3）剥除内护套及填料。

（4）芯线连接。

（5）安装（热缩）绝缘管至连接处。

（6）安装地线。

（7）热缩外护套。

具体制作参见教学光盘。

八、电力电缆的试验

（一）电力电缆线路试验的目的

（1）制造厂出厂前进行试验的目的：证明电缆本体的性能和制造质量。

（2）预防性试验目的：及时发现在生产、安装或运行中出现的绝缘缺陷。

为了避免发生电缆事故，定期对电缆线路进行电气试验是十分必要的。

（二）电力电缆线路试验的项目

电力电缆的试验主要指电缆在生产和安装敷设后所进行的各种试验，其项目大致可分为以下五类：例行试验、抽样试验、型式试验、交接试验（安装竣工后进行）和预防性试验（投入运行后进行）。前三类试验都是在制造厂出厂前进行的，后两类为现场进行的试验，即电力电缆线路的电气试验。

对于不同电压等级和不同类型的电力电缆线路，试验内容也不尽相同。现行的电缆线路电气试验大致有以下项目：

（1）直流耐压和泄漏电流试验（主要用于油纸绝缘电缆线路）。

（2）测量绝缘电阻（用于1kV以下的低压电缆线路、200m以内的短电缆线路、停电时间超过一星期但不满一个月的电缆线路、挤包电缆线路的外护层的绝缘检测）。

（3）核相试验（用于新安装和检修后的电缆线路）。

（4）电缆油试验（用于充油电缆线路）。

（5）电缆护层绝缘试验（用于有护层绝缘要求的电缆线路）。

（6）电缆线路参数测量（用于需要进行电力系统参数计算的电缆线路）。

（7）接地电阻测量（用于高压电缆接地及其他土建设施接地系统）。

（8）0.1Hz超低频试验（用于35kV及以下电压的挤包绝缘电缆线路）。

（9）交流变频谐振试验（用于110kV及以上的挤包绝缘电缆线路）。

电力电缆线路的交接试验和预防性试验因其要求不同，试验项目也略有不同。

1. 交接试验

交接试验是在电缆安装竣工后，运行部门根据国家颁布的有关规定规范的试验项目和试验标准对电缆设备验收时进行的试验，以判明新安装设备是否可以投入运行，并保证安全。其目的是为了检验电缆线路的安装质量，及时发现和排除电缆在施工过程中发生的严重损伤。重要的输电电缆线路还需根据电力系统二次回路整定的需要测量直流电阻、电容、正序和零序阻抗等参数。

电力电缆线路的交接试验主要有：直流耐压试验、泄漏电流试验、核相试验、测量绝缘电阻、测量电缆线路参数、绝缘油油样试验和油流试验、护层过电压保护器的接地电阻试验、0.1Hz 超低频试验或交流变频试验等。

电缆施工完后，必须试验合格后才能投入运行。

2. 预防性试验

预防性试验是在电力线路投入运行后，根据电缆的绝缘、运行等状况按一定周期进行的试验，其目的是为了掌握运行中电缆线路的绝缘水平，及时发现和排除电缆线路在运行中发生和发展的隐形缺陷，保证电缆线路安全、可靠、不间断地输送电能。

电力电缆线路的预防性试验主要有：直流耐压试验、泄漏电流试验、核相试验、测量绝缘电阻、绝缘油样试验等。

（三）电缆绝缘电阻测试

1. 目的

电缆绝缘电阻测试的目的是检查电缆绝缘状况，有无受潮、脏污及局部缺陷，能反映出运行中电缆绝缘的水平和劣化程度。

2. 方法

（1）准备：

1）选表：额定电压 1kV 以下电缆选 1000V 绝缘电阻表，额定电压 1kV 及以上电缆选 2500V 绝缘电阻表。

2）试验：用外观检查良好的表，作开路及短路试验。

3）准备短路线、放电棒、绝缘手套、裸铜线等。

（2）步骤：

1）电缆：停电、验电、放电，在电缆两端各挂一组接地线；拆下电缆连接螺丝；设遮栏并悬挂标示牌。

2）两人进行测量并戴好绝缘手套、穿好绝缘靴。

3）接线：测试项目为相间及地的绝缘电阻。以测 U 相为例：测 U 相时将非测量两相线（V、W）及外皮用裸线短接并接到表计的 E 接线柱上；将 U 相用裸线缠绕 3～5 匝后接到表计 G 接线柱上，如图 2-7-5 和图 2-7-6 所示。

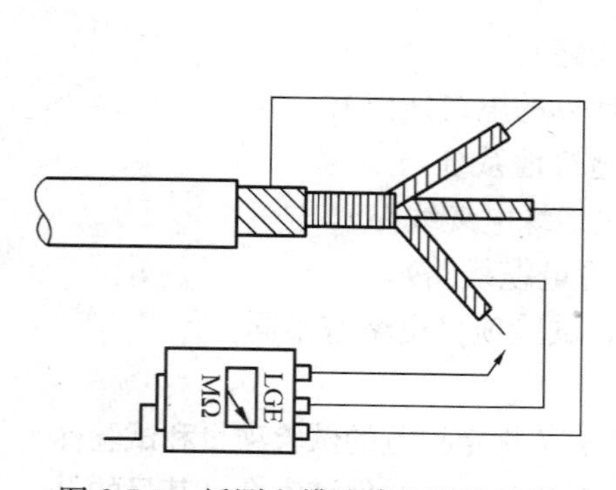

图 2-7-5 摇测电缆绝缘电阻接线图

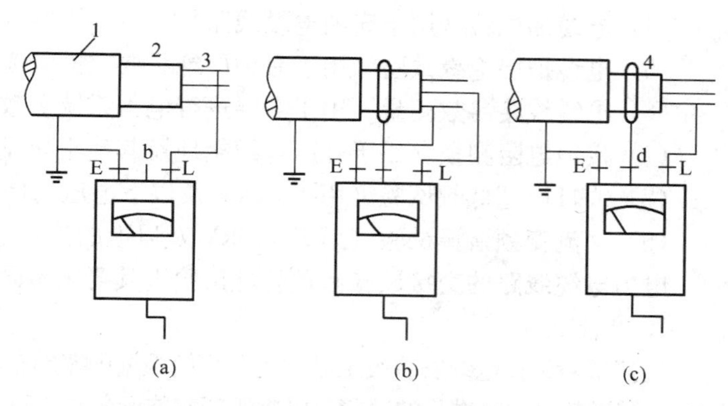

图 2-7-6 用绝缘电阻表测绝缘电阻的接线

（a）测对地绝缘；（b）测线芯间绝缘；（c）测保护环对地绝缘

1—电缆金属外皮；2—电缆绝缘；3—电缆线芯；4—保护环

4）测试：①以 120r/min 摇动手柄；②将 L 端子所接表夹接到电缆 U 相线芯上；③继续摇动手柄分别读取 15、60s 及指针平稳 60s 后的绝缘电阻值；④取下接到电缆 U 相线芯上的线夹，停止摇动表计。

5）放电：用限流电阻将被测电缆线芯与非被测短接线芯间反复多次放电，直到无火花放电声后，再用短路线直接放电。

6）按 3）～5）方法测量其他两相（V、W）绝缘电阻。

（3）合格值：

1）测试值见表 2-7-7，供参考。

表 2-7-7　　绝缘电阻测试值

额定电压（kV）	1 以下	3	6～10	20～35
绝缘电阻（MΩ）	10	200	400	600

2）三相不平衡系数应不大于 2.5；与上一次测试值换算到同一温度时，下降不超过 30%；吸收比合格，即 $\frac{R_{60''}}{R_{15''}} \geqslant 1.3$。

（四）预防性试验（直流耐压试验与泄漏电流测量）

1. 目的

发现电缆的局部缺陷。

2. 原理

电缆在直流电压的作用下，电缆绝缘中的电压按绝缘电阻分布，当绝缘电缆存在有发展性局部缺陷时，直流电压将大部分加在与缺陷串联的未损坏部分上，所以直流耐压试验比交流耐压试验更容易发现电缆的局部缺陷。

3. 人员组成

工作班组共 4 人：工作负责人 1 名（负责监护），其他工作班成员 3 名〔一人（A）操作测试仪兼记录、另两人（B、C）变更接线〕。

4. 主要工器具（配备的个人工具除外）

（1）直流耐压试验设备 1 套。

（2）砂纸 1 张。

（3）清洁布 1 块。

（4）相应的螺丝数个。

（5）万用表 1 块。

5. 标准化作业流程

（1）工作负责人宣读工作票，检查安全措施并分工，宣布开始工作。

（2）A 成员进行试验接线，工作负责人检查监护。

（3）A 成员拆卸电源侧电缆头，并使其各相对地及相间有足够的安全距离。

（4）B、C 成员到对侧拆卸电缆头，并使其各相对地及相间有足够的安全距离。

（5）由 A 和 B 成员向工作负责人汇报准备工作已经完成，可以试验。

（6）A 成员将测试线接到其中的一相，另外两相接地。

（7）A 成员接通电源，并按试验标准进行升压。

（8）A 成员每升到一定的电压，读取相应的泄漏电流值。

（9）工作负责人监护，并填写试验报告。

（10）每试验完一相，A 成员降压，切断电源，对电缆放电，换线。其他两项试验方法相同。

（11）试验完毕，工作负责人通知 A 成员拆除试验接线，并安装电缆头，恢复工作许可人所做的安全措施。

（12）工作负责人通知 B、C 成员安装对侧电缆头，并恢复工作许可人所做的安全措施。

（13）A 和 B、C 成员工作结束后，向工作负责人汇报。

（14）工作班成员撤离工作现场。

（15）工作负责人验收检查，结束工作票。

6. 电缆线路预防性试验的有关规定

（1）重要电缆线路每年至少应试验一次，其他电缆线路每 3 年至少应试验一次。

（2）新敷设的有中间接头的电缆线路，在运行 3 个月后，应试验一次，无异常以后按一般周期试验。

（3）试验电压的升高速度约为每秒 1～2kV。到达试验电压后持续时间为 5min。

（4）在耐压试验中，如发现泄漏电流不稳定或泄漏电流值随试验电压升高急剧上升，或随试验时间延长有上升现象时，应查明原因。如纯属电缆线路的原因，则可提高试验电压或延长试验时间测得泄露电流值，以确定能否投入运行。

（5）电缆线路连接于其他设备上时，应将其他设备与电缆线路分开作耐压试验。

（6）电缆线路在每次耐压试验后，必须通过 0.1～0.2MΩ 的限流电阻反复放电，直至无火花，然后直接接地。

（7）停电超过 1 个星期但不满 1 个月的电缆线路，在重新投运行前，应用绝缘电阻表测量绝缘电阻。如怀疑有问题时，必须进行直流耐压试验。停电超过一个月的电缆线路，必须进行直流耐压试验。

（8）测量泄漏电流数值，应在试验电压加上 1min 后读取。耐压试验前后均应读取泄漏电流值，以作比较。

（9）电缆经过耐压试验后的不泄漏电流，应不大于耐压前的数值。除塑料电缆外，泄漏电流的不平衡系数应不大于 2；泄漏电流小于 20μA 时，不平衡系数不作规定；泄漏电流值只作为判断绝缘情况的参考，不作为决定是否能投入运行的标准。

（10）不同电压等级电缆线路直流试验电压如表 2-7-8 和表 2-7-9 所示。

表 2-7-8　纸绝缘电力电缆的直流耐压试验

电缆额定电压（kV）	6/6	6/10	8.7/10	21/35	26/35
直流试验电压（kV）	30	40	47	105	130

表 2-7-9　橡塑绝缘电力电缆的直流耐压试验

电缆额定电压（kV）	6/6	6/10	8.7/10	21/35	26/35
直流试验电压（kV）	25	25	37	63	78

7. 试验接线

试验接线示意如图 2-7-7 和图 2-7-8 所示。

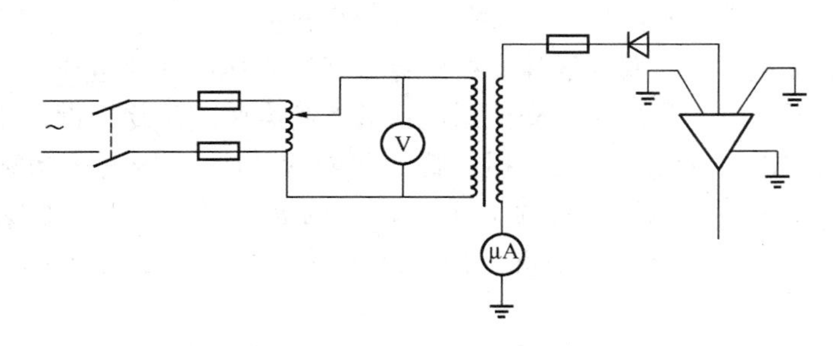

图 2-7-7　微安表在低压侧的接线

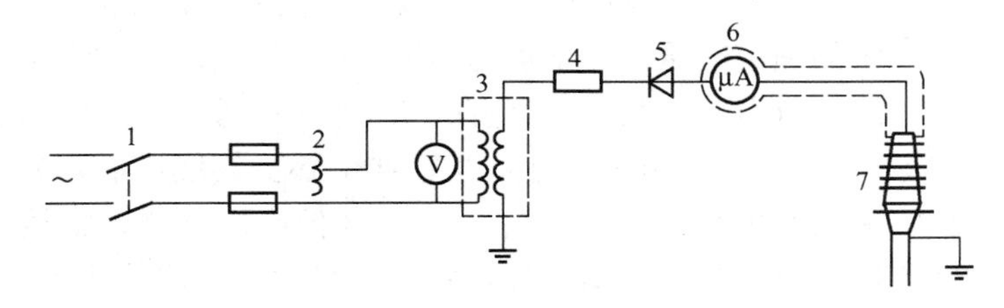

图 2-7-8　硅整流堆与微安表在高压侧的接线

1—刀开关；2—调压器；3—高压试验变压器；4—保护电阻（水阻）；
5—硅整流管；6—微安表；7—电缆终端

8. 安全注意事项

（1）进入现场要防止误入带电间隔。

（2）试验设备周围应设安全围栏，并向外悬挂“止步，高压危险”的标示牌，防止他人误入。

（3）加压前必须认真检查电源电压、试验连线、表计倍率和量程、调压器是否零位及仪表的初始状态，试验完毕必须认真核对相序。

（4）在电源的对侧电缆头处，必须设专人监护且设安全围栏，并向外悬挂“止步，高压危险”的标示牌，防止他人误入。

（五）交流耐压试验

1. 目的

准确地考验绝缘强度，能有效地发现较危险的集中缺陷。

2. 原理

交流耐压试验是对被试物施加高电压（高于运行中可能遇到的过电压数值的工频交流电压），属于破坏性试验的一种。

对 220kV 以下的电气设备，在确定交流耐压试验同时，考虑了内部过电压和大气过电压的作用，因此交流耐压试验是保证电气设备电压强度的基本试验，交流耐压试验可以准确地考验绝缘强度，能有效地发现较危险的集中缺陷，是电气设备绝缘试验中重要的一种试验。

3. 注意事项

（1）由于交流耐压试验电压比运行电压高很多，对绝缘不良的被试物是一种破坏性试验。因此在交流耐压试验前，应进行绝缘电阻及吸收比测量、直流耐压和泄漏电流等试验初步检查绝缘的状况，若发现缺陷后，再进行交流耐压试验。

（2）交流耐压试验，在试验时固体有机绝缘处在高电压的交流电作用下，会使绝缘本身存在的一些缺陷、弱点进一步发展。交流耐压试验本身会引起绝缘内部的积累效应（电气设备经过一次高压的冲击对绝缘所造成的损伤叠加起来的效应）。因此按国家标准规定，做交流耐压试验时升压至试验电压后，持续 1min。规定的这个时间是为了绝缘开始击穿的缺陷能暴露出来，同时也便于观察试品情况，但时间不宜过长，以免造成试品不必要的绝缘损伤，甚至击穿。

（3）恰当地选择试验电压值是交流耐压试验的一个重要问题。要考虑到绝缘的老化，应根据不同情况分别对待。这在有关规程中已有具体规定。例如在大修前发电机定子绕组的工频交流试验电压取 1.5 倍的额定电压；对于运行时间在 20 年及以上的发电机，由于绝缘老化，可取 1.3 倍额定电压进行耐压试验（若有直配架空线路，受大气电压侵袭的可能性较大时，仍取 1.5 倍额定电压）。电力变压器、电压互感器全部更换绕组后，要按出厂试验电压进行试验，其他情况下一般取出厂试验电压的 85%，其他高压电器设备按出厂试验电压的 90%作为耐压试验电压值。对于纯瓷及充油套管和支持绝缘子，因几乎无积累效应的缘物，用出厂试验电压做耐压试验电压值即可。

九、电力电缆故障查找

（一）概述

电力传输是电力供应系统的重要环节，近年来，由于基础建设的加快和安全供电的需要，地埋电力电缆越来越多地在广大城乡和工矿企业电力设施中得到广泛应用。但由于电缆埋入地下，且线路较长，所以当电缆发生故障而影响正常供电时会给故障点的查找带来一定的困难。若无测试设备，单靠人工查找电缆故障点，则不仅浪费人力、物力，而且会造成难以估量的停电损失。因而，电力电缆的故障测试成为多年来困扰供电部门正常供电的重要问题之一。

20 世纪 70 年代前的电桥法及脉冲测距法，对电缆接地和断路故障方面，已相当完善。而对高阻故障（高阻泄漏大或高阻闪络性故障）的寻测，用上述方法则无能为力。电缆故障的精确定点是故障探测的关键。现在，电力电缆故障的测试技术有了较大发展，出现了故障测距的脉冲电流法、路径探测的脉冲磁场法及利用声音与磁场信号差进行故障定点的声磁同步法等。

（二）电力电缆故障分类

（1）低阻故障和开路故障（可用低压脉冲法直接测得故障距离）。

（2）高阻故障：高阻泄漏大或闪络性故障（不能用低压脉冲法测，只能用冲击高压闪络法测量）。

（三）电力电缆故障原因

（1）机械损伤：电缆直接受外力损伤，如振动、热胀冷缩等引起铅护套损坏等。

（2）绝缘受潮，因终端头或连接盒施工不当使水分侵入。

（3）电缆外皮的电腐蚀。

（4）化学腐蚀。

（5）绝缘老化。

（6）自然力造成损坏。

（7）电缆绝缘物流失。

（8）过热、过载或散热不良，使电缆绝缘击穿。

（9）过电压、雷击或其他过压使电缆击穿。

（10）不按技术要求敷设和接头。

（四）电力电缆故障测寻步骤

（1）电力电缆故障性质的确定（高、低阻；闪络、封闭性；接地、短路、断线，还是混合；单相、两相或三相等）。

（2）粗测：用经典法（如电桥法）或现代法（如低压脉冲、高压闪络法）。

（3）测寻故障电缆的敷设路径、深度（方法是向电缆中通入音频电流，再用路径接收机天线线圈接收此音频信号）。

（4）精确定点（用声测、感应、测接地电位等方法）。

（五）电力电缆故障的粗测

现已开发出可靠的冲击高压闪络法、二次脉冲法、智能高压电桥法等先进测试技术。不用再将高阻故障“烧穿”就可粗测故障位置。

1. 测量电阻电桥法

（1）用途：短路、低阻故障（最好 2kΩ 以下，一般要小于 100kΩ，最高不得超过 500kΩ）。

（2）优点：对短路、低阻故障用此法，简单、方便、精度高。

（3）缺点：对故障率高的高阻与闪络性故障不适用。

（4）原理：线路连接如图 2-7-9 所示，把被测电缆故障相与无故障相在尾部短接，电桥两输出端接故障相与无故障相。图 2-7-9 可简化等效为图 2-7-10。

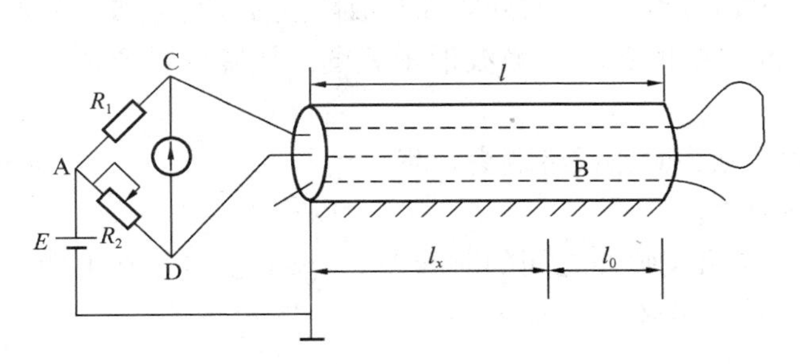

图 2-7-9　测量电阻电桥法电原理

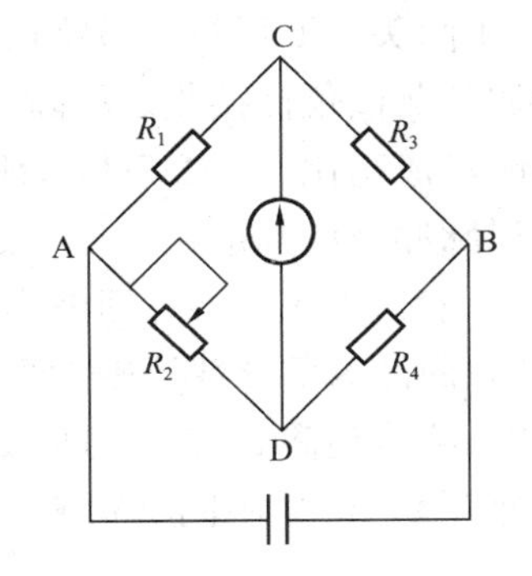

图 2-7-10　电阻电桥法等效电路

R_1—已知测量电阻；R_2—精密电阻箱；R_3—CB 两点间电阻；R_4—BD 两点间电阻

调 R_2 使电桥平衡可得

$$R_1 R_4 = R_2 R_3$$

$$\frac{R_3}{R_4} = \frac{R_1}{R_2}$$

由于 R_1、R_2 为已知电阻，设 $\frac{R_1}{R_2}$ 的值 K，则

$$\frac{R_3}{R_4} = K \quad 或 \quad R_3 = KR_4$$

又由于电缆直流电阻与其长度成正比，由图 2-7-9 可知：R_3 可用（$l+l_0$）、R_4 可用 l_x 代替。故上式可写成

$$l + l_0 = Kl_x$$

而

$$l + l_0 + l_x = 2l$$

所以

$$l_x = \frac{2l}{K+1}$$

由此可知，只要测得电缆长度 l 和测出电桥两已知电阻臂的比值 K，就能计算出短路故障点距测试端之间的距离。

2. 低压脉冲测量法

（1）用途：短路、低阻及断路故障。

（2）优点：可直观地从显示屏上观察出故障性质（开路、短路）及距离（故障点距测试端）。对短路、低阻故障及断路故障，用此法简单、方便、直观。

（3）缺点：其精度在某种程度上取决于操作人员的实践经验，不适用于高阻与闪络性故障。

（4）原理：测试时，在故障相上注入的低压脉冲，沿电缆传播直到阻抗失配的地方（如：中间头、T 形头、短路点、断路点及终端头等）。在这些点上都会引起波的反射，反射脉冲回到测试仪被接收。故障点回波和发送脉冲间的时间间隔与故障点在实际电缆上距测试端的距离成正比。图 2-7-11 为低压脉冲法中的各种故障波形示意图。故障的性质类型，可由反射脉冲极性判定：

1）发送为正脉冲，回波为正脉冲，则为断路或终端头开路。

2）回波为负脉冲，则为短路接地故障。

3）故障距离 l（m）可由测量脉冲与回波脉冲之间的时间差 t（μs）及电波在电缆中的传播速度 v（m/s 不同材料值不相同）计算出来，公式为

$$l = \frac{1}{2}vt$$

4）已知电缆全长为 l（m），根据测量发送脉冲与回波脉冲之间的时间差 t（μs），即可算出传播速度 v（m/s）

$$v = 2\,\frac{l}{t}$$

3. 冲击高压闪络法（脉冲电压取样法）

（1）用途：测试高阻与闪络性故障。

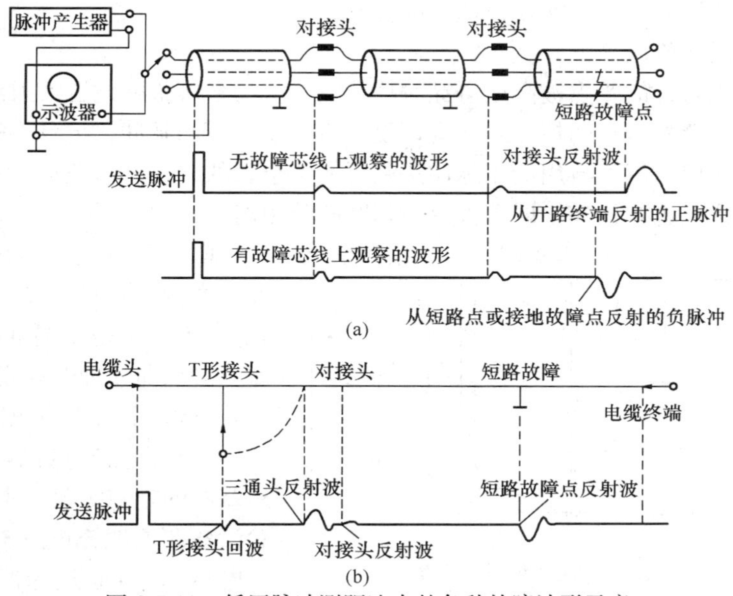

图 2-7-11　低压脉冲测距法中的各种故障波形示意

(a) 无故障相和短路故障相上的脉冲反射波形；

(b) 有分支电缆拼头反射波形和短路故障波形

(2) 优点：不用烧穿高阻与闪络性故障点，就可进行测试。

(3) 缺点：安全性差，接线复杂，波形不尖锐、难分辨。

(4) 原理：使故障点在直流高压或脉冲高压信号的作用下击穿，然后通过观察放电电压脉冲在观察点与故障点之间往返一次的时间进行测距。原理图见图 2-7-12。

4. 冲击高压电流脉冲取样法(脉冲电流取样法)

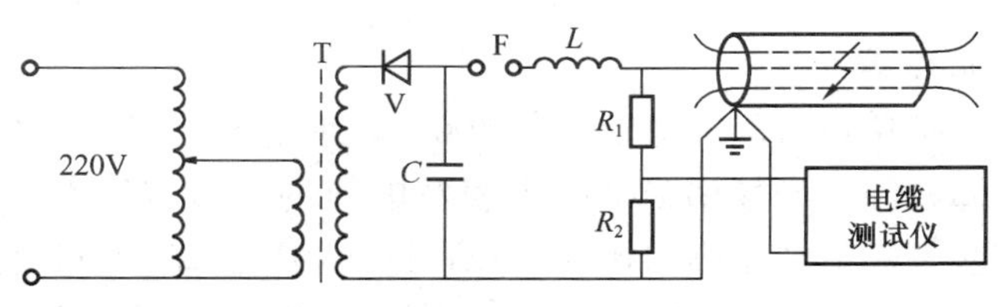

图 2-7-12　脉冲电压法典型的测试原理线路

(1) 用途：高阻与闪络性故障。脉冲反射法是闪测法中较先进的一种，分为直流高压闪络法（直闪法，电阻极高时用）与冲击高压闪络法(冲闪法，在电阻不很高时用)，也可用于大部分闪络性故障、断路、短路和低阻。

(2) 优点：仪器与高压回路为磁耦合、接线简单、波形易分辨。直闪法得到的波形简单、易理解、精度高。短路、低阻故障用此法简单、方便、精度高。

(3) 缺点：用直闪法对一些故障点在几次闪络放电后，常导致故障点电阻下降，形成碳阻通道，以致不能再用直闪法。冲闪法能解决大部分高阻故障，但波形复杂，不同类型的电缆、不同故障距离、不同冲击高压，所得波形千变万化，较难分辨。

(4) 原理：通过一线性电流耦合器测量电缆故障击穿时产生的电流脉冲信号，还可实现设备与高压回路的隔离。

5. 二次脉冲法

(1) 用途：用于测量高阻性故障。

(2) 优点：是当今最先进的测试方法，能将冲闪法中复杂的波形简化为极简单、易掌握的低压脉冲法短路测试波形。实现快速、准确测距。

（3）缺点：设备价格高。

（4）原理：先避开故障点被高压击穿时故障点产生的多次阶跃电压反射波和固有振荡波形，然后在高压击穿故障点的持续时间内，设备再次发送一回脉冲，记录下故障点的反射脉冲。待故障点电弧熄灭后，再用低压脉冲法测得电缆全长的开路反射波形，并将两次测得波形同时显示在屏幕上进行比较，即可很容易判断故障距离。

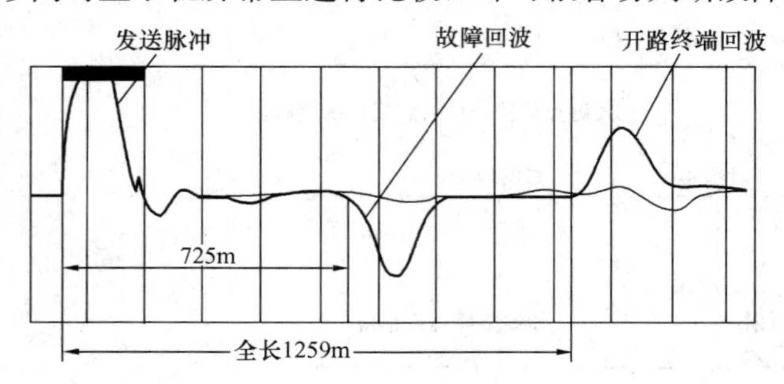

图 2-7-13　二次脉冲法实测波形示意

图 2-7-13 为一故障电缆用二次脉冲法实测波形图，从图中可看出：故障点前波形是重叠的，经过故障点后，波形曲线即开始发散。

（六）电力电缆故障的精确定点

（1）声测定点法：声测定点法是最基本的定点方法，是用高压直流试验设备向电缆充电（充电电压高于击穿电压），再通过球间隙向故障线芯放电，利用故障点放电时产生的机械振动声，听测电缆故障点的具体位置。用此法可以测接地、短路、断线和闪络性故障，但对于金属性接地或短路故障很难用此方法进行定点。

（2）声磁信号同步接收定点法：能大大提高抗环境噪声干扰能力。

（3）音频感应法：用于故障电阻小于 10Ω 的低阻故障。

（4）其他方法：局部过热法、偏芯磁场法、跨步电压法等。

（七）应用实例

1. 实例 1

某单位低压配电室 1 条 400V 埋地电缆出现间断性故障，导致配电室低压开关经常出现故障跳闸。现场用绝缘电阻表对电缆的绝缘进行测试，绝缘电阻值为 100MΩ，基本正常。初步判断电缆是高阻接地故障，进而利用测试设备进行高压闪络测试，并测试出在 235m 处有一故障点，同时电缆故障测距仪在同一地点也测量到 1 个电缆接头。利用声波探测装置对理论故障点进行定位后，很快找到了电缆的故障点。结果证明是由于电缆接头绝缘损坏，导致电缆金属护套间发生间歇性放电短路。

2. 实例 2

2005 年 4 月，某单位变电站至 A 车间的低压电力电缆发生故障，该电缆为 PVC 塑胶铜芯缆（3×150+1×50），全长约 200m，用 500V 低压绝缘电阻表对电缆三相进行绝缘电阻测试数据为：

（1）A 相对地为 30MΩ，B 相对地为 0，C 相对地为 40MΩ，零线对地为 0。

（2）再用万用表对 B 相、零线进行测量，B 相与地之间电阻 500Ω，零线与地之间电阻 20Ω。

初步判断：B 相为低阻接地，且零线已完全接地，A、C 相完好。运用电缆测试仪低压脉冲法，选脉冲宽度预置“0.2μs”，在电源端（变电站）测试该故障电缆，测试结果为：电源端离故障点的距离 160m。

因此，可断定故障点距离变电站 160m，此故障点正是一间维修房室内的墙脚边，破开水泥地板后证实：电缆 B 相和零线的绝缘层已被白蚁咬伤，电缆芯线因受潮引起短路烧坏绝缘，锯掉故障电缆，进行绝缘电阻测试，电缆绝缘全部合格（B 相对地绝缘 50MΩ）。最后实测得知：电源端离故障点的实际距离为 160.5m，误差仅为 +0.5m。

操作训练 10　电缆实作训练

一、训练目的

（1）熟悉电缆的绝缘电阻测量的基本原理及相关知识，了解绝缘电阻及吸收比的正常值范围。

（2）熟悉电缆的绝缘电阻测量及电缆头制作的基本流程，了解所需工具材料及使用方法。

（3）熟悉现场工作及测试、制作前后的安全措施、注意事项。

（4）掌握电缆的绝缘电阻测量、电缆头制作的方法和技巧。

二、操作任务

操作任务见表 2-7-10。

表 2-7-10　　电缆实际操作任务表

操作内容	（1）电缆的绝缘电阻测量方法训练； （2）电缆头的制作
说明及要求	（1）根据操作现场情况按照标准件作业程序进行安全措施等示范操作训练； （2）选择相应等级的表计进行电缆的绝缘电阻测量示范操作训练； （3）可根据各校情况及现场设备要求制定相应训练方法； （4）应注重测试前的安全措施及测试的流程训练； （5）由于电缆头的制作所需成本较高，因此已制作了示范光盘，可根据实际情况选择是否安排实作； （6）考核参考时间：第 1 项内容为 20min；第 2 项内容为 3h
工具、材料、设备场地	（1）绝缘电阻表（1000V/2500V）、10kV 电缆、计时表、验电器、接地线、遮栏、标示牌、安全网等； （2）压钳、钢丝钳、鱼口钳、喷灯、万用表、钢锯、烙铁、卷尺、榔头、螺丝刀、电工刀、清洁剂（可用 99%酒精）、清洁布（可用白纱带）、记号笔、热缩户内（户外）终端材料一套； （3）工作现场设置在室内（不小于 100m^2），室内须有照明及防火设备，墙上挂有计时表，室内摆放 2～3 套考评桌椅

三、注意事项和安全措施

（1）运行中电缆退出运行的顺序：停电；验电；放电；在电缆两端各挂一组接地线；拆下电缆连接螺丝；设遮栏并悬挂“止步，高压危险”标示牌。

（2）测量必须 2 人进行，并戴好绝缘手套、穿好绝缘靴。

（3）测试时必须先取线后再停表。

（4）改接线前必须将被测电缆线芯反复多次充分放电。

(5) 绝缘电阻测量训练应按指导老师的要求进行操作，防止表计和人身伤害。

(6) 电缆头在安装时要防潮、防尘。电缆头从开始剥切到制作完成必须连续进行，一次完成，防止受潮。

(7) 施工中要保证手和工具、材料的清洁（要避免汗水、唾沫等异物落在绝缘材料上）。操作时不应做其他无关的事（特别不能抽烟!）。

(8) 施工前一定要做好安全组织与技术措施并进行危险点分析，采用热缩工艺时现场一定要备好灭火器。

复 习 题

一、选择题

1. 电缆接头的抗拉强度，一般不得低于电缆强度的(　　)，以抵御可能遭到的机械应力。

(A) 50%；(B) 60%；(C) 70%；(D) 80 %。

2. 在作电缆直流耐压试验时，规定预防性试验时间为(　　)min。

(A) 2；(B) 3 (C) 4；(D) 5。

3. 在预防性试验项目中，判断电缆能否投入运行的主要依据是(　　)是否合格。

(A) 绝缘电阻；(B) 泄漏电流；(C) 交流耐压；(D) 直流耐压。

4. 停电超过一个月但不满一年的电缆线路，必须作(　　)规定试验电压值的直流耐压试验，加压时间为1min。

(A) 50%；(B) 60%；(C) 80 % ；(D) 100%。

5. 停电超过一年的电缆线路，必须作常规的(　　)试验。

(A) 交流耐压；(B) 直流耐压；(C) 绝缘；(D) 泄漏电流。

二、判断题

1. 冷缩式终端头附件安装时只需将管子套上电缆芯，拉去支撑尼龙条，靠橡胶的收缩特征管子就紧作压在电缆芯上。(　　)

2. 测量电缆线路绝缘电阻时，试验前应将电缆接地放电。(　　)

3. 泄漏电流的大小是判断电缆能否运行的参考依据。(　　)

4. 交联聚乙烯绝缘电力电缆的载流量比充油电缆大。(　　)

5. 为检查电缆敷设安装质量，以决定电缆能否正常投运的试验叫交接试验。(　　)

6. 应在气候良好的条件下进行户外电缆终端的制作。(　　)

7. 电缆在试验时发生击穿故障，其故障电阻可用绝缘电阻表测得。(　　)

8. 在预防性试验项目中，判断电缆能否投入运行的主要依据是直流耐压是否合格。(　　)

9. 直流耐压试验与泄漏电流测试的方法是一致的，因此只需一种试验就行。(　　)

10. 电缆线路一般的薄弱环节不一定在电缆接头和终端头处。(　　)

三、问答题

1. 简述声测法电缆故障定点原理。

2. 简述 10kV 交联电缆热缩式制作户内终端头的过程。

3. 制作安装电缆接头或终端接头对气象条件有何要求?

4. 什么是电气设备的交接试验?

5. 预防性试验的项目有哪些?

附录一　一次回路常用图形符号

名　称	图形符号		名　称	图形符号	
	形式 1	形式 2		形式 1	形式 2
有铁芯的单相双绕组变压器	 或		双二次绕组两个铁芯的电流互感器		
YNd 连接有铁芯三相双绕组变压器			双二次绕组一个铁芯的电流互感器		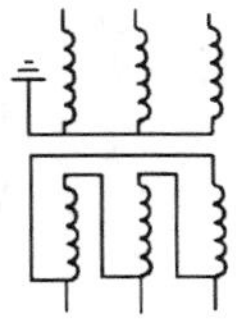
YNyd 连接的有铁芯三相三绕组变压器			断路器		
			隔离开关		
星形连接的有铁芯三相自耦变压器			负荷开关		
			带接地闸刀的隔离开关		
星形—三角形连接的具有有载分接开关的三相变压器			熔断器式隔离开关		
			阀型避雷器		
电抗器			三极高压断路器	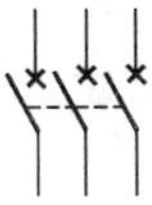	
接地消弧线圈			三极高压隔离开关	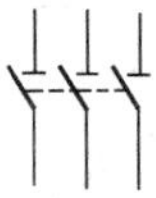	
单二次绕组的电流互感器			跌落式熔断器		

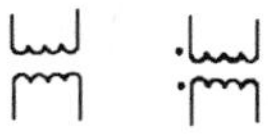

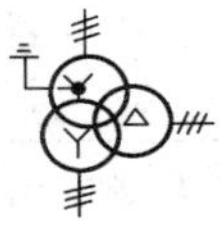

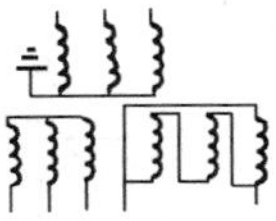

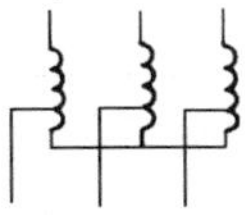

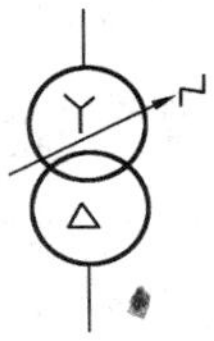

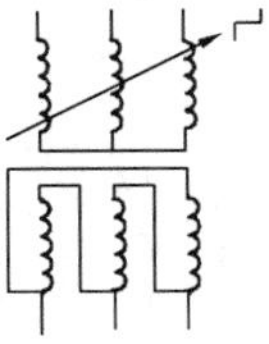

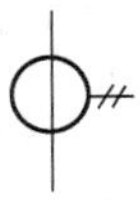

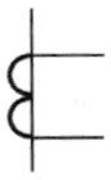

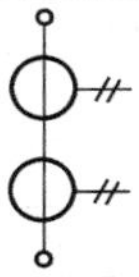

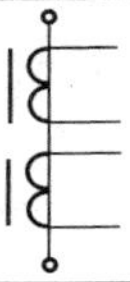

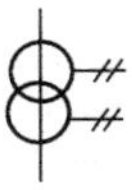

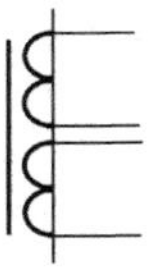

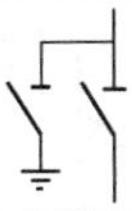

附录二　二次回路常用图形符号

名　称	图形符号	名　称	图形符号	名　称	图形符号
动合触点	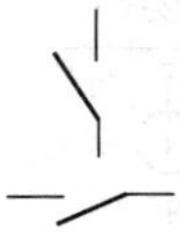	按钮开关（动合按钮）	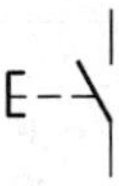	操作器件一般符号	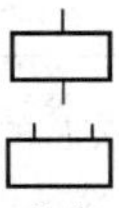 形式2
动断触点	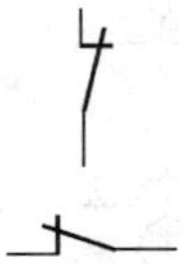	按钮开关（动断按钮）	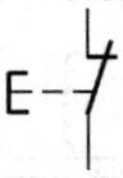	过流继电器线圈	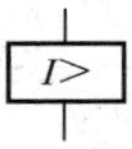 I>
				欠压继电器线圈	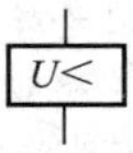 U<
先断后合的转换触点		拉拔开关	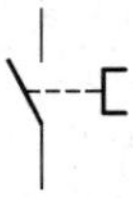	缓吸继电器线圈	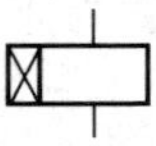
				缓放继电器线圈	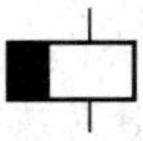
延时闭合的动合触点	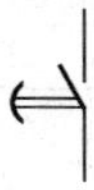	旋钮开关、旋转开关（闭锁）	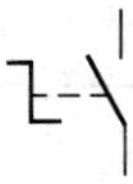	交流继电器线圈	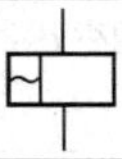
				热继电器的驱动器	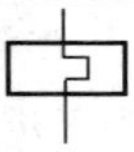
延时断开的动合触点		位置开关和限制开关的动合触点		电阻器	
				可变电阻器	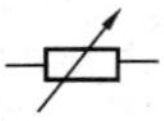
延时闭合的动断触点		热继电器动断触点		熔断器一般符号	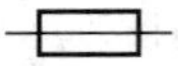
				闭合的连接片	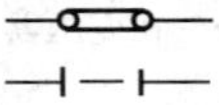 或
延时断开的动断触点		接触器动合触点		断开的连接片	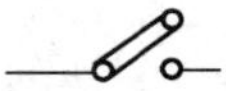
				切换片	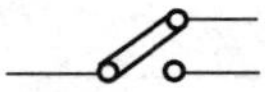
延时闭合和延时断开的动合触点	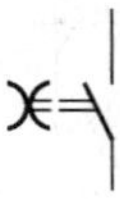	接触器动断触点	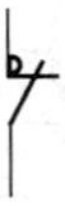	液位继电器触点（轻瓦斯气体继电器触点）	
手动开关	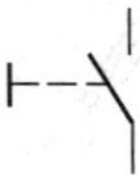	信号继电器机械保持的动合触点		流体控制触点（重瓦斯气体继电器触点）	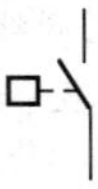

附录三　电气设备常用的基本文字符号

中文名称	基本文字符号	
	单字母	多字母
电桥	A	AB
晶体管放大器		AD
调压器		AV
保护装置		AP
电流保护装置		APA
重合闸装置		APR
电源自动投入装置		AAT
光电管	B	B
扬声器		B
传感器		B
电力电容器		CP
双稳态元件	D	DB
单稳态元件		DM
照明灯	E	EL
空调		EV
避雷器	F	F
瞬时动作的限流保护器		FA
热继电器		FR
熔断器		FU
异步发电机	G	GA
蓄电池		GB
励磁机		GE
同步发电机		GS
声响指示器	H	HA
光指示器		HL
蜂鸣器		HAU
继电器	K	K
电流继电器		KA
中间继电器		KM
信号继电器		KS
时间继电器		KT
出口继电器		KCO
电压继电器		KV
电感线圈	L	L
消弧线圈		LP
电动机	M	M
同步电动机		MS
电流表	P	PA
脉冲计数器		PC
电能表		PJ
电压表		PV
断路器	Q	QF
隔离开关		QS
刀开关		QK
接地开关		QSE

中文名称	基本文字符号	
	单字母	多字母
电阻	R	R
电位器		RP
分流器		RS
控制开关	S	SA
按钮开关		SB
主令开关		SM
限位（行程）开关		SQ
电流互感器	T	TA
电压互感器		TV
电力变压器		TM
变流器	U	UA
频率变换器		UF
二极管	V	V
电子管		VE
晶闸管		VR
稳压管		VS
晶体（三极）管		VT
连接片	X	XB
测试端子		XE
测试插孔		XJ
接线端子		XT
交流电源第一相		L1
交流电源第二相		L2
交流电源第三相		L3
保护线		PE
接地线	E	
中间线	M	
母线	W	WB
合闸母线		WC
信号母线		WS
预报信号母线		WP
电压母线		WV
事故信号母线		WE
闪光信号母线		WF
电磁铁	Y	YA
合闸线圈		YC
跳闸线圈		YT
电动阀		YM
电磁阀		YV
电磁制动器		YB
电磁离合器		YC
设备端相序第一相	U	
设备端相序第二相	V	
设备端相序第三相	W	
中性线	N	
保护和中性线共用线		PEN
直流系统电源“正”	+	
直流系统电源“负”	−	

附录四　常用低压用电设备的新标准图形符号

图形符号	名　称	图形符号	名　称		图形符号	名　称	
	深照型灯		三极开磁	一般符号		带接地插孔三相插座	一般符号
	广照型灯			暗装型			暗装型
	防水防尘灯			密封（防水）			密封型
	局部照明灯			防爆型			防爆型
	安全灯		开关一般符			双极开关	
	天棚灯		单极拉线开关			单极双控拉线开关	
	弯灯		单相插座	一般符号		带接地插孔单相插座	一般符号
	壁灯			暗装型			暗装型
	隔爆灯			密封（防水）			密封型
	球形灯			防爆型			防爆型
	矿山灯		电信插座一般型			分线盒一般符号	
	花灯		配电箱	动力或动力—照明		室内分线盒	
	投光灯			照明用		荧光灯	一般符号
	聚光灯			事故照明用			防爆型
	风扇一般符号			多种电源			三极荧光灯
	电铃		开关箱	自动开关箱		按钮盒	一般或保护型
	电喇叭			带熔断器的刀开关箱			密封型
	带单极开关插座			熔断器箱			防爆型
	电缆交接间		架空交接箱			壁龛交接箱	
	在墙上的照明引出线	Wh′	电能表			电缆	

附录五　配线标注符号及意义

配线方式	旧符号	新符号	敷设部位名称	旧符号	新符号
暗　配	A	C	柱	Z	C
明　配	M	R	墙	Q	W
铝皮线卡	QD	AL	顶棚	P	CE
电缆桥架		CT	构架	R	R
金属软管		F	吊顶	R	SC
水煤气钢管	G	G	地面（地板）	D	F
瓷绝缘子	CP	K	暗敷设在梁内	LA	BC
钢索敷设	S	M	暗敷设在柱内	ZA	CLC
金属线槽		MR	暗敷设在墙内	QA	WC
电线管	DG	T	沿钢索配线	S	SR
塑料管	SG	P	沿屋架或跨屋架敷设	LM	BE
塑料线槽		PR	沿柱或跨柱敷设	ZM	CLE
塑料线卡		PL	沿墙面敷设	QM	WE
钢管	GG	S	沿天棚面或顶板面敷设	PM	CE
配电干线	PG		能进入的吊顶棚内敷设	PNM	ACE
照明干线	MG		暗敷设在地面或地板内	DA	FC
动力干线	LG		暗敷设在屋面或顶板内	PA	CC
控制线	KZ		暗敷在不能进入的吊顶内	PNA	ACC
梁	L	B			

附录六　照明设备标注符号及意义

名　　称	旧符号	新符号	名　　称	旧符号	新符号
线吊式	X	CP	吸顶式或直附式	D	S
自在器线吊式	X	CP	墙壁嵌入式	BR	WR
固定线吊式	X1	CP1	台上安装式	T	T
吊线器式	X3	CP3	支架安装式	J	SP
链吊式	L	CH	柱上安装式	Z	CL
嵌入式	R	R	顶棚内安装	DR	CR
管吊式	G	P	座装	ZH	HM
壁装式	B	W			

附录七　标准化编写格式

××标准化修前准备工作操作训练记录报告

班级		姓名		设备编号	
学号		成绩		设备类型	

准备工作安排

✓	序　号	内　容	标　准	责任人	备　注

作业人员要求

✓	序　号	内　容	责　任　人	备　注

危险点分析及安全措施

✓	序　号	内　容

备品备件/工器具/材料

✓	序　号	名　称	规格/编号	单　位	数　量	备　注

人员分工

✓	序　号	作　业　项　目	检　修　负　责　人	作　业　人　员

参 考 文 献

[1] 大连电力技术学校. 电气设备检修工艺学. 北京：中国电力出版社，2003.

[2] 程红杰. 电工工艺实习. 北京：中国电力出版社，2002.

[3] 周卫星，米彩霞，樊新军. 电工工艺实习. 北京：中国电力出版社，2006.

[4] 刘志青. 电气设备检修. 北京：中国电力出版社，2005.

[5] 上海市第一火力发电国家职业技能鉴定站. 变电检修. 北京：中国电力出版社，2003.

[6] 国家电网. 高压开关设备管理规范. 北京：中国电力出版社，2006.

[7] 孙成宝. 变电检修. 北京：中国电力出版社，2003.

[8] 程建龙等. 电力拖动控制线路与技能训练. 北京：中国电力出版社，2006.

[9] 张栋国. 电缆故障分析与测试. 北京：中国电力出版社，2005.

[10] 李跃. 电力安全知识. 北京：中国电力出版社，2004.